MANNING

C++ 并发编程实战（第2版）

C++ Concurrency IN ACTION

SECOND EDITION

[英] 安东尼·威廉姆斯（Anthony Williams）著

吴天明 译

人民邮电出版社

北京

图书在版编目（CIP）数据

C++并发编程实战 / （英）安东尼·威廉姆斯 (Anthony Williams) 著 ; 吴天明译. -- 2版. -- 北京 : 人民邮电出版社, 2021.12
ISBN 978-7-115-57355-1

Ⅰ. ①C… Ⅱ. ①安… ②吴… Ⅲ. ①C++语言－程序设计 Ⅳ. ①TP312.8

中国版本图书馆CIP数据核字(2021)第193011号

◆ 著　　[英] 安东尼·威廉姆斯（Anthony Williams）
译　　吴天明
责任编辑　胡俊英
责任印制　王　郁　焦志炜

◆ 人民邮电出版社出版发行　　北京市丰台区成寿寺路 11 号
邮编　100164　　电子邮件　315@ptpress.com.cn
网址　https://www.ptpress.com.cn
北京盛通印刷股份有限公司印刷

◆ 开本：800×1000　1/16
印张：27　　2021 年 12 月第 2 版
字数：573 千字　　2024 年 12 月北京第 15 次印刷

著作权合同登记号　图字：01-2017-9349 号

定价：139.80 元

读者服务热线：(010)81055410　印装质量热线：(010)81055316
反盗版热线：(010)81055315
广告经营许可证：京东市监广登字 20170147 号

内容提要

这是一本介绍C++并发和多线程编程的深度指南。本书从C++标准程序库的各种工具讲起，介绍线程管控、在线程间共享数据、并发操作的同步、C++内存模型和原子操作等内容。同时，本书还介绍基于锁的并发数据结构、无锁数据结构、并发代码，以及高级线程管理、并行算法函数、多线程应用的测试和除错。本书还通过附录及线上资源提供丰富的补充资料，以帮助读者更完整、细致地掌握C++并发编程的知识脉络。

本书适合需要深入了解C++多线程开发的读者，以及使用C++进行各类软件开发的开发人员、测试人员，还可以作为C++线程库的参考工具书。

作者简介

安东尼·威廉姆斯（Anthony Williams）来自英国，他是开发者、顾问、培训师，积累了超过 20 年的 C++开发经验。从 2001 年起，他成为英国标准协会 C++标准专家组的成员，独立编写或参与编写了许多 C++标准委员会的文件，使 C++11 标准引入了线程库。现在，他继续致力于开发 C++的新特性，以增强 C++并发工具集的功能，这两者都遵循 C++标准和提案。他还扩展了 C++线程库，实现了工具“just::thread Pro”（Just Software Solutions 公司的产品）。

本书第 1 版赢得的赞誉

“目前，对 C++11 多线程工具的探讨，本书是有关图书中较好的一本，而且在未来相当一段时期内还会如是。”

—— *Effective C++*与 *More Effective C++*的作者 Scott Meyers

“本书使 C++多线程不那么晦涩难懂。”

——红帽（Red Hat）公司首席高级维护工程师 Rick Wagner

“阅读本书让我头痛，然而痛有所得，好事。”

——Ingersoll Rand 公司的 Joshua Heyer

“Anthony 示范了如何将并发用于实践。”

—— OR/2 Limited 公司的 Roger Orr

“一份关于 C++新并发标准的指南，缜密而有深度，由标准制定者亲自编写。”

——瑞士信贷银行总监 Neil Horlock

“任何严肃的 C++开发者都应该读懂这本重要的书。”

——Pace 公司开发总监 Jamie Allsop 博士

“本书是学习原子操作、内存模型和 C++并发的上佳之选。”

——C++标准委员会成员，OpenMP 首席执行官 Michael Wong

作者序

离开大学后的第一份工作，我就与多线程的概念和代码打交道。那时，我们的开发组要实现一个数据处理的应用，需要将传入的数据记录插入数据库。这些数据记录数量庞大，各条记录均没有相互依赖，并且需经过一定步骤的处理才能插入数据库。我们的计算机配备了 10 个 CPU 的 UltraSPARC 处理器，为了完全利用这些算力，我们将代码编写成多线程的形式来运行，每个线程处理自己接收的数据集。我们编写了 C++代码，采用了 POSIX 线程，也犯了不少错误，毕竟，对我们全体成员而言，多线程前所未见。尽管如此，我们最后还是完工了。正是在该项目中，我第一次知悉 C++标准委员会和当时新发布的 C++标准，我对多线程和并发的浓厚兴趣自此而起。

尽管在别人眼里，这项技术既困难又复杂，还是诸多问题的根源，而我却视之为有效的工具，它使代码能充分利用现有的硬件资源，更快地运行。一些计算机操作耗时长（如 I/O）进而导致延迟。为此，我后来学会了即便在单核硬件环境下，依然能利用多线程来减少这些延迟，从而改进应用软件的性能，提高响应速度。我还学习到在操作系统层面上如何进行多线程运作，以及对于英特尔的 CPU 如何处理任务切换。

同时，得益于对 C++的喜爱，我有机会与 C/C++用户协会（Association of C and C++ Users，ACCU）交流接触，后来还与英国标准协会（British Standards Institution，BSI）的 C++标准专家组和 Boost 社群交流。出于兴趣，我跟进了 Boost 线程库的初期开发，当原本的开发者中止了相关工作时，我抓住机会，立即接手[1]。从 2007 年到 2011 年，我担任了 Boost 线程库的主力开发者和维护者，不过后来我将这项工作移交他人负责。

随着 C++标准委员会工作重心的转移——从修补现行标准的缺陷，转变为 C++11 标准编写提案（新标准最初命名为“C++0x”，本来希望能于 2009 年完成，但最终到了 2011 年才发布，于是官方将其正式命名为“C++11”），我更深入地参与了英国标准协会的工作，并开始起草自己的提案。等到多线程被明确提上议程，我马上全力以赴，独自起草

1 译者注：Boost 线程库第 1 版的作者是 William E. Kempf，第 2 版的作者即本书作者。

并参与编写了许多与多线程和并发相关的提案，这些提案塑造了C++标准的一部分。我持续参与了C++标准委员会并发小组的工作，包括对C++17标准进行改进，制定并发技术规约（Concurrency Technical Specification），以及编写关于C++未来演化发展的提案等。关于计算机，我的兴趣主要有两个——C++和多线程，有幸能将它们以图书的形式结合，我倍感自豪。

本书基于我研习C++和多线程的全部经验，旨在指导其他C++开发者安全且高效地使用C++线程库和并发技术规约。我也希望将自己对这个主题的兴趣和热忱融入本书，并传递给读者。

——安东尼·威廉姆斯

（Anthony Williams）

作者致谢

首先，我要对爱妻 Kim 大大地说一声“谢谢”，感谢在本书编写的过程中，她对我的全部关爱和支持。本书第 1 版出版前的 4 年中，写书占用了我绝大部分的业余时间，而第 2 版的编写需要再次投入大量时间。没有我妻子的支持和理解，我不可能完成本书。

其次，我要感谢 Manning 出版社的团队，没有他们的辛劳，你现在不可能读到本书。

我也要感谢 C++标准委员会的其他成员，他们就多线程功能撰写了不少文件；还要感谢对这些文件发表意见并在委员会会议上讨论这些文件的人士。也有人以其他形式提供帮助，让 C++11、C++14 和 C++17 标准能够引入对多线程和并发特性的支持，使并发技术规约得以制定，并令其成型，我同样要感谢他们。

最后，我要感谢 Jamie Allsop 博士、Peter Dimov、Howard Hinnant、Rick Molloy、Jonathan Wakely 和 Russel Winder 博士，他们给出的建议极大地完善了本书；尤其要感谢 Russel，他对本书做了细致的审阅；也特别感谢 Frédéric Flayol，他作为技术审校，在本书的出版过程中，尽心竭力地查验原稿最终版的全部内容，剔除明显的错误。另外，我要感谢本书第 2 版的专家审核小组：Al Norman、Andrei de Araújo Formiga、Chad Brewbaker、Dwight Wilkins、Hugo Filipe Lopes、Vieira Durana、Jura Shikin、Kent R. Spillner、Maria Gemini、Mateusz Malenta、Maurizio Tomasi、Nat Luengnaruemitchai、Robert C. Green II、Robert Trausmuth、Sanchir Kartiev、Steven Parr。我还要感谢所有细心的读者为本书指出了错误，并提醒我某些内容需要详加阐释。

译者序

译事三难：信、达、雅。而这恰恰是对翻译工作的要求，技术类图书的翻译工作也不例外。

有不少程序员将全部精力倾注到计算机技术之上，但对于外语学习的投入却稍显不足。本人有幸承担本书的翻译任务，深知所肩负的责任之重，希望与大家携手跨越语言的障碍，共同钻研前沿新知。本人坚信，语言转换不应当增加读者学习和理解的负担。如果存在理解上的障碍，则须源于技术本身，而非因语言表达而生。本人为此花费了不少精力，反复推敲语言表达的细节，竭尽所能使其流畅、通顺、易读。

本书作者是并发编程的世界级专家，经验丰富、见多识广。对于本书涉及的各种技术难点，他都驾轻就熟。反之，本书的不少读者仍在学习的艰途上步履蹒跚，若要跟上“巨人”的步伐，恐怕比较吃力。原书中的某些要点在作者眼中理所当然，并没有予以详细介绍，而这些内容很可能令人费解。为此，本人特意插入不少译者注，通过解释细节以补充正文的完整逻辑，帮助读者轻松理解。此外，虽然原书定位的目标读者是已具备相当经验的C++程序员，但是很多C++新手和跨专业的开发者也会对多线程感兴趣。因此，本人还补注了一些计算机软硬件知识和对C++新特性的说明，以尽量降低本书的学习难度。

——吴天明

2021 年 10 月

译者致谢

首先感谢父母的默默支持，家人永远是我坚强的后盾。

感谢先师唐鸿光先生，您传授的对英语文献的研读分析方法让我非常受用；感谢我的硕士论文导师 David J. Thornley 博士，他总能用三言两语道破技术写作的精髓，让我受益无穷；感谢博览网的李建忠老师，一针见血地指明图书翻译的要领。

感谢我的好朋友——卷积传媒的高博先生，正是他的多次举荐促成了本书的合作事宜；感谢人民邮电出版社信息技术分社的陈冀康社长和编辑胡俊英女士，他们专业的出版服务引领我逐步前进。

感谢中南大学计算机学院邝砾教授、北京电子科技学院的徐莉伟博士以及资深开发者沈晶晶女士，感谢你们细心审阅初稿，提出了宝贵的修改意见；感谢计算机专家叶敏娇博士、IT 工程师胡晓文先生、@有个梨 UGlee、林俞静先生以及 PureCPP 社区的一众成员，你们跟我深入探讨书中的诸多细节，为我解答技术疑难。

感谢纬因信息咨询有限公司副总经理蔡国贤先生、织点科技首席执行官梁翰君先生、伊索思能源中国区总经理肖扬先生、珠光汽车总裁劳俊杰先生、天壤智能市场总监徐艺女士以及珠海艺托邦科技的杨洪先生，你们给予我巨大的支援和帮助；还有素未谋面的网络好友——四狼，在疫情期间向我无偿提供了防护装备，不胜感激。

最后特别感谢来自中国香港的蔡怡小姐，感谢你辅助整理了大量文字，并对书稿进行了繁重而琐细的编排，正是得益于你的帮助，才让本书顺利面世。

关于本书

本书是一份深度指南，内容是 C++新标准中涉及的并发与多线程功能，从 std::thread、std::mutex 和 std::async 的基本使用方法开始，一直到复杂的内存模型和原子操作。

本书的组织结构

第 1 ~ 4 章介绍 C++标准程序库提供的各种工具，并说明如何使用。

第 5 章剖析 C++内存模型和原子操作的底层核心细节，包括如何运用原子操作强制约束其他线程代码的执行顺序，这是本书入门部分的最后一章。

第 6 章和第 7 章开始进入高级主题，通过范例解释如何使用基础工具构建复杂的数据结构。第 6 章研究基于锁的并发数据结构，第 7 章分析无锁数据结构。

第 8 章继续高级主题，涉及多线程代码设计的指导原则、影响性能的各种因素，还有并行算法函数的实现范例。

第 9 章探讨高级线程管理，包括线程池、工作队列和中断线程。

第 10 章探讨 C++17 所支持的新引入的并行特性，它们以重载的形式实现了许多标准库算法函数。

第 11 章探讨测试和除错，包括错误的类型、定位错误的技法、如何测试等。

附录包含以下内容：附录 A 简单介绍新标准引入的与多线程相关的新特性；附录 B 是几个并发程序库之间的简要对比；附录 C 是消息传递程序库的实现细节，该库最先在第 4 章中提及；附录 D 是一份完整的 C++线程库参考名录（作为电子资源配套提供，读者可从异步社区下载）。

目标读者

如果你要用C++编写多线程代码，就应该阅读本书；如果你想使用C++标准程序库中的多线程工具，那么本书可作为基础指南；如果你要用到其他线程库，本书后面的章节也给出了指导原则和技巧，仍会让你获益。

我假设读者已具备了良好的C++实操知识，却不太熟悉C++的新特性。为此，附录A将补充相关内容。

如何阅读本书

如果读者以前没有编写过多线程代码，我建议按顺序从头到尾阅读本书。

假若读者之前没使用过C++11的新功能，那就需要先浏览一下附录A，再开始阅读正文，这将有助于透彻理解本书的代码示例。正文中已经标注出用到C++新特性的地方，尽管如此，一旦你遇到任何从未见过的内容，也可以随时翻查附录。

如果读者已经编写过多线程代码，并且经验丰富，前几章会让你知晓已经熟知的工具与新标准的C++工具是怎样对应的。倘若读者要进行任何底层工作，涉及原子变量，则第5章必不可少。为了确保读者真正熟知C++多线程编程的各种细节，例如异常安全（exception safety），那么，第8章值得好好学习。如果读者肩负某种特定的编码任务，索引和目录会帮你迅速定位到有关章节。

即便你已经掌握了C++线程库的使用方法，附录D（可从异步社区下载）依然有用，例如可供你查阅各个类和函数调用的精准细节。你也可以考虑时不时地回顾一下主要章节，或强化记忆某个特定的模型，或重温示例代码。

代码约定

代码清单都采用等宽字体（示例：`fixed-width font`）以区分于普通文本。许多代码清单都附有代码注解，标记出重要的概念。在一些代码清单中，代码通过有编号的圆形标志与随后正文的解释相对应。

软件要求

为了能够原封不动地使用本书中的代码，读者需要安装新近发布的C++编译器，以支持示例中C++11的语言特性（见附录A），另外还需要C++标准线程库。

我在编写本书的时候，g++、Clang++和Visual Studio发布的新版本全都实现了C++标准线程库的支持。它们同样支持附录列出的绝大部分语言特性，而未获支持的特性也将很快得到支持。

我的公司 Just Software Solutions 出售 C++11 标准线程库的完整实现[1]，也出售符合并发技术规约的程序库实现。前者适用于好几个相对较旧的编译器，后者则适用于较新版本的 Clang、GCC 和 Visual Studio，后者也可用于测试本书的代码。

Boost 线程库[2]提供了一套 API，这套 API 以 C++11 标准线程库的提案为依据，可以移植到许多平台上。本书的绝大多数示例代码稍作改动就能使用 Boost 线程库，这些改动包括将 std::with 全部替换为 boost::and，以及用#include 预处理指令包含恰当的头文件。Boost 线程库内有少部分功能未获支持（如 std::async）或者名字不同（如 boost::unique_future）。

1 C++11 标准线程库的 just::thread 实现。

2 Boost C++程序库。

资源与支持

本书由异步社区出品，社区（https://www.epubit.com/）为您提供相关资源和后续服务。

配套资源

本书提供配套资源，请在异步社区本书页面中单击“配套资源”，跳转到下载界面，按提示进行操作即可。注意：为保证购书读者的权益，该操作会给出相关提示，要求输入提取码进行验证。

如果您是教师，希望获得教学配套资源，请在社区本书页面中直接联系本书的责任编辑。

提交勘误

作者和编辑尽最大努力来确保书中内容的准确性，但难免会存在疏漏。欢迎您将发现的问题反馈给我们，帮助我们提升图书的质量。

当您发现错误时，请登录异步社区，按书名搜索，进入本书页面，单击“提交勘误”，输入勘误信息，单击“提交”按钮即可。本书的作者和编辑会对您提交的勘误进行审核，确认并接受后，您将获赠异步社区的100积分。积分可用于在异步社区兑换优惠券、样书或奖品。

扫码关注本书

扫描下方二维码，您将会在异步社区微信服务号中看到本书信息及相关的服务提示。

与我们联系

我们的联系邮箱是 contact@epubit.com.cn。

如果您对本书有任何疑问或建议，请您发邮件给我们，并请在邮件标题中注明本书书名，以便我们更高效地做出反馈。

如果您有兴趣出版图书、录制教学视频，或者参与图书翻译、技术审校等工作，可以发邮件给我们；有意出版图书的作者也可以到异步社区在线投稿（直接访问 www.epubit.com/selfpublish/submission 即可）。

如果您所在的学校、培训机构或企业想批量购买本书或异步社区出版的其他图书，也可以发邮件给我们。

如果您在网上发现有针对异步社区出品图书的各种形式的盗版行为，包括对图书全部或部分内容的非授权传播，请您将怀疑有侵权行为的链接发邮件给我们。您的这一举动是对作者权益的保护，也是我们持续为您提供有价值的内容的动力之源。

关于异步社区和异步图书

"异步社区"是人民邮电出版社旗下 IT 专业图书社区，致力于出版精品 IT 技术图书和相关学习产品，为作译者提供优质出版服务。异步社区创办于 2015 年 8 月，提供大量精品 IT 技术图书和电子书，以及高品质技术文章和视频课程。更多详情请访问异步社区官网 https://www.epubit.com。

"异步图书"是由异步社区编辑团队策划出版的精品 IT 专业图书的品牌，依托于人民邮电出版社近 40 年的计算机图书出版积累和专业编辑团队，相关图书在封面上印有异步图书的 LOGO。异步图书的出版领域包括软件开发、大数据、人工智能、测试、前端、网络技术等。

异步社区

微信服务号

目录

第 1 章　你好，C++并发世界

本章内容：

- 并发和多线程的含义。
- 为什么应用软件要采用并发和多线程。
- C++支持并发的历史。
- 示范简单的 C++多线程程序。

对 C++程序员来说，现在是激动人心的新时代。初版的 C++标准于 1998 年发布，历经 13 年，C++标准委员会对语言本身及其标准库做出重大修整。经过大幅度变革，新标准（以下简称 C++11 或 C++0x）于 2011 年发布，使 C++用起来更得心应手，事半功倍。委员会遵守“班车模式”的新式发布规则，每隔 3 年发布一版新的 C++标准。目前，已经有两版标准依次发布——C++14 和 C++17，还有几份技术规约[1]作为 C++标准的扩充。

C++11 标准最重要的新特性之一是支持多线程。这是标准首次接纳原生语言层面的多线程应用，并在标准库中为之提供组件。这使得多线程 C++程序的编写无须依赖平台专属的扩展（platform-specific extension），因而我们得以写出可移植的、行为确定的多

---

1 译者注：即 Technical Specification，简称 TS。这是由 C++标准委员会官方发布的文件，独立于正式标准之外。技术规约详述程序库的某一完整的类或某一完整的语言特性，未完全成熟，尚不能成为正式标准。它意在鼓励编译器厂商和 C++社群做前期试验，自行实现，获取经验或达成共识，调整、修补原有设计。从 2012 年开始，委员会采取技术规约和正式标准并举的分支模式：各种技术规约的提案和正式标准分别独立演化，同时进行，异步交付：新标准定期发布；技术规约则一路演化，直到成熟，委员会才会批准将其合并入正式标准。

线程代码。并且，新标准的发布正当其时：为改进应用程序的性能，程序员普遍日益寄望于并发技术，特别是多线程编程。以 C++11 为基础，委员会相继发布了 C++14 标准、C++17 标准和一些技术规约，进一步为编写多线程程序提供支持。在这些技术规约中，其中一份针对并发特性的扩展，而针对并行特性的扩展另有一份，后者已被正式纳入 C++17 标准。

本书的主旨是介绍运用多线程编写 C++并发程序，还有使之得以实现的 C++特性和标准库工具。开宗明义，我会先解释自己所理解的并发和多线程；然后“走马观花”，分析应用程序为什么要采用并发技术，以及什么情况下不适合采用并发技术；接着，我们将大致了解 C++如何支持并发特性；最后，以一个 C++并发程序作为实例，结束本章。某些读者或许已具有开发多线程应用的经验，可以略过前面的章节。后续章节中，我们将学习更多实例，涉及范围更广，我们还会更深入地探究标准库工具。

那么，我所说的并发和多线程，确切的含义分别是什么呢？

1.1 什么是并发

按最简单、最基本的程度理解，并发（concurrency）是两个或多个同时独立进行的活动。并发现象遍布日常生活，我们时常接触：我们可以边走路边说话；或者，左右手同时做出不一样的动作；我们每个人也都可以独立行事——当我游泳时，你可以观看足球比赛；诸如此类。

1.1.1 计算机系统中的并发

若我们谈及计算机系统中的并发，则是指同一个系统中，多个独立活动同时进行，而非依次进行。这不足为奇。多年来，多任务操作系统可以凭借任务切换，让同一台计算机同时运行多个应用软件，这早已稀松平常，而高端服务器配备了多处理器，实现了“真并发”（genuine concurrency）。大势所趋，主流计算机现已能够真真正正地并行处理多任务，而不再只是制造并发的表象。

很久之前，大多计算机都仅有一个处理器，处理器内只有单一处理单元或单个内核，许多台式计算机至今依旧如此。这种计算机在同一时刻实质上只能处理一个任务，不过，每秒内，它可以在各个任务之间多次切换，先处理某任务的一小部分，接着切换任务，同样只处理一小部分，然后对其他任务如法炮制。于是，看起来所有任务都正在同时执行。因此其被称为任务切换。至此，我们谈及的并发都基于这种模式。由于任务飞速切换，我们难以分辨处理器到底在哪一刻暂停某个任务而切换到另一个。任务切换对使用者和应用软件自身都制造出并发的表象。由于是表象，因此对比真正的并发环境，当应用程序在进行任务切换的单一处理器环境下运行时，其行为可能稍微不同。具体而言，如果就内存模型（见第 5 章）做出不当假设，本来会导致某些问题，但这些问题在上述环境中却有可能不会出现。第 10 章将对此深入讨论。

多年来，配备了多处理器的计算机一直被用作服务器，它要承担高性能的计算任务；现今，基于一芯多核处理器（简称多核处理器）的计算机日渐普及，多核处理器也用在台式计算机上。无论是装配多个处理器，还是单个多核处理器，或是多个多核处理器，这些计算机都能真正并行运作多个任务，我们称之为硬件并发（hardware concurrency）。

图 1.1 所示为理想化的情景。计算机有两个任务要处理，将它们进行十等分。在双核机（具有两个处理核）上，两个任务在各自的核上分别执行。另一台单核机则切换任务，交替执行任务小段，但任务小段之间略有间隔。在图 1.1 中，单核机的任务小段被灰色小条隔开，它们比双核机的分隔条粗大。为了交替执行，每当系统从某一个任务切换到另一个时，就必须完成一次上下文切换（context switch），于是耗费了时间。若要完成一次上下文切换，则操作系统需保存当前任务的 CPU 状态和指令指针[1]，判定需要切换到哪个任务，并为之重新加载 CPU 状态。接着，CPU 有可能需要将新任务的指令和数据从内存加载到缓存，这或许会妨碍 CPU，令其无法执行任何指令，加剧延迟。

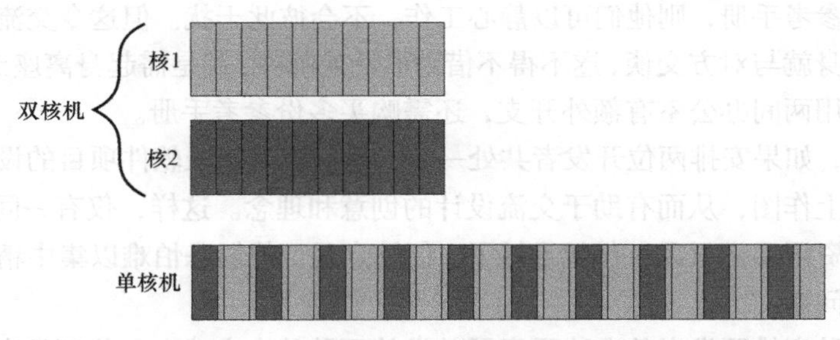

图 1.1 两种并发方式：双核机上的并发执行与单核机上的任务切换

尽管多处理器或多核系统明显更适合硬件并发，不过有些处理器也能在单核上执行多线程。真正需要注意的关键因素是硬件支持的线程数（hardware threads），也就是硬件自身真正支持同时运行的独立任务的数量。即便是真正支持硬件并发的系统，任务的数量往往容易超过硬件本身可以并行处理的数量，因而在这种情形下任务切换依然有用。譬如，常见的台式计算机能够同时运行数百个任务，在后台进行各种操作，表面上却处于空闲状态。正是由于任务切换，后台任务才得以运作，才容许我们运行许多应用软件，如文字处理软件、编译器、编辑软件，以及浏览器等。图 1.2 展示了双核机上 4 个任务的相互切换，这同样是理想化的情形，各个任务都被均匀切分。实践中，许多问题会导致任务切分不均匀或调度不规则。我们将在第 8 章探究影响并发代码性能的因素，将解决上述某些问题。

1 译者注：指令指针（Instruction Pointer，IP），又称为 Program Counter，简称 PC，是 CPU 硬件的一部分，用于记录即将执行的下一条指令的地址。它不同于 C++/C 语言中的指针。

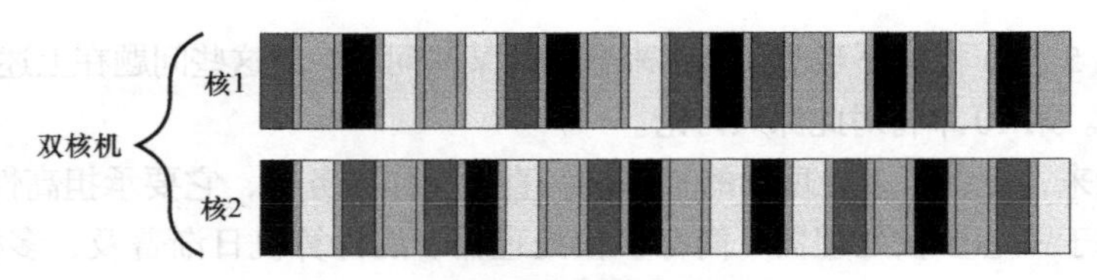

图1.2　4个任务在双核机上切换

本书涉及的技术、函数和类适用于各种环境：无论负责运行的计算机是配备了单核单处理器，还是多核多处理器；无论其并发功能如何实现，是凭借任务切换，还是真正的硬件并发，一概不影响使用。然而，也许读者会想到，应用软件如何充分利用并发功能，很大程度上取决于硬件所支持的并发任务数量。我们将在第8章讲述设计并发的C++代码的相关议题，也会涉及这点。

1.1.2　并发的方式

设想两位开发者要共同开发一个软件项目。假设他们处于两间独立的办公室，而且各有一份参考手册，则他们可以静心工作，不会彼此干扰。但这令交流颇费周章：他们无法一转身就与对方交谈，遂不得不借助电话或邮件，或是需起身离座走到对方办公室。另外，使用两间办公室有额外开支，还需购买多份参考手册。

现在，如果安排两位开发者共处一室，他们就能畅谈软件项目的设计，也便于在纸上或壁板上作图，从而有助于交流设计的创意和理念。这样，仅有一间办公室要管理，并且各种资源通常只需一份就足够了。但缺点是，他们恐怕难以集中精神，共享资源也可能出现问题。

这两种安排开发者的办法示意了并发的两种基本方式。一位开发者代表一个线程，一间办公室代表一个进程。第一种方式采用多个进程，各进程都只含单一线程，情况类似于每位开发者都有自己的办公室；第二种方式只运行单一进程，内含多个线程，正如两位开发者同处一间办公室。我们可以随意组合这两种方式，掌控多个进程，其中有些进程包含多线程，有些进程只包含单一线程，但基本原理相同。接着，我们来简略看看应用软件中的这两种并发方式。

1. 多进程并发

在应用软件内部，一种并发方式是，将一个应用软件拆分成多个独立进程同时运行，它们都只含单一线程，非常类似于同时运行浏览器和文字处理软件。这些独立进程可以通过所有常规的进程间通信途径相互传递信息（信号、套接字、文件、管道等），如图1.3所示。这种进程间通信普遍存在短处：或设置复杂，或速度慢，甚至二者兼有，因为操作系统往往要在进程之间提供大量防护措施，以免某进程意外改动另一个进程的数据；还有一个短处是运行多个进程的固定开销大，进程的启动花费时间，操作系统必须调配内部资源来管控进程，等等。

进程间通信并非一无是处：通常，操作系统在进程间提供额外保护和高级通信机制。这就意味着，比起线程，采用进程更容易编写出安全的并发代码。某些编程环境以进程作为基本构建单元，其并发效果确实一流，譬如为 Erlang 编程语言准备的环境。

运用独立的进程实现并发，还有一个额外优势——通过网络连接，独立的进程能够在不同的计算机上运行。这样做虽然增加了通信开销，可是只要系统设计精良，此法足以低廉而有效地增强并发力度，改进性能。

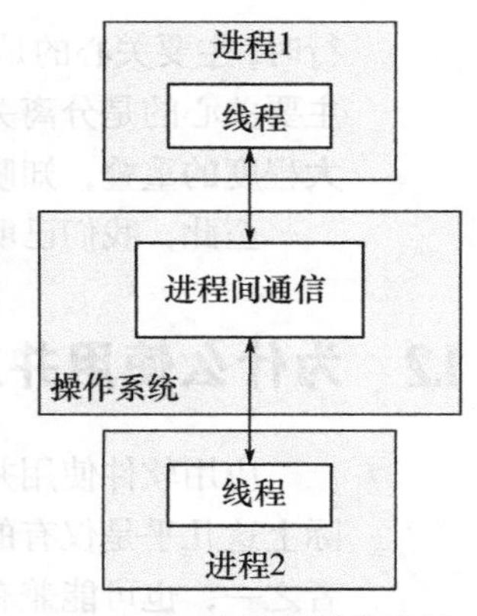

图 1.3　两个进程并发运行并相互通信

2. 多线程并发

另一种并发方式是在单一进程内运行多线程。线程非常像轻量级进程：每个线程都独立运行，并能各自执行不同的指令序列。不过，同一进程内的所有线程都共用相同的地址空间，且所有线程都能直接访问大部分数据。全局变量依然全局可见，指向对象或数据的指针和引用能在线程间传递。尽管进程间共享内存通常可行，但这种做法设置复杂，往往难以驾驭，原因是同一数据的地址在不同进程中不一定相同。图 1.4 展示了单一进程内的两个线程借共享内存通信。

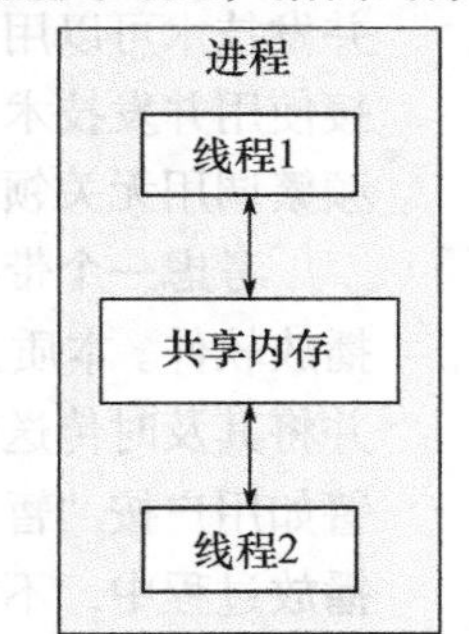

图 1.4　单一进程内的两个线程借共享内存通信

我们可以启用多个单线程的进程并在进程间通信，也可以在单一进程内发动多个线程而在线程间通信，后者的额外开销更低。因此，即使共享内存带来隐患，主流语言大都青睐以多线程的方式实现并发功能，当中也包括 C++。再加上 C++本身尚不直接支持进程间通信，所以采用多进程的应用软件将不得不依赖于平台专属的应用程序接口（Application Program Interface，API）。鉴于此，本书专攻多线程并发，后文再提及并发，便假定采用多线程实现。

提到多线程代码，还常常用到一个词——并行。接下来，我们来厘清并发与并行的区别。

1.1.3　并发与并行

就多线程代码而言，并发与并行（parallel）的含义很大程度上相互重叠。确实，在多数人看来，它们就是相同的。二者差别甚小，主要是着眼点和使用意图不同。两个术语都是指使用可调配的硬件资源同时运行多个任务，但并行更强调性能。当人们谈及并行时，主要关心的是利用可调配的硬件资源提升大规模数据处理的性能；当谈及并发时，主要关心的是分离关注点或响应能力。这两个术语之间并非泾渭分明，它们之间仍有很大程度的重叠，知晓这点会对后文的讨论有所帮助，两者的范例将穿插本书。

至此，我们已明晰并发的含义，现在来看看应用软件为什么要使用并发技术。

1.2 为什么使用并发技术

应用软件使用并发技术的主要原因有两个：分离关注点与性能提升。据我所知，实际上这几乎是仅有的用到并发技术的原因。如果寻根究底，任何其他原因都能归结为二者之一，也可能兼有（除非硬要说“因为我就是想并发”）。

1.2.1 为分离关注点而并发

一直以来，编写软件时，分离关注点（separation of concerns）几乎总是不错的构思：归类相关代码，隔离无关代码，使程序更易于理解和测试，因此所含缺陷很可能更少。并发技术可以用于隔离不同领域的操作，即便这些不同领域的操作需同时进行；若不直接使用并发技术，我们将不得不编写框架做任务切换，或者不得不在某个操作步骤中，频繁调用无关领域的代码。

考虑一个带有用户界面的应用软件，需要由 CPU 密集处理，如台式计算机上的 DVD 播放软件。本质上，这个应用软件肩负两大职责：既要从碟片读取数据，解码声音影像，并将其及时传送给图形硬件和音效硬件，让 DVD 顺畅放映，又要接收用户的操作输入，譬如用户按“暂停”“返回选项单”“退出”等键。假若采取单一线程，则该应用软件在播放过程中，不得不定时检查用户输入，结果会混杂播放 DVD 的代码与用户界面的代码。改用多线程就可以分离上述两个关注点，一个线程只负责用户界面管理，另一个线程只负责播放 DVD，用户界面的代码和播放 DVD 的代码遂可避免紧密纠缠。两个线程之间还会保留必要的交互，例如按“暂停”键，不过这些交互仅仅与需要立即处理的事件直接关联。

如果用户发送了操作请求，而播放 DVD 线程正忙，无法马上处理，那么在请求被传送到该线程的同时，代码通常能令用户界面线程立刻做出响应，即便只是显示光标或提示“请稍候”。这种方法使得应用软件看起来响应及时。类似地，某些必须在后台持续工作的任务，则常常交由独立线程负责运行，例如，让桌面搜索应用软件监控文件系统变动。此法基本能大幅简化各线程的内部逻辑，原因是线程间交互得以限定于代码中可明确辨识的切入点，而无须将不同任务的逻辑交错散置。

这样，线程的实际数量便与 CPU 既有的内核数量无关，因为用线程分离关注点的依据是设计理念，不以增加运算吞吐量为目的。

1.2.2 为性能而并发：任务并行和数据并行

多处理器系统已存在数十年，不过一直以来它们大都只见于巨型计算机、大型计算机和大型服务器系统。但是，芯片厂家日益倾向设计多核芯片，在单一芯片上集成2个、4个、16个或更多处理器，从而使其性能优于单核芯片。于是，多核台式计算机日渐流行，甚至多核嵌入式设备亦然。不断增强的算力并非得益于单个任务的加速运行，而是来自多任务并行运作。从前，处理器更新换代，程序自然而然随之加速，程序员可以"坐享其成，不劳而获"。但现在，正如Herb Sutter指出的"免费午餐没有了![1]"，软件若要利用增强的这部分算力，就必须设计成并发运行任务。所以程序员必须警觉，特别是那些踌躇不前、忽视并发技术的同业，有必要注意熟练掌握并发技术，储备技能。

增强性能的并发方式有两种。第一种，最直观地，将单一任务分解成多个部分，各自并行运作，从而节省总运行耗时。此方式即为任务并行。尽管听起来浅白、直接，但这却有可能涉及相当复杂的处理过程，因为任务各部分之间也许存在纷繁的依赖。任务分解可以针对处理过程，调度某线程运行同一算法的某部分，另一线程则运行其他部分；也可以针对数据，线程分别对数据的不同部分执行同样的操作，这被称为数据并行。

易于采用上述并行方式的算法常常被称为尴尬并行[2]算法。其含义是，将算法的代码并行化实在简单，甚至简单得会让我们尴尬，实际上这是好事。我还遇见过用其他术语描述这类算法，叫"天然并行"（naturally parallel）与"方便并发"（conveniently concurrent）。尴尬并行算法具备的优良特性是可按规模伸缩——只要硬件支持的线程数目增加，算法的并行程度就能相应提升。这种算法是成语"众擎易举"的完美体现。算法中除尴尬并行以外的部分，可以另外划分成一类，其并行任务的数目固定（所以不可按规模伸缩）。第8章和第10章将涵盖按线程分解任务的方法。

第二种增强性能的并发方式是利用并行资源解决规模更大的问题。例如，只要条件适合，便同时处理2个文件，或者10个，甚至20个，而不是每次1个。同时对多组数据执行一样的操作，实际上是采用了数据并行，其着眼点有别于任务并行。采用这种方式处理单一数据所需的时间依旧不变，而同等时间内能处理的数据相对更多。这种方式明显存在局限，虽然并非任何情形都会因此受益，但数据吞吐量却有所增加，进而带来突破。例如，若能并行处理视频影像中不同的区域，就会提升视频处理的解析度。

---

1 出自文章"免费午餐没有了：软件从根本上转向并发"，作者Herb Sutter，原文题目为"The Free Lunch Is Over: A Fundamental Turn Toward Concurrency in Software"，刊于Dr. Dobb's Journal, 30(3), March 2005。

2 译者注：即embarrasingly parallel，又名pleasingly parallel，也有人译成"易并行"。

1.2.3　什么时候避免并发

知道何时避免并发，与知道何时采用并发同等重要。归根结底，不用并发技术的唯一原因是收益不及代价。多数情况下，采用了并发技术的代码更难理解，编写和维护多线程代码会更劳心费神，并且复杂度增加可能导致更多错误。编写正确运行的多线程代码需要额外的开发时间和相关维护成本，除非潜在的性能提升或分离关注点而提高的清晰度值得这些开销，否则别使用并发技术。

此外，性能增幅可能不如预期。线程的启动存在固有开销，因为系统须妥善分配相关的内核资源和栈空间，然后才可以往调度器添加新线程，这些都会耗费时间。假如子线程上运行的任务太快完成，处理任务本身的时间就会远短于线程启动的时间，结果，应用程序的整体性能很可能还不如完全由主线程直接执行任务的性能。

再者，线程是一种有限的资源。若一次运行太多线程，便会消耗操作系统资源，可能令系统整体变慢。而且，由于每个线程都需要独立的栈空间[1]，如果线程太多，就可能耗尽所属进程的可用内存或地址空间。在采用扁平模式内存架构的 32 位进程中，可用的地址空间是 4GB，这很成问题：假定每个线程栈的大小都是 1MB（这个大小常见于许多系统），那么 4096 个线程即会把全部地址空间耗尽，使得代码、静态数据和堆数据无地立足。尽管 64 位系统（或指令集宽度更大的系统）对地址空间的直接限制相对宽松，但其资源依旧有限，运行太多线程仍将带来问题。虽然线程池可用于控制线程数量（见第 9 章），但也非万能妙法，它自身也有局限。

假设，在服务器端，客户端/服务器（Client/Server，C/S）模式的应用程序为每个连接发起一个独立的线程。如果只有少量连接，这尚能良好工作。不过，请求量巨大的服务器需要处理的连接数目庞大，若采用同样的方法，就会发起过多线程而很快耗尽系统资源。针对这一情形，如果要达到最优性能，便须谨慎使用线程池（见第 9 章）。

最后，运行的线程越多，操作系统所做的上下文切换就越频繁，每一次切换都会减少本该用于实质工作的时间。结果，当线程数目达到一定程度时，再增加新线程只会降低应用软件的整体性能，而不会提升性能。正因如此，若读者意在追求最优系统性能，则须以可用的硬件并发资源为依据（或反之考虑其匮乏程度），调整运行线程的数目。

为了提升性能而使用并发技术，与其他优化策略相仿：它极具提升应用程序性能的潜力，却也可能令代码复杂化，使之更难理解、更容易出错。所以，对于应用程序中涉及性能的关键部分，若其具备提升性能的潜力，收效可观，才值得为之实现并发功能。当然，如果首要目标是设计得清楚明晰或分离关注点，而提升性能居次，也值得采用多线程设计。

1　译者注：指可执行程序在系统上运行时，各线程自身专有的内存区域，也分别称为栈数据段和堆数据段，它们有别于数据结构中的栈概念和 std 栈容器，详见《程序员的自我修养》。

倘若读者已决意在应用软件中使用并发技术，不论是为了性能，还是为了分离关注点，或是因为“多线程的良辰吉日已到”，那么这对 C++程序员意义何在？

1.3 并发与 C++多线程

以标准化形式借多线程支持并发是 C++的新特性。C++11 标准发布后，我们才不再依靠平台专属的扩展，可以用原生 C++直接编写多线程代码。标准 C++线程库的成型历经种种取舍，若要掌握其设计逻辑，则知晓其历史渊源颇为重要。

1.3.1 C++多线程简史

1998 年发布的 C++标准并没有采纳线程，许多语言要素在设定其操作效果之时，考虑的依据是抽象的串行计算机（sequential abstract machine）[1]。不仅如此，内存模型亦未正式定义，若不依靠编译器相关的扩展填补 C++98 标准的不足，就无法写出多线程程序。

为了支持多线程，编译器厂商便自行对 C++进行扩展；广泛流行的 C 语言的多线程 API，如符合 POSIX 规范的 C 语言多线程接口[2]和微软 Windows 系统的多线程 API，使得许多 C++厂商借助各种平台专属的扩展来支持多线程。这种来自编译器的支持普遍受限，在特定平台上只能使用相应的 C 语言 API，并且须确保 C++运行库（譬如异常处理机制的代码）在多线程场景下可以正常工作。尽管甚少编译器厂商给出了正规的多线程内存模型，但编译器和处理器运作优良，使数量庞大的多线程程序得以用 C++写就。

C++程序员并不满足于使用平台专属的 C 语言 API 处理多线程，他们更期待 C++类库提供面向对象的多线程工具。应用程序框架（如微软基础类库[3]）和通用的 C++程序库（如 Boost 和自适配通信环境[4]）已累积开发了多个系列的 C++类，封装了平台专属的底层 API，并提供高级的多线程工具以简化编程任务。尽管 C++类库的具体细节千差万别，特别是在启动新线程这一方面，但这些 C++类的总体特征有很多共同之处。例如，通过资源获取即初始化（Resource Acquisition Is Initialization，RAII）的惯用手法进行锁操作，它确保了一旦脱离相关作用域，被锁的互斥就自行解开。这项设计特别重要，为许多 C++类库所共有，使程序员受益良多。

现有的 C++编译器在许多情况下都能支持多线程，再结合平台专属的 API 以及平台

1 译者注：指单一 CPU 环境下，程序默认按单线程运行。

2 译者注：即 POSIX 线程库（POSIX threads），简称 pthreads。

3 译者注：微软基础类库（Microsoft Foundation Classes，MFC）。

4 译者注：自适配通信环境（ADAPTIVE Communication Environment，ACE），是一个主要针对通信功能的开源软件框架。

无关的类库，如 Boost 和 ACE，为编写多线程的 C++代码奠定了坚实的基础。于是，无数多线程应用的组件由 C++写成，代码量庞大，以百万行计。不过它们缺乏统一标准的支持，这意味着，由于欠缺多线程内存模型，因此在某些情形下程序会出现问题，下面两种情形尤甚：依赖某特定的处理器硬件架构来获得性能提升，或是编写跨平台代码，但编译器的行为却因平台而异。

1.3.2 新标准对并发的支持

随着 C++11 标准的发布，上述种种弊端被一扫而空。C++标准库不仅规定了内存模型，可以区分不同线程，还扩增了新类，分别用于线程管控（见第 2 章）、保护共享数据（见第 3 章）、同步线程间操作（见第 4 章）以及底层原子操作（见第 5 章）等。

前文提及的几个 C++类库在过往被使用过程中积累了很多经验，C++11 线程库对它们颇为倚重。具体而言，新的 C++库以 Boost 线程库作为原始范本，其中很多类在 Boost 线程库中存在对应者，名字和结构均一致。另外，Boost 线程库自身做了多方面改动，以遵循 C++标准。因此，原来的 Boost 使用者应该会对标准 C++线程库深感熟悉。

正如本章开篇所述，C++11 标准进行了多项革新，支持并发特性只是其中之一，语言自身还有很多的改进，以便程序员挥洒自如。虽然这些改进普遍超出本书范围，但其中一部分直接影响了 C++线程库本身及其使用方式。附录 A 将简要介绍这些 C++新特性。

1.3.3 C++14 和 C++17 进一步支持并发和并行

C++14 进一步增添了对并发和并行的支持，具体而言，是引入了一种用于保护共享数据的新互斥（见第 3 章）。C++17 则增添了一系列适合新手的并行算法函数（见第 10 章）。这两版标准都强化了 C++的核心和标准程序库的其他部分，简化了多线程代码的编写。

如前文所述，C++标准委员会还发布了并发技术规约，详述了对 C++标准提供的类和函数所做的扩展，特别是有关线程间的同步操作。

C++明确规定了原子操作的语义，并予以直接支持，使开发者得以摆脱平台专属的汇编语言，仅用纯 C++即可编写出高效的代码。对于力求编写高效且可移植的代码的开发者，这简直如有神助：不但由编译器负责处理平台的底层细节，还能通过优化器把操作语义也考虑在内，两者联手改进性能，使程序的整体优化效果更上一层楼。

1.3.4 标准 C++线程库的效率

通常，对于从事高性能计算工作的开发者，无论是从整体上考量 C++，还是就封装了底层工具的 C++类而言（具体来说，以新的标准 C++线程库中的类为例），他们最在意的因素通常是运行效率。若要实现某项功能，代码可以借助高级工具，或者直接使用底层工具。两种方式的运行开销不同，该项差异叫作抽象损失[1]。如果读者追求极致性能，清楚这点便尤为重要。

在设计 C++标准库和标准 C++线程库时，C++标准委员会对此非常注意。其中一项设计目标是，假定某些代码采用了 C++标准库所提供的工具，如果改换为直接使用底层 API，应该不会带来性能增益，或者收效甚微。因此，在绝大多数主流平台上，C++标准库得以高效地实现（低抽象损失）。

总有开发者追求性能极限，恨不得下探最底层，亲手掌控半导体器件，以穷尽计算机的算力。C++标准委员会的另一个目标是，确保 C++提供充足的底层工具来满足需求。为此，新标准带来了新的内存模型，以及全方位的原子操作库，其能直接单独操作每个位、每个字节，还能直接管控线程同步，并让线程之间可以看见数据变更。过去，开发者若想深入底层，就得选用平台专属的汇编语言；现在，在许多场合，这些原子型别和对应的操作都足以取而代之。只要代码采用了新标准的数据型别与操作，便更具可移植性，且更容易维护。

C++标准库还提供了高级工具，抽象程度更高，更易于编写多线程代码，出错机会更少。使用这些工具必须执行额外的代码[2]，所以有时确实会增加性能开销，但这种性能开销不一定会引发更多抽象损失。与之相比，实现同样的功能，手动编写代码所产生的开销往往更高。此外，对于上述绝大部分额外的代码，编译器会妥善进行内联。

针对某种特定的使用需求，一些高级工具提供了所需功能，有时还给出了额外功能，超出了原本的需求。在大多情况下，这都不成问题：未被使用的功能完全不产生开销。只有在极少数情况下，这些未被使用的功能会影响其他代码的性能。若读者追求卓越性能，无奈高级工具的开销过大，那最好还是利用底层工具亲自编写所需功能。在绝大部分情况中，这将导致复杂度和出错的可能性同时大增，而性能提升却十分有限，得益远远不偿所失。有时候，即便性能剖析表明瓶颈在于 C++标准库的工具，但根本原因还是应用程序设计失当，而非类库的实现欠佳。譬如，如果太多线程争抢同一个互斥对象，就会严重影响性能。与其试图压缩互斥操作以节省琐碎时间，不如重新构建应用程序，从根本上减少对互斥对象的争抢，收效很可能更明显。第 8 章会涵盖上述议题：如何设计并发应用，减少资源争抢。

C++标准库还是有可能无法达到性能要求，无法提供所需的功能，但这种情况非常少，一旦出现这种情况，就似乎有必要使用平台专属的工具了。

1 译者注：即 abstraction penalty，也有人按字面意思译成“抽象惩罚”。

2 译者注：相比直接调用底层接口，C++标准库的类涉及封装、继承、多态、聚合或维护线程相关信息等额外工作。

1.3.5 平台专属的工具

虽然标准 C++线程库给出了相当全面的多线程和并发工具，但在任何特定的平台上，总有平台专属的工具超额提供标准库之外的功能。为了可以便捷利用这些工具，同时又能照常使用标准 C++线程库，C++线程库的某些型别有可能提供成员函数 native_handle()，允许它的底层直接运用平台专属的 API。因其本质使然，任何采用 native_handle()的操作都完全依赖于特定平台，这也超出了本书的范围（以及 C++标准库自身的范围）。

在考虑使用平台专属的工具之前，有必要了解标准库提供的功能。我们从一个实例开始。

1.4 启程上路

假定我们已经拥有一个优良的编译器，其符合 C++11、C++14、C++17 标准。从何入手？

多线程 C++程序长什么样子？它看起来非常像其他 C++程序，由常见的变量、类和函数组成。他们之间真正的区别仅仅在于某些函数可能并发运行，因而必须保证共享数据能安全、可靠地被并发访问，第 3 章将对此展开介绍。为了并发运行函数，我们必须使用特定的函数和对象，以管控不同的线程。

实例——“Hello Concurrent World”

我们从经典的程序范例起步，输出“Hello World”。简单的单线程“Hello World”程序示例如下，它是多线程版本的基础。

```
#include <iostream>
int main()
{
    std::cout<<"Hello World\n";
}
```

这个程序的全部动作就是将“Hello World”写到标准输出。作为对照，简单的“Hello Concurrent World”并发程序示例如代码清单 1.1 所示，它启动一个独立的线程来显示这条消息。

代码清单 1.1　一个简单的“Hello Concurrent World”并发程序

```
#include <iostream>
#include <thread>
```

```
void hello()
{
    std::cout<<"Hello Concurrent World\n";
}

int main()
{
    std::thread t(hello);
    t.join();
}
```

两个程序的第一个不同之处是代码清单 1.1 增加了头文件<thread>。C++标准库引入了多个新的头文件，它们包含支持多线程的相关声明：管控线程的函数和类在<thread>中声明，而有关共享数据保护的声明则位于别的头文件之中。

第二个不同之处是代码清单 1.1 中写消息的代码被安置到一独立函数内。这是因为每个线程都需要一个起始函数（initial function），新线程从这个函数开始执行。就应用程序的起始线程（initial thread）而言，该函数是 main()。然而对于别的线程，其起始函数需要在 std::thread 对象的构造函数中指明。本例中，变量名为 t 的 std::thread 对象以新引入的 hello()作为起始函数。

第三个不同之处是代码清单 1.1 并没有在 main()中直接向标准输出写数据，或在 main()中调用 hello()，而是启动一个新线程来执行输出，于是就有两个线程存在，起始线程从 main()开始执行，新线程则从 hello()开始执行。

新线程启动后，起始线程继续执行。如果起始线程不等待新线程结束，就会一路执行，直到 main()结束，甚至很可能直接终止整个程序，新线程根本没有机会启动[1]。这正是要调用 join()的原因（见第 2 章），该调用会令主线程等待子线程，前者负责执行 main()函数，后者则与 std::thread 对象关联，即本例中的变量 t。

如此看来，仅仅将一条消息写到标准输出，便要下许多功夫。1.2.3 节已有说明，完成这种简单任务往往不值得大费周章动用多线程，特别是当起始线程"无所事事"，别的线程却"疲于奔命"时。后文我们将借多个范例展现各种场景，说明什么情况下使用多线程会有明显收益。

1.5 小结

我们在这一章解释了并发和多线程的含义，以及应用软件为什么选择采纳并发技术（或选择避免）。我们还回顾了 C++多线程简史：先指出了 1998 年版的 C++标准完全欠缺对多线程的支持，接着说明了存在各种平台专属的扩展来补足，然后介绍了新的 C++11 标准正式支持多线程，以及 C++14、C++17 标准和并发技术规约。为增强处理能

1 译者注：假若没有调用 join()而引发这种情况，程序会报错并退出，而非正常终止。

力，当今的芯片厂家选择以多核的方式同时执行更多任务，而非维持单核的 CPU 架构来提升执行速度。于是，新时代 CPU 的硬件并发能力日益强大。新标准对多线程的支持正逢天时地利，让程序员得以物尽其用。

我们在 1.4 节中以实例示范，轻松使用了 C++标准库中的多线程相关的类和函数。在 C++环境下，多线程本身和多线程的使用都不复杂，复杂之处在于设计代码，令其行为与设计意图相符。

通过 1.4 节的实例小试牛刀后，是时候进一步实战了。我们会在第 2 章探究线程管控的类和函数。

第 2 章　线程管控

本章内容：

- 启动线程，并通过几种方式为新线程指定运行代码。
- 等待线程完成和分离线程并运行。
- 唯一识别线程。

想必读者已决意为应用程序实现并发，而且确定采用多线程技术。从何入手？怎么启动线程？怎么查验它们是否已经结束？怎么监测其运行状态？我们将发现，运用 C++标准库就能使线程管控的大部分工作变得相对简单：如果给定一个线程，只要令 std::thread 对象与之关联，就能管控该线程的几乎每个细节。对于复杂的任务，C++标准库还提供了基础构建单元以满足所需，我们可以灵活选择，直接使用。

在本章中，我们会从基础开始讲解：发起线程，然后等待它结束，或让它在后台运行。接着，我们将学习在启动时向线程函数传递参数，以及如何把线程的归属权从某个 std::thread 对象转移给另一个。最后，我们会探讨怎样选择合适数量的线程，以及怎样识别特定的线程。

2.1　线程的基本管控

每个 C++程序都含有至少一个线程，即运行 main()的线程，它由 C++运行时（C++ runtime）系统启动。随后，程序就可以发起更多线程，它们以别的函数作为入口（entry point）。这些新线程连同起始线程并发运行。当 main()返回时，程序就会退出；同样，当入口函数返回时，对应的线程随之终结。我们会看到，如果借 std::thread 对象管控线程，即可选择等它自然结束。不过，首先要让线程启动，所以我们来学习发起线程。

2.1.1 发起线程

如第 1 章所述，线程通过构建 std::thread 对象而启动，该对象指明线程要运行的任务。最简单的任务就是运行一个普通函数，返回空，也不接收参数。函数在自己的线程上运行，等它一返回，线程即随之终止。复杂任务则是另一个极端，它可以由函数对象（function object）表示，还接收参数，并且在运行过程中，经由某种消息系统协调，按照指定执行一系列独立操作，只有收到某指示信号（依然经由消息系统接收）时，线程才会停止。不论线程具体要做什么，也不论它从程序内哪个地方发起，只要通过 C++标准库启动线程，归根结底，代码总会构造 std::thread 对象：

```
void do_some_work();
std::thread my_thread(do_some_work);
```

当然，我们需要包含头文件<thread>，才能让编译器清楚 std::thread 类的定义。

与 C++标准库中的许多类型相同，任何可调用类型（callable type）[1]都适用于 std::thread。于是，作为代替，我们可以设计一个带有函数调用操作符（function call operator）[2]的类，并将该类的实例传递给 std::thread 的构造函数：

```
class background_task
{
public:
    void operator()() const
    {
        do_something();
        do_something_else();
    }
};
background_task f;
std::thread my_thread(f);
```

上面的代码在构造 std::thread 实例时，提供了函数对象 f 作为参数，它被复制到属于新线程的存储空间中，并在那里被调用，由新线程执行。故此，副本的行为必须与原本的函数对象等效，否则运行结果可能有违预期。

将函数对象传递给 std::thread 的构造函数时，要注意防范所谓的“C++最麻烦的解

---

1 译者注：包括函数指针、函数对象、lambda 等，能让使用者对其进行函数调用操作，详见标准文件 ISO/IEC 14882:2011 的 20.8.1 节。

2 译者注：重载的圆括号操作符，即成员函数 void operator()()，其中第一个圆括号用于表明函数名，第二个圆括号则用于接收参数。

释”（C++'s most vexing parse）[1]。假设，传入的是临时变量，而不是具名变量，那么调用构造函数的语法有可能与函数声明相同。遇到这种情况，编译器就会将其解释成函数声明，而不是定义对象。例如，语句“std::thread my_thread(background_task());”的本意是发起新线程，却被解释成函数声明：函数名是 my_thread，只接收一个参数，返回 std::thread 对象，接收的参数是函数指针，所指向的函数没有参数传入，返回 background_task 对象；该指针是对 background_task()的不当解释，其原意是生成临时的匿名函数对象。为临时函数对象命名即可解决问题，做法是多用一对圆括号，或采用新式的统一初始化语法（uniform initialization syntax，又名列表初始化），例如：

```
std::thread my_thread((background_task()));
std::thread my_thread{background_task()};
```

上面第一行代码加入了额外的圆括号，以防语句被解释成函数声明。于是，my_thread 被声明成变量，类型是 std::thread。第二行代码改用了新式的统一初始化语法，采用花括号而非圆括号，因而同样声明了一个变量。

为避免这种问题，我们还能采用 lambda 表达式。它是 C++11 的新特性，属于可调用对象，它准许我们编写局部函数，能捕获某些局部变量，又无须另外传递参数（见 2.2 节）。欲了解 lambda 表达式的全部细节，请参阅附录 A.5 节。前面的例子可以用 lambda 表达式写成如下形式：

```
std::thread my_thread([]{
    do_something();
    do_something_else();
});
```

一旦启动了线程，我们就需明确是要等待它结束（与之汇合，见 2.1.2 节），还是任由它独自运行（与之分离，见 2.1.3 节）。假如等到 std::thread 对象销毁之际还没决定好，那 std::thread 的析构函数将调用 std::terminate()终止整个程序。所以，当务之急是设定新线程，使之正确地汇合或分离，即便有异常抛出也照样如此。2.1.3 节将介绍一种技法，以应付发生异常的情形。请注意，我们只需在 std::thread 对象销毁前做出决定——线程本身可能在汇合或分离前就早已结束。如果选择了分离，且分离时新线程还未结束运行，那它将继续运行，甚至在 std::thread 对象销毁很久之后依然运行，它只有最终从线程函数返回时才会结束运行。

假定程序不等待线程结束，那么在线程运行结束前，我们需保证它所访问的外部数据始终正确、有效。这并非新问题，在单线程代码中，试图访问已销毁的对象同样是未定义的行为。不过，因为使用多线程，所以我们可能会经常面临这种生存期问题。

---

1 译者注：这是半开玩笑的说法，由 Scott Meyers 在 *Effective STL* 一书中提出，含义是：针对存在二义性的 C++语句，只要它有可能被解释成函数声明，编译器就肯定将其解释成函数声明。C++正式标准中明确规定了这一法则，详见标准文件 ISO/IEC 14882:2011 的 8.2 节。

以下情形会诱发该问题：新线程上的函数持有指针或引用，指向主线程的局部变量；但主线程所运行的函数退出后，新线程却还没结束。代码清单 2.1 再现了这一情形。

代码清单 2.1 当前线程的函数已返回，新线程却仍能访问其局部变量

```
struct func
{
    int& i;
    func(int& i_):i(i_){}
    void operator()()
    {
        for(unsigned j=0;j<1000000;++j)
        {
            do_something(i);    ←  ①隐患：可能访问悬空引用
        }
    }
};
void oops()
{
    int some_local_state=0;
    func my_func(some_local_state);
    std::thread my_thread(my_func);   ②不等待新线程结束
    my_thread.detach();
}    ←  ③新线程可能仍在运行，而主线程的函数却已结束
```

我们在本例中调用 detach()，明确设定不等待。于是在 oops()退出后，与 my_thread 对象关联的新线程很可能仍继续运行。如果新线程继续运行，表 2.1 所示的情形就会出现：do_something()的下一次调用会访问已经被销毁的局部变量。和普通的单线程代码一样，在函数退出后，程序依然准许指针或引用持续指向其局部变量，这绝不是好的构思，然而多线程代码更容易导致这种错误，因为即使出现了以上情形，错误也不一定立刻发生。

表 2.1 主线程的局部变量被销毁后，分离的线程仍会访问局部变量

主 线 程	新 线 程
构造 my_func 对象，引用局部变量 some_local_state	
通过 my_thread 对象启动新线程	
	新线程启动
	调用 func::operator()
分离新线程 my_thread	运行 func::operator(); 调用 do_something()函数， 进而引用局部变量 some_local_state
销毁局部变量 some_local_state	仍在运行
退出 oops()	继续运行 func::operator(); 调用 do_something()函数， 进而引用 some_local_state， 导致未定义行为

上述情形的处理方法通常是：令线程函数完全自含（self-contained），将数据复制到新线程内部，而不是共享数据。若由可调用对象完成线程函数的功能，那它就会完整地将数据复制到新线程内部，因此原对象即使立刻被销毁也无碍。然而，如果可调用对象含有指针或引用（类似代码清单 2.1 的代码），那我们仍需谨慎行事。具体而言，以下做法极不可取：意图在函数中创建线程，并让线程访问函数的局部变量。除非线程肯定会在该函数退出前结束，否则切勿这么做。

处理上述情形的另一种方法是汇合新线程，此举可以确保在主线程的函数退出前，新线程执行完毕。

2.1.2　等待线程完成

若需等待线程完成，那么可以在与之关联的 std::thread 实例上，通过调用成员函数 join()实现。对于代码清单 2.1 的代码，只要把调用 my_thread.detach()替换为调用 my_thread.join()，就足以确保在函数 oops()退出前（局部变量被销毁前），新线程会结束。就该例而言，利用独立线程运行可调用对象的意义不大，原因是在此期间，主线程根本未能有效工作。但在现实代码中，原始线程有可能需要完成自己的工作，也有可能发起好几个线程，令它们各自承担实质工作，而原始线程则等待它们全部完成。

join()简单而粗暴，我们抑或一直等待线程结束，抑或干脆完全不等待。如需选取更精细的粒度控制线程等待，如查验线程结束与否，或限定只等待一段时间，那我们便得改用其他方式，如条件变量和 future，我们将在第 4 章进行详细介绍。只要调用了 join()，隶属于该线程的任何存储空间即会因此清除，std::thread 对象遂不再关联到已结束的线程。事实上，它与任何线程均无关联。其中的意义是，对于某个给定的线程，join()仅能调用一次；只要 std::thread 对象曾经调用过 join()，线程就不再可汇合（joinable），成员函数 joinable()将返回 false。

2.1.3　在出现异常的情况下等待

如前文所述，在 std::thread 对象被销毁前，我们需确保已经调用 join()或 detach()。通常，若要分离线程，在线程启动后调用 detach()即可，这不成问题。然而，假使读者打算等待线程结束，则需小心地选择执行代码的位置来调用 join()。原因是，如果线程启动以后有异常抛出，而 join()尚未执行，则该 join()调用会被略过。

为了防止因抛出异常而导致的应用程序终结，我们需要决定如何处理这种情况。一般地，若调用 join()仅仅是为了处理没有出现异常的情况，那么万一发生异常，我们也仍需调用 join()，以避免意外的生存期问题。代码清单 2.2 展示了一段简单的代码，它遵从上述要求。

代码清单 2.2 等待线程结束

```
struct func;    ←── ①定义见代码清单 2.1
void f()
{
    int some_local_state=0;
    func my_func(some_local_state);
    std::thread t(my_func);
    try
    {
        do_something_in_current_thread();
    }
    catch(...)
    {
        t.join();
        throw;
    }
    t.join();
}
```

在代码清单 2.2 中，新线程依然访问 f()内的局部变量 some_local_state，而 try/catch 块的使用则保证了新线程在函数 f()退出前终结（无论 f()是正常退出还是因为异常而退出）。try/catch 块稍显冗余，还容易引发作用域的轻微错乱，故它并非理想方案。假如代码必须确保新线程先行结束，之后当前线程的函数才退出（无论是因为新线程持有引用，指向函数内的局部变量，还是其他缘故），那么关键就在于，全部可能的退出路径都必须保证这种先后次序，无论是正常退出，还是抛出异常。为此，这值得我们给出简洁、有效的实现方式。

为达成前面的目标，我们可以设计一个类，运用标准的 RAII 手法，在其析构函数中调用 join()，代码如下。请观察代码清单 2.3 如何简化函数 f()。

代码清单 2.3 利用 RAII 过程等待线程完结

```
class thread_guard
{
    std::thread& t;
public:
    explicit thread_guard(std::thread& t_):
        t(t_)
    {}
    ~thread_guard()
    {
        if(t.joinable())    ←── ①
        {
            t.join();    ②
        }
    }
    thread_guard(thread_guard const&)=delete;    ←── ③
    thread_guard& operator=(thread_guard const&)=delete;
```

```
}; <———— ④
struct func;    <——┐定义见代码清单 2.1
void f()
{
    int some_local_state=0;
    func my_func(some_local_state);
    std::thread t(my_func);
    thread_guard g(t);
    do_something_in_current_thread();
}
```

当主线程执行到 f()末尾时，按构建的逆序，全体局部对象都会被销毁。因此类型 thread_guard 的对象 g 首先被销毁，在其析构函数中，新线程汇合②。即便 do_something_in_current_thread()抛出异常，函数 f()退出，以上行为仍然会发生。

在代码清单 2.3 中，thread_guard 的析构函数先调用 joinable()①，判别 std::thread 对象能否汇合，接着才调用 join()②。该检查必不可少，因为在任何执行线程（thread of execution）上，join()只能被调用一次，假若线程已经汇合过，那么再次调用 join()则是错误行为。

复制构造函数和复制赋值操作符都以“=delete”标记③，限令编译器不得自动生成相关代码。复制这类对象或向其赋值均有可能带来问题，因为所产生的新对象的生存期也许更长，甚至超过了与之关联的线程。在销毁原对象和新对象时，分别发生两次析构，将重复调用 join()。只要把它们声明为删除函数，试图复制 thread_guard 对象就会产生编译错误。关于删除函数请参考附录 A.2 节。

若不需要等待线程结束，我们可以将其分离，从而防止异常引发的安全问题。分离操作会切断线程和 std::thread 对象间的关联。这样，std::thread 对象在销毁时肯定不调用 std::terminate()，即便线程还在后台运行，也不会调用。

2.1.4 在后台运行线程

调用 std::thread 对象的成员函数 detach()，会令线程在后台运行，遂无法与之直接通信。假若线程被分离，就无法等待它完结，也不可能获得与它关联的 std::thread 对象，因而无法汇合该线程。然而分离的线程确实仍在后台运行，其归属权和控制权都转移给 C++运行时库（runtime library，又名运行库），由此保证，一旦线程退出，与之关联的资源都会被正确回收。

UNIX 操作系统中，有些进程叫作守护进程（daemon process），它们在后台运行且没有对外的用户界面；沿袭这一概念，分离出去的线程常常被称为守护线程（daemon thread）。这种线程往往长时间运行。几乎在应用程序的整个生存期内，它们都一直运行，以执行后台任务，如文件系统监控、从对象缓存中清除无用数据项、优化数据结构等。另有一种模式，就是由分离线程执行“启动后即可自主完成”（a fire-and-forget task）的任务；我们还能通过分离线程实现一套机制，用于确认线程完成运行。

如 2.1.2 节所介绍的，若要分离线程，则需在 std::thread 对象上调用其成员函数 detach()。调用完成后，std::thread 对象不再关联实际的执行线程，故它变得从此不可汇合。

```
std::thread t(do_background_work);
t.detach();
assert(!t.joinable());
```

如果要把 std::thread 对象和线程分离，就必须存在与其关联的执行线程：若没有与其关联的执行线程，便不能在 std::thread 对象上凭空调用 detach()。这与调用 join()的前提条件毫无二致，检查方法完全相同，只有当 t.joinable()返回 true 时，我们才能调用 t.detach()。

考虑一个应用程序，如文字处理软件。为了令它同时编辑多个文件，在用户界面层面和内部层面都有多种实现方式。一种常见的做法是，创建多个独立的顶层窗口，分别与正在编辑的文件逐一对应。尽管这些窗口看起来完全独立，各有自己的选项单，但它们其实都在同一应用程序的实例中运行。相应的内部处理是，每个文件的编辑窗口都在各自线程内运行；每个线程运行的代码相同，而处理的数据有别，因为这些数据与各文件和对应窗口的属性关联。按此，打开一个新文件就需启动一个新线程。新线程只处理打开新文件的请求，并不牵涉等待其他线程的运行和结束。对其他线程而言，该文件由新线程负责，与它们无关。综上，运行分离线程就成了首选方案。

代码清单 2.4 列出一段简单代码，简略示范了上述方法。

代码清单 2.4 分离线程以处理新文件

```
void edit_document(std::string const& filename)
{
    open_document_and_display_gui(filename);
    while(!done_editing())
    {
        user_command cmd=get_user_input();
        if(cmd.type==open_new_document)
        {
            std::string const new_name = get_filename_from_user();
            std::thread t(edit_document,new_name);  //  <---- ①
            t.detach();                             //  <---- ②
        }
        else
        {
            process_user_input(cmd);
        }
    }
}
```

如果用户选择打开一个新文件，那就提示他们输入文件名，开启新线程打开该文件①，然后分离②。与当前线程一样，新线程只是对不同文件进行相同的操作，因此，只要向函数传入选定的新文件名作为参数，就能复用 edit_document()函数。

本例还展示了在新线程启动时向函数传递参数：我们向 std::thread 的构造函数传递的参数中，除了线程函数的名字，还有目标文件名①。虽然我们可以不采用接收参数的普通函数，而通过其他方式传递参数，譬如采用带有数据成员的函数对象，但还是 C++ 标准库提供的方法最为简便。

2.2 向线程函数传递参数

如代码清单 2.4 所示，若需向新线程上的函数或可调用对象传递参数，方法相当简单，直接向 std::thread 的构造函数增添更多参数即可。不过请务必牢记，线程具有内部存储空间，参数会按照默认方式先复制到该处，新创建的执行线程才能直接访问它们。然后，这些副本被当成临时变量，以右值[1]形式传给新线程上的函数或可调用对象。即便函数的相关参数按设想应该是引用，上述过程依然会发生。例如：

```
void f(int i,std::string const& s);
std::thread t(f,3,"hello");
```

这两行代码借由构造对象 t 新创建一个执行线程，它们互相关联，并在新线程上调用 f(3, "hello")。请注意，尽管函数 f()的第二个参数属于 std::string 类型，但字符串的字面内容仍以指针 char const*的形式传入，进入新线程的上下文环境以后，才转换为 std::string 类型。如果参数是指针，并且指向自动变量（automatic variable）[2]，那么这一过程会产生非常重大的影响，举例说明：

```
void f(int i,std::string const& s);
void oops(int some_param)
{
    char buffer[1024];                    // ◁—— ①
    sprintf(buffer, "%i",some_param);
    std::thread t(f,3,buffer);            // ◁—— ②
    t.detach();
}
```

在本例中，向新线程②传递的是指针 buffer，指向一个局部数组变量①。我们原本设想，buffer 会在新线程内转换成 std::string 对象，但在此完成之前，oops()函数极有可

1 译者注：右值即 rvalue，是一类表达式，本质是固定不变的“值”（相对变量之“可变”），不接受赋值，只出现在赋值表达式等号右方。它的特点是没有标识符，无法提取地址，往往是临时变量或匿名变量，仅在其所属语句中有效，满足移动语义。

2 译者注：自动变量即为代码块内声明或定义的局部变量，位于程序的栈空间。请注意，C++11 标准重新引入了 auto 关键字，但它的语义与此处完全不同。

能已经退出，导致局部数组被销毁而引发未定义行为。这一问题的根源在于：我们本来希望将指针 buffer 隐式转换成 std::string 对象，再将其用作函数参数，可惜转换未能及时发生，原因是 std::thread 的构造函数原样复制所提供的值，并未令其转换为预期的参数类型。解决方法是，在 buffer 传入 std::thread 的构造函数之前，就把它转化成 std::string 对象。

```
void f(int i,std::string const& s);
void not_oops(int some_param)
{
    char buffer[1024];
    sprintf(buffer,"%i",some_param);
    std::thread t(f,3,std::string(buffer));   <-- 使用 std::string 避免悬空指针
    t.detach();
}
```

与 oops 函数相反的情形是，我们真正想要的是非 const 引用（non-const reference），而整个对象却被完全复制。但这不可能发生，因为编译根本无法通过。读者可尝试按引用的方式传入一个数据结构，以验证线程能否对其进行更新，例如：

```
void update_data_for_widget(widget_id w,widget_data& data);   // <-- ①
void oops_again(widget_id w)
{
    widget_data data;
    std::thread t(update_data_for_widget,w,data);   // <-- ②
    display_status();
    t.join();
    process_widget_data(data);
}
```

根据 update_data_for_widget()函数的声明，第二个参数会以引用方式传入①，可是 std::thread 的构造函数对此却并不知情，它全然忽略 update_data_for_widget()函数所期望的参数类型，直接复制我们提供的值②。然而，线程库的内部代码会把参数的副本（于②处由对象 data 复制得出，位于新线程的内部存储空间）当成 move-only 型别（只能移动，不可复制），并以右值的形式传递。最终，update_data_for_widget()函数调用会收到一个右值作为参数。这段代码会编译失败。因为 update_data_for_widget()预期接受非 const 引用，我们不能向它传递右值。假使读者知晓 std::bind()函数的工作原理（由 C++11 引入），解决方法就显而易见：若需按引用方式传递参数，只要用 std::ref()函数加以包装即可。把创建线程的语句改写成：

```
std::thread t(update_data_for_widget,w,std::ref(data));
```

那么，传入 update_data_for_widget()函数的就不是变量 data 的临时副本，而是指向变量 data 的引用，代码遂能成功编译。

根据 std::thread 的构造函数和 std::bind()函数的定义，它们都运用相同的机制进行内

部操作。所以如果读者熟识 std::bind()函数，那么上述参数传递语义就不足为奇。下面举例说明其意义：若要将某个类的成员函数设定为线程函数，我们则应传入一个函数指针，指向该成员函数。此外，我们还要给出合适的对象指针，作为该函数的第一个参数[1]：

```
class X
{
public:
    void do_lengthy_work();
};
X my_x;
std::thread t(&X::do_lengthy_work,&my_x);
```

上述对象指针由 my_x 的地址充当，这段代码将它传递给 std::thread 的构造函数，因此新线程会调用 my_x.do_lengthy_work()。我们还能为成员函数提供参数：若给 std::thread 的构造函数增添第 3 个参数，则它会传入成员函数作为第 1 个参数[2]，以此类推。

值得注意的是，C++11 还引入了另一种传递参数的方式：参数只能移动但不能复制，即数据从某个对象转移到另一个对象内部，而原对象则被"搬空"。这种型别的其中一个例子是 std::unique_ptr，它为动态分配的对象提供自动化的内存管理。在任何时刻，对于给定的对象，只可能存在唯一一个 std::unique_ptr 实例指向它；若该实例被销毁，所指对象亦随之被删除。通过移动构造（move constructor）函数和移动赋值操作符（move assignment operator），对象的归属权就得以在多个 std::unique_ptr 实例间转移（请参阅附录 A.1.1 节，了解移动语义的细节）。移动行为令 std::unique_ptr 的源对象（source object）的值变成 NULL 指针。函数可以接收这种类型的对象作为参数，也能将它作为返回值，充分发挥其可移动特性，以提升性能。若源对象是临时变量，移动就会自动发生。若源对象是具名变量，则必须通过调用 std::move()直接请求转移。下面示范了 std::move()函数的用法，我们借助它向线程转移动态对象的归属权：

```
void process_big_object(std::unique_ptr<big_object>);
std::unique_ptr<big_object> p(new big_object);
p->prepare_data(42);
std::thread t(process_big_object,std::move(p));
```

在调用 std::thread 的构造函数时，依据 std::move(p)所指定的操作，big_object 对象的归属权会发生转移，先进入新创建的线程的内部存储空间，再转移给 process_big_object()函数[3]。

---

1 译者注：一般地，在调用类的非静态成员函数时，编译器会隐式添加一参数，它是所操作对象的地址，用于绑定对象和成员函数，并且位于所有其他实际参数之前。例如，类 example 具有成员函数 func(int x)，而 obj 是该类的对象，则调用 obj.func(2)等价于调用 example::func(&obj, 2)。请参阅《深度探索 C++对象模型》。

2 译者注：若考虑到对象指针，则成员函数的第 1 个形式参数实质上是它的第 2 个实际参数。

3 译者注：std::move(p)未进行移动操作，仅仅将 p 转换成右值；创建线程时，发生一次转移（由线程库内部进行复制）；process_big_object()开始执行时，再次转移（函数调用复制参数）。

在C++标准库中，有几个类的归属权语义与std::unique_ptr一样，std::thread类就是其中之一。虽然std::thread类的实例并不拥有动态对象（这与std::unique_ptr不同），但它们拥有另一种资源：每份实例都负责管控一个执行线程。因为std::thread类的实例能够移动（movable）却不能复制（not copyable），故此线程的归属权可以在其实例之间转移。这就保证了，对于任一特定的执行线程，任何时候都只有唯一的std:::thread对象与之关联，还准许程序员在其对象之间转移线程归属权。

2.3 移交线程归属权

假设读者要编写函数，功能是创建线程，并置于后台运行，但该函数本身不等待线程完结，而是将其归属权向上移交给函数的调用者；或相反地，读者想创建线程，遂将其归属权传入某个函数，由它负责等待该线程结束。两种操作都需要转移线程的归属权。

这正是std::thread支持移动语义的缘由。2.2节已介绍过，C++标准库含有不少掌握资源的型别（resource-owning type），如std::ifstream类和std::unique_ptr类，它们中的许多却不能复制，std::thread 类亦是其中之一。因此，对于一个具体的执行线程，其归属权可以在几个 std::thread 实例间转移，如下面的代码所示。此例创建2个执行线程和3个std::thread实例t1、t2、t3，并将线程归属权在实例之间多次转移。

```
void some_function();
void some_other_function();
std::thread t1(some_function);  <-- ①
std::thread t2=std::move(t1);  <-- ②
t1=std::thread(some_other_function);  <-- ③
std::thread t3;  <-- ④
t3=std::move(t2);  <-- ⑤
t1=std::move(t3);  <-- ⑥该赋值操作会终止整个程序
```

首先，我们启动新线程①，并使之关联t1。接着，构建t2，在其初始化过程中调用std::move()，将新线程的归属权显式地转移给 t2[1]②。在②之前，t1 关联着执行线程，some_function()函数在其上运行；及至②处，新线程关联的变换为t2。

然后，启动另一新线程③，它与一个std::thread类型的临时对象关联。新线程的归属权随即转移给t1。这里无须显式调用std::move()，因为新线程本来就由临时变量持有，而源自临时变量的移动操作会自动地隐式进行。

t3按默认方式构造④，换言之，在创建时，它并未关联任何执行线程。在⑤处，t2原本关联的线程的归属权会转移给t3，而t2是具名变量，故需再次显式调用std::move()，先将其转换为右值。经过这些转移，t1与运行 some_other_function()的线程关联，t2 没有关联线程，而t3与运行some_function()的线程关联。

---

1 译者注：std::move()仅仅将t1强制转换成右值，但没有进行移动；真正触发移动行为的是t2的初始化。

在最后一次转移中⑥，运行 some_function()的线程的归属权转移到 t1，该线程最初由 t1 启动。但在转移之时，t1 已经关联运行 some_other_function()的线程。因此 std::terminate()会被调用，终止整个程序。该调用在 std::thread 的析构函数中发生，目的是保持一致性。2.1.1 节已解释过，在 std::thread 对象析构前，我们必须明确：是等待线程完成还是要与之分离。不然，便会导致关联的线程终结。赋值操作也有类似的原则：只要 std::thread 对象正管控着一个线程，就不能简单地向它赋新值，否则该线程会因此被遗弃。

std::thread 支持移动操作的意义是，函数可以便捷地向外部转移线程的归属权，示例代码如代码清单 2.5 所示。

代码清单 2.5　从函数内部返回 std::thread 对象

```
std::thread f()
{
    void some_function();
    return std::thread(some_function);
}
std::thread g()
{
    void some_other_function(int);
    std::thread t(some_other_function,42);
    return t;
}
```

类似地，若归属权可以转移到函数内部，函数就能够接收 std::thread 实例作为按右值传递的参数，如下所示：

```
void f(std::thread t);
void g()
{
    void some_function();
    f(std::thread(some_function));
    std::thread t(some_function);
    f(std::move(t));
}
```

std::thread 支持移动语义给我们带来了不少好处。一个好处是，对代码清单 2.3 的 thread_guard 类稍作修改，我们就能用其构建线程，并将线程交由该类掌管。另一个好处是，只要线程归属权转移给某个 thread_guard 对象，其他对象就无法执行汇合或分离操作。反之，假设 std::thread 不支持移动语义，那么，万一 thread_guard 对象的生存期超出它管控的线程，将导致种种不良后果，事实上支持移动语义免除了这些麻烦。我们来设计一个新类 scoped_thread：它的首要目标，是在离开其对象所在的作用域前，确保线程已经完结。代码清单 2.6 给出了实现代码，并附带简单用例。

代码清单 2.6 scoped_thread 类及其用例

```
class scoped_thread
{
    std::thread t;
public:
    explicit scoped_thread(std::thread t_): ←①
        t(std::move(t_))
    {
        if(!t.joinable()) ←②
            throw std::logic_error("No thread");
    }
    ~scoped_thread()
    {
        t.join(); ←③
    }
    scoped_thread(scoped_thread const&)=delete;
    scoped_thread& operator=(scoped_thread const&)=delete;
};
struct func; ←⑥见代码清单 2.1
void f()
{
    int some_local_state;
    scoped_thread t{std::thread(func(some_local_state))}; ←④
    do_something_in_current_thread();
} ←⑤
```

此例与代码清单 2.3 相似，不过，这里直接向 scoped_thread 的构造函数传入新线程④，而非为其创建单独的具名变量。当起始线程运行至 f()末尾时⑤，对象 t 就会被销毁，与 t 关联的线程随即和起始线程汇合③，该关联线程于④处发起，传递给 scoped_thread 的构造函数①，构建出对象 t。在代码清单 2.3 的 thread_guard 类中，其析构函数须判断线程是否依然可汇合，而本例中，我们在构造函数中判断，若不可以就抛出异常②。

曾经有一份 C++17 标准的备选提案，主张引入新的类 joining_thread，它与 std::thread 类似，但只要其执行析构函数，线程即能自动汇合，这点与 scoped_thread 非常像。可惜 C++标准委员会未能达成共识，结果 C++17 标准没有引入这个类，后来它改名为 std::jthread，依然进入了 C++20 标准的议程（现已被正式纳入 C++20 标准）。除去这些，实际上 joining_thread 类的代码相对容易编写，代码清单 2.7 展示了一个可行的实现。

代码清单 2.7 joining_thread 类

```
class joining_thread
{
    std::thread t;
public:
    joining_thread() noexcept=default;
    template<typename Callable,typename ... Args>
    explicit joining_thread(Callable&& func,Args&& ... args):
```

```
        t(std::forward<Callable>(func),std::forward<Args>(args)...)
    {}
    explicit joining_thread(std::thread t_) noexcept:
        t(std::move(t_))
    {}
    joining_thread(joining_thread&& other) noexcept:
        t(std::move(other.t))
    {}
    joining_thread& operator=(joining_thread&& other) noexcept
    {
        if(joinable())
            join();
        t=std::move(other.t);
        return *this;
    }
    joining_thread& operator=(std::thread other) noexcept
    {
        if(joinable())
            join();
        t=std::move(other);
        return *this;
    }
    ~joining_thread() noexcept
    {
        if(joinable())
            join();
    }
    void swap(joining_thread& other) noexcept
    {
        t.swap(other.t);
    }
    std::thread::id get_id() const noexcept{
        return t.get_id();
    }
    bool joinable() const noexcept
    {
        return t.joinable();
    }
    void join()
    {
        t.join();
    }
    void detach()
    {
        t.detach();
    }
    std::thread& as_thread() noexcept
    {
        return t;
    }
    const std::thread& as_thread() const noexcept
    {
        return t;
    }
};
```

因为 std::thread 支持移动语义，所以只要容器同样知悉移动意图[1]（例如，符合新标准的 std::vector<>），就可以装载 std::thread 对象。因此我们可以写出下列代码，生成多个线程，然后等待它们完成运行。

代码清单 2.8　生成多个线程，并等待它们完成运行

```
void do_work(unsigned id);
void f()
{
    std::vector<std::thread> threads;
    for(unsigned i=0;i<20;++i)
    {
        threads.emplace_back(do_work,i);  ←①生成线程
    }
    for(auto& entry: threads)       ←②依次在各线程上
        entry.join();                  调用 join()函数
}
```

若要运用多线程切分某算法的运算任务，往往要求采取以上方式；必须等所有线程完成运行后，运行流程才能返回到调用者。代码清单 2.8 的代码结构简单，说明了每个线程上的任务都是自含[2]的，且它们操作共享数据的结果单纯地由副作用[3]产生。假如 f() 需要向其调用者返回值，而它又依赖于所有线程的运算结果，那么，正如前文所述，只有等到全部线程终止，我们才能核查共享数据，以推算出该返回值。还有别的方法可在线程间传递运算结果，第 4 章将对其进行讨论。

我们把 std::thread 对象存放到 std::vector 容器内，向线程管控的自动化迈进了一步：若要为多个线程分别直接创建独立变量，还不如将它们集结成组，统一处理。

读者可以更上一层楼，按运行时实际所需的数量动态创建线程。但代码清单 2.8 创建线程的数量则始终固定，我们不必硬搬。

2.4 在运行时选择线程数量

本节需要借用 C++标准库的 std::thread::hardware_concurrency()函数，它的返回值是一个指标，表示程序在各次运行中可真正并发的线程数量。例如，在多核系统上，该值可能就是 CPU 的核芯数量。这仅仅是一个指标，若信息无法获取，该函数则可能返回 0。

---

1 译者注：即 move-aware，指容器能够把元素移动或复制到其内部，特别是可以正确处理只移动对象，并且能在容器内部进行移动操作。

2 译者注：即 self-contained，指线程内数据齐全，可独立完成子任务，而不依赖外部数据。

3 译者注：这里的“副作用”是 C++标准中规定的特定术语，意思是执行状态的改变，譬如访问 volatile 变量，修改对象，进行 I/O 访问，以及调用某个造成副作用的函数，等等，这些操作都有可能影响其他线程的状态。

虽然如此，若要用多线程分解完整的任务，该值仍不失为有用的指标。

代码清单 2.9 是并行版的 std::accumulate()的简单实现，本例意在说明基本思路。在实际的代码中，读者很可能直接使用并行版的 std::reduce()函数（详细说明见第 10 章），而不会亲自手动实现。代码清单 2.9 将工作分派给各线程，并设置一个限定量，每个线程所负责的元素数量都不低于该限定量，从而防止创建的线程过多，造成额外开销。请注意，代码清单 2.9 的实现假设没有任何操作抛出异常，但在现实环境中有可能抛出异常：例如，若未能成功启动新的执行线程，std::thread 的构造函数就会抛出异常。在算法中加入异常处理偏离了本例主旨，我们将其留待第 8 章深入探讨。

代码清单 2.9 并行版的 std::accumulate()的简单实现

```
template<typename Iterator,typename T>
struct accumulate_block
{
    void operator()(Iterator first,Iterator last,T& result)
    {
        result=std::accumulate(first,last,result);
    }
};
template<typename Iterator,typename T>
T parallel_accumulate(Iterator first,Iterator last,T init)
{
    unsigned long const length=std::distance(first,last);
    if(!length)
        return init;  ⊲ ①
    unsigned long const min_per_thread=25;
    unsigned long const max_threads=
        (length+min_per_thread-1)/min_per_thread;  ⊲—— ②
    unsigned long const hardware_threads=
        std::thread::hardware_concurrency();
    unsigned long const num_threads=
        std::min(hardware_threads!=0?hardware_threads:2,max_threads);⊲—— ③
    unsigned long const block_size=length/num_threads;  ⊲—— ④
    std::vector<T> results(num_threads);
    std::vector<std::thread>  threads(num_threads-1);  ⊲—— ⑤
    Iterator block_start=first;
    for(unsigned long i=0;i<(num_threads-1);++i)
    {
        Iterator block_end=block_start;
        std::advance(block_end,block_size);  ⊲—— ⑥
        threads[i]=std::thread(  ⊲—— ⑦
            accumulate_block<Iterator,T>(),
            block_start,block_end,std::ref(results[i]));
        block_start=block_end;  ⊲—— ⑧
    }
    accumulate_block<Iterator,T>()(
        block_start,last,results[num_threads-1]);  ⊲—— ⑨

    for(auto& entry: threads)
```

```
        entry.join();     ⟵ ⑩
    return std::accumulate(results.begin(),results.end(),init);   ⟵ ⑪
}
```

代码虽然不短，却明快直观。参与计算的元素位于目标区间内，范围由参数 first 和 last 指定。假如传入的区间为空①，就直接返回初始值，该值由参数 init 给出。这样区间至少含有一个元素。然后，我们将元素总量除以每个线程处理元素的最低限定量，得出线程的最大数量②。这是为了预防不合理地发起过多线程。譬如，代码在 32 核机器上运行，而区间内仅有 5 个元素，那根本不必创建 32 个线程。

对比算出的最小线程数量和硬件线程数量，较小者即为实际需要运行的线程数量③。硬件支持的线程数量有限，运行的线程数量不应超出该限度（超出的情况称为线程过饱和，即 oversubscription），因为线程越多，上下文切换越频繁，导致性能降低。如果 std::thread::hardware_concurrency()返回 0，我们便要自己选择一个数量，这里我们设成 2。我们不希望运行太多线程，否则，若代码在单核机器上运行，就会令所有任务变慢；但我们同样不想线程数量过少，因为那样无从发挥可用的并发性能。

接着，将目标区间的长度除以线程数量，得出各线程需分担的元素数量④。读者可能在意无法整除的情况，大可不必，我们稍后将解释。

线程数量至此已确定妥当⑤，于是我们创建 std::vector<T>容器存放中间结果，创建 std::vector<std::thread>容器装载线程⑤。请注意，需要发起的线程数量比前面所求的 num_threads 少一个，因为主线程本身就算一个（parallel_accumulate()函数在其上运行）。

通过简单的循环，整个目标区间在形式上被切成多个小块，我们针对每个小块逐一创建线程：每轮循环中，迭代器 block_end 前移至当前小块的结尾⑥，新线程就此启动，计算该小块的累加结果⑦。下一小块的起始位置即为本小块的末端⑧[1]。

发起全部线程后，主线程随之处理最后一个小块⑨。我们知道，无论最后的小块含有多少元素，迭代器 last 必然指向其结尾，这正好解决了上述无法整除的问题。

最后小块的累加一旦完成，我们就在一个循环里等待前面所有生成的线程⑩，这与代码清单 2.8 类似。最后，调用 std::accumulate()函数累加中间结果⑪。

在结束本例前，值得指出，某些类型 T 的加法操作不满足结合律[2]（如 float 或 double 类型），因为整个目标区间被分块累加，所以 parallel_accumulate()的结果可能与 std::accumulate()有异[3]。另外，本例对迭代器的要求也略微更严格：它们至少必须是前向

---

1 译者注：这里利用了 STL 容器区间的左闭右开的设计特性。

2 译者注：指精度损失，考虑数量级差别巨大的两个值，以 4.5678 和 9.0e–123 为例，它们相加之和的理论值应该是 4.5678 + 9.0e–123；若用 C++的内建 double 类型进行运算，其小数部分的最末端，因精度有限而被截断丢弃，实际结果为 4.5678，导致产生误差。详细分析请参阅计算机硬件体系结构的相关资料。

3 译者注：本例的代码实现按分块方式运算，而 STL 的众多实现则是全范围顺次累加，因此两者累积误差不同。详细分析请参阅数值分析的相关资料。

迭代器（forward iterator），而 std::accumulate()函数可以接受单程输入迭代器（single-pass input iterator）。并且，为了创建名为 results 的 vector 容器来存放中间结果，类型 T 必须支持默认构造（default-constructible）。为了配合并行算法，这种种针对前提条件的变更是屡见不鲜：算法自身的特性决定了，必须有所改动才可能实现并行，而这会影响到前提条件和最终结果。第 8 章将更深入地分析并行算法的实现，第 10 章则会介绍 C++17 提供的标准算法（其中包括并行版的 std::reduce()，它与这里讲解的 parallel_accumulate() 等价）。另外，值得注意的是，因为无法从线程直接返回值，所以我们必须向线程传入引用[1]，指向目标是执行结果的相关数据项，该数据项存放在名为 results 的 vector 容器内[2]。第 4 章将说明，我们可以运用 future 通过别的方式从线程返回结果。

在上例中，在各线程启动之际，它们所需的全部信息就得以传入，其中包括计算结果的存储位置。然而，事情不会总是如此简单、顺利。不少情况下，识别线程是多线程处理的必要手段之一。我们可以传入某个号码作为线程 ID，例如在代码清单 2.8 中，把变量 i 的值赋给线程 ID。但是，若某函数需获取线程 ID，却位处调用栈的深层，或者该函数调用需要由任意线程发起，这种做法就不太方便。C++标准委员会在设计标准库时预见了这一需求，所以每个线程都内建了唯一的线程 ID。

2.5 识别线程

线程 ID 所属型别是 std::thread::id，它有两种获取方法。首先，在与线程关联的 std::thread 对象上调用成员函数 get_id()，即可得到该线程的 ID。如果 std::thread 对象没有关联任何执行线程，调用 get_id()则会返回一个 std::thread::id 对象，它按默认构造方式生成，表示“线程不存在”。其次，当前线程的 ID 可以通过调用 std::this_thread::get_id() 获得，函数定义位于头文件<thread>内。

std::thread::id 型别的对象作为线程 ID，可随意进行复制操作或比较运算；否则，它们就没有什么大的用处。如果两个 std::thread::id 型别的对象相等，则它们表示相同的线程，或者它们的值都表示“线程不存在”；如果不相等，它们就表示不同的线程，或者当中一个表示某个线程，而另一个表示“线程不存在”。

C++标准库容许我们随意判断两个线程 ID 是否相同，没有任何限制；std::thread::id 型别具备全套完整的比较运算符，比较运算符就所有不相等的值确立了全序（total order）关系[3]。

---

1 译者注：参见代码清单 2.9 中仿函数 accumulate_block()的定义，注意成员函数 operator()()的最后一个参数。

2 译者注：参见代码清单 2.9 的⑦处，请注意其最后一个参数。

3 译者注：全序关系是关于集合的数学概念，满足 3 个性质：反对称、传递和完全。整数之间的比较关系“≤”，即“小于等于”，就是一种全序关系。

这使得它们可以用作关联容器（associative container）[1]的键值，或用于排序，或只要我们认为合适（从程序员的视角评判），它们还能参与任何用途的比较运算。

就所有不相等的 std::thread::id 的值，比较运算符确立了全序关系，它们的行为与我们的预期相符：若 a<b 且 b<c，则有 a<c，以此类推。标准库的 hash 模板能够具体化成 std::hash<std::thread::id>，因此 std::thread::id 的值也可以用作新标准的无序关联容器（unordered associative container）[2]的键值。

std::thread::id 实例常用于识别线程，以判断它是否需要执行某项操作。如果在运行过程中用线程切分算法任务，如代码清单 2.9，那么主线程负责发起其他线程，它可能需要承担稍微不一样的工作。若需在该例中识别主线程，我们可以在发起其他线程之前，在主线程中预先保存 std::this_thread::get_id()的结果；算法的核心部分对全体线程毫无区别，由它们共同运行，只要对比各线程预存的值和自身的线程 ID，就能做出判断：

```
std::thread::id master_thread;
void some_core_part_of_algorithm()
{
    if(std::this_thread::get_id()==master_thread)
    {
        do_master_thread_work();
    }
    do_common_work();
}
```

另外，我们还能令数据结构聚合 std::thread::id 型别的成员，以保存当前线程的 ID，作为操作的要素以控制权限。凡涉及该数据结构的后续操作，都要对比执行线程的 ID 与预存的 ID，从而判断该项操作是否得到了许可，或是否按要求进行。

类似地，在一些场景中，某些特定数据需要与线程关联，但其他关联方式却不适合（如隶属于线程的局部存储），这时就可以采用关联容器，线程 ID 则作为其键值。举例而言，主控线程可以利用这种容器，存储每个受控线程的相关信息，或存储信息以便在线程间互相传递。

绝大多数情况下，std::thread::id 足以作为通用 ID。除非我们把线程 ID 另作他用，令它的值含有其他语义（如充当数组索引），否则没必要使用别的标识方法。我们甚至可以把 std::thread::id 的实例写到输出流，如 std::cout：

```
std::cout<<std::this_thread::get_id();
```

确切的输出内容严格依赖于实现，C++标准只是保证了比较运算中相等的线程 ID 应产生一样的输出，而不相等的线程 ID 则产生不同的输出。这个特性的主要用途是调

---

1 译者注：即 4 种 STL 容器：std::set、std::map、std::multiset 和 std::multimap。

2 译者注：指 C++11 标准引入的 4 种新的 STL 容器：std::unordered_set、std::unordered_map、std::unordered_multiset、std::unordered_multimap。

试除错和记录日志。然而线程 ID 的值本身并不具备语义层面的意义。至此，识别线程已经全部介绍完毕。

2.6 小结

在本章中，我们讲解了怎样使用 C++标准库进行基本的线程管控：启动线程，等待它们完成，或让它们在后台运行而不做等待。我们还学习了如何在启动时向线程函数传递参数，如何让代码的不同部分相互转移管控线程的权力，以及如何把线程集结成组，以分配工作。我们最后讨论了识别线程，其目的在于，万一其他方法都不够方便，也能为某些特定的线程关联数据，或定制其行为。利用彻底独立的线程分别操作各自的数据，足以胜任许多工作。尽管如此，我们有时仍想让各个线程能在运行期共享数据。第 3 章将讨论在线程间直接共享数据的相关议题。第 4 章将围绕并发操作的同步展开，无论它们是否涉及共享数据，涵盖的议题都更有普遍意义。

第3章 在线程间共享数据

本章内容：

- 线程间共享数据的问题。
- 利用互斥保护共享数据。
- 利用其他工具保护共享数据。

运用多线程实现并发，其中一个好处是，它具备潜能，可以简单、直接地共享数据。在第2章，我们学习了线程启动和线程管控，现在，我们来探讨有关数据共享的各种议题。

设想你有一段时间和朋友合租公寓，公寓只有一个厨房和一个浴室。除非你们的感情格外深厚，否则不可能同时使用浴室。另外，假若朋友占用浴室很久，而你恰好也需要，便会感到不方便。类似地，假设你们使用的是组合烤箱，尽管可以同时烹饪，但若一人要烤香肠，同时另一人却要烘蛋糕，结果应该不会太好。并且，我们也清楚共用办公空间的烦恼：事情还没做完，有人却借走了工作所需之物，或者半成品被别人擅自更改。

线程亦如此。若在线程之间共享数据，我们需要遵循规范：具体哪个线程按何种方式访问什么数据；还有，一旦改动了数据，如果牵涉到其他线程，它们要在何时以什么通信方式获得通知。同一进程内的多个线程之间，虽然可以简单易行地共享数据，但这不是绝对的优势，有时甚至是很大的劣势。不正确地使用共享数据，是产生与并发有关的错误的一个很大的诱因，其后果远比“香肠口味的蛋糕”严重。

本章介绍在 C++环境下，安全地在线程间共享数据，避开潜在的问题，发挥最大的作用。

3.1 线程间共享数据的问题

归根结底，多线程共享数据的问题多由数据改动引发。如果所有共享数据都是只读数据，就不会有问题。因为，若数据被某个线程读取，无论是否存在其他线程也在读取，该数据都不会受到影响。然而，如果多个线程共享数据，只要一个线程开始改动数据，就会带来很多隐患，产生麻烦。鉴于此，我们必须小心、谨慎，保证一切都正确运作。

为了帮助程序员分析代码，“不变量”（invariant）被广泛使用，它是一个针对某一特定数据的断言，该断言总是成立的，例如“这个变量的值即为链表元素的数目”。数据更新往往会破坏这些不变量，尤其是涉及的数据结构稍微复杂，或者数据更新需要改动的值不止一个时。

考察双向链表，其每个节点都持有两个指针，分别指向自身前方（previous）和后方（next）的节点。故此，存在一个不变量：若我们从节点 A 的 next 指针到达另一节点 B，则 B 的 previous 指针应该指向节点 A。为了从双向链表中删除某个节点，它两侧相邻节点的指针都要更新，指向彼此。只要其中一个相邻节点先行更新，不变量即被破坏，直到另一个节点也更新。更新的全部操作完成后，不变量又重新成立。

从双向链表删除一个节点的步骤如图 3.1 所示。

步骤 a：识别需要删除的节点，称之为 N。

步骤 b：更新前驱节点中本来指向 N 的指针，令其改为指向 N 的后继节点。

步骤 c：更新后继节点中本来指向 N 的指针，令其改为指向 N 的前驱节点。

步骤 d：删除节点 N。

从图 3.1 可见，在步骤 b 和步骤 c 之间，正向指针与逆向指针不一致，不变量被破坏。

改动线程间的共享数据，可能导致的最简单的问题是破坏不变量。假如某线程正在读取双向链表，另一线程同时在删除节点，而我们没有采取专门措施保护不变量，那么执行读取操作的线程很可能遇见未被完全删除的节点（只改动了一个指针，见图 3.1 的步骤 b），不变量遂被破坏。破坏不变量可能引发各种各样的后果。在图 3.1 中，如果线程从左往右读取链表，它就会跳过正在被删除的节点；另一种情况是，若第二个线程正试图删除最右方的节点，则可能对链表造成永久损坏，最终令程序崩溃。无论运行结果如何，图 3.1 举例说明了并发代码中一种最常见的错误成因：条件竞争（race condition）。

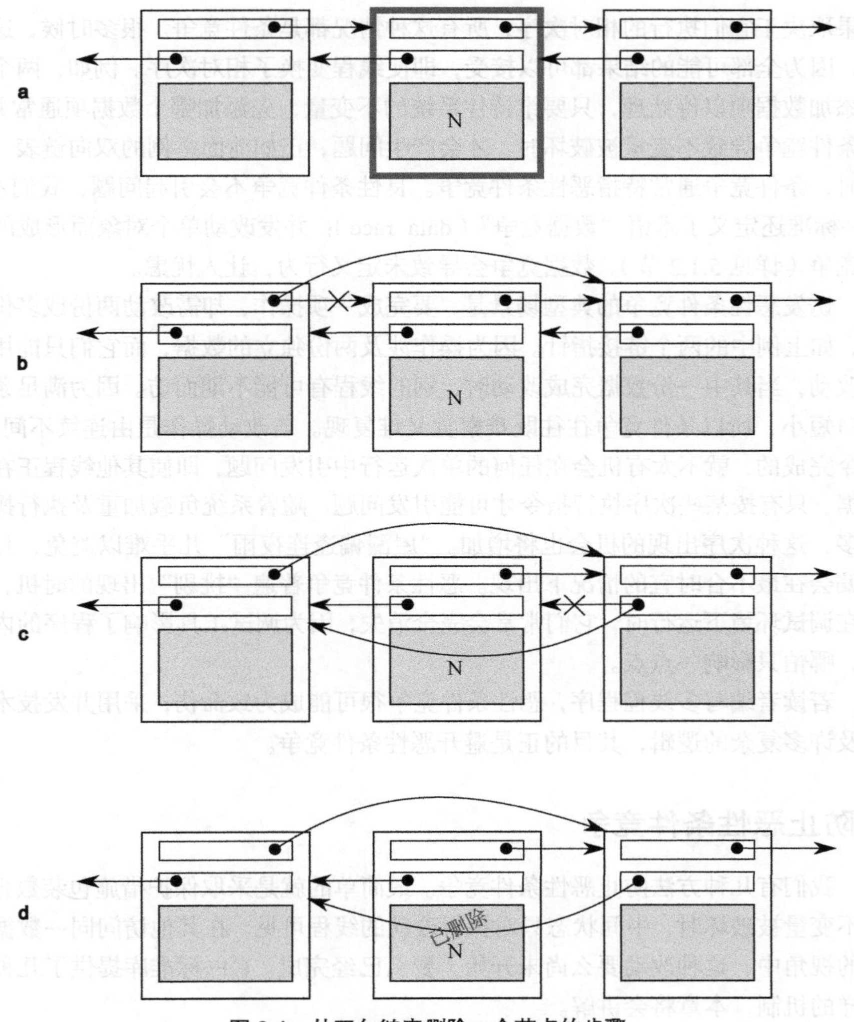

图 3.1 从双向链表删除一个节点的步骤

3.1.1 条件竞争

设想你去电影院购票看电影。大型影院有几位收银员同时收款，以便多人同时购票。别人也在其他柜台购买电影票，倘若有人选择的场次与你相同，那么，供选择的座位取决于你们谁先下单。如果只剩少量座位，事实上就形成了竞争，谁能买到最后几张票，下单的先后顺序至关重要。以上事例即为条件竞争：你得到什么座位（甚至是否能买到票），取决于购票的相对次序。

在并发编程中，操作由两个或多个线程负责，它们争先让线程执行各自的操作，而结果取决于它们执行的相对次序，所有这种情况都是条件竞争。很多时候，这是良性行为，因为全部可能的结果都可以接受，即便线程变换了相对次序。例如，两个线程向队列添加数据项以待处理，只要维持住系统的不变量，先添加哪个数据项通常并不重要。当条件竞争导致不变量被破坏时，才会产生问题，正如前面举例的双向链表。当论及并发时，条件竞争通常特指恶性条件竞争。良性条件竞争不会引起问题，我们不感兴趣。C++标准还定义了术语“数据竞争”（data race）：并发改动单个对象而形成的特定的条件竞争（详见 5.1.2 节）。数据竞争会导致未定义行为，让人忧虑。

诱发恶性条件竞争的典型场景是，要完成一项操作，却需改动两份或多份不同的数据，如上例中的两个链接指针。因为操作涉及两份独立的数据，而它们只能用单独的指令改动，当其中一份数据完成改动时，别的线程有可能不期而访。因为满足条件的时间窗口短小，所以条件竞争往往既难察觉又难复现。若改动操作是由连续不间断的 CPU 指令完成的，就不太有机会在任何的单次运行中引发问题，即使其他线程正在并发访问数据。只有按某些次序执行指令才可能引发问题。随着系统负载加重及执行操作的次数增多，这种次序出现的机会也将增加。“屋漏偏逢连夜雨”几乎难以避免，且这些问题偏偏会在最不合时宜的情况下出现。恶性条件竞争普遍“挑剔”出现的时机，当应用程序在调试环境下运行时，它们常常会完全消失，因为调试工具影响了程序的内部执行时序，哪怕只影响一点点。

若读者编写多线程程序，恶性条件竞争很可能成为致命伤；采用并发技术的软件会涉及许多复杂的逻辑，其目的正是避开恶性条件竞争。

3.1.2　防止恶性条件竞争

我们有几种方法防止恶性条件竞争。最简单的就是采取保护措施包装数据结构，确保不变量被破坏时，中间状态只对执行改动的线程可见。在其他访问同一数据结构的线程的视角中，这种改动要么尚未开始，要么已经完成。C++标准库提供了几种方式实现这样的机制，本章将会讲解。

另一种方法是，修改数据结构的设计及其不变量，由一连串不可拆分的改动完成数据变更，每个改动都维持不变量不被破坏。这通常被称为无锁编程，难以正确编写。如果读者从事这一层面的开发工作，就要探究内存模型的微妙细节，以及区分每个线程可以看到什么数据集，两者都可能很复杂。内存模型会在第 5 章说明，第 7 章讨论无锁编程。

还有一种防止恶性条件竞争的方法，将修改数据结构当作事务（transaction）来处理，类似于数据库在一个事务内完成更新：把需要执行的数据读写操作视为一个完整序列，先用事务日志存储记录，再把序列当成单一步骤提交运行。若别的线程改动了数据而令提交无法完整执行，则事务重新开始。这称为软件事务内存（Software Transactional Memory，STM）。在编写本书时，该研究依然相当活跃。但是，因为 C++没有直接支持

STM，所以本书不会涵盖该议题（C++标准委员会已公布了一份技术规约，内容正是软件事务内存的C++扩展[1]）。事务处理的基本思想是，单独操作，然后一步提交完成，相关内容我们会在后文展开。

在C++标准中，保护共享数据的最基本方式就是互斥，所以我们先来看看互斥。

3.2 用互斥保护共享数据

假定有一个用于共享的数据结构，与3.1节中的双向链表相似，我们要保护它，避免条件竞争，并防止不变量被破坏。如果我们能标记访问该数据结构的所有代码，令各线程在其上相互排斥（mutually exclusive），那么，只要有线程正在运行标记的代码，任何别的线程意图访问同一份数据，则必须等待，直到该线程完事，这岂不妙哉？如此一来，除了正在改动数据的线程自身，任何线程都无法看见不变量被破坏。

这并非异想天开，运用名为互斥（mutual exclusion，略作mutex）的同步原语（synchronization primitive）就能达到我们想要的效果。访问一个数据结构前，先锁住与数据相关的互斥；访问结束后，再解锁互斥。C++线程库保证了，一旦有线程锁住了某个互斥，若其他线程试图再给它加锁，则须等待，直至最初成功加锁的线程把该互斥解锁。这确保了全部线程所见到的共享数据是自洽的（self-consistent），不变量没有被破坏。

互斥是C++最通用的共享数据保护措施之一，但非万能的灵丹妙药。我们务必妥善地组织和编排代码，从而正确地保护共享数据（见3.2.2节），同时避免接口固有的条件竞争（见3.2.3节）。互斥本身也有问题，表现形式是死锁（见3.2.4节）、对数据的过保护或欠保护（见3.2.8节）。下面从基础知识开始讲解。

3.2.1 在C++中使用互斥

在C++中，我们通过构造std::mutex的实例来创建互斥，调用成员函数lock()对其加锁，调用unlock()解锁。但我不推荐直接调用成员函数的做法。原因是，若按此处理，那我们就必须记住，在函数以外的每条代码路径上都要调用unlock()，包括由于异常导致退出的路径。取而代之，C++标准库提供了类模板std::lock_guard<>，针对互斥类融合实现了RAII手法：在构造时给互斥加锁，在析构时解锁，从而保证互斥总被正确解锁。代码清单3.1展示了如何用std::mutex类和std::lock_guard类保护链表，使之能同时被多个线程访问。两个类都在头文件<mutex>里声明。

代码清单3.1 用互斥保护链表

```
#include <list>
```

1 这份技术规约的官方编号是ISO/IEC TS 19841:2015，其中介绍了有关软件事务内存的C++扩展。

```
#include <mutex>
#include <algorithm>
std::list<int> some_list;    <-- ①
std::mutex some_mutex;    <-- ②
void add_to_list(int new_value)
{
    std::lock_guard<std::mutex> guard(some_mutex);    <-- ③
    some_list.push_back(new_value);
}
bool list_contains(int value_to_find)
{
    std::lock_guard<std::mutex> guard(some_mutex);    <-- ④
    return std::find(some_list.begin(),some_list.end(),value_to_find)
        != some_list.end();
}
```

代码清单 3.1 中有一个独立的全局变量①，由对应的 std::mutex 实例保护（另一个全局变量）②。函数 add_to_list()③和函数 list_contains()④内部都使用了 std::lock_guard<std::mutex>，其意义是使这两个函数对链表的访问互斥：假定 add_to_list()正在改动链表，若操作进行到一半，则 list_contains()绝对看不见该状态。

C++17 引入了一个新特性，名为类模板参数推导（class template argument deduction），顾名思义，对于 std::lock_guard<>这种简单的类模板，模板参数列表可以忽略。如果编译器支持 C++17 标准，则③和④都能简化成“std::lock_guard guard(some_mutex);”。我们将在 3.2.4 节看到，C++17 还引入了 std::scoped_lock，它是增强版的 lock_guard。因此，在 C++17 环境下，上述语句完全可以写成“std::scoped_lock guard(some_mutex);”。

为了令代码清晰、易读，也为了兼容旧的编译器，我们继续使用 std::lock_guard，并在其他代码片段中写明模板参数。尽管有些场景适合模仿本例使用全局变量，不过大多数场景下的普遍做法是，将互斥与受保护的数据组成一个类。这是面向对象设计准则的典型运用：将两者放在同一个类里，我们清楚表明它们互相联系，还能封装函数以增强保护。本例的 add_to_list()和 list_contains()将被改写为类的成员函数，而互斥和受保护的共享数据都会变成类的私有成员。按此处理，就非常便于确定哪些代码可以访问数据、哪些代码需要锁住互斥。类的所有成员函数在访问任何数据成员之前，假如都先对互斥加锁，并在完成访问后解锁，共享数据就可很好地受到全方位保护。

可惜事与愿违，敏锐的读者可能已经注意到，如果成员函数返回指针或引用，指向受保护的共享数据，那么即便成员函数全都按良好、有序的方式锁定互斥，仍然无济于事，因为保护已被打破，出现了大漏洞。只要存在任何能访问该指针和引用的代码，它就可以访问受保护的共享数据（也可以修改），而无须锁定互斥。所以，若利用互斥保护共享数据，则需谨慎设计程序接口，从而确保互斥已先行锁定，再对受保护的共享数据进行访问，并保证不留后门。

3.2.2 组织和编排代码以保护共享数据

如读者所见，利用互斥保护共享数据并不太简单，我们不能把 std::lock_guard 对象化作"铁拳"，对准每个成员函数施予"重击"。一旦出现游离的指针或引用，这种保护就全部形同虚设。不管成员函数通过什么"形式"——无论是返回值，还是输出参数（out parameter）——向调用者返回指针或引用，指向受保护的共享数据，就会危及共享数据安全。一定程度上，检查游离指针或引用并不困难，若能防止上述情形出现，则共享数据无恙。只要继续深究，我们即可发现事情并非那么简单、直接——完全不是。我们除了要检查成员函数，防止向调用者传出指针或引用，还必须检查另一种情况：若成员函数在自身内部调用了别的函数，而这些函数却不受我们掌控，那么，也不得向它们传递这些指针或引用。这种情况同样危险：这些函数有可能将指针或引用暂存在别处，等到以后脱离了互斥保护再投入使用。在运行期，假如这些函数作为函数指针充当参数，或以别的形式提供给上述成员函数，那就格外危险了，如代码清单 3.2 所示。

代码清单 3.2　意外地向外传递引用，指向受保护共享数据

```
class some_data
{
    int a;
    std::string b;
public:
    void do_something();
};

class data_wrapper
{
private:
    some_data data;
    std::mutex m;
public:
    template<typename Function>
    void process_data(Function func)
    {
        std::lock_guard<std::mutex> l(m);
        func(data);    ◁── ①向使用者提供的函数传
    }                      递受保护共享数据
};

some_data* unprotected;

void malicious_function(some_data& protected_data)
{
    unprotected=&protected_data;
}

data_wrapper x;
```

```
void foo()
{
    x.process_data(malicious_function);  ②传入恶意函数
    unprotected->do_something();  ③以无保护方式访问本应受保护的共享数据
}
```

在本例中，process_data()函数内的代码显然没有问题，由 std::lock_guard 很好地保护，然而，其参数 func 是使用者提供的函数①。换言之，foo()中的代码可以传入 malicious_function②，接着，就能绕过保护，调用 do_something()，而没有锁住互斥③。

本质上，以上代码的问题在于，它未能真正实现我们原有的设想：把所有访问共享数据的代码都标记成互斥。上例中，我们遗漏了 foo()，调用 unprotected->do_something() 的代码未被标记。无奈，C++线程库对这个问题无能为力；只有靠我们自己——程序员——正确地锁定互斥，借此保护共享数据。从乐观的角度看，只要遵循下列指引即可应对上述情形：不得向锁所在的作用域之外传递指针和引用，指向受保护的共享数据，无论是通过函数返回值将它们保存到对外可见的内存，还是将它们作为参数传递给使用者提供的函数。

这是使用互斥保护共享数据的常见错误，但错误远远不止这一个。我们会在 3.2.3 节看到，即使共享数据已经受到互斥保护，却仍有可能发生条件竞争。

3.2.3 发现接口固有的条件竞争

尽管运用了互斥或其他方式保护共享数据，条件竞争依然无法避免；我们仍须力保共享数据得到稳妥保护。再次考虑前文双向链表的例子，为了使线程安全地删除节点，我们必须禁止 3 个节点的并发访问：正要删除的节点和它两侧的邻居。若仅仅单独保护各节点的指针，则与没有使用互斥差不多，因为条件竞争仍可能发生。删除行为是完整的操作，只在单独步骤中保护单个节点不起作用，整体数据结构都要保护。针对此例，最简单的解决方法是，单独用一个互斥保护整个链表，如代码清单 3.1 所示。

虽然整个链表上的单一操作是安全行为，我们却不能因此而摆脱麻烦。即便只涉及简单的接口，我们还是有可能遇到条件竞争。考虑代码清单 3.3 中的栈数据结构[1]，它与 std::stack 容器适配器相似。除了构造函数和 swap()函数，我们只能对 std::stack 进行 5 种操作：用 push()压入新元素、用 pop()弹出栈顶元素、用 top()读取栈顶元素、用 empty()检测栈是否为空，以及用 size()读取栈内元素的数量。若我们修改 top()的实现，令它返回元素的副本而非引用（遵循 3.2.2 节的准则），还用互斥保护内部数据，但是，该函数接口同样受制于条件竞争。这是接口本身的问题，它不仅仅出现在基于互斥的实现中，无锁实现也会发生条件竞争。

---

1 译者注：本节所述的栈一律特指数据结构的栈容器，与可执行程序中的数据栈、调用栈或栈数据段无关。

代码清单 3.3 std::stack 容器的接口

```
template<typename T,typename Container=std::deque<T>>
class stack
{
public:
    explicit stack(const Container&);
    explicit stack(Container&& = Container());
    template <class Alloc> explicit stack(const Alloc&);
    template <class Alloc> stack(const Container&, const Alloc&);
    template <class Alloc> stack(Container&&, const Alloc&);
    template <class Alloc> stack(stack&&, const Alloc&);
    bool empty() const;
    size_t size() const;
    T& top();
    T const& top() const;
    void push(T const&);
    void push(T&&);
    void pop();
    void swap(stack&&);
    template <class... Args> void emplace(Args&&... args);   ①C++14 的新特性
};
```

这里的问题是，empty()和 size()的结果不可信。尽管，在某线程调用 empty()或 size()时，返回值可能是正确的。然而，一旦函数返回，其他线程就不再受限，从而能自由地访问栈容器，可能马上有新元素入栈，或者，现有的元素会立刻出栈，令前面的线程得到的结果失效而无法使用。

有一种特殊情况：我们没共享栈容器。如果先由 empty()判定栈非空，接着调用 top()访问栈顶元素，那么，这是安全的行为。代码如下：

```
stack<int> s;
if(!s.empty())    ①
 {
    int const value=s.top();    ②
    s.pop();                     ③
    do_something(value);
}
```

在空栈上调用 top()会导致未定义行为，上面的代码已做好数据防备。对单线程而言，它既安全，又符合预期。可是，只要涉及共享，这一连串调用便不再安全。因为，在 empty()①和 top()②之间，可能有另一个线程调用 pop()，弹出栈顶元素。毫无疑问，这正是典型的条件竞争。它的根本原因在于函数接口，即使在内部使用互斥保护栈容器中的元素，也无法防范。

如何解决上述问题？问题根源是接口设计，所以解决方法是变更接口。追问下去：应当怎么变更接口？最简单的方式是将 top()声明为一旦空栈调用，top()就抛出异常。虽然此法直击要害，但实际使用却很麻烦。原因是，按这样处理，尽管栈容器非空，即 empty()

返回 false，却还是有可能在调用 top()②时抛出异常，我们仍须进行捕捉[1]。相反，假定栈容器原本已经全空，在此前提下执行 top()肯定抛出异常，相当于额外开销。而①处借 empty()做判断防止了空栈调用 top()，那么 if 语句便成了优化手段，而非必要的设计。其实，依照上述方式，只有在 empty()和 top()两个调用之间，栈容器因多线程共享从非空状态转变为全空状态时，异常才会抛出。

假如再仔细观察以上代码，就能发现还潜藏了另一竞争条件，但这次它发生在 top()②和 pop()③的调用之间。考虑两个线程，都在同一个栈容器 s 上同时运行这段代码。这种情形并不少见。借助多线程提升性能的常见方式是，让多线程在不同数据上运行相同的代码。在线程间切分工作，共享的栈容器是理想的工具（其实队列更常用，范例见第 6 章和第 7 章）。假定栈上最开始只有两个元素，所以不必担心哪个线程会在 empty()和 top()之间竞争。现在考虑下面可能的执行方式。

如果栈容器内部具有互斥保护，任何时刻都只准许单一线程运行其成员函数，那么函数调用便交错有秩，而 do_something()也得以并发运行。表 3.1 列出了一种可能的执行次序。

表 3.1 一种可能的执行次序：两个线程操作同一个栈容器

线 程 甲	线 程 乙
`if(!s.empty())`	
	`if(!s.empty())`
`int const value=s.top();`	
	`int const value=s.top();`
`s.pop();`	
`do_something(value);`	`s.pop();`
	`do_something(value);`

如我们所见，假设只有这两个线程运行，并且在两个 top()调用之间不存在其他操作，那么栈容器不会被更改，两个线程会得到相同的值。另外，在 top()与 pop()的调用之间没有其他调用。结果，栈顶元素被读取了两次，但栈顶的第二个元素却始终未被读取就被丢弃。相比 empty()和 top()竞争导致的未定义行为，这是另一潜藏得更隐蔽的条件竞争。诱发错误的原因并不明显，它与后果之间的联系也难以被觉察。至于最终造成什么后果，显然还取决于 do_something()的内部具体操作。

这要求从根本上更改接口设计，其中一种改法是把 top()和 pop()组成一个成员函数，再采取互斥保护。Tom Cargill 指出，对于栈容器中存储的对象，若其拷贝构造函数抛出

1 译者注：即便在调用 empty()时栈容器非空，函数返回 false，当前线程顺利进入 if 分支，但由于多线程访问，其他线程有可能同时执行了 s.pop()③，让栈容器变空，导致②处的 s.top()抛出异常。因此我们依旧要捕捉异常，将整个 if 语句置于 try 块中。

异常，则可能导致该合成的成员函数出现问题。Herb Sutter 从异常安全的角度出发，相当全面地解决了这个问题（虽然条件竞争的隐患依然存在，并给合成的成员函数带来了新问题）。

部分读者大概还没意识到问题所在，那么请考虑 stack<vector<int>>。请注意，vector 容器会动态调整大小，因此，当我们复制 vector 容器时，C++标准库需在程序的堆数据段上分配更多内存，以便复制内容。假如系统负载过重或内存资源严重受限，内存分配可能失败，导致 vector 容器的拷贝构造函数抛出 std::bad_alloc 异常。若 vector 容器中的元素数量巨大，就很可能引发这种情况。同时，我们又假设 pop()函数的定义是：返回栈顶元素的值，并从栈上将其移除。隐患由此而来：只有在栈被改动之后，弹出的元素才返回给调用者，然而在向调用者复制数据的过程中，有可能抛出异常。万一弹出的元素已从栈上移除，但复制却不成功，就会令数据丢失！为了解决这个问题，std::stack 接口的设计者将操作一分为二：先用 top()获取栈顶元素，随后再用 pop()把它移出栈容器，因此，即便我们无法安全地复制数据，它还是存留在栈上。倘若问题的诱因是堆数据段的内存不足，也许应用程序可以释放一些内存，然后重新尝试。

无奈，我们恰恰要避免分割操作才可以消除条件竞争！万幸还有别的方法消除条件竞争，但它们都不完美。

1. 方法 1：传入引用

方法 1 是借一个外部变量接收栈容器弹出的元素，将指涉它的引用通过参数传入 pop()调用。

```
std::vector<int> result;
some_stack.pop(result);
```

这在许多情况下行之有效，但还是有明显短处。如果代码要调用 pop()，则须先依据栈容器中的元素型别构造一个实例，将其充当接收目标传入函数内。对于某些型别，构建实例的时间代价高昂或耗费资源过多，所以不太实用。在另一些型别的栈元素的内部代码中，其构造函数不一定带有参数，故此法也并不总是可行。最后，这种方法还要求栈容器存储的型别是可赋值的（assignable）。该限制不可忽视：许多用户定义的型别并不支持赋值，尽管它们支持移动构造甚至拷贝构造（准许 pop()按值返回）。

2. 方法 2：提供不抛出异常的拷贝构造函数，或不抛出异常的移动构造函数

假设 pop()按值返回，若它抛出异常，则牵涉异常安全的问题只会在这里出现。许多型别都含有不抛出异常的拷贝构造函数。另外，随着 C++标准新近引入的右值引用（见附录 A.1 节）得到支持，更多型别将具备不抛出异常的移动构造函数（即便它们的拷贝构造函数会抛出异常）。对于线程安全的栈容器，一种可行的做法是限制其用途，只允许存储上述型别的元素按值返回，且不抛出异常。

这虽然安全，效果却不理想。尽管我们只要利用 std::is_nothrow_copy_constructible 和 std::is_nothrow_move_constructible 这两个型别特征（type trait），便可在编译期对某个型别进行判断，确定它是否含有不抛出异常的拷贝构造函数，以及是否含有不抛出异常的移动构造函数，然而栈容器的用途还是会很受限。就用户定义的型别而言，其中一些含有会抛出异常的拷贝构造函数，却不含移动构造函数，另一些则含有拷贝构造函数和/或移动构造函数，而且不抛出异常。相比之下，前者数量更多（随着开发者逐渐接受 C++11 支持右值引用，这种状况会改变）。假若线程安全的栈容器无法存储这些型别，那实在可惜。

3. 方法 3：返回指针，指向弹出的元素

方法 3 是返回指针，指向弹出的元素，而不是返回它的值。其优点是指针可以自由地复制，不会抛出异常。因此 Cargill 所指出的异常问题可以避免。但此法存在缺点：在返回的指针所指向的内存中，分配的目标千差万别，既可能是复杂的对象，也可能是简单的型别，如 int，这就要求我们采取措施管理内存，但这便构成了额外的负担，也许会产生超过按值返回相应型别的开销。若函数接口采取上述方法，则指针型别 std::shared_ptr 是不错的选择：首先，它避免了内存泄漏，因为只要该指针的最后一份副本被销毁，被指向的对象也随之释放；其次，内存分配策略由 C++标准库全权管控，调用者不必亲自操作 new 和 delete 操作符，否则我们只能运用 new 操作符，为栈上每个元素逐一分配内存。相比原来的非线程安全版本，这种手动方法产生的额外开销非常低。鉴于此，采用 std::shared_ptr 对性能进行优化意义重大。

4. 方法 4：结合方法 1 和方法 2，或结合方法 1 和方法 3

代码绝不能丧失灵活性，泛型代码更应如此。若我们选定了方法 2 或方法 3，那么再一并提供方法 1 便相对容易。这种方法给予代码使用者更多选择，他们可以从中挑选最适合的方法，只承担甚小的额外代价。

5. 类定义示例：线程安全的栈容器类

代码清单 3.4 展示了栈容器类的简要定义，它消除了接口的条件竞争。其成员函数 pop()具有两份重载，分别实现了方法 1 和方法 3：一份接收引用参数，指向某外部变量的地址，存储弹出的值；另一份返回 std::shared_ptr<>。类的接口很简单，只有 push()和 pop()两个函数。

代码清单 3.4 线程安全的栈容器类（简要定义）

```
#include <exception>
#include <memory>    ⟵①std::shared_ptr<>在<memory>头文件内定义
struct empty_stack: std::exception
{
```

```
    const char* what() const noexcept;
};

template<typename T>
class threadsafe_stack
{
public:
    threadsafe_stack();
    threadsafe_stack(const threadsafe_stack&);
    threadsafe_stack& operator=(const threadsafe_stack&) = delete;  ②将赋值运算符删除
    void push(T new_value);
    std::shared_ptr<T> pop();
    void pop(T& value);
    bool empty() const;
};
```

简化接口换来了最大的安全保证，甚至还能限制栈容器的整体操作。由于赋值运算符被删除②（详见附录 A.2 节），因此栈容器本身不可赋值。它也不具备 swap()函数[1]，但它可被复制（前提是所装载的元素能被复制）。在空栈上调用 pop()会抛出 empty_stack 异常。所以，即使栈容器在调用 empty()之后被改动，一切仍能正常工作。方法 3 的解释已提及，std::shared_ptr 让我们不必亲自管理内存分配。如果有需要，还能借其进行优化以避免过度操作 new 操作符和 delete 操作符。于是原有的 5 个栈操作变成 3 个——push()、pop()和 empty()，甚至 empty()也是多余的。简化接口让我们得以确保互斥能针对完整操作而锁定，从而更好地掌控数据。代码清单 3.5 给出了一个栈容器类的详尽定义，它由包装 std::stack<>得出。

代码清单 3.5　线程安全的栈容器类（详尽定义）

```
#include <exception>
#include <memory>
#include <mutex>
#include <stack>
struct empty_stack: std::exception
{
    const char* what() const throw();
};
template<typename T>
class threadsafe_stack
{
private:
    std::stack<T> data;
    mutable std::mutex m;
public:
    threadsafe_stack(){}
```

1 译者注：参考 std::stack::swap()。其功能是互换两个栈容器所装载的元素，将全部元素放置到对方容器内。

```
    threadsafe_stack(const threadsafe_stack& other)    ①在构造函数的函数体
    {                                                  （constructor body）内进行
        std::lock_guard<std::mutex> lock(other.m);     复制操作
        data=other.data;                        <-
    }
    threadsafe_stack& operator=(const threadsafe_stack&) = delete;
    void push(T new_value)
    {
        std::lock_guard<std::mutex> lock(m);
        data.push(std::move(new_value));
    }
    std::shared_ptr<T> pop()
    {                                                  ②试图弹出前检
        std::lock_guard<std::mutex> lock(m);           查是否为空栈
        if(data.empty()) throw empty_stack();   <-
        std::shared_ptr<T> const res(std::make_shared<T>(data.top()));   <-
        data.pop();
        return res;                                    ③改动栈容器前
    }                                                  设置返回值
    void pop(T& value)
    {
        std::lock_guard<std::mutex> lock(m);
        if(data.empty()) throw empty_stack();
        value=data.top();
        data.pop();
    }
    bool empty() const
    {
        std::lock_guard<std::mutex> lock(m);
        return data.empty();
    }
};
```

这个栈容器的实现是可复制的，拷贝构造函数先在源对象上锁住互斥，再复制内部的 std::stack。我们没采用成员初始化列表（member initializer list），而是在构造函数的函数体内进行复制操作①，从而保证互斥的锁定会横跨整个复制过程。

前文曾讨论过 top()和 pop()，由于锁的粒度太小，需要被保护的操作没有被完整覆盖，因此出现接口的恶性条件竞争。如果锁的粒度太大，互斥也可能出现问题。极端的情形是，用单一的全局互斥保护所有共享数据。在共享大量数据的系统中，这么做会消除并发带来的任何性能优势，原因是多线程系统由此受到强制限定，任意时刻都只准许运行其中一个线程，即便它们访问不同的数据。回顾第一个支持多处理器系统的 Linux 内核版本，其设计正是如此，仅使用了一个全局内核锁（global kernel lock）。虽然它能工作，但事实上，尽管一个系统配备了双处理器，可性能往往不如两个单处理器系统之和，配备了 4 个处理器的系统性能则更糟，对比 4 个单处理器系统之和，它只能望尘莫及。有些线程被调度到额外的处理器上运行，但内核资源的争抢过于激烈，导致难以有效工作。Linux 内核的后续版本改进了加锁策略，粒度更精细，遂大幅减少了资源争抢，四处理器系统性能就理想多了，非常接近单处理器系统性能的 4 倍。

精细粒度的加锁策略也存在问题。为了保护同一个操作涉及的所有数据，我们有时候需要锁住多个互斥。前文提到过，在某些场景下的正确做法是，在互斥的保护范围内增大数据粒度，从而只需锁定一个互斥。然而这种处理方式也可能不合时宜，例如，若要保护同一个类的多个独立的实例，则应该分别使用多个互斥。如果在此情况下提升加锁的层级，我们其实是把加锁的责任推卸给了使用者，或不得不用一个互斥保护该类的全部实例，两者皆不是可取之道。

假如我们终须针对某项操作锁住多个互斥，那就会让一个问题藏匿起来，伺机进行扰乱：死锁。条件竞争是两个线程同时抢先运行，死锁则差不多是其反面：两个线程同时互相等待，停滞不前。

3.2.4 死锁：问题和解决方法

假设一件玩具由两部分组成，需要同时配合才能玩，譬如玩具鼓和鼓槌；又假设有两个小孩都喜欢这件玩具。倘若其中一个孩子拿到了玩具鼓和鼓槌，那他就能尽兴地一直敲鼓，敲烦了才停止。如果另一个孩子也想玩，便须等待，即使感到难受也没办法。再想象一下，玩具鼓和鼓槌分散在玩具箱里，两个小孩同时都想玩。于是，他们翻遍玩具箱，其中一人找到了玩具鼓，另一人找到了鼓槌，除非当中一位割爱让对方先玩，否则，他们只会僵持不下，各自都紧抓手中的部件不放，还要求对方“缴械”，结果都玩不成。

现在进行类比，我们面对的并非小孩争抢玩具，而是线程在互斥上争抢锁：有两个线程，都需要同时锁住两个互斥，才可以进行某项操作，但它们分别都只锁住了一个互斥，都等着再给另一个互斥加锁。于是，双方毫无进展，因为它们同在苦苦等待对方解锁互斥。上述情形称为死锁（deadlock）。为了进行某项操作而对多个互斥加锁，由此诱发的最大的问题之一正是死锁。

防范死锁的建议通常是，始终按相同顺序对两个互斥加锁。若我们总是先锁互斥 A 再锁互斥 B，则永远不会发生死锁。有时候，这直观、易懂，因为诸多互斥的用途各异。但也会出现棘手的状况，例如，运用多个互斥分别保护多个独立的实例，这些实例属于同一个类。考虑一个函数，其操作同一个类的两个实例，互相交换它们的内部数据。为了保证互换正确完成，免受并发改动的不良影响，两个实例上的互斥都必须加锁。可是，如果选用了固定的次序（两个对象通过参数传入，我们总是先给第一个实例的互斥加锁，再轮到第二个实例的互斥），前面的建议就适得其反：针对两个相同的实例，若两个线程都通过该函数在它们之间互换数据，只是两次调用的参数顺序相反[1]，会导致它们陷入

1 译者注：即线程甲调用 swap(A, B)，线程乙调用 swap(B, A)。请注意，这里重复进行互换操作，并不符合逻辑，因为会使两个实例最终保持原样。本例意在描述发生死锁的情形，但重复操作本身不具备现实意义。

死锁！

所幸，C++标准库提供了 std::lock()函数，专门解决这一问题。它可以同时锁住多个互斥，而没有发生死锁的风险。代码清单 3.6 给出了示范代码，在简单的内部数据互换操作中运用 std::lock()函数。

代码清单 3.6 运用 std::lock()函数和 std::lock_guard<>类模板，进行内部数据的互换操作

```
class some_big_object;
void swap(some_big_object& lhs, some_big_object& rhs);
class X
{
private:
    some_big_object some_detail;
    std::mutex m;
public:
    X(some_big_object const& sd):some_detail(sd){}
    friend void swap(X& lhs, X& rhs)
    {
        if(&lhs==&rhs)
            return;
        std::lock(lhs.m,rhs.m);    ←①
        std::lock_guard<std::mutex> lock_a(lhs.m, std::adopt_lock);    ←②
        std::lock_guard<std::mutex> lock_b(rhs.m, std::adopt_lock);    ←③
        swap(lhs.some_detail,rhs.some_detail);
    }
};
```

本例的函数一开始就对比两个参数，以确定它们指向不同实例。此项判断必不可少，原因是，若我们已经在某个 std::mutex 对象上获取锁，那么再次试图从该互斥获取锁将导致未定义行为（std::recursive_mutex 类型的互斥准许同一线程重复加锁，详见 3.3.3 节）。接着，代码调用 std::lock()锁定两个互斥①，并依据它们分别构造 std::lock_guard 实例②③。我们除了用互斥充当这两个实例的构造参数，还额外提供了 std::adopt_lock 对象，以指明互斥已被锁住，即互斥上有锁存在，std::lock_guard 实例应当据此接收锁的归属权，不得在构造函数内试图另行加锁。

无论函数是正常返回，还是因受保护的操作抛出异常而导致退出，std::lock_guard 都保证了互斥全都正确解锁。另外，值得注意的是，std::lock()在其内部对 lhs.m 或 rhs.m 加锁，这一函数调用可能导致抛出异常，这样，异常便会从 std::lock()向外传播。假如 std::lock()函数在其中一个互斥上成功获取了锁，但它试图在另一个互斥上获取锁时却有异常抛出，那么第一个锁就会自动释放：若加锁操作涉及多个互斥，则 std::lock()函数的语义是“全员共同成败”（all-or-nothing，或全部成功锁定，或没获取任何锁并抛出异常）。

针对上述场景，C++17 还进一步提供了新的 RAII 类模板 std::scoped_lock<>。std::scoped_lock<>和 std::lock_guard<>完全等价，只不过前者是可变参数模板（variadic template)，接收各种互斥型别作为模板参数列表，还以多个互斥对象作为构造函数的参数列表。下列代码中，传入构造函数的两个互斥都被加锁，机制与 std::lock()函数相同，因此，当构造函数完成时，它们就都被锁定，而后，在析构函数内一起被解锁。我们可以重写代码清单 3.6 的 swap()函数，其内部操作代码如下：

```
void swap(X& lhs, X& rhs)
{
    if(&lhs==&rhs)
        return;
    std::scoped_lock guard(lhs.m,rhs.m);  ⟵①
    swap(lhs.some_detail,rhs.some_detail);
}
```

上例利用了 C++17 加入的另一个新特性：类模板参数推导。假使读者的编译器支持 C++17 标准（通过查验能否使用 std::scoped_lock 即可判断，因为它是 C++17 程序库工具），C++17 具有隐式类模板参数推导（implicit class template parameter deduction）机制，依据传入构造函数的参数对象自动匹配①，选择正确的互斥型别。①处的语句等价于下面完整写明的版本：

```
std::scoped_lock<std::mutex,std::mutex> guard(lhs.m,rhs.m);
```

在 C++17 之前，我们采用 std::lock()编写代码。现在有了 std::scoped_lock，于是那些代码绝大多数可以改用这个编写，从而降低出错的概率。这肯定是件好事！

假定我们需要同时获取多个锁，那么 std::lock()函数和 std::scoped_lock<>模板即可帮助防范死锁；但若代码分别获取各个锁，它们就鞭长莫及了。在这种情况下，我们身为开发人员，唯有依靠经验力求防范死锁。知易行难，死锁是最棘手的多线程代码问题之一，绝大多数情形中，纵然一切都运作正常，死锁也往往无法预测。尽管如此，我们编写的代码只要服从一些相对简单的规则，便有助于防范死锁。

3.2.5 防范死锁的补充准则

虽然死锁的最常见诱因之一是锁操作，但即使没有牵涉锁，也会发生死锁现象。假定有两个线程，各自关联了 std::thread 实例，若它们同时在对方的 std::thread 实例上调用 join()，就能制造出死锁现象却不涉及锁操作。这种情形与前文的小孩争抢玩具相似，两个线程都因苦等对方结束而停滞不前。如果线程甲正等待线程乙完成某一动作，同时线程乙却在等待线程甲完成某一动作，便会构成简单的循环等待，并且线程数目不限于两个：就算是 3 个或更多线程，照样会引起死锁。防范死锁的准则最终可归纳成一个思想：只要另一线程有可能正在等待当前线程，那么当前线程千万不能反过来等待它。下列准则的细分条目给出了各种方法，用于判别和排除其他线程是否正在等待当前线程。

1. 避免嵌套锁

第一条准则最简单：假如已经持有锁，就不要试图获取第二个锁。若能恪守这点，每个线程便最多只能持有唯一一个锁，仅锁的使用本身不可能导致死锁。但是还存在其他可能引起死锁的场景（譬如，多个线程彼此等待），而操作多个互斥锁很可能就是最常见的死锁诱因。万一确有需要获取多个锁，我们应采用 std::lock()函数，借单独的调用动作一次获取全部锁来避免死锁。

2. 一旦持锁，就须避免调用由用户提供的程序接口

这是上一条准则的延伸。若程序接口由用户自行实现，则我们无从得知它到底会做什么，它可能会随意操作，包括试图获取锁。一旦我们已经持锁，若再调用由用户提供的程序接口，而它恰好也要获取锁，那便违反了避免嵌套锁的准则，可能发生死锁。不过，有时这实在难以避免。对于类似 3.2.3 节的栈容器的泛型代码，只要其操作与模板参数的型别有关，它就不得不依赖用户提供的程序接口。因此我们需要另一条新的准则。

3. 依从固定顺序获取锁

如果多个锁是绝对必要的，却无法通过 std::lock()在一步操作中全部获取，我们只能退而求其次，在每个线程内部都依从固定顺序获取这些锁。我们在 3.2.4 节已经提及，若在两个互斥上获取锁，则有办法防范死锁：关键是，事先规定好加锁顺序，令所有线程都依从。这在一些情况下相对简单、易行。以 3.2.3 节的栈容器为例，互斥在栈容器的实例内部发挥作用，但假如操作涉及栈容器存放的元素，就须调用由用户提供的接口。然而我们也可以约束栈容器内存储的元素：任何针对元素所执行的操作，均不得牵扯到栈容器本身。该限制给栈容器的使用者造成了负担。不过，栈容器中存储的元素极少会访问栈容器本身，万一发生访问，我们也能明显觉察，故这种负担并非难以承受。

另外几种情况很直观，如 3.2.4 节的互换操作。虽然这种方式并不一定总是可行，但在该情况下，我们至少可以同时对两个互斥加锁。回顾 3.1 节所介绍的双向链表，便能发现一种可行的方法：给每个节点都配备互斥来保护链表。因此，线程为了访问链表，须对涉及的每个节点加锁。就执行删除操作的线程而言，它必须在 3 个节点上获取锁，即要被删除的目标节点和两侧的相邻节点，因为它们全都会在不同程度上被改动。类似地，若要遍历链表，线程必须持有当前节点的锁，同时在后续节点上获取锁，从而确保前向指针不被改动。一旦获取了后续节点上的锁，当前节点的锁便再无必要，遂可释放。

上述加锁方式很像步行过程中双腿交替迈进。按照这种方式，链表容许多个线程一起访问，前提是它们不会同时访问同一个节点。不过，节点必须依从相同的锁定顺序以预防死锁：假如两个线程从相反方向遍历链表，并采用交替前进的加锁方式，它们就会在途中互相死锁。假定 A 和 B 是链表中的两个相邻节点，正向遍历的线程会先尝试持有节点 A 的锁，接着再从节点 B 上获取锁。逆向遍历的线程则持有节点 B 的锁，并试

图从节点 A 上获取锁，这会导致出现经典场景，发生死锁！如图 3.2 所示。

线程甲	线程乙
锁住链表的全局入口的互斥	
通过head指针读取头节点	
锁住头节点的互斥	
解锁链表的全局入口的互斥	
	锁住链表的全局入口的互斥
	通过tail指针读取尾节点
读取head->next指针	锁住尾节点的互斥
锁定next节点的互斥	读取tail->prev指针
读取next->next指针	解锁尾节点的互斥
…	…
锁住节点A的互斥	锁住节点C的互斥
读取A->next指针（指向B节点）	读取C->prev指针（指向B节点）
	锁住节点B的互斥
试图锁住节点B的互斥，发生阻塞	解锁节点C的互斥
	读取B->prev指针（指向A节点）
	试图锁住节点A的互斥，发生阻塞
死锁!	

图 3.2 两个线程从相反方向遍历链表

类似地，假设节点 B 位于节点 A 和 C 之间，若线程甲要删除 B，便先在 B 上获取锁，然后再锁住 A 和 C。如果线程乙正同时遍历链表，则可能会先锁住 A 或 C（具体锁住哪个，取决于遍历方向），却随即发现无法在节点 B 上获取锁，因线程甲已经持有 B 的锁，并尝试在 A 或 C 上获取锁。遂甲、乙线程互相死锁。

此处有一个方法可防范死锁：规定遍历的方向。从而令线程总是必须先锁住 A，再锁住 B，最后锁住 C。这样，我们就可以以禁止逆向遍历为代价而防范可能的死锁。其他数据结构也会设定相似的准则。

4. 按层级加锁

锁的层级划分就是按特定方式规定加锁次序，在运行期据此查验加锁操作是否遵从预设规则。按照构思，我们把应用程序分层，并且明确每个互斥位于哪个层级。若某线程已对低层级互斥加锁，则不准它再对高层级互斥加锁。具体做法是将层级的编号赋予对应层级应用程序上的互斥，并记录各线程分别锁定了哪些互斥。这种模式虽然常见，但C++标准库尚未提供直接支持，故我们需自行编写定制的互斥型别hierarchical_mutex，如代码清单3.7所示。

代码清单3.7举例示范了两个线程如何运用层级互斥。

代码清单3.7 使用层级锁防范死锁

```
hierarchical_mutex high_level_mutex(10000);                         ←①
hierarchical_mutex low_level_mutex(5000);                           ←②
hierarchical_mutex other_mutex(6000);                               ←③
int do_low_level_stuff();
int low_level_func()
{
    std::lock_guard<hierarchical_mutex> lk(low_level_mutex);   ←④
    return do_low_level_stuff();
}
void high_level_stuff(int some_param);
void high_level_func()
{
    std::lock_guard<hierarchical_mutex> lk(high_level_mutex);  ←⑥
    high_level_stuff(low_level_func());   ←⑤
}
void thread_a()   ←⑦
{
    high_level_func();
}

void do_other_stuff();
void other_stuff()
{
    high_level_func();   ←⑩
    do_other_stuff();
}
void thread_b()   ←⑧
{
    std::lock_guard<hierarchical_mutex> lk(other_mutex);   ←⑨
    other_stuff();
}
```

代码清单3.7中含有3个hierarchical_mutex实例①②③，它们依据相应的层级编号而构造（层级越低编号越小）。这套机制旨在设定加锁的规则，如果我们已在某hierarchical_mutex互斥上持有锁，那么只能由相对低层级的hierarchical_mutex互斥获取锁，从而限制代码的行为。

我们在这里假定，do_low_level_stuff()函数没有锁住任何互斥，而 low_level_func()函数处于最低层级④，且锁住了互斥 low_level_mutex。high_level_func()函数先对互斥 high_level_mutex 加锁⑥，随后调用 low_level_func()⑤，这两步操作符合加锁规则，因为互斥 high_level_mutex①所在的层级（10000）高于 low_level_mutex②所在的层级（5000）。

thread_a()同样遵循规则⑦，所以运行无碍。

相反地，thread_b()无视规则⑧，因此在运行期出错。它先对互斥 other_mutex 加锁⑨，其层级编号是 6000③，说明该互斥位于中间层级。在 other_stuff()函数调用 high_level_func()⑩之时，就违反了层级规则：high_level_func()试图在互斥 high_level_mutex 上获取锁，但其层级编号却是 10000，远高于当前层级编号 6000。结果，互斥 hierarchical_mutex 会报错，可能抛出异常，也可能中止程序。层级互斥之间不可能发生死锁，因为互斥自身已经被强制限定了加锁次序。只要两个层级锁都位于相同层级，我们便无法一并持有。若将层级锁应用于前文交替前进的加锁策略，那么链表中每个互斥的层级须低于其前驱节点互斥的层级。可是，这种方式在某些情况下并不可行。

代码清单 3.7 还展示了另一点：依据用户自定义的互斥型别，将类模板 std::lock_guard<>具体化。hierarchical_mutex 类并非标准的一部分，但不难编写；代码清单 3.8 给出了简单实现。尽管它属于用户自定义的型别，但也能与 std::lock_guard<>结合使用，因其实现了 3 个成员函数——lock()、unlock()和 try_lock()，满足了互斥概念所需具备的操作。我们还没介绍如何使用 try_lock()，但它相当简单：若另一线程已在目标互斥上持有锁，则函数立即返回 false，完全不等待。std::lock()也可在内部利用该函数，实现防范死锁的算法。

为了存储当前层级编号，hierarchical_mutex 的实现使用了线程专属的局部变量。所有互斥的实例都能读取该变量，但它的值因不同线程而异。这使代码可以独立检测各线程的行为，各互斥都能判断是否允许当前线程对其加锁。

代码清单 3.8 简单的层级互斥

```
class hierarchical_mutex
{
    std::mutex internal_mutex;
    unsigned long const hierarchy_value;
    unsigned long previous_hierarchy_value;
    static thread_local unsigned long this_thread_hierarchy_value; ←①
    void check_for_hierarchy_violation()
    {
        if(this_thread_hierarchy_value <= hierarchy_value) ←②
        {
```

```
            throw std::logic_error("mutex hierarchy violated");
        }
    }
    void update_hierarchy_value()
    {
        previous_hierarchy_value=this_thread_hierarchy_value;   <---③
        this_thread_hierarchy_value=hierarchy_value;
    }

public:
    explicit hierarchical_mutex(unsigned long value):
        hierarchy_value(value),
        previous_hierarchy_value(0)
    {}
    void lock()
    {
        check_for_hierarchy_violation();
        internal_mutex.lock();          <---④
        update_hierarchy_value();       <---⑤
    }
    void unlock()
    {
        if(this_thread_hierarchy_value!=hierarchy_value)
            throw std::logic_error("mutex hierarchy violated");   <---⑨
        this_thread_hierarchy_value=previous_hierarchy_value;   <---⑥
        internal_mutex.unlock();
    }
    bool try_lock()
    {
        check_for_hierarchy_violation();
        if(!internal_mutex.try_lock())      <---⑦
            return false;
        update_hierarchy_value();
        return true;
    }
};
thread_local unsigned long
    hierarchical_mutex::this_thread_hierarchy_value(ULONG_MAX);   <---⑧
```

这里的关键是，使用线程专属的变量（名为 this_thread_hierarchy_value，以关键字 thread_local 修饰）表示当前线程的层级编号[1]①。它初始化为 unsigned long 可表示的最大值⑧。故此，最开始，任意 hierarchical_mutex 互斥都能被加锁。因为声明由 thread_local 修饰，每个线程都具有自己的 this_thread_hierarchy_value 副本，所以该变量在某线程上

1 译者注：线程自身不属于任何层级。this_thread_hierarchy_value 的准确意义是，当前线程最后一次加锁操作所牵涉的层级编号。

的值与另一线程上的值完全无关。关键字 thread_local 的详情请见附录 A.8 节。

某线程第一次锁住 hierarchical_mutex 的某个实例时，变量 this_thread_hierarchy_value 的值是 ULONG_MAX。根据定义，它大于任何其他值，因而 check_for_hierarchy_violation() 的检查顺利通过②。检查完成后，lock()委托内部的互斥加锁④。只要成功锁定，层级编号即能更新⑤。

假设我们已持有互斥 hierarchical_mutex 的锁，那么 this_thread_hierarchy_value 的值反映出前者所在层级的编号，若要再对另一互斥加锁，后面互斥的层级必须低于前面已被锁定的互斥的层级，才可以通过检查②。

现在到了重要的步骤：记录当前线程的层级编号，将其保存为"上一次加锁的层级"③。及后，执行 unlock()时，线程的层级按保存的值复原⑥；否则，我们就无法重新锁定层级较高的互斥，即使当前线程不再持有任何锁。只有锁定内部互斥 internal_mutex 之后，我们才着手保存"上一次加锁的层级"③，而在内部互斥解锁之前，复原已经完成⑥，因此内部互斥的保护很到位，它可以安全地保存在 hierarchical_mutex 内部。为了避免乱序解锁而引发层级混淆，如果我们解锁某个层级的互斥，却发现它不是最后一个被加锁的，就抛出异常⑨。还存在其他可行的机制，但所举范例最为简单。

try_lock()与 lock()的工作原理相同，差别在于，若调用 try_lock()，它对内部互斥 internal_mutex 加锁失败⑦，也就是说，我们没有成功获取锁。因此，当前线程的层级编号不进行更新，并且函数返回 false 而不是 true。

尽管上述检查在运行期发生，但判定结果并不依赖时序，读者请不要特意等待引起死锁的情况发生，它们甚为罕见。另外，在设计流程中，只须按照上例的方法将应用程序分层，并设定互斥的层级，就有助于排除许多可能的死锁的诱因，甚至在编写代码前即可排除。即便读者还没深入以上范例的程度，暂时未能写出可在运行期检查层级的代码，仍然值得进行这种设计练习。

5. 将准则推广到锁操作以外

我在本节开始就提到过，死锁现象并不单单因加锁操作而发生，任何同步机制导致的循环等待都会导致死锁出现。因此也值得为那些情况推广上述准则。譬如，我们应尽可能避免获取嵌套锁；若当前线程持有某个锁，却又同时等待别的线程，这便是坏的情况，因为万一后者恰好也需获取锁，反而只能等该锁被释放才能继续运行。类似地，如果要等待线程，那就值得针对线程规定层级，使得每个线程仅等待层级更低的线程。有一种简单方法可实现这种机制：让同一个函数启动全部线程，且汇合工作也由之负责，3.1.2 节和 3.3 节对此已进行解说。

只要代码采取了防范死锁的设计，函数 std::lock()和类 std::lock_guard 即可涵盖大多数简单的锁操作，不过我们有时需要更加灵活。标准库针对一些情况提供了 std::unique_ lock<>模板。它与 std::lock_guard<>一样，也是一个依据互斥作为参数的类模板，并且以 RAII 手法管理锁，不过它更灵活一些。

3.2.6 运用 std::unique_lock<>灵活加锁

类模板 std::unique_lock<>放宽了不变量的成立条件，因此它相较 std::lock_guard<>更灵活一些。std::unique_lock 对象不一定始终占有与之关联的互斥。首先，其构造函数接收第二个参数[1]：我们可以传入 std::adopt_lock 实例，借此指明 std::unique_lock 对象管理互斥上的锁；也可以传入 std::defer_lock 实例，从而使互斥在完成构造时处于无锁状态，等以后有需要时才在 std::unique_lock 对象（不是互斥对象）上调用 lock()而获取锁，或把 std::unique_lock 对象交给 std::lock() 函数加锁。只要把 std::lock_guard 和 std::adopt_lock 分别改成 std::unique_lock 和 std::defer_lock①，即可轻松重写代码清单 3.6，如代码清单 3.9 所示。两段代码的行数相同且功能等效，仅有一处小差别：std::unique_lock 占用更多的空间，也比 std::lock_guard 略慢。但 std::unique_lock 对象可以不占有关联的互斥，具备这份灵活性需要付出代价：需要存储并且更新互斥信息。

代码清单 3.9 运用 std::lock()函数和 std::unique_lock<>类模板在对象间互换内部数据

```
class some_big_object;
void swap(some_big_object& lhs,some_big_object& rhs);
class X
{
private:
    some_big_object some_detail;
    std::mutex m;
public:
    X(some_big_object const& sd):some_detail(sd){}
    friend void swap(X& lhs, X& rhs)
    {
        if(&lhs==&rhs)
            return;
        std::unique_lock<std::mutex> lock_a(lhs.m,std::defer_lock);
        std::unique_lock<std::mutex> lock_b(rhs.m,std::defer_lock);
        std::lock(lock_a,lock_b);
        swap(lhs.some_detail,rhs.some_detail);
    }
};
```

①实例 std::defer_lock 将互斥保留为无锁状态

②到这里才对互斥加锁

代码清单 3.9 中，因为 std::unique_lock 类具有成员函数 lock()、try_lock()和 unlock()，所以它的实例得以传给 std::lock()函数②。std::unique_lock 实例在底层与目标互斥关联，此互斥也具备这 3 个同名的成员函数，因此上述函数调用转由它们实际执行。std::unique_lock 实例还含有一个内部标志，亦随着这些函数的执行而更新，以表明关联的互斥目前

1 译者注：第一个参数即为需要加锁的目标互斥。

是否正被该类的实例占据。这一标志必须存在，作用是保证析构函数正确调用 unlock()。假如 std::unique_lock 实例的确占据着互斥，则其析构函数必须调用 unlock()；若不然，实例并未占据互斥，便绝不能调用 unlock()。此标志可以通过调用成员函数 owns_lock() 查询。不过，若条件允许，最好还是采用 C++17 所提供的变参模板类 std::scoped_lock（见 3.2.4 节），除非我们必须采用 std::unique_lock 类进行某些操作，如转移锁的归属权。

读者应该知道上述标志需要占用存储空间。故 std::unique_lock 对象的"体积"往往大于 std::lock_guard 对象的。并且，由于该标志必须适时更新或检查，因此若采用 std::unique_lock 替换 std::lock_guard，便会导致轻微的性能损失。所以，如果 std::lock_guard 已经能满足所需，我建议优先采用。话说回来，有一些情形需要更灵活的处理方式，则 std::unique_lock 类更为合适。延时加锁即属此例，前文已有示范。另一种情形是，需要从某作用域转移锁的归属权到其他作用域。

3.2.7 在不同作用域之间转移互斥归属权

因为 std::unique_lock 实例不占有与之关联的互斥，所以随着其实例的转移，互斥的归属权可以在多个 std::unique_lock 实例之间转移。转移会在某些情况下自动发生，譬如从函数返回实例时，但我们须针对别的情形显式调用 std::move()。本质上，这取决于移动数据的来源到底是左值还是右值。若是左值（lvalue，实实在在的变量或指向真实变量的引用），则必须显式转移，以免归属权意外地转移到别处；如果是右值（rvalue，某种形式的临时变量），归属权转移便会自动发生。std::unique_lock 属于可移动却不可复制的型别。请读者参阅附录 A.1.1 节以探究移动语义的更多细节。

转移有一种用途：准许函数锁定互斥，然后把互斥的归属权转移给函数调用者，好让他在同一个锁的保护下执行其他操作。下面的代码片段就此做了示范：get_lock()函数先锁定互斥，接着对数据做前期准备，再将归属权返回给调用者：

```
std::unique_lock<std::mutex> get_lock()
{
    extern std::mutex some_mutex;
    std::unique_lock<std::mutex> lk(some_mutex);
    prepare_data();
    return lk;    ①
}
void process_data()
{
    std::unique_lock<std::mutex> lk(get_lock());    ②
    do_something();
}
```

由于锁 lk 是 get_lock()函数中声明的 std::unique_lock 局部变量，因此代码无须调用

std::move()就能把它直接返回①，编译器会妥善调用移动构造函数。在 process_data()的函数定义中，也给出了 std::unique_lock 实例，而该函数身为 get_lock()的调用者，能直接接受锁的归属权的转移②。至此，前期准备已经完成，数据正确、可靠，可以提供给 do_something()进一步操作，而且别的线程无法在 do_something()调用期间改动数据。

上述模式通常会在两种情形中使用：互斥加锁的时机取决于程序的当前状态；或者，某函数负责执行加锁操作并返回 std::unique_lock 对象，而互斥加锁时机则由传入的参数决定。通道（gate way）类是一种利用锁转移的具体形式，锁的角色是其数据成员，用于保证只有正确加锁才能够访问受保护数据，而不再充当函数的返回值。这样，所有数据必须通过通道（gate way）类访问：若想访问数据，则需先取得通道（gate way）类的实例（由函数调用返回，如上例中的 get_lock()），再借它执行加锁操作，然后通过通道（gate way）对象的成员函数才得以访问数据。我们在访问完成后销毁通道（gate way）对象，锁便随之释放，别的线程遂可以重新访问受保护的数据。这类通道（gate way）对象几乎是可移动的（只有这样，函数才有可能向外转移归属权），因此锁对象作为其数据成员也必须是可移动的。

std::unique_lock 类十分灵活，允许它的实例在被销毁前解锁。其成员函数 unlock()负责解锁操作，这与互斥一致。std::unique_lock 类与互斥还有一共通之处，两者同样具备一套基本的成员函数用于加锁和解锁，因此该类可以结合泛型函数来使用，如 std::lock()。std::unique_lock 的实例可以在被销毁前解锁。这就意味着，在执行流程的任何特定分支上，若某个锁显然没必要继续持有，我们则可解锁。这对应用程序的性能颇为重要：在所需范围之外持锁将使性能下降，因为如果有其他线程需要加锁，就会被迫毫无必要地延长等待时间，导致运行受阻。

3.2.8 按适合的粒度加锁

在 3.2.3 节我们就曾经提过“锁粒度”，该术语描述一个锁所保护的数据量，但它没有严格的实质定义。粒度精细的锁保护少量数据，而粒度粗大的锁保护大量数据。锁操作有两个要点：一是选择足够粗大的锁粒度，确保目标数据受到保护；二是限制范围，务求只在必要的操作过程中持锁。设想我们在超市里往购物车塞满商品，排队等着结账，不巧，前面正在清点结账的顾客突然间意识到，他忘了还要买小红莓果酱，于是全然不顾身后的人而抽身去找；或者，收银员已经要收款了，顾客才匆匆打开手提袋翻找钱包，我们都体会过这种无奈。如果人人都在结账之前备齐想买的商品，并准备好恰当的付款方法，事情就好办得多。

多线程也适用这个道理：假定多个线程正等待使用同一个资源（如柜台处的收银员），如果任何线程在必要范围以外持锁，就会增加等待所耗费的总时间（别等到快付款了，才开始去找小红莓果酱）。只要条件允许，我们仅仅在访问共享数据期间才锁住互斥，让数据处理尽可能不用锁保护。请特别注意，持锁期间应避免任何耗时的操作，如读写文件。同样是读写总量相等的数据，文件操作通常比内存慢几百倍甚至几千倍。除非锁的本意正是保护文件访问，否则，为 I/O 操作加锁将毫无必要地阻塞其他线程（它们因等待获取锁而被阻塞），即使运用了多线程也无法提升性能。

这种情况可用 std::unique_lock 处理：假如代码不再需要访问共享数据，那我们就调用 unlock()解锁；若以后需重新访问，则调用 lock()加锁。

```
void get_and_process_data()
{
    std::unique_lock<std::mutex> my_lock(the_mutex);
    some_class data_to_process=get_next_data_chunk();
    my_lock.unlock();                                   ①假定在调用 process()期间，互斥无须加锁
    result_type result=process(data_to_process);
    my_lock.lock();                                     ②重新锁住互斥，以写出结果
    write_result(data_to_process,result);
}
```

假定 process()函数全程无须为互斥加锁，那我们应该在调用前手动解锁①，其后重新锁定②。

希望读者可以清楚下面的事实：若只用单独一个互斥保护整个数据结构，不但很可能加剧锁的争夺，还将难以缩短持锁时间。假设某项操作需对同一个互斥全程加锁，当中步骤越多，则持锁时间越久。这是一种双重损失，恰恰加倍促使我们尽可能改用粒度精细的锁。

上例说明，加锁时选用恰当的粒度，不仅事关锁定数据量的大小，还牵涉持锁时间以及持锁期间能执行什么操作。一般地，若要执行某项操作，那我们应该只在所需的最短时间内持锁。换言之，除非绝对必要，否则不得在持锁期间进行耗时的操作，如等待 I/O 完成或获取另一个锁（即便我们知道不会死锁）。

在代码清单 3.6 和代码清单 3.9 中，数据互换操作显然必须并发访问两个对象，该操作需锁定两个互斥。设想原本的场景变成：我们试图比较两个简单的数据成员，其型别是 C++的原生 int。新、旧场景存在区别吗？存在。因为 int 的值复制起来开销甚低，所以程序可以先锁住比较运算的目标对象，从中轻松地复制出各自相关的数据，再用复制的值进行比较运算。这样做的意义是，我们并非先持有一个锁再锁定另一个互斥，而是分别对两个互斥加锁，使得持锁时间最短。代码清单 3.10 实现了上述方式，通过类 Y 示范等值比较运算符。

代码清单 3.10　在比较运算的过程中，每次只锁住一个互斥

```
class Y
{
private:
```

```
    int some_detail;
    mutable std::mutex m;
    int get_detail() const
    {
        std::lock_guard<std::mutex> lock_a(m);  <-①
        return some_detail;
    }
public:
    Y(int sd):some_detail(sd){}
    friend bool operator==(Y const& lhs, Y const& rhs)
    {
        if(&lhs==&rhs)
            return true;
        int const lhs_value=lhs.get_detail();  <-②
        int const rhs_value=rhs.get_detail();  <-③
        return lhs_value==rhs_value;  <-④
    }
};
```

本例中，比较运算符首先调用成员函数 get_detail()，以获取需要比较的值②③。该函数先加锁保护数据①，再取值。接着，比较运算符对比取得的值④。新场景下，为了缩短持锁定的时间，我们一次只持有一个锁（这也排除了死锁的可能），而原本的场景则将两个对象一起锁定。请注意，新场景中隐秘地篡改了比较运算的原有语义。在代码清单 3.10 中，若比较运算符返回 true，则其意义是：lhs.some_detail 在某时刻的值等于 rhs.some_detail 在另一时刻的值。在两次获取之间②③，它们的值有可能已经以任意形式发生变化，令比较运算失去意义。例如，尽管事实上两者在任何时刻都不相等，但在上述过程中双方发生了互换，最终令比较运算结果为 true，错误地表明它们等值。因而做这种改动时必须保持谨慎，免得运算语义遭到篡改而产生问题：若我们未能持有必要的锁以完全保护整个运算，便会将自己置身于条件竞争的危险中。

有时候，数据结构的各种访问须采取不同层级的保护，但固定级别的粒度并不适合。std::mutex 功能平实，无法面面俱到，故改用其他保护方式可能更恰当。

3.3 保护共享数据的其他工具

虽然互斥是保护共享数据的最普遍的方式之一，但它并非唯一方式。针对具体场景，还有别的方式可以提供更适合的保护措施。

一种格外极端却特别常见的情况是，为了并发访问，共享数据仅需在初始化过程中受到保护，之后再也无须进行显式的同步操作。这可能是因为共享数据一旦创建就处于只读状态，原本可能发生的同步问题遂不复存在；也可能是因为后续操作已为共享数据施加了必要的隐式保护。无论在哪种情况中，若加锁是单纯为了保护共享数据初始化，但完成初始化后却继续锁住互斥，那就成了画蛇添足，还会造成不必要的性能损失。鉴于此，C++标准提供了一套机制，仅为了在初始化过程中保护共享数据。

3.3.1 在初始化过程中保护共享数据

假设我们需要某个共享数据，而它创建起来开销不菲。因为创建它可能需要建立数据库连接或分配大量内存，所以等到必要时才真正着手创建。这种方式称为延迟初始化（lazy initialization），常见于单线程代码。对于需要利用共享资源的每一项操作，要先在执行前判别该数据是否已经初始化，若没有，则及时初始化，然后方可使用。

```
std::shared_ptr<some_resource> resource_ptr;
void foo()
{
    if(!resource_ptr)
    {
        resource_ptr.reset(new some_resource);  <——①
    }
    resource_ptr->do_something();
}
```

假定共享数据本身就能安全地被并发访问，若将上面的代码转化成多线程形式，则仅有初始化过程需要保护①。代码清单3.11是采用精简方式改写的，不过，如果数据为多个线程所用，那么它们便无法被并发访问，线程只能毫无必要地循序运行，因为每个线程都必须在互斥上轮候，等待查验数据是否已经完成初始化。

代码清单 3.11 用互斥实现线程安全的延迟初始化

```
std::shared_ptr<some_resource> resource_ptr;
std::mutex resource_mutex;
void foo()
{
    std::unique_lock<std::mutex> lk(resource_mutex);  <——①此处，全部线程都被迫循序运行
    if(!resource_ptr)
    {
        resource_ptr.reset(new some_resource);  <——②仅有初始化需要保护
    }
    lk.unlock();
    resource_ptr->do_something();
}
```

上面的代码模式司空见惯，但它毫无必要地迫使多个线程循序运行，很有问题。为此，许多人尝试改进，包括实现倍受诟病的双重检验锁定模式（double-checked locking pattern）。首先，在无锁条件下读取指针①，只有读到空指针才获取锁。其次，当前线程先判别空指针①，随即加锁。两步操作之间存在间隙，其他线程或许正好借机完成初始化。我们需再次检验空指针②（双重检验），以防范这种情形发生：

```
void undefined_behaviour_with_double_checked_locking()
{
```

```
    if(!resource_ptr)                                    <——①
    {
        std::lock_guard<std::mutex> lk(resource_mutex);
        if(!resource_ptr)                                <——②
        {
            resource_ptr.reset(new some_resource);   <——③
        }
    }
    resource_ptr->do_something();   <——④
}
```

很遗憾，这种新的模式饱受诟病，因为它有可能诱发恶性条件竞争，问题的根源是：当前线程在锁保护范围外读取指针①，而对方线程却可能先获取锁，顺利进入锁保护范围内执行写操作③，因此读写操作没有同步，产生了条件竞争，既涉及指针本身，还涉及其指向的对象。尽管当前线程能够看见其他线程写入指针，却有可能无视新实例 some_resource 的创建[1]，结果 do_something()的调用就会对不正确的值进行操作④。C++标准将此例定义为数据竞争（data race），是条件竞争的一种，其将导致未定义行为，所以我们肯定要防范。第 5 章将详细讨论内存模型，分析数据竞争形成的前因后果，读者可先参考。

C++标准委员会相当重视以上情况，在 C++标准库中提供了 std::once_flag 类和 std::call_once()函数，以专门处理该情况。上述代码先锁住互斥，再显式检查指针，导致问题出现。我们对症下药，令所有线程共同调用 std::call_once()函数，从而确保在该调用返回时， 指针初始化由其中某线程安全且唯一地完成（通过适合的同步机制）。必要的同步数据则由 std::once_flag 实例存储，每个 std::once_flag 实例对应一次不同的初始化。相比显式使用互斥，std::call_once()函数的额外开销往往更低，特别是在初始化已经完成的情况下，所以如果功能符合需求就应优先使用。运用 std::call_once()重写代码清单 3.11 即得出下面的代码，两者均实现了相同的操作。下面的代码中，初始化通过函数调用完成，不过只要一个类具备函数调用操作符，则该类的实例也可以轻松地通过这种方式进行初始化。标准库中的一些函数接收函数或断言[2]作为参数，std::call_once()与它们当中的大多数相似，能与任何函数或可调用对象配合工作：

---

1 译者注：具体过程如下。在 undefined_behaviour_with_double_checked_locking()函数的代码中，最初指针为空，当前线程和对方线程均进入第一层 if 分支①。接着对方线程夺得锁 lk，顺利进入第二层 if 分支②；当前线程则被阻塞，在①②之间等待。然后对方线程一气呵成执行完余下全部代码：创建新实例并令指针指向它③，继而离开 if 分支，锁 lk 随之被销毁，最终调用 do_something()操作新实例，更改其初始值④。当前线程后来终于获得了锁，便继续运行：这时它发现指针非空②，遂转去执行 do_something()④，但实例已被改动过而当前线程却不知情，于是仍按其初值操作，错误发生。

2 译者注：断言即 predicate，又称“谓词”。在 C++语境下，它是函数或可调用对象，返回布尔值，专门用于判断某条件是否成立。

```
std::shared_ptr<some_resource> resource_ptr;
std::once_flag resource_flag;                        ⊲——①
void init_resource()
{
    resource_ptr.reset(new some_resource);
}
void foo()
{
    std::call_once(resource_flag,init_resource);  ⊲——②初始化函数准确地被唯一一次调用
    resource_ptr->do_something();
}
```

上例包含两个对象，需要初始化的数据[1]和 std::once_flag 对象①，两者的作用域都完整涵盖它们所属的名字空间。不过，就算是某个类的数据成员，我们依然能方便地实施延迟初始化，如代码清单 3.12 所示。

代码清单 3.12　利用 std::call_once()函数对类 X 的数据成员实施线程安全的延迟初始化

```
class X
{
private:
    connection_info connection_details;
    connection_handle connection;
    std::once_flag connection_init_flag;
    void open_connection()
    {
        connection=connection_manager.open(connection_details);
    }
public:
    X(connection_info const& connection_details_):
       connection_details(connection_details_)
    {}
    void send_data(data_packet const& data)    ⊲——①
    {
        std::call_once(connection_init_flag,&X::open_connection,this);  ⊲——②
        connection.send_data(data);
    }
    data_packet receive_data()    ⊲——③
    {
        std::call_once(connection_init_flag,&X::open_connection,this);  ⊲——②
        return connection.receive_data();
    }
};
```

代码清单 3.12 中的初始化或在 send_data()的首次调用中进行①，或在 receive_data()的第一次调用中进行③。它们都借助成员函数 open_connection()初始化数据，而该函数必须用到 this 指针，所以要向其传入 this 指针。标准库的某些函数接收可调用对象，如 std::thread 的构造函数和 std::bind()函数，std::call_once()同样如此，故本例代码也向它传

1 译者注：该数据的类型为 some_resource，由共享指针 resource_ptr 指向。

递 this 指针作为附加参数②。

值得一提的是，std::once_flag 的实例既不可复制也不可移动，这与 std::mutex 类似。若像上例那样让它充当类的数据成员，而涉及初始化的两个成员函数功能特殊，则这些数据经由它们调用 call_once()才可以进行操作，所以这两个函数必须显式定义。

如果把局部变量声明成静态数据，那样便有可能让初始化过程出现条件竞争。根据 C++标准规定，只要控制流程第一次遇到静态数据的声明语句，变量即进行初始化。若多个线程同时调用同一函数，而它含有静态数据，则任意线程均可能首先到达其声明处，这就形成了条件竞争的隐患。C++11 标准发布之前，许多编译器都未能在实践中正确处理该条件竞争。其原因有可能是众多线程均认定自己是第一个，都试图初始化变量；也有可能是某线程上正在进行变量的初始化，但尚未完成，而别的线程却试图使用它。C++11 解决了这个问题，规定初始化只会在某一线程上单独发生，在初始化完成之前，其他线程不会越过静态数据的声明而继续运行。于是，这使得条件竞争原来导致的问题变为，初始化应当由哪个线程具体执行。某些类的代码只需用到唯一一个全局实例，这种情形可用以下方法代替 std::call_once()：

```
class my_class;
my_class& get_my_class_instance()    ①线程安全的初始化，C++11标准保证其正确性
{
    static my_class instance;
    return instance;
}
```

多个线程可以安全地调用 get_my_class_instance()①，而无须担忧初始化的条件竞争。

仅在初始化过程中保护共享数据只是一种特例，更普遍的情况是保护那些甚少更新的数据结构。大多数时候，这些数据结构都处于只读状态，因此可被多个线程并发访问，但它们偶尔也需要更新。我们需要一种保护机制专门处理这种场景。

3.3.2 保护甚少更新的数据结构

考虑一个存储着 DNS 条目的缓存表，它将域名解释成对应的 IP 地址。给定的 DNS 条目通常在很长时间内都不会变化——在许多情况下，DNS 条目保持多年不变。尽管，随着用户访问不同网站，缓存表会不时加入新条目，但在很大程度上，数据在整个生命期内将保持不变。为了判断数据是否有效，必须定期查验缓存表；只要细节有所改动，就需要进行更新。

更新虽然鲜有，但它们还是会发生。另外，如果缓存表被多线程访问，更新过程就需得到妥善保护，以确保各个线程在读取缓存表时，全都见不到失效数据。

虽然现有的各种并发数据结构经过专门设计，可同时支持并发更新和并发读取（第 6 章和第 7 章将给出范例），可是使用它们仍无法完全满足上述的特定需求。我们想要一

种数据结构，若线程对其进行更新操作，则并发访问从开始到结束完全排他，及至更新完成，数据结构方可重新被多线程并发访问。所以，若采用 std::mutex 保护数据结构，则过于严苛，原因是即便没发生改动，它照样会禁止并发访问。我们需在这里采用新类型的互斥。由于新的互斥具有两种不同的使用方式，因此通常被称为读写互斥：允许单独一个“写线程”进行完全排他的访问，也允许多个“读线程”共享数据或并发访问。

C++17 标准库提供了两种新的互斥：std::shared_mutex 和 std::shared_timed_mutex。C++14 标准库只有 std::shared_timed_mutex，而 C++11 标准库都没有。假如读者的编译器尚未支持 C++14，那么可以考虑使用 Boost 程序库，它也提供了这两个互斥。它们通过提案被纳入 C++标准，提案的原始版本即为 Boost 实现的依据。std::shared_mutex 和 std::shared_timed_mutex 的区别在于，后者支持更多操作（说明见 4.3 节）。所以，若无须进行额外操作，则应选用 std::shared_mutex，其在某些平台上可能会带来性能增益。

第 8 章将清楚地解释这种互斥并非“灵丹妙药”，因为程序性能由下列因素共同决定：处理器的数目，还有读、写线程上的相对工作负荷。多线程令复杂度增加，为了确保性能可以同样随之提升，一个重要的方法是在目标系统上对代码进行性能剖析。

除了 std::mutex，我们也可以利用 std::shared_mutex 的实例施加同步操作。更新操作可用 std::lock_guard<std::shared_mutex>和 std::unique_lock<std::shared_mutex>锁定，代替对应的 std::mutex 特化。它们与 std::mutex 一样，都保证了访问的排他性质。对于那些无须更新数据结构的线程，可以另行改用共享锁 std::shared_lock<std::shared_mutex>实现共享访问。C++14 引入了共享锁的类模板，其工作原理是 RAII 过程，使用方式则与 std::unique_lock 相同，只不过多个线程能够同时锁住同一个 std::shared_mutex。共享锁仅有一个限制，即假设它已被某些线程所持有，若别的线程试图获取排他锁，就会发生阻塞，直到那些线程全都释放该共享锁[1]。反之，如果任一线程持有排他锁，那么其他线程全都无法获取共享锁或排他锁，直到持锁线程将排他锁释放为止。

依照前文描述，代码清单 3.13 是 DNS 缓存表的简略实现，其采用 std::map 放置缓存数据，由 std::shared_mutex 施加保护。

代码清单 3.13 运用 std::shared_mutex 保护数据结构

```
#include <map>
#include <string>
#include <mutex>
#include <shared_mutex>
class dns_entry;
class dns_cache
{
    std::map<std::string,dns_entry> entries;
```

1 译者注：共享锁即读锁，对应 std::shared_lock<std::shared_mutex>；排他锁即写锁，对应 std::lock_guard <std::shared_mutex>和 std::unique_lock<std::shared_mutex>。

```
    mutable std::shared_mutex entry_mutex;
public:
    dns_entry find_entry(std::string const& domain) const
    {
        std::shared_lock<std::shared_mutex> lk(entry_mutex);   ⊲——①
        std::map<std::string,dns_entry>::const_iterator const it=
            entries.find(domain);
        return (it==entries.end())?dns_entry():it->second;
    }
    void update_or_add_entry(std::string const& domain,
                             dns_entry const& dns_details)
    {
        std::lock_guard<std::shared_mutex> lk(entry_mutex);   ⊲——②
        entries[domain]=dns_details;
    }
};
```

在代码清单 3.13 中，find_entry()采用 std::shared_lock<>实例保护共享的、只读的访问①，所以多个线程得以同时调用 find_entry()。同时，当缓存表需要更新时，update_or_add_entry()采用 std::lock_guard<>实例进行排他访问②；如果其他线程同时调用 update_or_add_entry()，那么它们的更新操作将被阻塞，而且调用 find_entry()的线程也会被阻塞。

3.3.3 递归加锁

假如线程已经持有某个 std::mutex 实例，试图再次对其重新加锁就会出错，将导致未定义行为。但在某些场景中，确有需要让线程在同一互斥上多次重复加锁，而无须解锁。C++标准库为此提供了 std::recursive_mutex，其工作方式与 std::mutex 相似，不同之处是，其允许同一线程对某互斥的同一实例多次加锁。我们必须先释放全部的锁，才可以让另一个线程锁住该互斥。例如，若我们对它调用了 3 次 lock()，就必须调用 3 次 unlock()。只要正确地使用 std::lock_guard<std::recursive_mutex>和 std::unique_lock<std::recursive_mutex>，它们便会处理好递归锁的余下细节。

假如读者认为需要用到递归锁，然而实际上大多数时候并非如此，那么你的设计很可能需要修改。若要设计一个类以支持多线程并发访问，它就需包含互斥来保护数据成员，递归互斥常常用于这种情形。每个公有函数都需先锁住互斥，然后才进行操作，最后解锁互斥。但有时在某些操作过程中，公有函数需要调用另一公有函数。在这种情况下，后者将同样试图锁住互斥，如果采用 std::mutex 便会导致未定义行为。有一种"快刀斩乱麻"的解决方法：用递归互斥代替普通互斥。这容许第二个公有函数成功地对递归互斥加锁，因此函数可以顺利地执行下去。

可是我不推荐上述方法，因为这有可能放纵思维而导致拙劣的设计。具体而言，当以上类型持有锁的时候，其不变量往往会被破坏。也就是说，即便不变量被破坏，只要第二个成员函数被调用，它依然必须工作。我们通常可以采取更好的方法：根据这两个公有函数的共同部分，提取出一个新的私有函数，新函数由这两个公有函数调用，而它假定互斥已经被锁住，遂无须重复加锁[1]。经过上面的改良设计，读者可以更进一步地仔细推敲，什么情形应当调用新函数，以及数据在该情形中处于什么状态。

3.4 小结

我们在本章中探讨了下列内容：若在线程之间共享数据，条件竞争一旦出现将如何造成灾难；为了防患未然，应该怎样使用互斥 std::mutex，以及怎样小心设计接口；我们还分析得知，互斥自身也有问题，会构成死锁，C++标准库为此提供了形式为 std::lock()函数的工具，以帮助避免这种情况发生；随后，我们还学习了更深入的防范死锁的方法；接着，我们简要介绍了转移互斥的归属权，还有选择合适的锁粒度的相关议题；最后，我们讲解了另外的数据保护工具，如 call_once()和 std::shared_mutex，它们适用于特定场景。

可是我还没提及一个议题：等待其他线程的输入。回顾本章的栈容器，虽然它本身是线程安全的，但是，若空栈执行 pop()操作就会抛出异常。同样，如果它正处于空栈状态，而某线程等待另一线程传入数值，由于不清楚对方是否已执行 push()操作，因此该线程不断试着弹出数值，只要有异常抛出，它就反复尝试（毕竟，我们设计的栈容器具有线程安全的特性，并发读写正是其中一项主要功能，无奈上述线程滥用了这项功能）。检查空栈浪费了原本有用的处理时间，程序却没有进展。事实上，频繁的检查还可能阻滞系统中的其他线程，进而减缓整体运行进度。我们需要某种方法，让目标线程在处理过程中等待另一线程完成任务，却不消耗 CPU 时间。在本章中，我们探讨了保护共享数据的工具，它们构成第 4 章的基础。第 4 章将介绍 C++中几种不同的线程间同步操作；第 6 章会说明如何用这些工具构建更大的、可复用的数据结构。

---

1 译者注：具体改动步骤包括，将该类的内部互斥从 std::recursive_mutex 类型改为 std::mutex 类型，而原来的两个公有函数之间不发生任何调用，都转为调用新提取出的私有函数，并在调用前各自对 std::mutex 成员加锁。

第 4 章　并发操作的同步

本章内容：

- 等待事件发生。
- 使用 future 等待一次性事件。
- 等待时间期限。
- 运用同步操作简化代码。

在第 3 章中，我们学习了几种方法，用于保护线程间的共享数据。然而，有时候我们不仅需要保护共享数据，还需要令独立线程上的行为同步。例如，某线程只有先等另一线程的任务完成，才可以执行自己的任务。一般而言，线程常常需要等待特定事件的发生，或等待某个条件成立。只要设置一个“任务完成”的标志，或者利用共享数据存储一个类似的标志，通过定期查验该标志就可以满足需求，但这远非理想方法。上述线程间的同步操作很常见，C++标准库专门为之提供了处理工具：条件变量（conditional variable）和 future。C++标准委员会发布的并发技术规约对这些工具做了扩展，增加了更多针对 future 的操作，还提供了新式的同步工具：线程闩（latch）和线程卡（barrier）。本章我们会讨论如何使用条件变量、线程闩、线程卡和 future 以等待事件，并且简化同步操作。

4.1 等待事件或等待其他条件

设想你坐夜行列车外出。如果要保证在正确的站点下车，一种方法是彻夜不眠，留心列车停靠的站点，那样就不会错过。可是，到达时你可能会精神疲倦。或者，你可以查看时刻表，按预定到达时间提前设定闹钟，随后安心入睡。这种方法还算管用，一般来说，你不会误站。但若列车晚点，你反而会太早醒来；也可能不巧，闹钟的电池刚好耗尽，结果你睡过头而错过下车站点。最理想的方法是，安排人员或设备，无论列车在什么时刻抵达目的站点，都可以将你唤起，那么你大可“高枕无忧”。

这与多线程有关联吗？确实有。如果线程甲需要等待线程乙完成任务[1]，可以采取几种不同方式。

方式一：在共享数据内部维护一标志（受互斥保护），线程乙完成任务后，就设置标志成立。

该方式存在双重浪费：线程甲须不断查验标志，浪费原本有用的处理时间；另外，一旦互斥被锁住，则其他任何线程无法再加锁。这两点都是线程甲的弊病：如果它正在运行，就会限制线程乙可用的算力；还有，线程甲每次查验标志，都要锁住互斥以施加保护，那么，若线程乙恰好同时完成任务，也意欲设置标志成立，则无法对互斥加锁。这就像是你整晚熬夜，不停地与列车司机攀谈，于是他不得不放慢车速，因为你老使他走神，结果列车晚点。类似地，线程甲白白耗费了计算资源，它们本来可用于系统中的其他线程，导致最终毫无必要地延长了等待时间。

方式二：让线程甲调用 std::this_thread::sleep_for()函数（详见 4.3 节），在各次查验之间短期休眠。

```
bool flag;
std::mutex m;
void wait_for_flag()
{
    std::unique_lock<std::mutex> lk(m);
    while(!flag)
    {
        lk.unlock();          <-- ①解锁互斥
        std::this_thread::sleep_for(std::chrono::milliseconds(100));   <-- ②休眠 100 毫秒
        lk.lock();   <-- ③重新锁住互斥
    }
}
```

上面的代码在每轮循环中，先将互斥解锁①，随之休眠②，再重新加锁③，从而别的线程有机会获取锁，得以设置标志成立。

这确有改进，因为线程休眠，所以处理时间不再被浪费。然而，休眠期的长短却难以预知。休眠期太短，线程仍会频繁查验，虚耗处理时间；休眠期太长，则令线程过度休眠。如果线程乙完成了任务，线程甲却没有被及时唤醒，就会导致延迟。过度休眠很少直接影响普通程序的运作。但是，对于高速视频游戏，过度休眠可能会造成丢帧；对于实时应用，可能会使某些时间片计算超时。

---

1 译者注：请读者特别注意甲、乙线程之间的先后和主次关系，后文将多次提及。

方式三：使用 C++标准库的工具等待事件发生。我们优先采用这种方式。

以上述甲、乙两线程的二级流水线模式为例，若数据要先进行前期处理，才可以开始正式操作，那么线程甲则需等待线程乙完成并且触发事件，其中最基本的方式是条件变量。按照“条件变量”的概念，若条件变量与某一事件或某一条件关联，一个或多个线程就能以其为依托，等待条件成立。当某线程判定条件成立时，就通过该条件变量，知会所有等待的线程，唤醒它们继续处理。

4.1.1 凭借条件变量等待条件成立

C++标准库提供了条件变量的两种实现：std::condition_variable 和 std::condition_variable_any。它们都在标准库的头文件<condition_variable>内声明。两者都需配合互斥，方能提供妥当的同步操作。std::condition_variable 仅限于与 std::mutex 一起使用；然而，只要某一类型符合成为互斥的最低标准，足以充当互斥，std::condition_variable_any 即可与之配合使用，因此它的后缀是“_any”。由于 std::condition_variable_any 更加通用，它可能产生额外开销，涉及其性能、自身的体积或系统资源等，因此 std::condition_variable 应予优先采用，除非有必要令程序更灵活。

那么，要解决前面介绍的问题，我们应该如何利用 std::condition_variable？为了让线程甲休眠，直至有数据需处理才被唤醒，我们要怎么做？代码清单 4.1 运用条件变量，展示了一种可行的方式。

代码清单 4.1　用 std::condition_variable 等待处理数据

```
std::mutex mut;
std::queue<data_chunk> data_queue;          <—— ①
std::condition_variable data_cond;
void data_preparation_thread()              // 由线程乙运行
{
    while(more_data_to_prepare())
    {
        data_chunk const data=prepare_data();
        {
            std::lock_guard<std::mutex> lk(mut);
            data_queue.push(data);          <—— ②
        }
        data_cond.notify_one();             <—— ③
    }
}
void data_processing_thread()               // 由线程甲运行
{
    while(true)
    {
```

```
        std::unique_lock<std::mutex> lk(mut);           ⊲——④
        data_cond.wait(
            lk,[]{return !data_queue.empty();});   ⊲——⑤
        data_chunk data=data_queue.front();
        data_queue.pop();
        lk.unlock();          ⊲——⑥
        process(data);
        if(is_last_chunk(data))
            break;
    }
}
```

首先，我们使用 std::queue 队列在两个线程之间传递数据①。一旦线程乙准备好数据，就使用 std::lock_guard 锁住互斥以保护队列，并压入数据②。然后，线程乙调用 std::condition_variable 实例的成员函数 notify_one()，通知线程甲③（如果它确实正等待着）。请注意，我们特地使用一个较小的代码块[1]，放置压入数据的代码，目的是在解锁互斥后通知条件变量。若线程甲立刻觉醒，也无须等待互斥解锁，从而不会被阻塞[2]。

同时，线程甲等待接收处理数据。这次，它先对互斥加锁，但使用的是 std::unique_lock 而非 std::lock_guard④（我们很快会明白缘由）。线程甲在 std::condition_variable 实例上调用 wait()，传入锁对象和一个 lambda 函数，后者用于表达需要等待成立的条件⑤。lambda 函数是 C++11 的新特性，它准许我们编写匿名函数，将其作为另一个表达式的组件。此外，某些标准库函数（如 wait()）需要我们指定断言，而 lambda 函数简直是为此量身订做的工具。本例中，[]{return !data_queue.empty();}是一个简单的 lambda 函数，它检查容器 data_queue 是否为空。若否，则说明已有数据备妥，存放在队列中等待处理。附录 A.5 节将对 lambda 函数进行更详细的介绍。

接着，wait()在内部调用传入的 lambda 函数，判断条件是否成立：若成立（lambda 函数返回 true），则 wait()返回；否则（lambda 函数返回 false），wait()解锁互斥，并令线程进入阻塞状态或等待状态。线程乙将数据准备好后，即调用 notify_one()通知条件变量，线程甲随之从休眠中觉醒（阻塞解除），重新在互斥上获取锁，再次查验条件：若条件成立，则从 wait()函数返回，而互斥仍被锁住；若条件不成立，则线程甲解锁互斥，并继续等待。我们舍弃 std::lock_guard 而采用 std::unique_lock，原因就在这里：线程甲在等待期间，必须解锁互斥，而结束等待之后，必须重新加锁，但 std::lock_guard 无法提供这种灵活性。假设线程甲在休眠的时候，互斥依然被锁住，那么即使线程乙备妥了数据，也不能锁住互斥，无法将其添加到队列中。结果线程甲所等待的条件永远不能成立，

1 译者注：即②③处的内层花括号。这里运用了 C++的 RAII 过程的处理手法，一旦执行流程离开该代码块，锁 lk 会自行销毁，从而自动解锁。

2 译者注：假设内层花括号不存在，则锁 lk 的生存期持续至 while 循环末尾。若线程甲在语句③执行后立即觉醒，而互斥仍被锁住，则线程甲还需等待锁 lk 销毁。内层花括号令锁 lk 在语句③执行前销毁，即在线程甲觉醒前解锁互斥，算是微小的性能改进。

它将无止境地等下去。

代码清单 4.1 中，等待终止的条件判定需要查验队列是否非空⑤，为此，我们使用了简单的 lambda 函数。其实，也可以向 wait()传递普通函数或可调用对象。本例只进行简单判定，实际上条件判定的函数有可能更加复杂，因而我们需事先另行写出。那么，该判定函数就可以被直接传入，无须用 lambda 表达式包装。在 wait()的调用期间，条件变量可以多次查验给定的条件，次数不受限制；在查验时，互斥总会被锁住；另外，当且仅当传入的判定函数返回 true 时（它判定条件成立），wait()才会立即返回。如果线程甲重新获得互斥，并且查验条件，而这一行为却不是直接响应线程乙的通知，则称之为伪唤醒（spurious wake）。按照 C++标准的规定，这种伪唤醒出现的数量和频率都不确定。故此，若判定函数有副作用[1]，则不建议选取它来查验条件。倘若读者真的要这么做，就有可能多次产生副作用，所以必须准备好应对方法。譬如，每次被调用时，判定函数就顺带提高所属线程的优先级，该提升动作即产生的副作用。结果，多次伪唤醒可“意外地”令线程优先级变得非常高。

std::condition_variable::wait 本质上是忙等（busy-wait）的优化（本节所述的第一种方式）。下列代码是 wait()的一种合法实现，仅仅使用了一个简单的循环，但效率不尽如人意。

```
template<typename Predicate>
void minimal_wait(std::unique_lock<std::mutex>& lk,Predicate pred){
    while(!pred()){
        lk.unlock();
        lk.lock();
    }
}
```

以上是 wait()的最简实现，除此之外还有另一种实现，它只能通过调用 notify_one()或 notify_all()才会使休眠线程觉醒，我们的代码必须准备好配合它们工作。

std::unique_lock 可灵活解锁，wait()的调用过程体现了这个特性。此外，一旦数据就绪，即便还没正式开始处理，我们也把锁释放⑥。我们在第 3 章已经分析过，数据处理操作有可能相当耗时，因此在必要范围之外锁住互斥是不当的设计思维。

在线程间传递数据的常见方法是运用队列，如代码清单 4.1 所示。若队列的实现到位，同步操作就可以被限制在其内部，从而大幅减少可能出现的同步问题和条件竞争。鉴于此，依据代码清单 4.1，下面我们来构建通用的线程安全的队列。

4.1.2　利用条件变量构建线程安全的队列

假使读者打算构建通用的队列容器，就值得花点儿时间考虑清楚哪些操作最有必

1 译者注：单纯的判定函数本应仅仅查验条件成立与否，而不会连带执行其他任何操作。但出于种种原因，某些代码并不遵从此设计原则。

要，这与 3.2.3 节中，我们反复推敲线程安全的栈容器一样。C++标准程序库提供了 std::queue<>容器适配器，如代码清单 4.2 所示，我们看看它将为我们带来什么启发。

代码清单 4.2 std::queue 接口

```
template <class T, class Container = std::deque<T> >
class queue {
public:
    explicit queue(const Container&);
    explicit queue(Container&& = Container());
    template <class Alloc> explicit queue(const Alloc&);
    template <class Alloc> queue(const Container&, const Alloc&);
    template <class Alloc> queue(Container&&, const Alloc&);
    template <class Alloc> queue(queue&&, const Alloc&);
    void swap(queue& q);
    bool empty() const;
    size_type size() const;
    T& front();
    const T& front() const;
    T& back();
    const T& back() const;
    void push(const T& x);
    void push(T&& x);
    void pop();
    template <class... Args> void emplace(Args&&... args);
};
```

假如我们忽略构造、赋值和互换，那么只剩下 3 组操作：

一是 empty()和 size()，用于查询队列的整体状态；

二是 front()和 back()，用于查询队列中的元素；

三是 push()、pop()和 emplace()，用于修改队列。

这与 3.2.3 节的栈容器相似，其接口还是存在固有的条件竞争。所以，我们需要把 front()和 pop()合并成一个函数，这与栈容器的 top()和 pop()的合并十分相似。代码清单 4.1 还新增了一点儿细节：当队列用于线程间的数据传递时，负责接收的线程常常需要等待数据压入。我们要对外提供 pop()的两个变体，try_pop()和 wait_and_pop()：它们都试图弹出队首元素，前者总是立即返回，即便队列内空无一物（通过返回值示意操作失败）；后者会一直等到有数据压入可供获取。依照前文的栈容器范例，我们借鉴其成员函数签名，则队列容器的接口看起来就像代码清单 4.3 所示的内容。

代码清单 4.3 线程安全的队列容器 threadsafe_queue 的接口

```
#include <memory>          <--- ①为使用 std::shared_ptr 而包含此头文件
template<typename T>
class threadsafe_queue
{
public:
    threadsafe_queue();
```

```
    threadsafe_queue(const threadsafe_queue&);       ②为简化设计而
    threadsafe_queue& operator=(                     禁止赋值操作
        const threadsafe_queue&) = delete;  <-
    void push(T new_value);
    bool try_pop(T& value);              <-- ③
    std::shared_ptr<T> try_pop();             <-- ④
    void wait_and_pop(T& value);
    std::shared_ptr<T> wait_and_pop();
    bool empty() const;
};
```

为了简化代码，我们删除了构造函数和赋值操作符，处理手法和栈容器相似。与代码清单 4.2 一样，针对 try_pop()和 wait_for_pop()，我们都给出两个版本。在 try_pop()的第一个重载中③，由参数所引用的变量保存获取的值，则函数能通过返回值指明操作成功与否：若成功获取值就返回 true，否则返回 false（见附录 A.2 节）。函数的第二个重载④却无法做到这点，因为它直接返回获取的值。只不过，如果它没有获取值，则返回的指针会被设置成 NULL。

然而，以上这些与代码清单 4.1 有什么关联呢？其实，只要依据代码清单 4.1，我们就可以写出 push()和 wait_and_pop()，如代码清单 4.4 所示。

代码清单 4.4　由代码清单 4.1 衍化出 push()和 wait_and_pop()

```
#include <queue>
#include <mutex>
#include <condition_variable>
template<typename T>
class threadsafe_queue
{
private:
    std::mutex mut;
    std::queue<T> data_queue;
    std::condition_variable data_cond;
public:
    void push(T new_value)
    {
        std::lock_guard<std::mutex> lk(mut);
        data_queue.push(new_value);
        data_cond.notify_one();
    }
    void wait_and_pop(T& value)
    {
        std::unique_lock<std::mutex> lk(mut);
        data_cond.wait(lk,[this]{return !data_queue.empty();});
        value=data_queue.front();
        data_queue.pop();
    }
};

threadsafe_queue<data_chunk> data_queue;  <-- ①
void data_preparation_thread()
```

```
{
    while(more_data_to_prepare())
    {
        data_chunk const data=prepare_data();
        data_queue.push(data);  <——②
    }
}
void data_processing_thread()
{
    while(true)
    {
        data_chunk data;
        data_queue.wait_and_pop(data);  <——③
        process(data);
        if(is_last_chunk(data))
            break;
    }
}
```

这样互斥和条件变量就都包含在 threadsafe_queue 实例中了，而不必使用单独的变量①，push()的调用也无须与外部同步②。wait_and_pop()还负责处理条件变量上的等待③。我们不太费力就能写出 wait_and_pop()的另一个重载，而其余成员函数的代码，几乎原样复制代码清单 3.5 的栈容器范例即可。代码清单 4.5 是队列容器的最终实现。

代码清单 4.5 线程安全队列的完整的类定义，其中采用了条件变量

```
#include <queue>
#include <memory>
#include <mutex>
#include <condition_variable>
template<typename T>
class threadsafe_queue
{
private:
    mutable std::mutex mut;  <——①互斥必须用 mutable 修饰（针对 const 对象，准许其数据成员发生变动）
    std::queue<T> data_queue;
    std::condition_variable data_cond;
public:
    threadsafe_queue()
    {}
    threadsafe_queue(threadsafe_queue const& other)
    {
        std::lock_guard<std::mutex> lk(other.mut);
        data_queue=other.data_queue;
    }
    void push(T new_value)
    {
        std::lock_guard<std::mutex> lk(mut);
        data_queue.push(new_value);
        data_cond.notify_one();
    }
```

```
    void wait_and_pop(T& value)
    {
        std::unique_lock<std::mutex> lk(mut);
        data_cond.wait(lk,[this]{return !data_queue.empty();});
        value=data_queue.front();
        data_queue.pop();
    }
    std::shared_ptr<T> wait_and_pop()
    {
        std::unique_lock<std::mutex> lk(mut);
        data_cond.wait(lk,[this]{return !data_queue.empty();});
        std::shared_ptr<T> res(std::make_shared<T>(data_queue.front()));
        data_queue.pop();
        return res;
    }
    bool try_pop(T& value)
    {
        std::lock_guard<std::mutex> lk(mut);
        if(data_queue.empty())
            return false;
        value=data_queue.front();
        data_queue.pop();
        return true;
    }
    std::shared_ptr<T> try_pop()
    {
        std::lock_guard<std::mutex> lk(mut);
        if(data_queue.empty())
            return std::shared_ptr<T>();
        std::shared_ptr<T> res(std::make_shared<T>(data_queue.front()));
        data_queue.pop();
        return res;
    }
    bool empty() const
    {
        std::lock_guard<std::mutex> lk(mut);
        return data_queue.empty();
    }
};
```

虽然 empty()是 const 成员函数，拷贝构造函数的形参 other 也是 const 引用，但是其他线程有可能以非 const 形式引用队列容器对象，也可能调用某些成员函数，它们会改动数据成员，因此我们仍需锁定互斥。由于互斥因锁操作而变化，因此它必须用关键字 mutable 修饰①，这样才可以在 empty()函数和拷贝构造函数中锁定。

条件变量也适用于多个线程都在等待同一个目标事件的情况。若要将工作负荷分配给多个线程，那么，对于每个通知应该仅有一个线程响应。这种代码结构与代码清单 4.1 所示的完全一致，可以参考利用，唯一的改动是需要借助多个 std::thread 实例，运行多个数据处理的线程。如果多个线程因执行 wait()而同时等待，每当有新数据就绪并加入 data_queue（见成员函数 push()）时，notify_one()的调用就会触发其中一个线程去查验条件，让它从 wait()返回。此方式并不能确定会通知到具体哪个线程，甚至不能保证正好有线程在等待通知，因为可能不巧，负责数据处理的全部线程都尚未完工。

如果几个线程都在等待同一个目标事件，那么还存在另一种可能的行为方式：它们全部需要做出响应。以上行为会在两种情形下发生：一是共享数据的初始化，所有负责处理的线程都用到同一份数据，但都需要等待数据初始化完成；二是所有线程都要等待共享数据更新（如定期执行的重新初始化）。尽管条件变量适用于第一种情形，但我们可以选择其他更好的处理方式，如 std::call_once()函数，详细讨论见 3.3.1 节。前文中，负责准备的线程原本在条件变量上调用 notify_one()，而这里只需改为调用成员函数 notify_all()。顾名思义，该函数通知当前所有执行 wait()而正在等待的线程，让它们去查验所等待的条件。

假定，某个线程按计划仅仅等待一次，只要条件成立一次，它就不再理会条件变量。条件变量未必是这种同步模式的最佳选择。若我们所等待的条件需要判定某份数据是否可用，上述论断就非常正确。future 更适合此场景。

4.2 使用 future 等待一次性事件发生

设想你要坐飞机去海外度假。即便你到达机场并办妥了各种登机手续，也要等待登机通知，而且可能要等好几个小时。你可能自有“良方”打发时间，例如读书、上网，或在机场茶座就餐，但本质上你只不过是在等一句广播：登机时间已到。此外，无论乘坐哪趟航班，该趟航班都仅会起飞一次；下次再出游，你就要等待别的航班。

C++标准程序库使用 future 来模拟这类一次性事件：若线程需等待某个特定的一次性事件发生，则会以恰当的方式取得一个 future，它代表目标事件；接着，该线程就能一边执行其他任务（光顾机场茶座），一边在 future 上等待；同时，它以短暂的间隔反复查验目标事件是否已经发生（查看出发时刻表）。这个线程也可以转换运行模式，先不等目标事件发生，直接暂缓当前任务，而切换到别的任务，及至必要时，才回头等待 future 准备就绪。future 可能与数据关联（如航班的登机口），也可能未关联。一旦目标事件发生，其 future 即进入就绪状态，无法重置。

C++标准程序库有两种 future，分别由两个类模板实现，其声明位于标准库的头文件<future>内：独占 future（unique future，即 std::future<>）和共享 future（shared future，即 std::shared_future<>）。它们的设计参照了 std::unique_ptr 和 std::shared_ptr。同一事件仅仅允许关联唯一一个 std::future 实例，但可以关联多个 std::shared_future 实例。只要目标事件发生，与后者关联的所有实例就会同时就绪，并且，它们全都可以访问与该目标事件关联的任何数据。关联数据正是两种 future 以模板形式实现的原因；模板参数就是关联数据的类型，这与 std::unique_ptr 和 std::shared_ptr 相似。如果没有关联数据，我们应使用特化的模板 std::future<void>和 std::shared_future<void>。虽然 future 能用于线程间通信，但是 future 对象本身不提供同步访问。若多个线程需访问同一个 future 对象，必须用互斥或其他同步方式进行保护，如第 3 章所述。不过，4.2.5 节将说明，一个 std::shared_future<>对象可能派生出多个副本，这些副本都指向同一个异步结果，由多个线程分别独占，它们可访问属于自己的那个副本而无须互相同步。

C++的并发技术规约在 std::experimental 名字空间中给出了上述类模板的扩展版本：std::experimental::future<>和 std::experimental::shared_future<>。它们的行为与 std 名字空间中的版本一致，但具备额外的成员函数，可提供更多功能。必须指出，名字空间"std::experimental"的名字（experimental）意在强调其中所含的类和函数尚未被 C++标准正式采纳，而非表示代码质量优劣（我也希望，你的程序库厂商对该名字空间所做的实现质量可靠，不亚于他们交付的其他代码）。故此，若今后它们最终正式进入 C++标准，其语法和语义可能不会与现在完全相同。要使用这些工具，我们必须包含头文件<experimental/future>。

最基本的一次性事件是，置于后台运行的计算任务完成，得出结果。回顾第 2 章，我们当时已发现，std::thread 类型并未提供简洁的方式从计算任务返回求得的值，我们承诺了问题将在第 4 章利用 future 解决，现在是时候来看看具体做法了。

4.2.1 从后台任务返回值

在作家 Douglas Adams 笔下，有一事例简直是为多线程量体裁衣，我们在此借用：假定读者发现了绝妙的求解方法，能得出生命、宇宙和一切问题的终极答案[1]，虽然运算过程异常耗时，可是你确定终究会得到有用的结果，并且我们还假定你暂不需要这个结果。那么，你大可顺势而为，启动新线程进行运算。但因为 std::thread 没有提供直接回传结果的方法，而你不得不为此亲自手动编码解决，所以函数模板 std::async()应运而生（其声明也位于头文件<future>中）。

只要我们并不急需线程运算的值，就可以使用 std::async()按异步方式启动任务。我们从 std::async()函数处获得 std::future 对象（而非 std::thread 对象），运行的函数一旦完成，其返回值就由该对象最后持有。若要用到这个值，只需在 future 对象上调用 get()，当前线程就会阻塞，以便 future 准备妥当并返回该值。代码清单 4.6 展示了 future 的简例。

代码清单 4.6 运用 std::future 取得异步任务的函数返回值

```
#include <future>
#include <iostream>
int find_the_answer_to_ltuae();
```

1 在 Douglas Adams 的小说 *The Hitchhiker's Guide to the Galaxy* 中，有一台超级电脑"深思"，其制造目的是寻求"生命、宇宙和一切问题的终极答案"。

```
void do_other_stuff();
int main()
{
    std::future<int> the_answer=std::async(find_the_answer_to_ltuae);
    do_other_stuff();
    std::cout<<"The answer is "<<the_answer.get()<<std::endl;
}
```

在调用 std::async()时，它可以接收附加参数，进而传递给任务函数作为其参数，此方式与 std::thread 的构造函数相同。若要异步运行某个类的某成员函数，则 std::async()的第一个参数应是一个函数指针，指向该类的目标成员函数；第二个参数需要给出相应的对象，以在它之上调用成员函数（这个参数可以是指向对象的指针，或对象本身，或由 std::ref 包装的对象）；余下的 std::async()的参数会传递给成员函数，用作成员函数的参数。除此以外，异步运行的就是普通函数，所以 std::async()根据第一个参数指定任务函数（或目标可调用对象），其参数取自 std::async()余下的参数。如果 std::async()的参数是右值，则通过移动原始参数构建副本，与复制 std::thread 实例相同。这使得仅可移动的类型（move-only type）[1]既能作为函数对象，又能充当 std::async()的参数。请参见代码清单 4.7。

代码清单 4.7　通过 std::async()向任务函数传递参数[2]

```
#include <string>
#include <future>
struct X
{
    void foo(int,std::string const&);
    std::string bar(std::string const&);
};
X x;
auto f1=std::async(&X::foo,&x,42,"hello");   ①
auto f2=std::async(&X::bar,x,"goodbye");     ②
struct Y
{
    double operator()(double);
};
Y y;
auto f3=std::async(Y(),3.141);               ③
auto f4=std::async(std::ref(y),2.718);       ④
X baz(X&);
std::async(baz,std::ref(x));                 ⑤
class move_only
{
public:
    move_only();
```

①调用 p->foo(42,"hello")，其中 p 的值是&x，即 x 的地址

②调用 tmpx.bar("goodbye")，其中 tmpx 是 x 的副本

③调用 tmpy(3.141)。其中，由 Y()生成一个匿名变量，传递给 std::async()，进而发生移动构造。在 std::async()内部产生对象 tmpy，在 tmpy 上执行 Y::operator()(3.141)

④调用 y(2.718)

⑤调用 baz(x)

1 译者注：指那些仅仅支持移动复制和移动赋值的类型，它们不支持拷贝复制或拷贝赋值。

2 译者注：代码中涉及一些匿名变量，现实中它们确实存在，但不可见。为了叙述方便，原书作者在注释中给它们命名为 p、tmpx、tmpy 和 tmp。

```
    move_only(move_only&&);
    move_only(move_only const&) = delete;
    move_only& operator=(move_only&&);
    move_only& operator=(move_only const&) = delete;
    void operator()();
};
auto f5=std::async(move_only());   ⑥调用 tmp()，其中 tmp 等价于 std::move(move_only())，它的产生过程与③相似
```

按默认情况下，std::async()的具体实现会自行决定——等待 future 时，是启动新线程，还是同步执行任务。大多数情况下，我们正希望如此。不过，我们还能够给 std::async() 补充一个参数，以指定采用哪种运行方式。参数的类型是 std::launch，其值可以是 std::launch::deferred 或 std::launch::async[1]。前者指定在当前线程上延后调用任务函数，等到在 future 上调用了 wait()或 get()，任务函数才会执行；后者指定必须另外开启专属的线程，在其上运行任务函数。该参数的值还可以是 std::launch::deferred | std::launch::async，表示由 std::async()的实现自行选择运行方式。最后这项是参数的默认值。若延后调用任务函数，则任务函数有可能永远不会运行。举例如下。

```
auto f6=std::async(std::launch::async,Y(),1.2);   ①运行新线程

auto f7=std::async(std::launch::deferred,baz,std::ref(x));   ②在 wait()或 get()内部运行任务函数
auto f8=std::async(
   std::launch::deferred | std::launch::async,
   baz,std::ref(x));                                           ③交由实现自行选择运行方式
auto f9=std::async(baz,std::ref(x));
f7.wait();   ④前面②处的任务函数调用被延后，到这里才运行
```

本章的后半部分和第 8 章将向读者讲解，凭借 std::async()，即能简便地把算法拆分成多个子任务，且可并发运行。不过，使 std::future 和任务关联并非唯一的方法：运用类模板 std::packaged_task<>的实例，我们也能将任务包装起来；又或者，利用 std::promise<>类模板编写代码，显式地异步求值。与 std::promise 相比，std::packaged_task 的抽象层级更高，我们从它开始介绍。

4.2.2 关联 future 实例和任务

std::packaged_task<>连结了 future 对象与函数（或可调用对象）。std::packaged_task<>对象在执行任务时，会调用关联的函数（或可调用对象），把返回值保存为 future 的内部数据，并令 future 准备就绪。它可作为线程池的构件单元（见第 9 章），亦可用于其他任务管理方案。例如，为各个任务分别创建专属的独立运行的线程，或者在某个特定的后台线程上依次执行全部任务。若一项庞杂的操作能分解为多个子任务，则可把它们分别包装到多个 std::packaged_task<>实例之中，再传递给任务调度器或线程池。这就隐

1 译者注：std::launch 是 C++11 引入的枚举类（enum class），std::launch::deferred 和 std::launch::async 是其中的两个枚举常量。

藏了细节，使任务抽象化，让调度器得以专注处理 std::packaged_task<>实例，无须纠缠于形形色色的任务函数。

std::packaged_task<>是类模板，其模板参数是函数签名（function signature）：譬如，void()表示一个函数，不接收参数，也没有返回值；又如，int(std::string&,double*)代表某函数，它接收两个参数并返回 int 值，其中，第一个参数是非 const 引用，指向 std::string 对象，第二个参数是 double 类型的指针。假设，我们要构建 std::packaged_task<>实例，那么，由于模板参数先行指定了函数签名，因此传入的函数（或可调用对象）必须与之相符，即它应接收指定类型的参数，返回值也必须可以转换为指定类型。这些类型不必严格匹配，若某函数接收 int 类型参数并返回 float 值，我们则可以为其构建 std::packaged_task<double(double)>的实例，因为对应的类型可进行隐式转换。

类模板 std::packaged_task<>具有成员函数 get_future()，它返回 std::future<>实例，该 future 的特化类型取决于函数签名所指定的返回值。

std::packaged_task<>还具备函数调用操作符，它的参数取决于函数签名的参数列表。代码清单 4.8 以 std::packaged_task <std::string(std::vector<char>*,int) >为例，展示特化的类定义。

代码清单 4.8 定义特化的 std::packaged_task<>类模板（定义不完全，只列出部分代码）

```
template<>
class packaged_task<std::string(std::vector<char>*,int)>
{
public:
    template<typename Callable>
    explicit packaged_task(Callable&& f);
    std::future<std::string> get_future();
    void operator()(std::vector<char>*,int);
};
```

std::packaged_task 对象是可调用对象，我们可以直接调用，还可以将其包装在 std::function 对象内，当作线程函数传递给 std::thread 对象，也可以传递给需要可调用对象的函数。若 std::packaged_task 作为函数对象而被调用，它就会通过函数调用操作符接收参数，并将其进一步传递给包装在内的任务函数，由其异步运行得出结果，并将结果保存到 std::future 对象内部，再通过 get_future()获取此对象。因此，为了在未来的适当时刻执行某项任务，我们可以将其包装在 std::packaged_task 对象内，取得对应的 future 之后，才把该对象传递给其他线程，由它触发任务执行。等到需要使用结果时，我们静候 future 准备就绪即可。下面的例子解释了这一行为过程。

在线程间传递任务

许多图形用户界面（Graphical User Interface，GUI）框架都设立了专门的线程，作为更新界面的实际执行者。若别的线程需要更新界面，就必须向它发送消息，由它执行操作。该模式可以运用 std::packaged_task 实现，如代码清单 4.9 所示。这里还避免了针对每种更新操作逐一定制消息。

代码清单 4.9 使用 std::packaged_task 在 GUI 的线程上运行代码

```
#include <deque>
#include <mutex>
#include <future>
#include <thread>
#include <utility>

std::mutex m;
std::deque<std::packaged_task<void()>> tasks;
bool gui_shutdown_message_received();
void get_and_process_gui_message();
void gui_thread()                                    <——①
{
    while(!gui_shutdown_message_received())  <——②
    {
        get_and_process_gui_message();   <——③
        std::packaged_task<void()> task;
        {
            std::lock_guard<std::mutex> lk(m);
            if(tasks.empty())   <——④
                continue;
            task=std::move(tasks.front());  <——⑤
            tasks.pop_front();
        }
        task();  <——⑥
    }
}
std::thread gui_bg_thread(gui_thread);
template<typename Func>
std::future<void> post_task_for_gui_thread(Func f)
{
    std::packaged_task<void()> task(f);        <——⑦
    std::future<void> res=task.get_future();  <——⑧
    std::lock_guard<std::mutex> lk(m);
    tasks.push_back(std::move(task));   <——⑨
    return res;   <——⑩
}
```

这段代码简明易懂，在 GUI 线程上①，轮询任务队列和待处理的界面消息（如用户的单击）③；若有消息指示界面关闭，则循环终止②。假如任务队列一无所有，则循环继续④；否则，我们就从中取出任务⑤，释放任务队列上的锁，随即运行该任务⑥。在任务完成时，与它关联的 future 会进入就绪状态。

向任务队列布置任务也很简单。我们依据给定的函数创建新任务，将任务包装在内⑦，并随即通过调用成员函数 get_future()，取得与该任务关联的 future⑧，然后将任务放入任务队列⑨，接着向 post_task_for_gui_thread()的调用者返回 future⑩。接下来，有关代码向GUI线程投递消息，假如这些代码需判断任务是否完成，以获取结果进而采取后续操作，那么只要等待future就绪即可；否则，任务的结果不会派上用场，关联的future可被丢弃。

本例采用std::packaged_task<void()>表示任务，包装某个函数（或可调用对象），它不接收参数，返回 void（倘若真正的任务函数返回任何其他类型的值，则会被丢弃）。这里，我们采用最简单的任务举例，但前文已提过，std::packaged_task也能用于更复杂的情况。针对不同的任务函数，std::packaged_task的函数调用操作符须就此修改参数，保存于相关的future实例内的返回值类型也须变动，而我们只要通过模板参数，指定对应任务的函数签名即可。我们可轻松扩展上例，改动那些只准许在GUI线程上运行的任务，令其接收参数，并凭借std::future返回结果，std::future不再局限于充当指标，示意任务是否完成。

有些任务无法以简单的函数调用表达出来，还有一些任务的执行结果可能来自多个部分的代码。如何处理？这种情况就需运用第三种方法（第一种是std::async()，第二种是std::package_task<>）创建future：借助std::promise显式地异步求值。

4.2.3　创建std::promise

假设，有个应用需要处理大量网络连接，我们往往倾向于运用多个独立线程，一对一地处理各个连接，原因是这能简化网络通信的构思，程序编写也相对容易。如果连接数量较少（因而线程数量也少），此方式行之有效；无奈，随着连接数量攀升，它就渐渐力不从心了。过多线程导致消耗巨量系统资源，一旦线程数量超出硬件所支持的并发任务数量，还可能引起繁重的上下文切换，影响性能。极端情况下，在网络连接超出负荷之前，操作系统就可能已经先耗尽别的资源，无法再运行新线程。故此，若应用要处理大量网络连接，通常交由少量线程负责处理（可能只有一个），每个线程同时处理多个连接。

考虑其中一个处理连接的线程。数据包源自多个连接，这些连接实际上按随机次序处理，对外发送的数据包以乱序发出。许多情况下，应用中的其他组件或等着数据发送成功，或等着通过特定网络连接成功获取新批次的数据。

std::promise<T>给出了一种异步求值的方法（类型为T），某个std::future<T>对象与结果关联，能延后读出需要求取的值。配对的std::promise和std::future可实现下面的工作机制：等待数据的线程在future上阻塞，而提供数据的线程利用相配的promise设定关联的值，使future准备就绪。

若需从给定的std::promise实例获取关联的std::future对象，调用前者的成员函数get_future()即可，这与std::packaged_task一样。promise的值通过成员函数set_value()设置，只要设置好，future即准备就绪，凭借它就能获取该值。如果std::promise在被销毁时仍未曾设置值，保存的数据则由异常代替。4.2.4 节会介绍线程间如何传递异常。

代码清单 4.10 展示了单个线程如何处理多个连接，其工作方式如前文所述。此例运用了一对 std::promise<bool>/std::future<bool>，以确证数据包成功向外发送；与 future 关联的值是一个表示成败的简单标志。对于传入的数据包，与 future 关联的数据则是包内的有效荷载（payload）[1]。

代码清单 4.10　利用多个 promise 在单个线程中处理多个连接

```
#include <future>
void process_connections(connection_set& connections)
{
    while(!done(connections))    <——①
    {
        for(connection_iterator    <——②
                connection=connections.begin(),end=connections.end();
            connection!=end;
            ++connection)
        {
            if(connection->has_incoming_data())    <——③
            {
                data_packet data=connection->incoming();
                std::promise<payload_type>& p=
                    connection->get_promise(data.id);    <——④
                p.set_value(data.payload);
            }
            if(connection->has_outgoing_data())    <——⑤
            {
                outgoing_packet data=
                    connection->top_of_outgoing_queue();
                connection->send(data.payload);
                data.promise.set_value(true);    <——⑥
            }
        }
    }
}
```

函数 process_connections()反复循环，若 done()返回 true 则停止①。每轮循环中，程序依次检查各个连接②，若有数据传入，则接收③；或者，若发送队列中有数据，则向外发送⑤。这里，我们假定传入的数据包本身已含有 ID 和荷载数据。令每个 ID 与各 std::promise 对象（它们可能存储到关联容器中，利用查找而实现）一一对应④，将其相关值设置为数据包的有效荷载。向外发送的数据包取自发送队列，并通过连接发出。只要发送完成，与向外发送数据关联的 promise 就会被设置为 true，示意数据发送成功⑥。这种对应关系与网络协议能否很好地契合，取决于协议本身。一些操作系统支持异步 I/O，其运作方式确实与以上 promise/future 组合相似，但对于某些特殊场景，该组合却有可能不适用。

---

1 译者注：指除去数据头以外（用于网络传输控制），实际传送的信息本体。

行文至此，所有代码都尚未考虑异常。我们可以幻想，所有代码都会运行正常，不过，这只是幻想，往往事与愿违。有时，硬盘写满；有时，网络故障；有时，数据库崩溃；有时，所寻“物品”求之不得。若我们在某线程上进行运算，正等着得出结果，但代码却有可能只抛出异常。所以，如果为了采用 std::packaged_task 和 std::promise，而强令保障所有代码运行无碍，这实在勉为其难。C++标准库给出了一种干净利落的方法，以在这种情形下处理异常，并且异常更能够被保存为相关结果的组成部分。

4.2.4　将异常保存到 future 中

考虑下面的代码片段。假设我们向函数 square_root()传入–1，它就会抛出异常，为调用者所发现。

```
double square_root(double x)
{
    if(x<0)
    {
        throw std::out_of_range("x<0");
    }
    return sqrt(x);
}
```

在单线程上直接调用 square_root():

```
double y=square_root(-1);
```

现在，我们改为以异步调用的形式运行该函数：

```
std::future<double> f=std::async(square_root,-1);
double y=f.get();
```

若以上代码的行为完全一致，则最为理想。无论采用哪种方式，调用平方根函数都会为结果赋值变量 y。异常在单线程中固然可见。假如在异步模式中，任务线程抛出异常也能被调用 f.get()的线程觉察，那就更好不过了。

事实正是如此：若经由 std::async()调用的函数抛出异常，则会被保存到 future 中，代替本该设定的值，future 随之进入就绪状态，等到其成员函数 get()被调用，存储在内的异常即被重新抛出（C++标准没有明确规定应该重新抛出原来的异常，还是其副本；为此，不同的编译器和库有不同的选择）。假如我们把任务函数包装在 std::packaged_task 对象内，也依然如是。若包装的任务函数在执行时抛出异常，则会代替本应求得的结果，被保存到 future 内并使其准备就绪。只要调用 get()，该异常就会被再次抛出。

自然而然，std::promise 也具有同样的功能，它通过成员函数的显式调用实现。假如我们不想保存值，而想保存异常，就不应调用 set_value()，而应调用成员函数 set_exception()。若算法的并发实现会抛出异常，则该函数通常可用于其 catch 块中，捕获异常并装填 promise。

```
extern std::promise<double> some_promise;
try
{
    some_promise.set_value(calculate_value());
}
catch(...)
{
    some_promise.set_exception(std::current_exception());
}
```

这里的 std::current_exception()用于捕获抛出的异常。此外，我们还能用 std::make_exception_ptr()直接保存新异常，而不触发抛出行为：

```
some_promise.set_exception(std::make_exception_ptr(std::logic_error("foo ")));
```

假定我们能预知异常的类型，那么，相较 try/catch 块，后面的代替方法不仅简化了代码，还更有利于编译器优化代码，因而应优先采用。

还有另一种方法可将异常保存到 future 中：我们不调用 promise 的两个 set()成员函数，也不执行包装的任务，而直接销毁与 future 关联的 std::promise 对象或 std::packaged_task 对象。如果关联的 future 未能准备就绪，无论销毁两者中的哪一个，其析构函数都会将异常 std::future_error 存储为异步任务的状态数据[1]，它的值是错误代码 std::future_errc::broken_promise[2]。我们一旦创建 future 对象，便是许诺会按异步方式给出值或异常，但刻意销毁产生它们的来源，就无法提供所求的值或出现的异常，导致许诺被破坏。在这种情形下，倘若编译器不向 future 存入任何数据，则等待的线程有可能永远等不到结果。

到目前为止，所有代码范例都使用了 std::future。然而，std::future 自身存在限制，关键问题是：它只容许一个线程等待结果。若我们要让多个线程等待同一个目标事件，则需改用 std::shared_future。

4.2.5　多个线程一起等待

只要同步操作是一对一地在线程间传递数据，std::future 就都能处理。然而，对于某个 std::future 实例，如果其成员函数由不同线程调用，它们却不会自动同步。若我们在多个线程上访问同一个 std::future 对象，而不采取额外的同步措施，将引发数据竞争并导致未定义行为。这是 std::future 特性：它模拟了对异步结果的独占行为，get()仅能被有效调用唯一一次。这个特性令并发访问失去意义，只有一个线程可以获取目标值，原因是第一次调用 get()会进行移动操作，之后该值不复存在。

假设，读者的并发代码有着妙不可言的设计，而它却必须让多个线程等待同一个目标事件。先别束手无策，std::shared_future 正好就此一展所长。std::future 仅能移动构造

1 译者注：详见 4.2.5 节的异步状态译者注。

2 译者注：std::future_errc 是一个枚举类，std::future_errc::broken_promise 是其中一个枚举常量。

和移动赋值，所以归属权可在多个实例之间转移，但在相同时刻，只会有唯一一个 future 实例指向特定的异步结果；std::shared_future 的实例则能复制出副本，因此我们可以持有该类的多个对象，它们全指向同一异步任务的状态数据。

即便改用 std::shared_future，同一个对象的成员函数却依然没有同步。若我们从多个线程访问同一个对象，就必须采取锁保护以避免数据竞争。首选方式是，向每个线程传递 std::shared_future 对象的副本，它们为各线程独自所有，并被视作局部变量。因此，这些副本就作为各线程的内部数据，由标准库正确地同步，可以安全地访问。若多个线程共享异步状态[1]，只要它们通过自有的 std::shared_future 对象读取状态数据，则该访问行为是安全的，如图 4.1 所示。

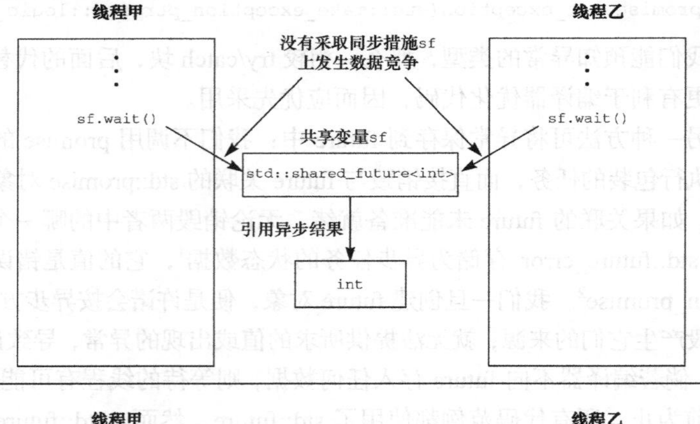

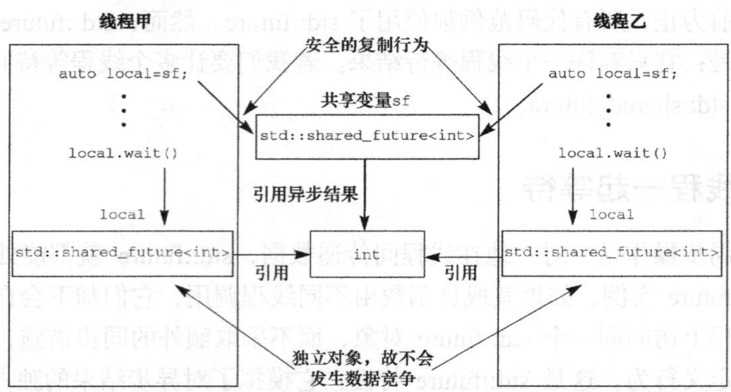

图 4.1 使用多个 std::shared_future 对象避免数据竞争

1 译者注："异步状态"即前文的"状态数据"，C++官方标准文件的正式术语是"共享状态"（shared state）。它实质上是异步任务的相关数据，包括其参数和执行结果等，这些数据跟相应的 future 和 promise 对象关联，也和 packaged_task 对象存在联系；线程库提供具体实现，而 C++标准并未规定实现细节，只是由 std::future 或 std::shared_future 在内部负责对其进行管理，用户无法对它直接操作；这些数据的存放位置并不在 future 对象内部，通常位于程序的堆数据段；std::future 和 std::promise 均具备成员函数 valid()，用于判别异步状态是否有效。

future 和 promise 都具备成员函数 valid()，用于判别异步状态是否有效。

在复杂的电子表格及其类似的应用中，std::shared_future 能够派上大用场，实现并行处理。每个单元格的终值都唯一确定，并可以用于其他单元格的计算公式。换言之，这些公式依赖其他单元格的值，凭借 std::shared_future 即可向上溯源，进而求出结果。若对各单元格的公式按此实施并行计算，只要依赖的值能直接确定，任务就能顺利执行到底。不过，如果所依赖的值尚未就绪，则会令任务阻塞，等该值得出后才解除，从而使系统将可调配的硬件并发算力利用到极致。

std::shared_future 的实例依据 std::future 的实例构造而得，前者所指向的异步状态由后者决定。因为 std::future 对象独占异步状态，其归属权不为其他任何对象所共有，所以若要按默认方式构造 std::shared_future 对象，则须用 std::move 向其默认构造函数传递归属权，这使 std::future 变成空状态（empty state）。

```
std::promise<int> p;
std::future<int> f(p.get_future());
assert(f.valid());                          ① future 对象 f 有效
std::shared_future<int> sf(std::move(f));
assert(!f.valid());                         ②对象 f 不再有效
assert(sf.valid());                         ③对象 sf 开始生效
```

这段代码中，对象 f 最开始是有效的①，它指向和 promise 对象 p 关联的异步状态，但在状态转移给对象 sf 以后，对象 f 就不再有效②，而对象 sf 随即生效③。

与其他可移动对象相似，右值对象的归属权会进行隐式转移。因而，依据 std::promise 的成员函数 get_future()的返回值，我们就能直接构造 std::shared_future 对象，举例如下：

```
std::promise<std::string> p;
std::shared_future<std::string> sf(p.get_future());   ①隐式转移归属权
```

这里发生了归属权的隐式转移，依据 std::future<std::string>类型的右值创建出 std::shared_future<>对象①。

std::future 还具有另一个特性，可以根据初始化列表自动推断变量的类型（见附录 A.6 节），从而使 std::shared_future 更便于使用。std::future 具有成员函数 share()，直接创建新的 std::shared_future 对象，并向它转移归属权。这让我们少用键盘，也让代码更容易更改。

```
std::promise< std::map<SomeIndexType, SomeDataType, SomeComparator,
    SomeAllocator>::iterator> p;
auto sf=p.get_future().share();
```

在本例中，根据自动推导，对象 sf 的类型是

std::shared_future<std::map<SomeIndexType,SomeDataType,SomeComparator,SomeAllocator>::iterator>。若改为手写，则冗长别扭。若改为 std::map 的键值比较方式或内存配

置方式（指 SomeComparator 或 SomeAllocator 所对应的实参），我们只需改动 promise 的模板参数，future 的类型会随之自动匹配而更新。

有时候，我们想要为某个目标事件设定等待时限，原因可能是存在硬性限制，只允许某段特定的代码运行一定时间，也可能是等待的目标事件不太会很快发生，所以我们就为等待的线程了分配其他有用的工作。为了实现这种功能，许多等待函数具有变体，允许调用者指定超时的期限。

4.3 限时等待

前面的章节介绍了一些调用，它们的阻塞动作可能漫无止境，只要所等待的目标事件还未发生，线程就一直暂停。这种方式通常没有问题，但在某些情况下，我们想要限制等待时长，那样，我们才有可能以某种形式发送消息，向交互的用户或其他进程告知“我还在”；或者，如果我们不想再等下去，则单击“取消”键，才可以中止程序。

有两种超时（timeout）机制可供选用：一是迟延超时（duration-based timeout），线程根据指定的时长而继续等待（如 30 毫秒）；二是绝对超时（absolute timeout），在某特定时间点（time point）来临之前，线程一直等待。大部分等待函数都具有变体，专门处理这两种机制的超时。处理迟延超时的函数变体以“_for”为后缀，而处理绝对超时的函数变体以“_until”为后缀。

例如，std::condition_variable 含有成员函数 wait_for()和 wait_until()，它们各自具备两个重载，分别对应 wait()的两个重载：其中一个重载停止等待的条件是收到信号、超时，或发生伪唤醒；我们需要向另一个重载函数提供断言，在对应线程被唤醒之时，只有该断言成立（向条件变量发送信号），它才会返回，如果超时，这个重载函数也会返回。

这些带有超时功能的函数留待稍后分析，现在先来介绍时间在 C++中的具体表示方式，我们从时钟类开始。

4.3.1 时钟类

就 C++标准库而言，时钟（clock）是时间信息的来源。具体来说，每种时钟都是一个类，提供 4 项关键信息：

- 当前时刻；
- 时间值的类型（从该时钟取得的时间以它为表示形式）；
- 该时钟的计时单元的长度（tick period）；
- 计时速率是否恒定，即能否将该时钟视为恒稳时钟（steady clock）。

若要获取某时钟类的当前时刻，调用其静态成员函数 now()即可，例如， std::

chrono::system_clock::now()可返回系统时钟的当前时刻。每个时钟类都具有名为 time_point 的成员类型（member type），它是该时钟类自有的时间点类。据此，some_clock::now()的返回值的类型就是 some_clock::time_point。

时钟类的计时单元属于名为 period 的成员类型，它表示为秒的分数形式：若时钟每秒计数 25 次，它的计时单元即为 std::ratio<1,25>；若时钟每隔 2.5 秒计数 1 次，则其计时单元为 std::ratio<5,2>。假如计时单元的长短只有在运行期才可以确定，又假如，随着应用逐次运行，计时单元的长短会发生变化，那么它可以取平均长度，或可能实现的最小长度，也容许程序库作者另选合适的值。虽然时钟类设定了计时单元，但是这并不保证其长短与运行期实际观测的值一致。

若时钟的计时速率恒定（无论速率是否与计时单元相符）且无法调整，则称之为恒稳时钟。时钟类具有静态数据成员 is_steady，该值在恒稳时钟内为 true，否则为 false。通常，std::chrono::system_clock 类不是恒稳时钟，因为它可调整。即便这种调整自动发生，作用是消除本地系统时钟的偏差，依然可能导致：调用两次 now()，后来返回的时间值甚至早于前一个，结果违反恒定速率的规定。我们马上会了解到，恒稳时钟对于超时时限的计算至关重要，因此，C++标准库提供了恒稳时钟类 std::chrono::steady_clock。C++标准库还给出了其他时钟类[1]：如前文提到的系统时钟类 std::chrono::system_clock，该类表示系统的“真实时间”，它具备成员函数 from_time_t()和 to_time_t()，将 time_t 类型[2]的值和自身的 time_point 值互相转化；还有高精度时钟类 std::chrono::high_resolution_clock，在 C++标准库提供的全部时钟类里，它具备可能实现的最短计时单元（因而具有可能实现的最高时间精度）。std::chrono::high_resolution_clock 可能不存在独立定义，而是由 typedef 声明的另一时钟类的别名。上述时钟类都在标准库的头文件<chrono>中定义，此头文件还包含其他时间工具。

接着，我们先来看看如何表示时长（duration），再分析时间点的表示方式。

4.3.2 时长类

std::chrono::duration<>是标准库中最简单的时间部件（C++标准库用到不少处理时间的工具，它们全都位于名字空间 std::chrono 内）。它是类模板，具有两个模板参数，前者指明采用何种类型表示计时单元的数量（如 int、long 或 double），后者是一个分数，设定该时长类的每一个计时单元代表多少秒。例如，采用 short 值计数的分钟时长类是 std::chrono::duration<short,std::ratio<60,1>>，因为 1 分钟包含 60 秒；采用 double 值计数的毫秒时长类是 std::chrono::duration<double,std::ratio<1,1000>>，因为 1 毫秒是 1/1000 秒。

---

1 译者注：这些时钟类是完全相互独立的 4 个类，而不是“同一个时钟模板类的 4 个不同具体化”。

2 译者注：time_t 也表示时间的类型，在 C 语言环境下广泛使用。

标准库在 std::chrono 名字空间中，给出了一组预设的时长类的 typedef 声明：nanoseconds、microseconds、milliseconds、seconds、minutes 和 hours，分别对应纳秒、微秒、毫秒、秒、分钟、小时。它们都采用取值范围足够大的整型表示计数，如果真有需要，读者只需选择合适的计时单元，就能表示出一个跨度超过 500 年的时长。针对国际单位制的词头倍数，头文件<ratio>给出了它们的全部 typedef 声明[1]，范围从 std::atto（10^{-18}）到 std::exa（10^{18}）（只要平台支持 128 位整型，范围可以更大[2]）。它们可以用于自定义时长，如 std::duration<double,std::centi>，其单元为百分秒，并以 double 值表示计数。

为方便起见，C++14 引入了名字空间 std::chrono_literals，其中预定义了一些字面量后缀运算符（literal suffix operator）。这能够缩短明文写入代码的时长值，举例如下。

```
using namespace std::chrono_literals;
auto one_day=24h;
auto half_an_hour=30min;
auto max_time_between_messages=30ms;
```

如果与整数字面值[3]一起使用，这些后缀就相当于由 typedef 预设的时长类，因此，15ns 和 std::chrono::nanoseconds(15)是两个相等的值。然而，假如和浮点数字面值一起使用，这些后缀会按适当的量级创建出时长类，它以某种浮点值[4]计数，但具体类型并不明确。因此，2.5min 将具现化为 std::chrono::duration<some-floating-point-type,std::ratio<60,1>>。字面量后缀运算符由程序库实现自行选择具体的浮点类型，也随之决定了数值的范围和精度。如果读者认为这事关重大，就不应为了方便而使用字面量后缀运算符，而需手动构建时长对象，并以适合的数值类型表示计数。

假如不要求截断时长值，它们之间的转化将隐式进行（也就是，小时转化为秒是可行的，但秒转化为小时是不可行的）。显式转换通过 std::chrono::duration_cast<>完成。

```
std::chrono::milliseconds ms(54802);
std::chrono::seconds s=
    std::chrono::duration_cast<std::chrono::seconds>(ms);
```

上例的结果被截断，而非四舍五入，故此，时长变量 s 的值是 54。

时长类支持算术运算，我们将时长乘或除以一个数值（这个数值与该时长类的计数类型相符，即其第一个模板参数），或对两个时长进行加减，就能得出一个新时长。所以，5*seconds(1)等于 seconds(5)，还等于 minutes(1) – seconds(55)。计时单元的数量可

---

1 译者注：即 SI prefix，用于表达计量单位的倍数和分数，它们全是 10 的整数幂。SI 含有 20 个词头倍数，范围为 10^{-24} ~ 10^{24}。其中 SI 是法语 Système International 的缩写。

2 译者注：C++11 标准规定了全部 20 个 SI 词头倍数，标准库必须提供正文所述范围内的倍数，但此外的 4 个值 yocto（10^{-24}）、zepto（10^{-21}）、zetta（10^{21}）和 yotta（10^{24}）受到整型表示范围的限制，由库的作者根据环境条件自行决定实现与否。

3 译者注：指代码中明文写出的具体数值，如 15ns 中的 15，2.5min 中的 2.5。

4 译者注：某种浮点值和 some-floating-point-type 对应，指 float、double 和 long double 三者之一。

通过成员函数 count()获取，因而 std::chrono::milliseconds(1234).count()得到 1234。

支持迟延超时的等待需要用到 std::chrono::duration<>的实例。举例如下，我们等待某个 future 进入就绪状态，并以 35 毫秒为限。

```
std::future<int> f=std::async(some_task);
if(f.wait_for(std::chrono::milliseconds(35))==std::future_status::ready)
    do_something_with(f.get());
```

所有等待函数都返回一个状态值，指明是否超时或目标事件是否已发生。上例中，我们借助 future 进行等待，所以一旦超时，函数就返回 std::future_status::timeout；假如准备就绪，则函数返回 std::future_status::ready；若 future 的相关任务被延后，函数返回 std::future_status::deferred。迟延超时的等待需要一个参照标准，它采用了标准库内部的恒稳时钟，只要代码指定了等待 35 毫秒，那现实中等待的时间就是 35 毫秒，即使期间系统时钟发生调整（无论提前还是延后）。当然，在形形色色的操作系统中，调度策略变化各异，且系统时钟精度互不相同，这就有可能导致从线程发起调用到函数返回，历时远超 35 毫秒。

如果读者"消化"好了时长类，我们接下来看看时间点类。

4.3.3 时间点类

在时钟类中，时间点由类模板 std::chrono::time_point<>的实例表示，它的第一个模板参数指明所参考的时钟，第二个模板参数指明计时单元[1]（std::chrono::duration<>的特化）。时间点是一个时间跨度，始于一个称为时钟纪元的特定时刻，终于该时间点本身。跨度的值表示某具体时长的倍数。时钟纪元是一个基础特性，却无法直接查询，C++标准也未进行定义。典型的时钟纪元包括 1970 年 1 月 1 日 0 时 0 分 0 秒，或运行应用的计算机的启动时刻。多个时钟可能共享一个时钟纪元，也可能分别有各自的时钟纪元。时钟类内部具有一个 time_point 类型的 typedef，假设两个时钟类都参考同一个纪元，则可用该 typedef 指定跟另一个时钟类里面的 time_point[2]。尽管时钟纪元的时刻无从得知，不过，我们可以在给定的时间点上调用 time_since_epoch()，这个成员函数返回一个时长对象，表示从时钟纪元到该时间点的时间长度。

例如，我们可以用 std::chrono::time_point<std::chrono::system_clock, std::chrono::minutes>

1 译者注：举例，若存在时钟类 C，则它内部应该含有 typedef std::chrono::time_point<C,Duration> time_point；请注意，前一个 time_point 是标准库给出的类模板，而后者是 C 自身成员类型。另外，Duration 是时长 std::chrono::duration 的某种特化，也由 typedef 声明为 C 的成员类型。

2 译者注：举例，若时钟类 C1 和 C2 都参考同一个时钟纪元，那么 C1 的 time_point 成员类型还可以是 typedef std::chrono::time_point<C2,C1::Duration>time_point;。

指定一个时间点，它持有某个时刻，以系统时钟为参考，计时单元则为分钟。而原生的系统时钟精度通常是秒级别或者更精准的级别，这有别于该时间点。

我们可将时间点加减时长（即令 std::chrono::time_point<>的实例加减 std::chrono::duration<>实例），从而得出新的时间点。据此，std::chrono::high_resolution_clock::now() + std::chrono::nanoseconds(500)会给出 500 纳秒以后的未来时刻。只要知道运行某段代码所允许的最大时限，我们就能方便地计算出绝对超时的时刻。然而，假使代码自身所含的调用涉及等待函数，或者在等待函数之前存在非等待函数，则其都会占用一部分预算时间。

若两个时间点共享同一个时钟，我们也可以将它们相减，得到的结果是两个时间点间的时长。这能用于代码计时，举例如下。

```
auto start=std::chrono::high_resolution_clock::now();
do_something();
auto stop=std::chrono::high_resolution_clock::now();
std::cout<<"do_something() took "
  <<std::chrono::duration<double,std::chrono::seconds>(stop-start).count()
  <<" seconds"<<std::endl;
```

std::chrono::time_point<>实例的第一个模板参数是某时钟类，它除了间接指定时钟纪元，还有别的功能。等待函数若要处理绝对超时，则需接收时间点实例作为参数，该实例的相关时钟会用作参考，计算是否超时。一旦时钟被改动，将产生重大影响，因为等待会跟随时钟变化，若时钟的成员函数 now()的返回值早于指定的时限，则等待函数不返回。如果时钟调快，等待所允许的总长度则有可能缩短（按恒稳时钟计算）；如果时钟调慢，允许的等待长度则有可能增加。

时间点用于带有后缀“_until”的等待函数的变体。为了预先安排操作，我们需计算某一具体未来时刻（它对用户可见）。虽然可以用静态函数 std::chrono::system_clock::to_time_point()转换 time_t 值，从而求出基于系统时钟的时间点，但其实最“地道”的方法是在程序代码中的某个固定位置，将 some_clock::now()和前向偏移相加得出时间点。假定某目标事件与条件变量相关，若我们最多可以等待 500 毫秒，则实现代码可参考代码清单 4.11。

代码清单 4.11　就条件变量进行限时等待

```
#include <condition_variable>
#include <mutex>
#include <chrono>
std::condition_variable cv;
bool done;
std::mutex m;
bool wait_loop()
{
    auto const timeout= std::chrono::steady_clock::now()+
        std::chrono::milliseconds(500);
```

```
    std::unique_lock<std::mutex> lk(m);
    while(!done)
    {
        if(cv.wait_until(lk,timeout)==std::cv_status::timeout)
            break;
    }
    return done;
}
```

条件变量之上的等待函数理应接收一个断言，借此判定所等的条件是否成立。假如读者不提供断言，则该函数只能依据是否超越时限来决定要继续等待还是要结束，那么，我推荐效仿上例的方式，这样就限定了循环的总耗时。否则，若凭借条件变量等待，却未传入断言，那么我们需不断循环来处理伪唤醒，4.1.1 节对此已作说明。假设循环中使用的是 wait_for()，那么，若在等待时间快消耗完时发生伪唤醒，而我们如果要再次等待，就得重新开始一次完整的迟延等待。这也许会不断重复，令等待变得漫无边际。

我们已经有了超时时限的基础，现在来学习具有限时等待功能的函数。

4.3.4　接受超时时限的函数

超时时限的最简单用途是，推迟特定线程的处理过程，若它无所事事，就不会占用其他线程的处理时间。4.1 节曾向读者举例，设立一个“完成”标志，在循环过程中反复查验[1]，有两个函数可用于该例：std::this_thread::sleep_for()和 std::this_thread::sleep_until()。它们的功能就像简单的闹钟：线程或采用 sleep_for()按指定的时长休眠，或采用 sleep_until()休眠直到指定时刻为止。sleep_for()最适合 4.1 节的范例，原因是某些操作必须按周期执行，而其中的关键是耗时控制。另外，sleep_until()函数允许我们在特定的时刻唤醒线程。这可以用于触发夜间数据备份程序，或在早晨 6:00 运行工资单输出程序，或播放影像时在两帧画面的刷新之间暂停线程。

休眠并非唯一能处理超时的工具。我们已经知道，超时时限可以配合条件变量，或配合 future 一起使用。只要互斥支持，我们在尝试给互斥加锁的时候，甚至也能设定超时时限。普通的 std::mutex 和 std::recursive_mutex 不能限时加锁，但 std::timed_mutex 和 std::recursive_timed_mutex 可以。这两种锁都含有成员函数 try_lock_for()和 try_lock_until()，前者尝试在给定的时长内获取锁，后者尝试在给定的时间点之前获取锁。表 4.1 列出了 C++标准库中接受超时时限的函数，并说明了其参数和返回值。以 duration 列出的参数必须是 std::duration<>的实例，而以 time_point 列出的参数必须是 std::time_point<>的实例。

1 译者注：指 4.1 节的第一个代码示例（没有代码清单序号，位于第 88 页），在 4.1.1 节之前的方式二处，该标志的变量名为 flag。

表4.1 C++标准库中接受超时时限的函数

类/名字空间	函　　数	返　回　值
std::this_thread名字空间	sleep_for(duration) sleep_until(time_point)	无
std::condition_variable 或 std::condition_variable_any	wait_for(lock,duration) wait_until(lock,time_point)	std::cv_status::timeout 或 std::cv_status::no_timeout
	wait_for(lock,duration, predicate) wait_until(lock,time_point, predicate)	bool——被唤醒时断言的返回值
std::timed_mutex、std::recursive_timed_mutex或std::shared_timed_mutex	try_lock_for(duration) try_lock_until(time_point)	bool——若获取到锁则返回true，否则返回false
std::shared_timed_mutex	try_lock_shared_for(duration) try_lock_shared_until(time_point)	bool——若获取到锁则返回true，否则返回false
std::unique_lock <TimedLockable>	unique_lock(lockable, duration)★ unique_lock(lockable, time_point)★	unique_lock 的构造函数无返回值； 而在刚刚构建好的对象上调用owns_lock()，若获取到锁，则返回true，否则返回false
	try_lock_for(duration) try_lock_until(time_point)	bool——若获取到锁则返回true，否则返回false
std::shared_lock <SharedTimedLockable>	shared_lock(lockable,duration)★ shared_lock(lockable,time_point)★	shared_lock 的构造函数无返回值； 而在刚刚构建好的对象上调用owns_lock()，若获取到锁，则返回true，否则返回false
	try_lock_for(duration) try_lock_until(time_point)	bool——若获取到锁则返回true，否则返回false
std::future<ValueType> 或 std::shared_future <ValueType>	wait_for(duration) wait_until(time_point)	若等待超时，则返回std::future_status::timeout； 若future已就绪，则返回std::future_status::ready； 若future上的函数以推迟方式执行，且尚未开始执行，否则返回std::future_status::deferred

在表4.1中，标有★的均为构造函数，一旦完成构建新对象，立即试图在时限内获取锁。

到这里，我们讲完了条件变量、future、promise和打包任务的工作原理。时机已经成熟，我们来开拓视野，学习如何利用它们简化线程间的同步操作吧。

4.4 运用同步操作简化代码

将本章目前所介绍的同步工具作为构建单元，我们就能从底层运作机制抽身，专注于需要进行同步的操作。按照这种思维，其中一种简化代码的途径是：在并发实战中使用非常贴近函数式编程的风格。线程间不会直接共享数据，而是由各任务分别预先备妥自己所需的数据，并借助 future 将结果发送到其他有需要的线程。

4.4.1 利用 future 进行函数式编程

术语“函数式编程”（functional programming）是指一种编程风格，函数调用的结果完全取决于参数，而不依赖任何外部状态。这源自数学概念中的函数，它的意义是，若我们以相同的参数调用同一个函数两次，结果会完全一致。C++标准库的许多数学函数具备这个特性，如 sin()、cos()和 sqrt()等，内建的基本类型的简单运算亦是如此，如 3+3、6*9 或 1.3/4.7 等。纯函数（pure function）产生的作用被完全限制在返回值上，而不会改动任何外部状态。

第 3 章讨论过有关共享内存的种种问题，而上述模式令它们中的大部分不复存在，这便于我们把代码考虑周全，特别是涉及并发的情形。只要共享数据没有改动，就不会引发条件竞争，因而无须动用互斥保护。以 Haskell 语言为例，它的所有函数默认都是纯函数。这种简化是强有力的，令函数式语言在并发系统的编程领域日渐流行。函数式语言所含的要素大多数是纯的，真正改动共享状态的是非纯函数（impure function），所以它们显得相对突出，我们从而更容易分析如何使之契合应用程序的整体结构。

一些语言以函数式编程作为默认范式，并受益于此，但其优点并未受到语言门类的局限。C++是多范式语言，采用函数式编程风格完全可行。C++11 相比 C++98 更容易做到这点，原因是 lambda 函数正式进入了标准（见附录 A.5 节），而且纳入了 std::bind()函数（由 TR1 定义[1]，Boost 库给出实现），还引入了变量的自动类型推断（automatic type deduction，见附录 A.7 节）。若要以 C++实现函数式编程风格的并发编程，future 则是画龙点睛之笔，使之真正切实可行；future 对象可在线程间传递，所以一个计算任务可以依赖另一个任务的结果，却不必显式地访问共享数据。

1. 函数式编程风格的快速排序

我们以快速排序（quicksort）算法的简单实现为例，解释如何运用 future 进行函数

---

1 译者注：即 C++ Technical Report 1 的简称，中文名为 C++技术报告 1，正式名称为“ISO/IEC TR 19768:2007, C++ Library Extensions”，于 2007 年 11 月发布，是对 C++98 标准库的扩充，其中大部分内容进入了 C++11 标准。

式编程风格的并发编程。该算法的基本思路简单、明晰：由链表给出一列乱序数值，我们从中选取一个作为“基准元素”（pivot element），把整个链表分成两组——一组的值比基准元素小，另一组的值大于等于基准元素；再将这两个分组排序，各自得出新的有序链表，作为结果返回，然后依次拼接：先是小值的有序链表，接着是基准元素，最后是大值的有序链表，由此得到原链表的排序后的副本。图4.2以含有10个整数的链表为例，展示了该排序方式。代码清单4.12给出了函数式编程风格的快速排序的串行实现，代码按传值的方式接收链表作为参数，并生成新的有序链表作为结果，同样按传值的方式返回，有别于std::sort()的原址排序（sorting in place）[1]。

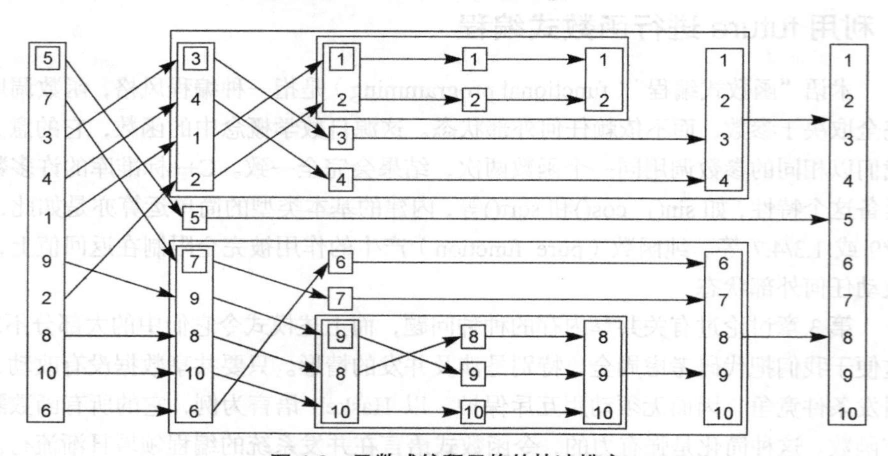

图4.2　函数式编程风格的快速排序

代码清单4.12　快速排序的串行实现

```
template<typename T>
std::list<T> sequential_quick_sort(std::list<T> input)
{
    if(input.empty())
    {
        return input;
    }
    std::list<T> result;                                        ①
    result.splice(result.begin(),input,input.begin());  ←
    T const& pivot=*result.begin();                     ←②

    auto divide_point=std::partition(input.begin(),input.end(),
        [&](T const& t){return t<pivot;});              ←③
    std::list<T> lower_part;
    lower_part.splice(lower_part.end(),input,input.begin(),
        divide_point);  ←④
    auto new_lower(
```

1 译者注：指复用原链表的节点，通过在原链表内部调整元素位置实现排序。

```
        sequential_quick_sort(std::move(lower_part))); ◁——⑤
    auto new_higher(
        sequential_quick_sort(std::move(input))); ◁——⑥
    result.splice(result.end(),new_higher);              ◁——⑦
    result.splice(result.begin(),new_lower); ◁——⑧
    return result;
}
```

尽管接口的设计依从函数式编程风格，但如果我们严格贯彻到底，就不得不多次复制链表，因此，我们在内部使用“普通的”指令式风格（imperative style）。我们直接取出原链表的头号元素作为基准元素，用 splice()将它从原链表最前端切除①。虽然排序效率可能无法达到最高（按比较和交换的次数衡量），但若选择 std::list 中的其他任何元素，则需要遍历链表（部分遍历）而导致耗时大幅增加。我们知道最终结果将含有这一基准元素，于是先直接把它放入结果链表 result[1]，留待后用⑦⑧。接下来，该基准元素会与多个其他元素比较大小。为了避免复制链表，我们定义一个引用指向它②。然后，我们用 std::partition()把原链表切割成两组，一组值小于基准元素，另一组则不然③。设定切割准则的最简单方式是 lambda 函数；我们按引用方式捕获基准元素，以避免按值复制（关于 lambda 函数的更多细节见 A.5 节）。

std::partition()在链表内部整理元素的位置[2]，并返回一个迭代器，指向大于等于基准元素的第一个元素。该迭代器类型的完整名称可能相当冗长，我们为此运用了自动类型说明符 auto，让编译器代劳（详见附录 A.7 节）。

因为我们选择了函数式编程风格的接口，所以若要用递归方式将两个分组排序，则需构造两个链表与之对应：链表 input 经过 std::partition()操作，小于基准元素的元素集中到前半部分（其范围始于表头，终于 divid_point），splice()继而把它们转移至新链表 lower_part④，余下元素则存留在链表 input 中。我们通过递归调用继续下去，即能完成这两个链表的排序⑤⑥。这里，链表凭借 std::move()传入，再次避免了复制；排序结果属于 std::list 类型，本身就支持移动语义，会按隐式移动方式向外返回。最后，我们又一次使用 splice()，按大小顺序接合完成排序的新链表：new_higher 所含元素安置在基准元素后方⑦，而 new_lower 所含元素则安置在基准元素前方⑧（请注意，基准元素此前已放入结果链表内）。

2. 函数式编程风格的并行快速排序

因为采用了函数式编程风格，所以现在只要结合 future，我们就能将代码方便地改

---

1 译者注：这里的“放入结果链表 result”和前面的“从原链表最前端切除”，两项操作都在①处由 splice()一并执行。后面④处转移元素的行为与此相同。

2 译者注：请注意，std::partition()的行为不是排序，而是整理。链表中的一些元素令 lambda 函数返回 true，std::partition()以此为准，将它们置于链表前半部分，而其余元素则使 lambda 函数返回 false，遂置于后半部分，仅此而已，前后两部分的元素并未排序。

写成并行版本，如代码清单 4.13 所示。所涉及的操作和前文相同，区别在于，其中一部分按并行方式运行。这个版本的快速排序实现了利用 future 和函数式编程。

代码清单 4.13 运用 future 实现并行快速排序

```
template<typename T>
std::list<T> parallel_quick_sort(std::list<T> input)
{
    if(input.empty())
    {
        return input;
    }
    std::list<T> result;
    result.splice(result.begin(),input,input.begin());
    T const& pivot=*result.begin();
    auto divide_point=std::partition(input.begin(),input.end(),
            [&](T const& t){return t<pivot;});
    std::list<T> lower_part;
    lower_part.splice(lower_part.end(),input,input.begin(),
        divide_point);
    std::future<std::list<T>> new_lower(    ①
        std::async(&parallel_quick_sort<T>,std::move(lower_part)));
    auto new_higher(
        parallel_quick_sort(std::move(input)));    ②
    result.splice(result.end(),new_higher);    ③
    result.splice(result.begin(),new_lower.get());    ④
    return result;
}
```

代码的最大变化是，链表前半部分的排序不再由当前线程执行，而是通过 std::async()在另一线程上操作①。链表后半部分依然按直接递归的方式排序②，这与前例相同。通过递归调用 parallel_quick_sort()，我们即能充分利用可调配的硬件并发算力。若 std::async()每次都开启新线程，那么只要递归 3 层，就会有 8 个线程同时运行；如果递归 10 层（考虑约 1000 个元素的情形），将有 1024 个线程同时运行（前提是硬件可以承受得住）。一旦线程库断定所产生的任务过多（原因也许是任务数目超出了可调配的硬件并发资源），就有可能转为按同步方式生成新任务。假如向其他线程传递任务无助于提升性能，那么负责调用 get()的线程就会亲自执行新任务，而不再发起新线程，从而减小开销。值得注意的是，即便面临显著的线程过饱和，std::async()的实现仍会为每个任务都启动新线程，这种行为依然完全符合 C++标准的规定。下列情形则有违标准：虽然明确给出了运行参数 std::launch::deferred，可是 std::async()却仍启动新线程；或者，明确指定了参数 std::launch::async，但 std::async()却按同步方式执行新任务。如果你依靠线程库使程序自动增减（automatic scaling）线程数目，那么建议你核实文档，查明线程库会采取什么行为。

除了使用 std::async()，我们还可以编写自己的 spawn_task()函数，并简单地包装

std::packaged_task 和 std::thread，如代码清单 4.14 所示。我们在 spawn_task()中构建一 std::packaged_task 实例，与任务函数对应。我们通过该实例获取相关的 future，并在某线程上运行任务，最后返回 future。该函数的优点并不明显（实际上反而很可能导致严重的线程过饱和），但它另辟蹊径，我们可以顺其思路升级到复杂的实现：向队列添加任务，由线程池中的工作线程负责运行。我们将在第 9 章深入探讨线程池。读者必须具有清晰的目标：全面把握线程池的构建细节，并绝对掌握线程池执行任务的方式。只有这样，才值得让 std::async()退下"火线"，而优先采用线程池模式。

言归正传，我们继续分析 parallel_quick_sort()。因为 new_higher 链表通过直接递归而得到，所以，类似前文的范例，我们可以用 splice()将其安置到结果链表中③。但本例中变量 new_lower 的类型已不再是链表，而是 std::future<std::list<T>>，因此，我们需要先通过 get()取得其值，再调用 splice()④。这将等待后台任务完成，并把结果转移进 splice()。new_lower 包含结果链表，而 get()返回其右值引用，所以结果链表按移动方式向外返回（附录 A.1 节将更详细地介绍右值引用和移动语义）。

假定 std::async()按最优方式利用可调配的硬件并发资源，即便如此，快速排序的这一并发实现仍然不理想。主要原因是虽然 std::partition()函数完成了大量操作，但它毕竟是串行调用的，只是它刚好能应付上面两个范例。如果读者有兴趣研究速度最快的并发实现，请自行查阅学术文献。此外，C++17 标准库给出了快速排序的并发重载版本（见第 8 章），可供我们采用。

代码清单 4.14 spawn_task()的简单实现

```
template<typename F,typename A>
std::future<std::result_of<F(A&&)>::type>
    spawn_task(F&& f,A&& a)
{
    typedef std::result_of<F(A&&)>::type result_type;
    std::packaged_task<result_type(A&&)>
        task(std::move(f)));
    std::future<result_type> res(task.get_future());
    std::thread t(std::move(task),std::move(a));
    t.detach();
    return res;
}
```

并发编程范式存在多种风格，函数式编程是其中之一，它能够摆脱共享的可变数据（shared mutable data），但不是唯一选择。通信式串行进程（Communicating Sequential Process，CSP）[1]范式也具有同样的特性：按设计概念，CSP 线程相互完全隔离，没有共享数据，采用通信管道传递消息。编程语言 Erlang 和 MPI[2]编程环境都采用了这种范式。

1《通信式串行进程》（*Communicating Sequential Processes*），作者 C.A.R. Hoare，出版社 Prentice Hall，1985 年出版。

2 译者注：MPI 即 Message Passing Interface，消息传递接口。

MPI 具有 C 和 C++接口，广泛应用于高性能计算。只要遵守一些准则，C++同样可以支持 CSP 范式。我肯定读者对此不会觉得意外。4.4.2 节将探讨实现这个功能的方法。

4.4.2 使用消息传递进行同步

CSP 的理念很简单：假设不存在共享数据，线程只接收消息，那么单纯地依据其反应行为，就能独立地对线程进行完整的逻辑推断。因此，每个 CSP 线程[1]实际上都与状态机（state machine）等效：它们从原始状态起步，只要收到消息就按某种方式更新自身状态，也许还会向其他 CSP 线程发送消息。有一种方法可以编写出这种 CSP 线程：令其形式化，实现有限状态机模型（finite state machine model）。但该方法并非唯一可行之道，状态机也可以隐含于应用程序的组织结构中。若给出一个具体场景，哪种方法更加适合，完全取决于该特定场景对软件的行为需求[2]，以及应用程序开发小组的专业程度。无论我们采用什么方法实现 CSP 线程，只要将它们分割出去，视作独立进程，就能让并发行为摆脱共享数据，从而大有可能消除大部分复杂性，使程序更容易编写，并且降低错误率。

真正的 CSP 模型没有共享数据，全部通信都经由消息队列传递，但是 C++线程共享地址空间，因而这一规定无法强制实施。因此，身为应用程序或程序库的作者，我们必须恪守规定，确保剔除线程间的共享数据。当然，作为线程间通信的唯一途径，消息队列必须共享，但细节要由程序库封装并隐藏。

设想我们为自动柜员机实现代码，需应对诸多事项：和取钱的顾客互动、和相关银行交换信息，还要控制实体机械装置、接收顾客的银行卡、给出提示信息、处理按键、出钞和退卡等。

为了统揽全部事项，一种方法是将代码拆分成 3 个独立线程：一个控制实体机械装置，一个处理自动柜员机的事务逻辑，还有一个负责和银行通信。这些线程不会共享任何数据，仅单纯地通过传递消息进行通信。例如，只要顾客在自动柜员机上插卡或按键，实体机械装置控制线程就向事务逻辑线程发送消息，后者则告知发放的金额，等等。

模拟自动柜员机逻辑的一种方式是状态机。无论线程处在哪个状态，都等待着可接收的消息，一旦送达，线程即接收并处理，还有可能因此转移到新状态。于是，“等待-处理-转移”的循环不断执行。图 4.3 是该状态机的简单实现，标示了所涉状态。这一实现已进行简化。最开始，系统等待银行卡插入。一旦银行卡插好，就转而等待顾客输入密码（每次输入一个数字）。系统可能会消除最后一次输入的数字。只要输入满足长

1 译者注：CSP 线程有别于 C++线程。前者是 CSP 模型特有的概念，后者遵从 Andrew Birrell 总结的 SRC 线程模型。

2 译者注：行为需求是软件工程的概念，指所有功能需求的用例总集。

度，就验证密码。若密码错误，则结束操作并退卡，然后等待下一位顾客插入银行卡。若密码正确，则等待顾客选择提款金额或取消交易。如果顾客取消交易，则结束操作并退卡。选定提款金额后，就等待银行核准，接着发放现钞，最后退卡，或显示消息“余额不足”并退卡。显然，现实中的自动柜员机要复杂许多，但图 4.3 足以清楚地解释其设计思路。

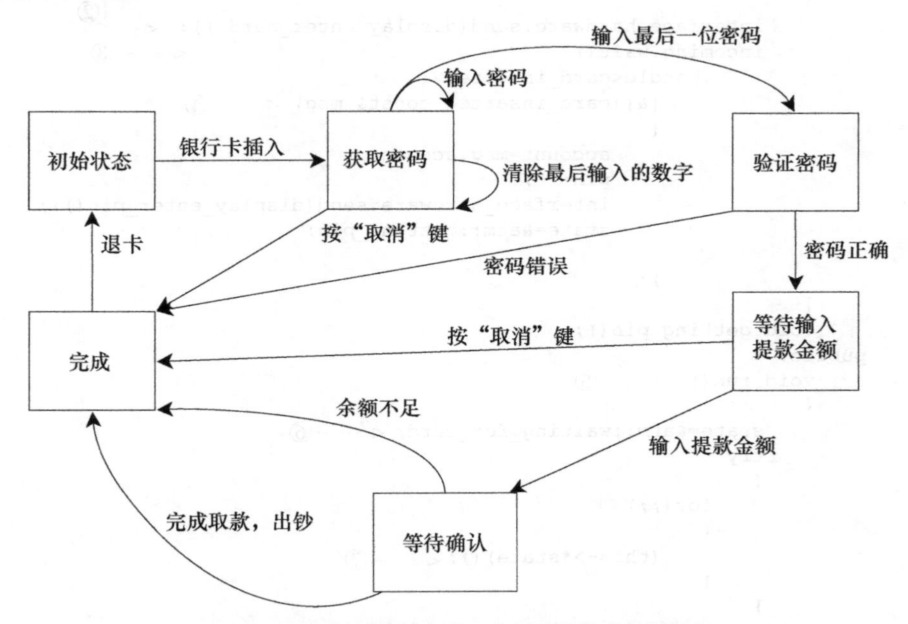

图 4.3 状态机的简单实现，作用是模拟自动柜员机

上面，我们为自动柜员机的业务逻辑设计了状态机，现在来把它实现为一个类，以成员函数的形式表示各个状态。每个成员函数都分别等待某些特定消息传入，消息一旦传入即进行处理，并有可能由此转移到另一状态。不同的消息种类分别用独立的 struct 类型表示。附录 C 将提供完整的代码，简单地实现自动柜员机系统。代码清单 4.15 展示其部分业务逻辑，包含主循环，还实现了原始状态，等待顾客插卡。

可以看到，一切传递消息所必需的同步操作，全都隐藏在消息传递程序库内。该程序库的基本实现由附录 C 给出。

代码清单 4.15 atm 类的简单实现，其功能是模拟自动柜员机的业务逻辑

```
struct card_inserted
{
    std::string account;
};
class atm
{
```

```
    messaging::receiver incoming;
    messaging::sender bank;
    messaging::sender interface_hardware;
    void (atm::*state)();
    std::string account;
    std::string pin;
    void waiting_for_card()  ⊲——①
    {
        interface_hardware.send(display_enter_card());  ⊲——②
        incoming.wait()                                  ⊲——③
            .handle<card_inserted>(
                [&](card_inserted const& msg)  ⊲——④
                {
                    account=msg.account;
                    pin="";
                    interface_hardware.send(display_enter_pin());
                    state=&atm::getting_pin;
                }
                );
    }
    void getting_pin();
public:
    void run()  ⊲——⑤
    {
        state=&atm::waiting_for_card;  ⊲——⑥
        try
        {
            for(;;)
            {
                (this->*state)();  ⊲——⑦
            }
        }
        catch(messaging::close_queue const&)
        {
        }
    }
};
```

前文已提及，上述实现的依据不是自动柜员机的真实逻辑，而是经过大幅度简化的设计，意在让读者感受如何使用消息传递编写程序。我们无须再忧虑同步和并发的问题，在某个具体的状态下，仅仅专注于所应该收发的消息即可。自动柜员机业务逻辑的状态机在单线程上运行，系统其他部分也在各自独立的线程上运行，如银行通信接口和顾客终端接口。这种风格的程序设计称为角色模型（actor model）：系统中含有一些分散的角色（actor），它们各自在独立线程上运行，它们彼此收发消息以执行手上的任务，还直接通过消息传递状态，但除此以外，它们之间没有共享数据。

执行流程从成员函数 run()开始⑤，它先将原始状态设为 waiting_for_card⑥。然后，当前状态总是体现为某个成员函数，它被反复执行（不论该状态是图 4.3 中具体哪一个）⑦。状态函数都是 atm 类中简单的成员函数。状态函数 waiting_for_card()同样如此①：它向硬件接口发送消息，要求显示“请插卡”②，随之静候该消息的处理回复③。这里只处理一种消息，即card_inserted，我们通过lambda函数操作④。我们可以向handle()传入任何函数或函数对象，不过本例十分简单，采用lambda函数最为方便。请注意，handle()是wait()函数的链式后继，它们发生连锁调用；若接收的消息与指定的类型不符，就会被丢弃，执行线程则继续等待，直至收到与类型匹配的消息。

lambda函数自行捕获银行卡信息，由此取得账号，将其保存到成员变量account中，清除当前密码变量pin，向硬件接口发送消息提示顾客输入密码，并转换至“获取密码”状态。一旦完成消息处理，状态函数随即返回，主循环会调用新的状态函数⑦。

状态函数getting_pin()稍微复杂一些，它负责处理3种不同的消息，如代码清单4.16所示。

代码清单4.16 状态函数getting_pin()，用于自动柜员机的简单实现

```
void atm::getting_pin()
{
    incoming.wait()
        .handle<digit_pressed>(    <-- ①
            [&](digit_pressed const& msg)
            {
                unsigned const pin_length=4;
                pin+=msg.digit;
                if(pin.length()==pin_length)
                {
                    bank.send(verify_pin(account,pin,incoming));
                    state=&atm::verifying_pin;
                }
            }
            )
        .handle<clear_last_pressed>(    <-- ②
            [&](clear_last_pressed const& msg)
            {
                if(!pin.empty())
                {
                    pin.resize(pin.length()-1);
                }
            }
            )
        .handle<cancel_pressed>(    <-- ③
            [&](cancel_pressed const& msg)
            {
                state=&atm::done_processing;
            }
            );
}
```

此处，我们需要处理3种消息，因而wait()函数之后有3个handle()，形成连锁调用链①②③。根据模板参数，每个handle()调用设定自身所处理的消息类型，另外还分别

接收一个 lambda 函数，其参数属于该特定消息类型。因为上述函数会发生连锁调用，所以 wait()的实现知道它正在等待 digit_pressed 按键（消息）、clear_last_pressed（清除最后一次按键输入的数字）消息和 cancel_pressed（取消输入）消息。其他任何类型的消息都被丢弃，与代码清单 4.15 一致。

这里的状态不一定随消息接收而转移。例如，若我们收到 digit_pressed 消息，除非它是密码的最后一位数字，否则就将其添加至变量 pin 末尾。接下来，代码清单 4.15 中的主循环⑦会再次调用 getting_pin()，等待顾客输入密码的下一位数字（也可能收到 clear_last_pressed 消息或 cancel_pressed 消息）。

上述流程与图 4.3 所示的行为对应。各状态分别由不同的成员函数实现，它们都等待着相关消息，并依此做出适当更新。

如我们所见，CSP 风格的编程可大幅简化并发系统的设计工作，因为我们可以完全独立地处理每个线程。上例还示范了“分离关注点”的软件设计原则：通过利用多个线程，整体任务按要求被明确划分。

我们曾在 4.2 节提过，并发技术规约提供了 future 的扩展版本。扩展的核心功能是指定后续（continuation）操作，一旦 future 准备妥当，就自动运行后续函数。我们接下来探讨它是如何简化代码的。

4.4.3 符合并发技术规约的后续风格并发[1]

并发技术规约在名字空间 std::experimental 内，给出了对应 std::promise 和 std::packaged_task 的新版本，两者都与 std 名字空间中的原始版本有异：它们都返回 std::experimental::future 实例，而非 std::future。这让使用者得以使用 std::experimental:: future 的关键新特性——后续。

假定某任务正在执行，将得出结果，结果一旦正式生成，就被 future 持有。那么，为了进一步处理该结果，我们还需要运行某些代码。有两种方法能够等待 std::future 就绪：一是调用 wait_for()和 wait_until()，它们可设置时限；二是调用成员函数 wait()，这会引发完全阻塞。以上方法可能不算方便，还会使代码复杂化。我们希望有一种方法能下达指令“一旦结果数据就绪，就接着进行某项处理”，这正是后续的功能。不出意外，为 future 添加后续调用的成员函数名为 then()。给定 future 对象 fut，调用 then(continuation) 即可为之增添后续函数 continuation()。

与 std::future 类相同，相关结果也保存在 std::experimental::future 类内部，其值只许被取出最多一次。如果该值已经为后续所用，则别的代码再也无法访问。所以，只要用 then()添加了后续，原来的 future 对象（fut）就会失效；反而，then()的调用会返回新的

1 译者注：4.4.3 ~ 4.4.10 节的内容在 C++标准中目前仍只有雏形（截至 2020 年 3 月），代码和文字不是很确切，原书作者意在前瞻介绍，相关内容相信以后会进一步完善。

future 对象，后续函数的结果由它持有。

下列代码就此做出示范。

```
std::experimental::future<int> find_the_answer();
auto fut=find_the_answer();
auto fut2=fut.then(find_the_question);
assert(!fut.valid());
assert(fut2.valid());
```

一旦最开始的 future 准备就绪，则后续函数 find_the_question()会在“某一线程上”运行，但无法确定具体是哪个线程。这使实现者可以自主选择，是在线程池中运行后续函数，还是由程序库直接执掌另一线程，在其上运行它。就目前而言，实现者被赋予了极大的自由。这是经过深思熟虑的方案，其目的是，若未来的 C++标准加入了后续功能，实现者就能够根据他们的经验，设计出更好的选择方式，为用户提供合适的机制，以确定线程如何运行，让他们掌控线程的选择。

有别于直接调用 std::async()或构造 std::thread，我们无法向后续函数传递参数，因为参数已经由程序库预设好，先前准备就绪的 future 会传入后续函数，它所包含的结果会触发后续函数的调用。假定上例的 find_the_answer()函数返回 int 值，那么 find_the_question()函数则必须接收唯一一个参数，类型是 std::experimental::future<int>，如下所示：

```
std::string find_the_question(std::experimental::future<int> the_answer);
```

这是强制规定，因为 future 上的后续函数发生连锁调用，而该 future 可能会持有结果的值，也可能持有异常。假若隐式地将值从 future 提取出来，再直接传递给后续函数，就不得不交由线程库决定如何处理异常，但只要把 future 传递给后续函数，异常就能交由它处理。简单情况下，这可以由 fut.get()完成，它准许后续函数重新抛出异常并向外传递。异步函数通过 std::async()运行，与它们一样，若异常从后续函数逃逸，则会保存在对应的 future 中，该 future 也用来保存后续函数的运行结果。

请注意，并发技术规约没有提供具备以下功能的函数：既与 std::async()等价，又支持 std::experimental::future。但我们可自行实现作为扩展，它编写起来相当简明、直接：凭借 std::experimental::promise 预先获取 future 对象，然后生成新线程运行一个 lambda 表达式，进而通过该 lambda 表达式执行任务函数，并将 promise 的值设定为任务函数的返回值，如代码清单 4.17 所示。

代码清单 4.17 与 std::async()等价的函数，其中运用了并发技术规约中的 std::experimental::future 类

```
template<typename Func>
std::experimental::future<decltype(std::declval<Func>()())>
spawn_async(Func&& func){
    std::experimental::promise<
        decltype(std::declval<Func>()())> p;
    auto res=p.get_future();
```

```
    std::thread t(
        [p=std::move(p),f=std::decay_t<Func>(func)]()
            mutable{
            try{
                p.set_value_at_thread_exit(f());
            } catch(...){
                p.set_exception_at_thread_exit(std::current_exception());
            }
    });
    t.detach();
    return res;
}
```

以上代码的行为与 std::async()一致，任务函数的运行结果保存在 std::experimental::future 对象内部，若任务函数抛出异常，则会被捕获，也保存在该对象中。这里还用到两个函数——set_value_at_thread_exit()和 set_exception_at_thread_exit()，功能是确保在 future 对象就绪之前，thread_local 变量会被妥善地清理。

then()调用的返回值是一个功能完整的 future，其意义在于，我们能对后续函数进行连锁调用。

4.4.4 后续函数的连锁调用

假定有一系列耗时的任务需要执行，而且，为了让主线程抽身执行其他任务，我们想按异步方式执行这些任务。例如，当用户登录应用程序时，我们就需向后端服务器发送信息以验证身份；完成身份验证之后，我们需再次向后端服务器请求其账户信息；最后，一旦取得了相关信息，就做出更新并显式呈现。若读者为此编写串行代码，则可能与代码清单 4.18 相似。

代码清单 4.18 处理用户登录的简单函数，其中的操作按串行方式顺次执行

```
void process_login(std::string const& username,std::string const& password)
{
    try {
        user_id const id=backend.authenticate_user(username,password);
        user_data const info_to_display=backend.request_current_info(id);
        update_display(info_to_display);
    } catch(std::exception& e){
        display_error(e);
    }
}
```

然而，我们不想要串行代码，而想令代码异步运行，这样就不会阻塞用户界面线程。如果直接使用 std::async()，全部代码就会集中到后台的某一线程上运行，如代码清单 4.19 所示。但是，该后台线程仍会消耗大量资源以逐一完成各任务，因而发生阻塞。若这样的任务很多，那将导致大量线程无所事事，它们只是在空等。

代码清单 4.19　使用一个异步任务处理用户登录

```
std::future<void> process_login(
    std::string const& username,std::string const& password)
{
    return std::async(std::launch::async,[=](){
        try {
            user_id const id=backend.authenticate_user(username,password);
            user_data const info_to_display=
                backend.request_current_info(id);
            update_display(info_to_display);
        } catch(std::exception& e){
            display_error(e);
        }
    });
}
```

这个线程因承担过多任务而发生阻塞，我们应予避免。因而我们需要按照后续函数的方式，将任务接合，形成调用链，每完成一个任务，就执行下一个。代码清单 4.20 的总体处理过程和前例相同，但这次登录流程被拆分成一系列任务，每个任务各自作为上一个任务的后续函数，接合成调用链。

代码清单 4.20　使用后续函数处理用户登录

```
std::experimental::future<void> process_login(
    std::string const& username,std::string const& password)
{
    return spawn_async([=](){
        return backend.authenticate_user(username,password);
    }).then([](std::experimental::future<user_id> id){
        return backend.request_current_info(id.get());
    }).then([](std::experimental::future<user_data> info_to_display){
        try{
            update_display(info_to_display.get());
        } catch(std::exception& e){
            display_error(e);
        }
    });
}
```

请注意，每个后续函数都接收 std::experimental::future 对象作为唯一的参数，然后用 get()获取其所含的值。这样的意义是，倘若调用链中的任何后续函数抛出了异常，那么异常会沿着调用链向外传递，在最末尾的后续函数中，经由 info_to_display.get()的调用抛出，该处的 catch 块能集中处理全部异常，与代码清单 4.18 中 catch 块的行为相似。

上例中，有些后续函数与后端服务器发生互动，假如网络消息传递延迟或数据库操作缓慢，它们就会被迫等待而在内部发生阻塞，那么处理过程也随之停滞。若我们将任务进一步拆分成相互独立的部分，这些调用仍会发生阻塞，甚至致使线程阻塞。针对涉及后端服务器的后端函数调用，我们需要让其返回 future 对象，它会随着数据就绪而自然就绪，那样就不会阻塞任何线程。backend.async_authenticate_user(username, password)本来只是简单地返回 user_id，根据上述设计则需改为返回 std::experimental::future<user_id>。

因为后继函数若要返回 future 实例，那么该实例就会根据类模板具现化成 future<future<some_value>>，否则，我们将被迫把.then()调成放置到后继函数内部（而非在相同层级上连接几个.then()形成链式调用）。这种想法可谓杞人忧天：后续具有一个灵便的特性，名为 future 展开（future-unwrapping）。假设传递给 then()的后续函数返回 future <some_type>对象，那么 then()的调用会相应地返回 future<some_type>。利用该特性，我们最终写出的代码会与代码清单 4.21 相似。在异步函数调用链上不会发生阻塞。

代码清单 4.21 处理用户登录的函数，实现真正彻底的异步操作

```
std::experimental::future<void> process_login(
    std::string const& username,std::string const& password)
{
    return backend.async_authenticate_user(username,password).then(
        [](std::experimental::future<user_id> id){
            return backend.async_request_current_info(id.get());
        }).then([](std::experimental::future<user_data> info_to_display){
            try{
                update_display(info_to_display.get());
            } catch(std::exception& e){
                display_error(e);
            }
        });
}
```

这与代码清单 4.18 的串行代码几乎一样直接、易懂，只是多了一些公式化（boilerplate）代码，将 then()调用和 lambda 声明包围在内。本例中，lambda 函数的参数是特化的 future 类型，若编译器支持 C++14 的泛型 lambda（generic lambda），则该参数可用关键字 auto 代替，从而进一步简化为如下代码：

```
return backend.async_authenticate_user(username,password).then(
    [](auto id){
        return backend.async_request_current_info(id.get());
    });
```

比起单一的线性控制流程，假使我们需要采用更复杂的异步方式，那么只要把控制逻辑纳入同一个 lambda 函数内，就能实现全真异步。如果控制流程非常复杂，我们则很可能需要编写独立的函数。

此前，我们一直着眼于 std::experimental::future 对后续的支持。读者可能希望 std::experimental::shared_future 也支持后续。两者的区别是，std::experimental::shared_future

可能具有多个后续。另外，它的后续函数的参数属于 std::experimental::shared_future 类型，而非 std::experimental::future。其原因自然是 std::experimental::shared_future 的共享本质：由于该类的多个对象可共同指向一个共享状态，因此若仅仅容许一个后续存在，则可能会在两个线程间引发条件竞争，它们都试图给自己的 std::experimental::shared_future 对象添加后续。这样显然不行，所以要容许多个后续共存。一旦容许多个后续共存，那么也要相应地允许它们全都通过同一个 std::experimental::shared_future 实例添加，而不是限制每个对象仅仅添加一个后续。另外，若我们意欲将共享状态传递到某个下游后续，以下做法不可行：将它包装成仅用一次的 std::experimental::future 实例，先传递给上游后续，再向下传递。其原因是，传递给后续函数的参数必须也是 std::experimental::shared_future。

```
auto fut=spawn_async(some_function).share();
auto fut2=fut.then([](std::experimental::shared_future<some_data> data){
    do_stuff(data);
    });
auto fut3=fut.then([](std::experimental::shared_future<some_data> data){
    return do_other_stuff(data);
    });
```

变量 fut 属于 std::experimental::shared_future 类型，通过调用 share()而创建，因此后续函数必须接收一个 std::experimental::shared_future 类型的变量作为参数。然而，后续函数的返回值只是一个普通的 std::experimental::future 对象，它并不是共享值，除非我们将其转换为共享值，所以 fut2 和 fut3 的类型都是 std::experimental::future。

在并发技术规约中，虽然后续功能非常重要，但它不是用以增强 future 的唯一特性。规约还给出了两个重载函数，准许我们在一组 future 上等待，或等待其中一个就绪，或等待全部就绪。

4.4.5 等待多个 future

假定有大量数据需要处理，而且每项数据都能独立完成，此时，我们只要生成一组异步任务，分别处理数据，使之通过 future 各自返回处理妥当的项目，就能充分利用手头的硬件资源。但这难以适用于下述流程模式：若存在最后的汇总处理步骤，要求各分项结果全部齐备，我们则需等待所有任务完成，必须等待 future 逐一准备就绪，才可获得每个分项结果。若采用另一异步任务专门收集结果，那么我们可能需要为此生成一个线程，交由该任务占用以统筹等待，或不停地查验 future 的状态，等到它们全都准备就绪才生成新任务，最后汇总。代码清单 4.22 给出了这样的示范。

代码清单 4.22 使用 std::async()从多个 future 收集结果

```
std::future<FinalResult> process_data(std::vector<MyData>& vec)
```

```
{
    size_t const chunk_size=whatever;
    std::vector<std::future<ChunkResult>> results;
    for(auto begin=vec.begin(),end=vec.end();begin!=end;){
        size_t const remaining_size=end-begin;
        size_t const this_chunk_size=std::min(remaining_size,chunk_size);
        results.push_back(
            std::async(process_chunk,begin,begin+this_chunk_size));
        begin+=this_chunk_size;
    }
    return std::async([all_results=std::move(results)](){
        std::vector<ChunkResult> v;
        v.reserve(all_results.size());
        for(auto& f: all_results)
        {
            v.push_back(f.get());    ←①
        }
        return gather_results(v);
    });
}
```

这段代码新生成一个异步任务，专门等待收集分项结果，只要这些结果全部得出，就进行最后的汇总处理。然而，因为它等待每个任务，但凡有分项结果得出，就会在①处被系统任务调度器反复唤醒。不过，若它发现有任务尚未得出结果，旋即再次休眠。这既会占据等待的线程，更会在各个 future 就绪时，导致多余的上下文切换，带来额外的开销。

上述“等待-切换”的行为实属无谓，采用 std::experimental::when_all()函数即可避免。我们向该函数传入一系列需要等待的 future，由它生成并返回一个新的总领 future，等到传入的 future 全部就绪，此总领 future 也随之就绪。接下来，后续函数就能运用这个总领 future 安排更多工作。代码清单 4.23 就此给出了示范。

代码清单 4.23 采用 std::experimental::when_all()函数从多个 future 收集结果

```
std::experimental::future<FinalResult> process_data(
    std::vector<MyData>& vec)
{
    size_t const chunk_size=whatever;
    std::vector<std::experimental::future<ChunkResult>> results;
    for(auto begin=vec.begin(),end=vec.end();beg!=end;){
        size_t const remaining_size=end-begin;
        size_t const this_chunk_size=std::min(remaining_size,chunk_size);
        results.push_back(
            spawn_async(
            process_chunk,begin,begin+this_chunk_size));
        begin+=this_chunk_size;
    }
    return std::experimental::when_all(
        results.begin(),results.end()).then(    ←①
        [](std::future<std::vector<
```

```
        std::experimental::future<ChunkResult>>> ready_results)
    {
        std::vector<std::experimental::future<ChunkResult>>
            all_results=ready_results.get();
        std::vector<ChunkResult> v;
        v.reserve(all_results.size());
        for(auto& f: all_results)
        {
            v.push_back(f.get());   <-----②
        }
        return gather_results(v);
    });
}
```

本例中，我们使用 std::experimental::when_all()函数等待 future 全部就绪，然后使用 then()编排后续函数，而非 std::async()①。尽管在形式上，此处的 lambda 函数仍与前文一样，但实质区别在于，其参数不再从捕获列表取得，而改为接收传入的 future 实例，其内包装了一个 vector 容器，装载着各分项结果。而且，在各 future 之上调用 get()函数不会引发阻塞②，因为当执行流程到达该处时，所有分项结果的值都已就绪。这样代码只要稍作改动，就大有可能降低系统负担。

与 std::experimental::when_all()对应，std::experimental::when_any()函数也补充了有关的功能，针对给定的多个 future，此函数创建一个新的 future，并与它们有所关联，若其中一个就绪，此新 future 即会随之就绪。when_any()胜任如下情形：为了充分利用可调配的并发资源，我们生成多个任务同时运行，但只要其中一个完成运行，我们就需马上另外处理该项最先得出的结果。

4.4.6 运用 std::experimental::when_any()函数等待多个 future，直到其中之一准备就绪

假定，我们依据某些具体条件，从庞大的数据集中查找值。不过，若存在多个值同时满足要求，则选取其中任意一个皆可。这正是并行计算的最主要目的：我们可以生成多个线程，它们分别查找数据集的子集；若有线程找到了符合条件的值，就设立标志示意其他线程停止查找，并设置最终结果的值。按这种方式，一有任务首先查找到结果，我们希望立刻更进一步处理，即使别的线程还没有完成善后清理工作。

这里，我们可以采用 std::experimental::when_any()函数统筹众多 future，它生成一个新的 future 返回给调用者，只要原来的 future 中至少有一个准备就绪，则该新 future 也随之就绪。请回忆，std::experimental::when_all()函数产生一个新的 future，将传入的多个 future 全部包装在内，而 std::experimental::when_any()与之不同，它产生的新 future 还增加了一层结构即一个依照类模板 std::experimental::when_any_result<>而产生的内部实例，它由一个序列和一个索引值组成，其中序列包含传入的全体 future，索引值则指

明哪个 future 就绪，因而触发上述的新 future[1]。

代码清单 4.24 举例说明上述 std::experimental::when_any()函数的用法。

代码清单 4.24 采用 std::experimental::when_any()函数处理首先查找到的值

```
std::experimental::future<FinalResult>
find_and_process_value(std::vector<MyData>&data)
{
    unsigned const concurrency = std::thread::hardware_concurrency();
    unsigned const num_tasks = (concurrency > 0) ? concurrency : 2;
    std::vector<std::experimental::future<MyData *>> results;
    auto const chunk_size = (data.size() + num_tasks - 1) / num_tasks;
    auto chunk_begin = data.begin();
    std::shared_ptr<std::atomic<bool>> done_flag =
        std::make_shared<std::atomic<bool>>(false);
    for (unsigned i = 0; i < num_tasks; ++i) {          <——①
        auto chunk_end =
            (i < (num_tasks - 1)) ? chunk_begin + chunk_size : data.end();
        results.push_back(spawn_async([=] {          <——②
            for (auto entry = chunk_begin;
                 !*done_flag && (entry != chunk_end);
                 ++entry) {
                if (matches_find_criteria(*entry)) {
                    *done_flag = true;
                    return &*entry;
                }
            }
            return (MyData *)nullptr;
        }));
        chunk_begin = chunk_end;
    }
    std::shared_ptr<std::experimental::promise<FinalResult>> final_result =
```

1 译者注：根据 C++标准委员会发布的 C++并发技术扩展规约，when_any()是函数模板，具有两份重载，具体声明如下，请注意其返回值类型。

```
    template<class InputIterator>
    future<when_any_result<vector<typename
iterator_traits<InputIterator>::value_type>>>
    when_any(InputIterator first, InputIterator last);
    template<class ... FutureTypes>
    std::experimental::future<std::experimental::when_any_result<std::tuple<FutureT
ypes...>>>
    when_any(FutureTypes&&... futures);
```

其中，when_any_result<>也是类模板，它的定义如下。

```
    template<class Sequence>
    struct when_any_result{
        size_t index;
        Sequence futures;
    };
```

```
        std::make_shared<std::experimental::promise<FinalResult>>();
    struct DoneCheck {
        std::shared_ptr<std::experimental::promise<FinalResult>>
            final_result;

        DoneCheck(
            std::shared_ptr<std::experimental::promise<FinalResult>>
                final_result_)
            : final_result(std::move(final_result_)) {}
                                  ④
        void operator()( ◁
            std::experimental::future<std::experimental::when_any_result<
                std::vector<std::experimental::future<MyData *>>>>
                results_param) {
            auto results = results_param.get();
            MyData *const ready_result =
                results.futures[results.index].get();  ◁———⑤
            if (ready_result)
                final_result->set_value(          ◁———⑥
                    process_found_value(*ready_result));
            else {
                results.futures.erase(
                    results.futures.begin() + results.index);  ◁———⑦
                if (!results.futures.empty()) {
                    std::experimental::when_any(  ◁———⑧
                        results.futures.begin(), results.futures.end())
                        .then(std::move(*this));
                } else {
                    final_result->set_exception(
                        std::make_exception_ptr(  ◁———⑨
                            std::runtime_error("Not found")));}
            }
        }
    };

    std::experimental::when_any(results.begin(), results.end())  ③
        .then(DoneCheck(final_result));
    return final_result->get_future();  ◁———⑩
}
```

在最开始的循环中①，代码产生多个异步任务，数目为 num_tasks，每个任务都于②处开始运行 lambda 函数。该 lambda 函数按复制值的方式捕获外部变量，所以每个任务都具有自己的 chunk_begin 值和 chunk_end 值，还具有共享指针 done_flag 的副本。这样避免了任何牵涉生存期的问题。

当全部任务产生完毕，我们就着手处理第一个返回结果的任务，其具体实现方法是，通过连锁调用的形式给 std::experimental::when_any()添加后续函数③。这次，我们将后续编写成 DoneCheck 类以便递归复用。在最初的众多查找任务中，只要有一个完成，则 DoneCheck 类的函数调用操作符即作为后继，紧接着运行④。首先，它从就绪的 future 中提取出结果⑤；然后，若查找到目标值，则做出处理，并设定要返回的结果⑥，否则，我们从集合中将已经就绪的 future 丢弃⑦；如果还有 future 需要检查，则发起新的 std::experimental::when_any()调用⑧，那样，当下一个 future 就绪时，后续函数就会被触发。若没有剩余的 future 等待处理，则所有任务都没有找到目标值，那么向最终结果存入异常⑨。上述 find_and_process_value()函数返回一个 future⑩，与最终结果对应。此例的问题可用不同的方法解决，而这段代码意在说明如何使用 std::experimental::when_any()函数。

在前文的两个范例中，用到的 std::experimental::when_all()和 std::experimental::when_any()都是基于迭代器范围的重载函数，它们都接收一对迭代器作为参数，代表容器范围的开头和结尾，我们需要等待其范围内的 future。这两个函数还具有可变参数的重载形式，能接收多个 future 直接作为参数，都返回 future 对象，而不是 vector 容器：std::experimental::when_all()所返回的 future 持有元组（tuple），而 when_any()返回的 future 持有 when_any_result 实例。

```
std::experimental::future<int> f1=spawn_async(func1);
std::experimental::future<std::string> f2=spawn_async(func2);
std::experimental::future<double> f3=spawn_async(func3);
std::experimental::future<
    std::tuple<
        std::experimental::future<int>,
        std::experimental::future<std::string>,
        std::experimental::future<double>>> result=
    std::experimental::when_all(std::move(f1),std::move(f2),std::move(f3));
```

此例意在强调一个重点，其涉及 std::experimental::when_any()和 std::experimental::when_all()的全部使用方式：两者都通过容器将多个 std::experimental::future 移动复制到函数中，而且它们都以传值的方式接收参数，所以我们需要显式地向函数内部移动 future，或传递临时变量。有时候，我们需要等待某些线程，待其运行到代码中某个特定的地方，或者等它们互相配合完成一定量的数据项的处理。比起 future，这些情形更适合使用线程闩和线程卡，这两个特性由并发技术规约提出。下面，我们来学习它们。

4.4.7 线程闩和线程卡——并发技术规约提出的新特性

首先，让我们来明确线程闩（latch）和线程卡（barrier）[1]的含义。线程闩是一个同步对象，内含计数器，一旦减到 0，就会进入就绪状态。名字“线程闩”源于其特定用途，它对线程加闩，并保持封禁状态（只要它就绪，就一直保持该状态不变，除非对象被销毁）。因此，线程闩是一个轻量级工具，用于等待一系列目标事件发生。

相反地，线程卡是可重复使用的同步构件，针对一组给定的线程，在它们之间进行

1 译者注：barrier 又称屏障、截断栏或关卡，latch 又称锁存器、闩锁或闭锁。

同步。线程闩的计数器因为具体某个线程而减持，这其实无足轻重。同一线程能令线程闩计数器多次减持，而多个线程也可分别令其计数器减持一次，或者两者兼有。不过，在线程卡的每个同步周期内，只准许每个线程唯一一次运行到其所在之处。线程运行到线程卡处就会被阻塞，一直等到同组的线程全都抵达，在那个瞬间，它们会被全部释放。然后，这个线程卡可以被重新使用。在下一个同步周期中，同组的线程再度运行到该处而被阻塞，需再次等齐同组线程。

因为内在特性，线程闩较线程卡简单。接下来，我们从 std::experimental::latch 入手，该类型由并发技术规约提出。

4.4.8 基本的线程闩类 std::experimental::latch

std::experimental::latch 由头文件<experimental/latch>定义。std::experimental::latch 的构造函数接收唯一一个参数，在构建该类对象时，我们需通过这个参数设定其计数器的初值。接下来，每当等待的目标事件发生时，我们就在线程闩对象上调用 count_down()，一旦计数器减到 0，它就进入就绪状态。若我们要等待线程闩的状态变为就绪，则在其上调用 wait()；若需检查其是否已经就绪，则调用 is_ready()。最后，假如我们要使计数器减持，同时要等待它减到 0，则应该调用 count_down_and_wait()。代码清单 4.25 展示了初级的代码示例。

代码清单 4.25 使用 std::experimental::latch 实例等待多个目标事件

```
void foo(){
    unsigned const thread_count=...;
    latch done(thread_count);                    <——①
    my_data data[thread_count];
    std::vector<std::future<void>> threads;
    for(unsigned i=0;i<thread_count;++i)
        threads.push_back(std::async(std::launch::async,[&,i]{    <——②
            data[i]=make_data(i);
            done.count_down();    <——③
            do_more_stuff();      <——④
        }));
    done.wait();    <——⑤
    process_data(data,thread_count);    <——⑥
}    <——⑦
```

此例中，依据需要等待的目标事件数目，我们先构建线程闩对象 done①，接着，用 std::async()发起相同数量的线程②。各线程负责生成相关的数据块，在完成时即令计数器减持③，然后进行下一步处理④。主线程在处理生成的数据之前⑥，只要在线程闩上等待⑤，就能等到全部数据准备完成。各线程在④处分别完成各自最后的处理步骤，而在⑥处对数据进行整体处理，两者将有可能并发进行。在 foo()末尾处⑦，std::future 的析构函数会发生自动调用，这保证了前面所启动的线程全都会结束运行。

有一点值得注意，在②处传递给 std::async()的 lambda 函数，除了按值捕获变量 i，其他变量均按引用方式捕获。这么做的原因在于变量 i 是循环计数器，按引用方式捕获会导致数据竞争和未定义行为，但是我们却需共享访问变量 data 和变量 done。在本例所示的情形中，我们只需单独等待一个线程闩，因为各线程将数据准备妥当以后，还需各自进行额外的处理④；否则，我们只要直接等待所有 future 就绪，也足以保证在数据的整体处理开始之前，生成数据的任务全都已经完成。

我们可以在⑥处 process_data()的调用内安全地访问变量 data。尽管它是由运行在其他线程上的任务存入的，但由于线程闩是一个同步对象（synchronization object），因此这就保证了若某线程调用 count_down()，可以看到线程闩对象发生了变动，若其他线程在同一对象上调用了 wait()，它们也照样看得到这些变动，并会因此结束 wait()而返回。按正式规范，count_down()的调用会与 wait()的调用同步，我们将在第 5 章分析底层内存模型和同步约束，到时候读者就会明白两个函数同步的意义。

除了线程闩，并发技术扩展规约还提出了线程卡，它是可重复使用的同步构件，功能是同步一组线程。我们将在 4.4.9 节了解其细节。

4.4.9 基本的线程卡类 std::experimental::barrier

并发技术规约提出了两种线程卡——std::experimental::barrier 和 std::experimental::flex_barrier，在头文件<experimental/barrier>中定义。前者相对简单，因而额外开销可能较低，而后者更加灵活，但额外开销可能较高。

假定有一组线程在协同处理某些数据，各线程相互独立，分别处理数据，因此操作过程不必同步。但是，只有在全部线程都完成各自的处理后，才可以操作下一项数据或开始后续处理，std::experimental::barrier 针对的就是这种场景。为了同步一组线程（synchronization group，下称“同步组”），我们创建线程卡，并指定参与同步的线程数目。线程在完成自身的处理后，就运行到线程卡处，通过在线程卡对象上调用 arrive_and_wait()等待同步组的其他线程。只要组内最后一个线程也运行至此，所有线程即被释放，线程卡会自我重置。接着，同步组的线程视具体情况各自继续，或处理下一项数据，或进行下一阶段的处理。

线程闩的意义在于关闸拦截：一旦它进入了就绪状态，就始终保持不变。而线程卡则不同，线程卡会释放等待的线程并且自我重置，因此它们可重复使用。另外，线程卡只与一组固定的线程同步，若某线程不属于同步组，它就不会被阻拦，亦无须等待相关的线程卡变为就绪。只要在线程卡上调用 arrive_and_drop()，即可令线程显式地脱离其同步组，那样，它就再也无法被阻拦，因此也不能等待线程卡进入就绪状态，并且，在下一个同步周期中，必须运行到该线程卡处的线程数目（阻拦数目）要比当前周期少 1。

代码清单 4.26 展示了利用线程卡同一步组线程。

代码清单 4.26 使用 std::experimental::barrier

```
result_chunk process(data_chunk);
std::vector<data_chunk>
divide_into_chunks(data_block data, unsigned num_threads);

void process_data(data_source&source, data_sink&sink) {
    unsigned const concurrency = std::thread::hardware_concurrency();
    unsigned const num_threads = (concurrency > 0) ? concurrency : 2;

    std::experimental::barrier sync(num_threads);
    std::vector<joining_thread> threads(num_threads);

    std::vector<data_chunk> chunks;
    result_block result;

    for (unsigned i = 0; i<num_threads; ++i) {
        threads[i] = joining_thread([&, i] {          ⑥
            while (!source.done()) {
                if (!i) {                            ①
                    data_block current_block =
                        source.get_next_data_block();
                    chunks = divide_into_chunks(
                        current_block, num_threads);
                }                                    ②
                sync.arrive_and_wait();
                result.set_chunk(i, num_threads, process(chunks[i]));   ③
                sync.arrive_and_wait();              ④
                if (!i) {                            ⑤
                    sink.write_data(std::move(result));
                }
            }
        });
    }
}                                                    ⑦
```

数据源于 source，我们要将其写到 sink 中。为了充分利用系统中的并发资源，我们将每个大数据块都切分成 num_thread 个小段。切分动作须以串行方式完成，所以最开始的大数据块只会在 0 号线程上运行（i==0）①。所有线程都在线程卡上等待，直到这些串行代码执行完毕②，它们才进入并行区域，各线程独立处理其数据小段并更新结果③，随即再次同步④。由此，程序进入另一串行区域（serial region），0 号线程将结果写到 sink⑤。然后，全部线程都不断循环，直到 source 报告全部工作都已完成⑥。请注意，随着各线程共同不断循环，while()内首尾两部分的串行区域①⑤会接合起来。由于只有 0 号线程会在该处工作，因此程序整体上依然并发运行，所有线程都会在第一个线程卡处彼此同步②。一旦完成全部处理，所有线程都会退出循环，而在 process_data()函数的末尾⑦，joining_thread 对象的析构函数将静候这些线程结束运行，进而进行清理（joining_thread 在第 2 章介绍，详见代码清单 2.7）。

请注意本例的另一个要点：两个 arrive_and_wait()调用所在的位置很重要，它们保证全部线程都已到达，否则任何线程都不能继续前行。在第一个同步点（synchronization point）②，我们通过线程卡给出了清晰的界限，其他所有线程都在该处等待 0 号线程。而第二个同步点的情形则相反④，0 号线程在该处等待其他线程，只有它们全部到达，它才可将完成的结果写到 sink[1]。

并发技术规约不只给出一种线程卡，除了 std::experimental::barrier，还有更灵活的 std::experimental::flex_barrier。后者之所以更灵活，是因为它的其中一种用途是设定串行区域：当所有线程运行至该线程卡处时，区域内的代码就会接着运行，直到完成后全部线程才会释放。

4.4.10 std::experimental::flex_barrier——std::experimental::barrier 的灵活版本

std::experimental::flex_barrier类的接口与std::experimental::barrier类的不同之处仅仅在于：前者具备另一个构造函数，其参数既接收线程的数目，还接收补全函数（completion function）。只要全部线程都运行到线程卡处，该函数就会在其中一个线程上运行（并且是唯一一个）。它不但提供了机制，可以设定后续代码，令其必须按串行方式运行，还给出了方法，用于改变下一同步周期须到达该处的线程数目（所阻拦的线程数目）。线程卡的计数器可以调整为任何数目，比原来大或小皆可。若程序员要采用这个特性，则需自行决定准确的线程数目，令相应数目的线程在下一周期运行至该处。

代码清单 4.27 重写代码清单 4.26，说明如何使用 std::experimental::flex_barrier 对象设定串行区域。

代码清单 4.27 使用 std::experimental::flex_barrier 设定串行区域

```
void process_data(data_source &source, data_sink &sink) {
    unsigned const concurrency = std::thread::hardware_concurrency();
    unsigned const num_threads = (concurrency > 0) ? concurrency : 2;

    std::vector<data_chunk> chunks;

    auto split_source = [&] {  <——①
        if (!source.done()) {
            data_block current_block = source.get_next_data_block();
            chunks = divide_into_chunks(current_block, num_threads);
        }
    };

    split_source(); <——②
```

1 译者注：这里，原书作者表达的是运用线程卡的“主观意愿”，实际上，线程卡无区别地等待整个同步组的全部线程，并不分辨线程作为等待者还是迟到者。

```
    result_block result;

    std::experimental::flex_barrier sync(num_threads, [&] { ⊲——③
        sink.write_data(std::move(result));
        split_source();  ⊲——④
        return -1;  ⊲——⑤
    });
    std::vector<joining_thread> threads(num_threads);

    for (unsigned i = 0; i < num_threads; ++i) {
        threads[i] = joining_thread([&, i] {     ⑥
            while (!source.done()) {
                result.set_chunk(i, num_threads, process(chunks[i]));
                sync.arrive_and_wait();  ⊲——⑦
            }
        });
    }
}
```

对比代码清单 4.27 和代码清单 4.26，第一个不同之处在于，我们提取出一个 lambda 函数①，其内部封装了循环的开头部分的代码，它们原本由 0 号线程运行，功能是将下一个大块数据切分成小段。在主循环开始前，该 lambda 函数就先被调用一次②。

第二个不同之外在于，在代码清单 4.27 中，对象 sync 的类型已被改成 std::experimental::flex_barrier，我们需向构造函数传入线程数目和补全函数③。当各个线程都到达线程卡后，它们当中的一个就会运行补全函数。代码清单 4.26 中循环结尾的代码也封装在补全函数内随之运行，这些代码原本由 0 号线程负责。接着，程序调用前面新提取出来的 lambda 函数 split_source()④，它原本要在下一轮循环中运行。若返回值是-1⑤，就说明参与同步的线程保持数目不变；若返回值是 0 或正数⑤，则将其作为指标，设定参与下一同步周期的线程数目。

现在，主循环得到了简化⑥：它只含有并行代码，因而只需要一个同步点⑦。就这样，我们凭借 std::experimental::flex_barrier 简化了代码。

我们通过补全函数设定串行区域，其功能相当强大，还能改变参与同步的线程数目。例如，假设在流水线模式的代码中，与起初的流入阶段和最后的排出阶段对比，处理过程中的主要部分所涉及的线程数目相对较多，而流水线的全部阶段需要同时运行，那么我们就可以采用补全函数调整线程数目。

4.5 小结

若我们编写应用软件意在利用并发资源，其中一个重要部分就是线程间的同步操作。如果欠缺了同步操作，则多线程实质上各自为战，那么干脆可以写成独立的应用，根据活动的相关性，将它们按群组形式运行。本章中，我们介绍了几种同步操作的形式，包括基本的条件变量、future、promise、打包任务、线程闩和线程卡。我们还讨论了几种与同步操作相关的方法和议题：函数式编程风格，即每个任务都不受外部环境影响，完全根据其输入生成结果；消息传递，即构建消息子系统作为媒介，线程间的通信通过它收发异步消息而实现；后续风格的代码，即每个操作都指定其随后的任务，并交由系统负责调度。

我们已经讨论了C++中的不少高级工具，现在是时候研究底层工具如何支撑它们运行了，第5章将介绍C++内存模型（memory model）和原子操作（atomic operation）。

第 5 章　C++内存模型和原子操作

本章内容：

- C++内存模型详述。
- C++标准库提供的原子类型。
- 适用于这些原子类型的操作。
- 如何利用以上操作实现线程间同步。

C++新标准引入了不少新特性，其中一项非常重要，它既不是新的语法功能，也不是新的程序库工具，而是新的线程感知的内存模型，却被大多数程序员所忽略。内存模型精确定义了基础构建单元应当如何运转。唯有以内存模型为基石，前面章节所介绍的工具方能可靠地工作。多数程序员之所以会忽略它，是因为我们只需借助互斥保护数据，并采用条件变量、future、线程闩或线程卡来触发事件信号，就足以将多线程运用自如，结果甚少有人深究底层细节。只有当我们尽力"贴近计算机底层硬件"，内存模型的精确细节的重要作用才会彰显。

不论其他语言如何定位，C++都是操作系统级别的编程语言。C++标准委员会的一个目标是令 C++尽量贴近计算机底层，而不必改用其他更低级的语言。C++十分灵活，可满足程序员的许多需求，包括容许他们在必要时"贴近计算机底层硬件"，语言本身不应构成障碍。原子类型（atomic）及其操作应运而生，提供了底层同步操作的功能，其常常只需一两条 CPU 指令即可实现。

本章编排如下，我们会从内存模型的基本要点开始讲解；接着，说明原子操作及其类别；最后，介绍借助原子操作实现几种同步机制。这些内容十分复杂，除非读者打算亲自编写代码，利用原子操作进行同步（如第 7 章的无锁数据结构），否则不必了解得过于细节。

先易后难，我们从内存模型的基本要点切入。

5.1 内存模型基础

内存模型牵涉两个方面：基本结构和并发。基本结构关系到整个程序在内存中的布局。它对并发很重要，尤其是在我们分析底层原子操作的时候，所以我从基本结构开始讲解。就 C++而言，归根结底，基本结构就是对象和内存区域。

5.1.1 对象和内存区域

C++程序的数据全部都由对象构成。这一论断针对 C++中的数据构建单元，我们不能牵强附会，从 int 类型派生出新类型，或者认为 C++的内建基本类型（fundamental type）可以具有成员函数；也不能望文生义，以“万物皆对象”为前提进行假设，而推理出其他结论（尽管人们在讨论纯面向对象的语言时会强调这点，如 Smalltalk 或 Ruby）。虽然 C++为对象赋予了各种性质，如类型和生存期，但 C++标准只将“对象”定义为“某一存储范围”（a region of storage）。

这些对象中，有的属于内建基本类型（如 int 和 float），用于存储简单的数值，其他则是用户自定义类型的实例。某些对象具有子对象，如数列、派生类的实例、含有非静态数据成员的类的实例等，而其他则没有。

不论对象属于什么类型，它都会存储在一个或多个内存区域中。每个内存区域或是对象/子对象，属于标量类型（scalar type），如 unsigned short 和 my_class*，或是一串连续的位域（bit field）。倘若读者用到了位域，那么请注意，它有一项重要的性质：尽管相邻的位域分属不同对象，但照样算作同一内存区域。图 5.1 展示了将结构体分解为对象和内存区域。

首先，整个结构体就是一个对象，它由几个子对象构成，每个数据成员即为一个子对象。位域 bf1 和 bf2 共用同一块内存区域，std::string 对象 s 则由几块内存区域构成，别的数据成员都有各自的内存区域。

请注意，bf3 是 0 宽度位域（其变量名被注释掉，因为 0 宽度位域必须匿名），与 bf4 彻底分离，将 bf4 排除在 bf3 的内存区域之外，但 bf3 实际上并不占有任何内存区域。

我们从中总结出 4 个要点：每个变量都是对象，对象的数据成员也是对象；每个对象都占用至少一块内存区域；若变量属于内建基本类型（如 int 或 char），则不论其大小，都占用一块内存区域（且仅此一块），即便它们的位置相邻或它们是数列中的元素；相邻的位域属于同一内存区域。

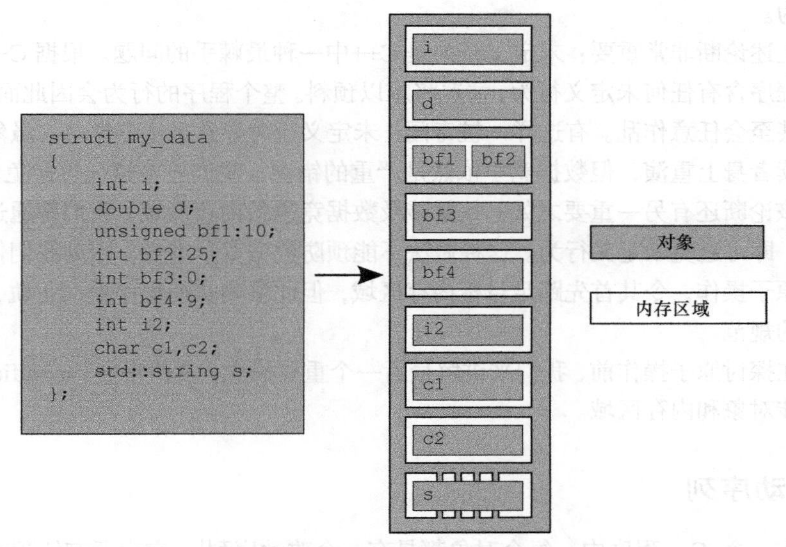

图 5.1 将结构体分解为对象和内存区域

读者肯定会奇怪，这与并发有何关系？那好，我们来一探究竟。

5.1.2 对象、内存区域和并发

这一节，我们来讨论 C++程序的一个重要性质：所有与多线程相关的事项都会牵涉内存区域。如果两个线程各自访问分离的内存区域，则相安无事，一切运作良好；反之，如果两个线程访问同一内存区域，我们就要警惕了。假使没有线程更新内存区域，则不必在意，只读数据无须保护或同步。

第 3 章已做了说明，任一线程改动数据都有可能引发条件竞争。要避免条件竞争，就必须强制两个线程按一定的次序访问。这个次序可以固定不变，即某一访问总是先于另一个；也可变动，即随应用软件的运行而间隔轮换访问的次序。但无论如何，我们必须保证访问次序条理清晰分明。第 3 章介绍过互斥，我们只要运用它即足以保证访问次序清晰分明：若在两个访问发生前，先行锁定相关互斥，那么每次仅容许一个线程访问目标内存区域，遂一个访问必然先于另一个（即便如此，但我们通常无从预知具体哪个访问在前）。还有一种方法是，利用原子操作的同步性质，在目标内存区域（或相关内存区域）采取原子操作（详细定义见 5.2 节），从而强制两个线程遵从一定的访问次序。5.3 节将说明，如何运用原子操作强制预定访问次序。假如多个线程访问相同的内存区域，则它们两两间必须全都有明确的访问次序。

假设两个线程访问同一内存区域，却没有强制它们服从一定的访问次序，如果其中至少有一个是非原子化访问，并且至少有一个是写操作，就会出现数据竞争，导致未定义行为。

上述论断非常重要：未定义行为是 C++中一种最棘手的问题。根据 C++标准，只要应用程序含有任何未定义行为，情况将难以预料。整个程序的行为会因此而变成未定义，程序甚至会任意作乱。有这样一桩奇闻：未定义行为导致显示器燃烧。虽然意外不太可能在读者身上重演，但数据竞争依然是严重的错误，我们应不惜代价避免。

该论断还有另一重要之处：凡是涉及数据竞争的内存区域，我们都通过原子操作来访问，即可避免未定义行为。这种做法不能预防数据竞争本身，因为我们依旧无法指定某一原子操作，令其首先踏足目标内存区域，但此法确实使程序重回正轨，符合已定义行为的规范。

在探讨原子操作前，我们来讲解最后一个重要概念：改动序列（modification order）。它牵涉对象和内存区域。

5.1.3 改动序列

在一个 C++程序中，每个对象都具有一个改动序列[1]，它由所有线程在对象上的全部写操作构成，其中第一个写操作即为对象的初始化。大部分情况下，这个序列会随程序的多次运行而发生变化，但是在程序的任意一次运行过程中，所含的全部线程都必须形成相同的改动序列。若多个线程共同操作某一对象，但它却不属于 5.2 节所描述的原子类型，我们就要自己负责充分施行同步操作，进而确保对于一个变量，所有线程就其达成一致的改动序列。变量的值会随时间推移形成一个序列。在不同的线程上观察属于同一个变量的序列，如果所见各异，就说明出现了数据竞争和未定义行为（见 5.1.2 节）。若我们采用了原子操作，那么编译器有责任保证必要的同步操作有效、到位。

为了实现上述保障，要求禁止某些预测执行（speculative execution）[2]，原因是在改动序列中，只要某线程看到过某个对象，则该线程的后续读操作必须获得相对新近的值，并且，该线程就同一对象的后续写操作，必然出现在改动序列后方。另外，如果某线程先向一个对象写数据，过后再读取它，那么必须读取前面写的值。若在改动序列中，上述读写操作之间还有别的写操作，则必须读取最后写的值。在程序内部，对于同一个对象，全部线程都必须就其形成相同的改动序列，并且在所有对象上都要求如此，而多个对象上的改动序列只是相对关系，线程之间不必达成一致。线程间的操作序列详见 5.3.3 节。

---

1 译者注：请参考 5.3.3 节关于“理解宽松序列”部分。该部分以记录员的笔记本举例，更便于理解。

2 译者注：又称推测执行、投机执行，是一类底层优化技术，包括分支预测、数值预测、预读内存和预读文件等，目的是在多级流水 CPU 上提高指令的并发度。做法是提前执行指令而不考虑是否必要，若完成后发现没必要，则抛弃或修正预执行的结果。

话说回来，原子操作由什么构成？如何利用它们强制操作服从预定次序？

5.2 C++中的原子操作及其类别

原子操作是不可分割的操作（indivisible operation）。在系统的任一线程内，我们都不会观察到这种操作处于半完成状态；它或者完全做好，或者完全没做。考虑读取某对象的过程，假如其内存加载行为属于原子操作，并且该对象的全部修改行为也都是原子操作，那么通过内存加载行为就可以得到该对象的初始值，或得到某次修改而完整存入的值。

与之相反，非原子操作（non-atomic operation）在完成到一半的时候，有可能为另一线程所见。假定由原子操作组合出非原子操作，例如向结构体的原子数据成员赋值，那么别的线程有可能观察到其中的某些原子操作已完成，而某些却还没开始，若多个线程同时赋值，而底层操作相交进行，本来意图完整存入的数据就会彼此错杂。因此，我们有可能观察到，也有可能得出一个“混合值”的结构体。第 3 章已经说明，在任何情况下访问非原子变量却欠缺同步保护，会造成简单的条件竞争，进而诱发问题。具体而言，这种级别的访问可能构成数据竞争，并导致未定义行为（见 5.1 节）。

在 C++环境中，多数情况下，我们需要通过原子类型实现原子操作。下面，我们来一探究竟。

5.2.1 标准原子类型

标准原子类型的定义位于头文件<atomic>内。这些类型的操作全是原子化的，并且，根据语言的定义，C++内建的原子操作也仅仅支持这些类型，尽管通过采用互斥，我们能够令其他操作实现原子化。事实上，我们可以凭借互斥保护，模拟出标准的原子类型：它们全部（几乎）都具备成员函数 is_lock_free()，准许使用者判定某一给定类型上的操作是能由原子指令（atomic instruction）直接实现（x.is_lock_free()返回 true），还是要借助编译器和程序库的内部锁来实现（x.is_lock_free()返回 false）。

这一功能可在许多情形中派上大用场，原子操作的关键用途是取代需要互斥的同步方式。但是，假如原子操作本身也在内部使用了互斥，就很可能无法达到所期望的性能提升，而更好的做法是采用基于互斥的方式，该方式更加直观且不易出错。无锁数据结构正属于这种情况，我们将在第 7 章讨论。

实际上，上述性质相当重要，C++程序库专门为此提供了一组宏（见后文）。它们的作用是，针对由不同整数类型特化而成的各种原子类型，在编译期判定其是否属于无锁数据结构。从 C++17 开始，全部原子类型都含有一个静态常量表达式成员变量（static constexpr member variable），形如 X::is_always_lock_free，功能与那些宏相同：考察编译生成的一个特定版本的程序，当且仅当在所有支持该程序运行的硬件上，原子类型X全都以无锁结构形式实现，该成员变量的值才为true。举例如下，假设一个程序含有原子类型std::atomic<uintmax_t>，而相关的原子操作必须用到某些CPU指令，如果多种硬件可以运行该程序，但仅有其中一部分支持这些指令，那么等到运行时才可以确定它是否属于无锁结构，因此std::atomic<uintmax_t>::is_always_lock_free的值在编译期即确定为false。相反地，若在任意给定的目标硬件上，std::atomic<int>都以无锁结构形式实现，std::atomic<int>::is_always_lock_free的值会是true[1]。

上述的宏分别是：ATOMIC_BOOL_LOCK_FREE、ATOMIC_CHAR_LOCK_FREE、ATOMIC_CHAR16_T_LOCK_FREE、ATOMIC_CHAR32_T_LOCK_FREE、ATOMIC_WCHAR_T_LOCK_FREE、ATOMIC_SHORT_LOCK_FREE、ATOMIC_INT_LOCK_FREE、ATOMIC_LONG_LOCK_FREE、ATOMIC_LLONG_LOCK_FREE和ATOMIC_POINTER_LOCK_FREE。

依据C++某些内建整数类型和相应的无符号类型，std::atomic<>特化成各种原子类型，上面的宏按名字与之一一对应，功能是标示该类型是否属于无锁结构（LLONG代表long long，而POINTER代表所有指针类型）。假设某原子类型从来都不属于无锁结构，那么，对应的宏取值为0；若它一直都属于无锁结构，则宏取值为2；如果像前文所述，等到运行时才能确定该原子类型是否属于无锁结构，就取值为1。

只有一个原子类型不提供is_lock_free()成员函数：std::atomic_flag。它是简单的布尔标志（boolean flag），因此必须采取无锁操作。只要利用这种简单的无锁布尔标志，我们就能实现一个简易的锁，进而基于该锁实现其他所有原子类型。这里说简单，确实如此：类型std::atomic_flag的对象在初始化时清零，随后即可通过成员函数test_and_set()查值并设置成立，或者由clear()清零。整个过程只有这两个操作。没有赋值，没有拷贝构造，没有“查值并清零”的操作，也没有任何其他操作。

其余的原子类型都是通过类模板std::atomic<>特化得出的，功能更加齐全，但可能不属于无锁结构（解释见前文）。各种原子类型依据内建类型特化而成（如std::atomic<int>和std::atomic<void*>）。我们希望，它们在大多数主流平台上都具备无锁结构，但C++标准并未要求必须如此。我们马上会看到，由内建类型特化得出原子类型，其接口即反映出自身性质，例如，C++标准并没有为普通指针（plain pointer）定义位运算（如&=），所以不存在专门为原子化的指针而定义的位运算。

如果原子类型的实现由编译器厂商给出，那么除了直接用类模板std::atomic<>写出别名，还有一组别名可供采用，如表5.1所示。原子类型历经多时才加入C++标准，逐

---

1 译者注：再补充一个具体事例，如果编译产生IA-32版本的程序，它含有原子类型X，那么会有众多型号的CPU硬件能运行该程序，包括486、奔腾、赛扬、迅驰、酷睿，以及速龙、羿龙、毒龙、闪龙等。在所有支持该程序的硬件上，原子类型X须全都按无锁结构形式实现，成员is_always_lock_free的值方为true。

步演化定型。所以，若我们使用比较旧的编译器，这些别名作为替换，就会具有两种含义：可能指对应的 std::atomic<>特化，也可能指该特化的基类。不过，只要编译器完全支持 C++17，那么就可以肯定它们唯一地表示对应的 std::atomic<>特化。所以在同一程序内，如果混用这些别名和 std::atomic<>特化的原名会使代码不可移植。

表 5.1　　标准原子类型的别名，和它们对应的 std::atomic<>特化

原子类型的别名	对应的特化
atomic_bool	std::atomic<bool>
atomic_char	std::atomic<char>
atomic_schar	std::atomic<signed char>
atomic_uchar	std::atomic<unsigned char>
atomic_int	std::atomic<int>
atomic_uint	std::atomic<unsigned>
atomic_short	std::atomic<short>
atomic_ushort	std::atomic<unsigned short>
atomic_long	std::atomic<long>
atomic_ulong	std::atomic<unsigned long>
atomic_llong	std::atomic<long long>
atomic_ullong	std::atomic<unsigned long long>
atomic_char16_t	std::atomic<char16_t>
atomic_char32_t	std::atomic<char32_t>
atomic_wchar_t	std::atomic<wchar_t>

除了标准的原子类型，C++标准库还提供了一组标准的原子类型的 typedef，对应标准库中内建类型的 typedef，例如 std::size_t，如表 5.2 所示。

表 5.2　　标准的原子类型的 typedef 和对应标准库中内建的 typedef

原子类型的 typedef	对应标准库中内建类型的 typedef
atomic_int_least8_t	int_least8_t
atomic_uint_least8_t	uint_least8_t
atomic_int_least16_t	int_least16_t
atomic_uint_least16_t	uint_least16_t
atomic_int_least32_t	int_least32_t
atomic_uint_least32_t	uint_least32_t
atomic_int_least64_t	int_least64_t
atomic_uint_least64_t	uint_least64_t

续表

原子类型的 typedef	对应标准库中内建类型的 typedef
atomic_int_fast8_t	int_fast8_t
atomic_uint_fast8_t	uint_fast8_t
atomic_int_fast16_t	int_fast16_t
atomic_uint_fast16_t	uint_fast16_t
atomic_int_fast32_t	int_fast32_t
atomic_uint_fast32_t	uint_fast32_t
atomic_int_fast64_t	int_fast64_t
atomic_uint_fast64_t	uint_fast64_t
atomic_intptr_t	intptr_t
atomic_uintptr_t	uintptr_t
atomic_size_t	size_t
atomic_ptrdiff_t	ptrdiff_t
atomic_intmax_t	intmax_t

种类繁多！其实它们具有简单的关联模式：对于类型 T 的标准 typedef，只要为相同的名称冠以前缀“atomic_”，写成 atomic_T，即为相应的原子类型。该模式同样适用于内建类型，只不过 signed 缩略成字母 s，unsigned 缩略成字母 u，而 long long 缩略成 llong。对于依据类型 T 特化得出的原子类型，若我们以 std::atomic<T>直接写出，通常会比别名更简单、明确。

由于不具备拷贝构造函数或拷贝赋制操作符，因此按照传统做法，标准的原子类型对象无法复制，也无法赋值。然而，它们其实可以接受内建类型赋值，也支持隐式地转换成内建类型，还可以直接经由成员函数处理，如 load()和 store()、exchange()、compare_exchange_weak()和 compare_exchange_strong()等。它们还支持复合赋值操作，如+=、–=、*=和|=等。而且，整型和指针的 std::atomic<>特化都支持++和––运算。这些操作符有对应的具名成员函数，fetch_add()和 fetch_or()等。赋值操作符的返回值是存入的值，而具名成员函数的返回值则是进行操作前的值。习惯上，C++的赋值操作符通常返回引用，指向接受赋值的对象，但原子类型的设计与此有别，要防止暗藏错误。否则，为了从引用获得存入的值，代码须执行单独的读取操作，使赋值和读取操作之间存在间隙，让其他线程有机可乘，得以改动该值，结果形成条件竞争。

当然，类模板 std::atomic<>并不局限于上述特化类型。它其实具有泛化模板（primary template）[1]，可依据用户自定义类型创建原子类型的变体。该泛化模板所具备的操作仅

1 译者注：根据 C++标准，相对全特化模板和偏特化模板，普通模板称为泛化模板，又称主模板、通例模板。

限于以下几种：load()、store()（接受用户自定义类型的赋值，以及转换为用户自定义类型）、exchange()、compare_exchange_weak()、compare_exchange_strong()。

对于原子类型上的每一种操作，我们都可以提供额外的参数，从枚举类 std::memory_order 取值，用于设定所需的内存次序语义（memory-ordering semantics）。枚举类 std::memory_order 具有 6 个可能的值，包括 std::memory_order_relaxed、std:: memory_order_acquire、std::memory_order_consume、std::memory_order_acq_rel、std:: memory_order_release 和 std::memory_order_seq_cst。

操作的类别决定了内存次序所准许的取值。若我们没有把内存次序显式设定成上面的值，则默认采用最严格的内存次序，即 std::memory_order_seq_cst。5.3 节将说明各个内存次序的准确语义。目前，知道操作被划分为 3 类就已经足够。

- 存储（store）操作，可选用的内存次序有 std::memory_order_relaxed、std::memory_order_release 或 std::memory_order_seq_cst。
- 载入（load）操作，可选用的内存次序有 std::memory_order_relaxed、std::memory_order_consume、std::memory_order_acquire 或 std::memory_order_seq_cst。
- "读-改-写"（read-modify-write）操作，可选用的内存次序有 std::memory_order_relaxed、std::memory_order_consume、std::memory_order_acquire、std::memory_order_release、std::memory_order_acq_rel 或 std::memory_order_seq_cst。

现在，我们来学习一些通用操作，它们在每个标准原子类型上都能执行。我们从 std::atomic_flag 开始。

5.2.2 操作 std::atomic_flag

std::atomic_flag 是最简单的标准原子类型，表示一个布尔标志。该类型的对象只有两种状态：成立或置零。二者必居其一。经过刻意设计，它相当简单，唯一用途是充当构建单元，因此我们认为普通开发者一般不会直接使用它。尽管这样，我们从 std::atomic_flag 切入，仍能借以说明原子类型的一些通用原则，方便进一步讨论其他原子类型。

std::atomic_flag 类型的对象必须由宏 ATOMIC_FLAG_INIT 初始化，它把标志初始化为置零状态：std::atomic_flag f=ATOMIC_FLAG_INIT。无论在哪里声明，也无论处于什么作用域，std::atomic_flag 对象永远以置零状态开始，别无他选。全部原子类型中，只有 std::atomic_flag 必须采取这种特殊的初始化处理，它也是唯一保证无锁的原子类型。如果 std::atomic_flag 对象具有静态存储期（static storage duration）[1]，它就会保证以静态方式初始化，从而避免初始化次序的问题（initialization-order issue）。对象在完成初始化

---

1 译者注：指某些对象随整个程序开始运行而分配到存储空间，等到程序结束运行才回收存储空间，包括静态局部变量、静态数据成员、全局变量等。

后才会操作其标志。

完成std::atomic_flag对象的初始化后，我们只能执行3种操作：销毁、置零、读取原有的值并设置标志成立。这分别对应于析构函数、成员函数 clear()、成员函数 test_and_set()。我们可以为clear()和test_and_set()指定内存次序。clear()是存储操作，因此无法采用 std::memory_order_acquire 或 std::memory_order_acq_rel 内存次序，而 test_and_set()是“读-改-写”操作，因此能采用任何内存次序。对于上面两个原子操作，默认内存次序都是 std::memory_order_seq_cst。

```
f.clear(std::memory_order_release);  ⟵ ①
bool x=f.test_and_set();  ⟵ ②
```

上面的代码中，clear()①的调用显式地采用释放语义将标志清零，而 test_and_set()②的调用采用默认的内存次序，获取旧值并设置标志成立。

我们无法从 std::atomic_flag 对象拷贝构造出另一个对象，也无法向另一个对象拷贝赋值，这两个限制并非 std::atomic_flag 独有，所有原子类型都同样受限。原因是按定义，原子类型上的操作全都是原子化的，但拷贝赋值和拷贝构造都涉及两个对象，而牵涉两个不同对象的单一操作却无法原子化。在拷贝构造或拷贝赋值的过程中，必须先从来源对象读取值，再将其写出到目标对象。这是在两个独立对象上的两个独立操作，其组合不可能是原子化的。所以，原子对象禁止拷贝赋值和拷贝构造。

正因为 std::atomic_flag 功能有限，所以它可以完美扩展成自旋锁互斥（spin-lock mutex）。最开始令原子标志置零，表示互斥没有加锁。我们反复调用 test_and_set()试着锁住互斥，一旦读取的值变成 false，则说明线程已将标志设置成立（其新值为 true），则循环终止。而简单地将标志置零即可解锁互斥。上述实现如代码清单 5.1 所示。

代码清单 5.1 采用 std::atomic_flag 实现自旋锁互斥

```
class spinlock_mutex
{
    std::atomic_flag flag;
public:
    spinlock_mutex():
        flag(ATOMIC_FLAG_INIT)
    {}
    void lock()
    {
        while(flag.test_and_set(std::memory_order_acquire));
    }
    void unlock()
    {
        flag.clear(std::memory_order_release);
    }
};
```

这个互斥非常简单，但已经能够配合 std::lock_guard<>（见第 3 章）运用自如，足以保证互斥发挥功效。然而，从本质上来讲，上述自旋锁互斥在 lock()函数内忙等。因此，若我们不希望出现任何程度的竞争，那么该互斥远非最佳选择[1]。后面我们会讲解内存次序的语义，让读者明白，它如何确保互斥锁强制施行必要的内存次序。我们将在 5.3.6 节详细分析相关范例。

由于 std::atomic_flag 严格受限，甚至不支持单纯的无修改查值操作（nonmodifying query）[2]，无法用作普通的布尔标志，因此最好还是使用 std::atomic<bool>。下面，我们来为读者介绍 std::atomic<bool>。

5.2.3　操作 std::atomic<bool>

std::atomic<bool>是基于整数的最基本的原子类型。如读者所想，相比 std::atomic_flag，它是一个功能更齐全的布尔标志。尽管 std::atomic<bool>也无法拷贝构造或拷贝赋值，但我们还是能依据非原子布尔量创建其对象，初始值是 true 或 false 皆可。该类型的实例还能接受非原子布尔量的赋值。

```
std::atomic<bool> b(true);
b=false;
```

我们还要注意一点，按 C++惯例，赋值操作符通常返回一个引用，指向接受赋值的目标对象（等号左侧的对象）。而非原子布尔量也可以向 std::atomic<bool>赋值，但该赋值操作符的行为有别于惯常做法：它直接返回赋予的布尔值。这是原子类型的又一个常见模式：它们所支持的赋值操作符不返回引用，而是按值返回（该值属于对应的非原子类型）。假设返回的是指向原子变量的引用，若有代码依赖赋值操作的结果，那它必须随之显式地加载该结果的值，而另一线程有可能在返回和加载间改动其值。我们按值返回赋值操作的结果（该值属于非原子类型），就会避开多余的加载动作，从而确保获取的值正是赋予的值。

std::atomic_flag 的成员函数 clear()严格受限，而 std::atomic<bool>的写操作有所不同，通过调用 store()（true 和 false 皆可），它也能设定内存次序语义。类似地，std::atomic <bool>提供了更通用的成员函数 exchange()以代替 test_and_set()，它获取原有的值，还让我们自行选定新值作为替换。

std::atomic<bool>还支持单纯的读取（没有伴随的修改行为）：隐式做法是将实例转换为普通布尔值，显式做法则是调用 load()。

不难看出，store()是存储操作，而 load()是载入操作，但 exchange()是“读-改-写”

---

1 译者注：自旋锁互斥忙等的本质是一直循环，因此会占用大量 CPU 时间，极大地压制了线程之间的竞争。

2 译者注：原书作者考虑到 std::atomic_flag 只能由 test_and_set()读取值，而一旦执行该函数就必然伴随写出，故特意强调另需以“无修改”方式读取。

操作。

```
std::atomic<bool> b;
bool x=b.load(std::memory_order_acquire);
b.store(true);
x=b.exchange(false,std::memory_order_acq_rel);
```

std::atomic<bool>还引入了一种操作：若原子对象当前的值符合预期，就赋予新值。它与 exchange()一样，同为“读-改-写”操作。

依据原子对象当前的值决定是否保存新值

这一新操作被称为“比较-交换”(compare-exchange)，实现形式是成员函数 compare_exchange_weak()和 compare_exchange_strong()。比较-交换操作是原子类型的编程基石。使用者给定一个期望值，原子变量将它和自身的值比较，如果相等，就存入另一既定的值；否则，更新期望值所属的变量，向它赋予原子变量的值。比较-交换函数返回布尔类型，如果完成了保存动作（前提是两值相等），则操作成功，函数返回 `true`；反之操作失败，函数返回 `false`。

对于 compare_exchange_weak()，即使原子变量的值等于期望值，保存动作还是有可能失败，在这种情形下，原子变量维持原值不变，compare_exchange_weak()返回 false。原子化的比较-交换必须由一条指令单独完成，而某些处理器没有这种指令，无从保证该操作按原子化方式完成。要实现比较-交换，负责的线程则须改为连续运行一系列指令，但在这些计算机上，只要出现线程数量多于处理器数量的情形，线程就有可能执行到中途因系统调度而切出，导致操作失败。这种计算机最有可能引发上述的保存失败，我们称之为佯败（spurious failure）。其败因不是变量值本身存在问题，而是函数执行时机不对。因为 compare_exchange_weak()可能佯败，所以它往往必须配合循环使用。

```
bool expected=false;
extern atomic<bool> b; //由其他源文件的代码设定变量的值
while(!b.compare_exchange_weak(expected,true) && !expected);
```

此例中，只要 expected 变量还是 false，就说明 compare_exchange_weak()的调用发生佯败，我们就继续循环。

另一方面，只有当原子变量的值不符合预期时，compare_exchange_strong()才返回 false。这让我们得以明确知悉变量是否成功修改，或者是否存在另一线程抢先切入而导致佯败，从而能够摆脱上例所示的循环。

不论原子变量具有什么初始值，假设我们就是想要修改它（也许是要根据当前值进行更新），那么针对变量 expected 的更新则会发挥作用。每次循环它都会重新载入，所以如果两者不相等，又没有其他线程同时进行改动，变量 `expected` 即被赋予原子变量的值，compare_exchange_weak()或 compare_exchange_strong()的调用在下一轮循环将成功。假如经过简单计算就能得出要保存的值，而在某些硬件平台上，虽然使用 compare_ exchange_weak()可能导致佯败，但改用 compare_exchange_strong()却会形成双重嵌套循环（因 compare_exchange_strong()自身内部含有一个循环），那么采用 compare_exchange_weak()比较有利于性能。反之，如果存入的值需要耗时的计算，选择 compare_exchange_strong()则更加合理。因为只要预期值没有变化，就可避免重复计算。就 std::atomic<bool>而言，这并不是很重要，毕竟只有两种可能的值。但是对于体积较大的原子类型，这两种处理的区别很大。

比较-交换函数还有一个特殊之处：它们接收两个内存次序参数。这使程序能区分成功和失败两种情况，采用不同的内存次序语义。合适的做法是：若操作成功，就采用 std::memory_order_acq_rel 内存次序，否则改用 std::memory_order_relaxed 内存次序。失败操作没有存储行为，所以不可能采用 std::memory_order_release 内存次序或 std::memory_order_acq_rel 内存次序。因而这两种内存次序不准用作失败操作的参数。失败操作设定的内存次序不能比成功操作的更严格；若将失败操作的内存次序指定为 std::memory_order_acquire 或 std::memory_order_seq_cst，则要向成功操作设定同样的内存次序。

如果没有设定失败操作的内存次序，那么编译器就假定它和成功操作具有同样的内存次序，但其中的释放语义会被移除（the release part of the ordering）：memory_order_release 会变成 std::memory_order_relaxed，而 std::memory_order_acq_rel 则变成 std::memory_order_acquire。若成功和失败两种情况都未设定内存次序，则它们采用默认内存次序 std::memory_order_seq_cst，依照完全顺次的方式读写内存。下面代码中的两次 compare_exchange_weak()调用等价。

```
std::atomic<bool> b;
bool expected;
b.compare_exchange_weak(expected,true,
    memory_order_acq_rel,memory_order_acquire);
b.compare_exchange_weak(expected,true,memory_order_acq_rel);
```

选择不同的内存次序会使运行效果各异，我们留待 5.3 节分析。

std::atomic<bool>和 std::atomic_flag 的另一个不同点是，前者有可能不具备无锁结构，它的实现可能需要在内部借用互斥，以保证操作的原子性。这通常不成问题，但保险起见，我们还可以调用成员函数 is_lock_free()，检查 std::atomic<bool>是否具备真正的无锁操作。除 std::atomic_flag 之外，所有原子类型都提供这项检查功能。

下一个简单的原子类型是特化而成的原子指针，形如 std::atomic<T*>，我们接着来分析。

5.2.4 操作 std::atomic<T*>：算术形式的指针运算

指向类型 T 的指针，其原子化形式为 std::atomic<T*>，类似于原子化的布尔类型

std::atomic<bool>。两者的接口相同，但操作目标从布尔类型变换成相应的指针类型。它与 std::atomic<bool>相似，同样不能拷贝复制或拷贝赋值。然而，只要依据适合的指针，就可以创建该原子类型的对象，接受其赋值。根据类模板的定义，std::atomic<T*>也具备成员函数 is_lock_free()、load()、store()、exchange()、compare_exchange_weak()和 compare_exchange_strong()，它们与 std::atomic<bool>中的对应函数有着相同的语义，但接收的参数和返回值不再是布尔类型，而是 T*类型。

std::atomic<T*>提供的新操作是算术形式的指针运算。成员函数 fetch_add()和 fetch_sub()给出了最基本的操作，分别就对象中存储的地址进行原子化加减。另外，该原子类型还具有包装成重载运算符的+=和-=，以及++和--的前后缀版本，用起来十分方便。不出读者所料，这些运算符作用在原子类型之上，效果与作用在内建类型上一样：假设变量 x 属于类型 std::atomic<Foo*>，其指向 Foo 对象数组中的第一项，那么操作 x+=3 会使之变为指向数组第四项，并返回 Foo*型的普通指针，其指向第四项。而 fetch_add()和 fetch_sub()则稍微不同，它们返回原来的地址。因此，操作 x.fetch_add(3)会更新 x，令其指向数组第四项，但返回的指针则指向第一项。该操作又名“交换相加”（exchange-and-add），与 exchange()和 compare_exchange_weak()/compare_exchange_strong()同属一类，也是一种“读-改-写”操作。与其他原子操作相同，它返回 T*型的普通指针，而不是指向 std::atomic<T*>对象的引用，从而调用者的代码能利用更改前的值执行操作。

```
class Foo{};
Foo some_array[5];
std::atomic<Foo*> p(some_array);
Foo* x=p.fetch_add(2);                    ①令 p 加 2，返回旧值
assert(x==some_array);
assert(p.load()==&some_array[2]);
x=(p-=1);                                 ②令 p 减 1，返回新值
assert(x==&some_array[1]);
assert(p.load()==&some_array[1]);
```

上述运算的函数形式还准许接收附加的参数，用以设定内存次序语义。

```
p.fetch_add(3,std::memory_order_release);
```

由于 fetch_add()和 fetch_sub()都是“读-改-写”操作，因此可以为其选取任何内存次序，它们还能参与释放序列（release sequence，见 5.3.4 节）。然而，这些操作还具备重载运算符的形式，我们根本无法向运算符给出内存次序信息，因此不能设定内存次序语义，因此这些形式的操作总是服从 std::memory_order_seq_cst 内存次序。

其余的标准原子类型大同小异：它们都是整数原子类型，全部具有相同的接口，区别仅仅在于，它们由不同的内建类型特化而成。我们将它们视为同一类型。

5.2.5 操作标准整数原子类型

在 std::atomic<int>和 std::atomic<unsigned long long>这样的整数原子类型上，我们

可以执行的操作颇为齐全：既包括常用的原子操作（load()、store()、exchange()、compare_exchange_weak()和 compare_exchange_strong()），也包括原子运算（fetch_add()、fetch_sub()、fetch_and()、fetch_or()、fetch_xor()），以及这些运算的复合赋值形式（+=、-=、&=、|=和^=），还有前后缀形式的自增和自减（++x、x++、--x和x--）。相比普通整型的复合赋值操作，虽然整数原子类型上的相关操作尚不算全面，但已经近乎完整，所缺少的重载运算符仅仅是乘除与位移。这并非严重缺陷。实际上，整数原子类型往往只用作计数器或位掩码（bitmask）。若有必要，我们还能利用 compare_exchange_weak()配合循环轻松实现更多操作。

上述操作的语义非常接近 std::atomic<T*>类型的 fetch_add()和 fetch_sub()：具名函数按原子化方式执行操作，并返回原子对象的旧值，然而复合赋值运算符则返回新值。前后缀形式的自增和自减都按既有方式工作：++x 令变量自增，并返回新值；x++也令变量自增，但返回旧值。读者肯定已经猜出，前后缀形式的加减操作全都返回对应的内置整型值。

我们已经学习了全部标准原子类型，余下内容不再是特化原子类型，而是通用的、泛化的 std::atomic<>类模板。我们再接再厉，继续分析。

5.2.6　泛化的 std::atomic<>类模板

除了前文的标准原子类型，使用者还能利用泛化模板，依据自定义类型创建其他原子类型。给出一自定义类型 UDT，其原子化类型就是 std::atomic<UDT>，所提供的接口与 std::atomic<bool>相同（详见 5.2.3 节），不同之处在于，函数中凡是涉及该类原子对象所表示的值，它的参数和返回值就要改成 UDT 类型（参数原为布尔值）。可是，其比较-交换操作依然用结果说明成败，参数还是布尔值。然而，我们无法在 std::atomic<>上随意套用任何自定义类型。对于某个自定义类型 UDT，要满足一定条件才能具现化出 std::atomic<UDT>：必须具备平实拷贝赋值操作符（trivial copy-assignment operator）[1]，它不得含有任何虚函数，也不可以从虚基类派生得出，还必须由编译器代其隐式生成拷贝赋值操作符；另外，若自定义类型具有基类或非静态数据成员，则它们同样必须具备平实拷贝赋值操作符。由于以上限制，赋值操作不涉及任何用户编写的代码，因此编译器可借用 memcpy()或采取与之等效的行为完成它。

最后，值得注意的是，比较-交换操作所采用的是逐位比较（bitwise comparison）运算，效果等同于直接使用 memcmp()函数。即使 UDT 自行定义了比较运算符，在这项操作中也会被忽略。若自定义类型含有填充位（padding bit）[2]，却不参与普通比较操作，

1 译者注："平实拷贝赋值操作符"的实质含义是：平直、简单的原始内存复制及其等效操作。

2 译者注：编译器根据类定义的 alignas 说明符或编译命令，可能会在对象内各数据成员后方特意留出间隙，令它们按 2/4/8 字节或其他 2 次幂倍乘数字对齐内存地址，从而加速内存读写操作。这些间隙即为填充位，它们不具名，对使用者不可见。

那么即使 UDT 对象的值相等，比较-交换操作还是会失败。

上述限制的来由可以追溯到第 3 章的一处内容：若采用锁保护数据，而代码又涉及使用者提供的函数，则不得将受保护数据的指针或引用传入该函数，因为那样会让它脱离锁的作用域。编译器往往没能力为 std::atomic<UDT>生成无锁代码，因此它必须在内部运用锁保护所有操作。如果准许 UDT 自行定义拷贝赋值操作符或比较运算符，就需要向其传入受保护数据的引用作为参数，这违背上述限制来由。再者，程序库完全有可能自行裁量，根据需要而仅凭唯一一个锁保护所有原子操作。如果准许调用用户提供的函数，可能会在持锁期间诱发死锁。另外，万一自定义的比较运算耗时过长，则会致使其他线程阻塞。最后，通过这种种限制，编译器遂能将用户自定义类型视为原始字节，从而使某些特定的原子类型按无锁方式具现化，增加为 std::atomic<UDT>类型直接执行原子指令的机会。

内建浮点类型确实满足了 memcpy()和 memcmp()的适用条件，故类型 std::atomic<float>和 std::atomic<double>可以为我们所用。尽管如此，还请读者警惕，若在这两个原子类型上调用 compare_exchange_strong()函数，其行为可能出人意料。前文已分析过，内在因素可能导致 compare_exchange_weak()失败。即便原子类型内本来存有的值与比较的值相等，若两个值的表示方式不同[1]，依然会令函数操作失败。请注意，浮点值的算术原子运算并不存在。假设我们用某个自定义类型特化 std::atomic<>，而该类型定义了自己的等值比较运算符重载，它的判别方式与 memcmp()不同，如果我们就这一特化调用 compare_exchange_strong()，那么该函数的行为与处理浮点原子类型的情况类似，虽然参与比较的两个值相等，但比较-交换操作还是会因表示方式不同而失败。

相比 int 或 void*的体积，只要用户自定义的 UDT 类型的体积不超过它们，那么在大多数常见的硬件平台上，都可以为 std::atomic<UDT>类型采用原子指令。在某些硬件平台上，就算自定义类型的体积是 int 或 void*的两倍，同样会得到其原子指令的支持。那些硬件平台往往都具有名为“双字比较-交换”的指令（Double-Word-Compare-And-Swap，DWCAS），它与 compare_exchange_xxx()函数对应。我们将在第 7 章见到，这种硬件支持有助于编写无锁代码。种种限制使某些原子对象无法被创建，譬如 std::atomic<std::vector<int>>，原因是 vector 含有非平实拷贝构造函数和非平实拷贝赋值操作符，但若某类型单纯含有其中一种数据（计数器、标志、指针、简单数据元素的数组等），我们还是能依据它将 std::atomic<>具现化，所以问题不大。数据结构越复杂，我们就越发倾向于采取繁复的赋值操作和比较运算。如果这种情形不可避免，那么根据第 3 章的分析，在所需的操作过程中，最好还是改用 std::mutex 妥善保护数据。

前文已提及，若依据自定义类型 T 将原子类模板实例化，则类型 std::atomic<T>的

---

1 译者注：根据 IEEE 754 浮点数标准，容许采用多种形式表示同一数值，如 80.0 可以表示成 5*(2^4)，也可以表示成 20*(2^2)。

接口与 std::atomic<bool>相似，可用的操作有限，包括 load()、store()、exchange()、compare_exchange_weak()和 compare_exchange_strong()，以及接受类型 T 的实例的赋值、转换成类型 T 的实例。表 5.3 列出了各原子类型上可执行的操作。

表 5.3 各原子类型上可执行的操作

操　　作	atomic_flag	atomic<bool>	atomic<T*>	整数原子类型	其他原子类型
test_and_set	Y				
clear	Y				
is_lock_free		Y	Y	Y	Y
load		Y	Y	Y	Y
store		Y	Y	Y	Y
exchange		Y	Y	Y	Y
compare_exchange_weak, compare_exchange_strong		Y	Y	Y	Y
fetch_add, +=			Y	Y	
fetch_sub, -=			Y	Y	
fetch_or, |=				Y	
fetch_and, &=				Y	
fetch_xor, ^=				Y	
++, --			Y	Y	

5.2.7 原子操作的非成员函数[1]

目前为止，我们介绍了不少原子操作，但仅限于原子类型成员函数的形式。不过，还有众多非成员函数，与各原子类型上的所有操作逐一等价。大部分非成员函数依据对应的成员函数命名，只不过冠以前缀“atomic_”（如 std::atomic_load()），它们还针对各原子类型进行了重载。只要有可能指定内存次序，这些函数就衍化出两个变体：一个带有后缀“_explicit”，接收更多参数以指定内存次序，而另一个则不带后缀也不接收内存次序参数，如 std::atomic_store_explicit(&atomic_var,new_value,std::memory_order_release)与 std::atomic_store(&atomic_var,new_value)。成员函数的调用会隐式地操作原子对象，但所有非成员函数的第一个参数都是指针，指向所要操作的目标原子对象。

例如，std::atomic_is_lock_free()只有一个变体（其实该函数还是为每个原子类型进

1 译者注：此处“非成员函数”对应原书英文术语“free function”。但是它与内存释放函数 free()无关，其内在含义是非成员函数（nonmember function）。原书作者曾经负责 Boost 库多线程部分的开发和维护，该用语习惯沿袭自 Boost 文档，但甚少见于其他资料，敬请留意。

行了重载），就原子类型的对象 a 而言，函数调用 std::atomic_is_lock_free(&a)和 a.is_lock_free()等价，且返回值相同。类似地，std::atomic_load(&a)和 a.load()行为一致，而 a.load(std::memory_order_acquire)的等价调用则是 std::atomic_load_explicit(&a, std::memory_order_acquire)。

根据 C++标准的设计，这些非成员函数要兼容 C 语言，所以它们全都只接收指针，而非引用。例如，成员函数 compare_exchange_weak()和 compare_exchange_strong()的第一个参数都是引用（期望值），而非成员函数 std::atomic_compare_exchange_weak()的第二个参数与之对应，却是指针（其第一个参数是目标原子对象的指针）。负责比较-交换的成员函数都具有两个重载，一个版本只接受一种内存次序（默认参数值为 std::memory_order_seq_cst），而另一个版本则接受两种内存次序，分别用于成功和失败的情况。但非成员函数 std::atomic_compare_exchange_weak_explicit()则没有重载版本，须同时为两种情况各自设定内存次序。

操作 std::atomic_flag 的非成员函数是 std::atomic_flag_test_and_set()和 std::atomic_flag_clear()，它们并未严格遵从上述规则，在名字中加入了"–flag"。它们也具有其他变体，以后缀"_explicit"结尾，用于指定内存次序，如 std::atomic_flag_test_and_set_explicit()和 std::atomic_flag_clear_explicit()。

C++标准库还提供了非成员函数，按原子化形式访问 std::shared_ptr<>的实例。这是一个突破。因为原则上只有原子类型才支持原子操作，而 std::shared_ptr<>不属于原子类型（如果多个线程访问同一个 std::shared_ptr<T>对象，但它们都未采用原子函数访问，也未借助外界同步，那就会诱发数据竞争和未定义行为）。然而，C++标准委员会认为，额外提供 std:shared_ptr<>的原子函数十分重要，所以标准库给出了共享指针的原子操作（载入、存储、交换和比较-交换），它们与标准原子类型上的操作一样，都是对应的同名函数的重载，而且第一个参数都属于 std:shared_ptr<>*类型[1]。

```
std::shared_ptr<my_data> p;
void process_global_data()
{
    std::shared_ptr<my_data> local=std::atomic_load(&p);
    process_data(local);
}
void update_global_data()
{
    std::shared_ptr<my_data> local(new my_data);
    std::atomic_store(&p,local);
}
```

操作 std::share_ptr 的函数也具有变体，与其他类型上的非成员原子操作的变体相同，都以后缀"_explicit"结尾，能让我们设定内存次序。而 std::atomic_is_lock_free()也有针

1 译者注：该参数是形式上的双重指针。参数本身是一个指向 shared_ptr 对象的指针，而该 shared_ptr 对象指向最终目标。

对 std::share_ptr 的重载，功能是检验它是否通过锁来实现原子性。

并发技术规约还提供了 std::experimental::atomic_shared_ptr<T>，其也是一种原子类型。我们须包含头文件<experimental/atomic>才能使用该类型。与 std::atomic<UDT>上的操作一样，它具备以下操作：载入、存储、交换和比较-交换。atomic_shared_ptr<>被设计成一个独立类型，因为按照这种形式，它有机会通过无锁方式实现，而且比起普通的 std::shared_ptr 对象，它没有增加额外开销。但是在目标硬件平台上，我们仍需查验它是否属于无锁实现，这可以由成员函数 is_lock_free()判定，与类模板 std::atomic<>上的做法相同。在多线程环境下处理共享指针，我们要避免采用普通的 std::share_ptr 类型，也不要通过非成员原子函数对其进行操作（开发者很容易忘记这么做而误用普通函数），类型 std::experimental::atomic_shared_ptr 应予优先采用（就算它不是无锁实现）。原因是，后者可以使代码更加清晰，并确保全部访问都按原子化方式进行，还能预防误用普通函数，最终避免数据竞争。若利用原子类型及其操作是为了程序加速，那就大有必要进行性能剖析（profile），并对比其他同步方式的效果。

标准原子类型不仅能避免未定义操作、防范数据竞争，还能让用户强制线程间的操作服从特定次序。数据保护和操作工具的同步，如 std::mutex 和 std::future<>，都以这种强制服从的内存次序为基础。鉴于此，我们来领略其中奥义：内存模型中涉及的并发细节，以及运用原子操作同步数据和强制施行内存次序。

5.3　同步操作和强制次序

假设有两个线程共同操作一个数据结构，其中一个负责增添数据，另一个负责读取数据。为了避免恶性条件竞争，写线程设置一个标志，用以表示数据已经存储妥当，而读线程则一直待命，等到标志成立才着手读取。代码清单 5.2 再现了这种方式。

代码清单 5.2　两个线程同时读写变量

```
#include <vector>
#include <atomic>
#include <iostream>
std::vector<int> data;
std::atomic<bool> data_ready(false);
void reader_thread()
{
    while(!data_ready.load())    ◁——①
    {
        std::this_thread::sleep(std::chrono::milliseconds(1));
    }
    std::cout<<"The answer="<<data[0]<<"\n"; ◁——②
}
void writer_thread()
{
```

```
        data.push_back(42);  <—— ③
        data_ready=true;     <—— ④
    }
```

我们以循环的形式等待数据备妥①（暂且忽略其效率低下），这是迫于无奈的做法，否则只能把每份数据原子化，但那样并不实用。读者想必已经清楚，在一份数据上进行非原子化的读②与写③，却没有强制这些访问服从一定的次序，将导致未定义行为，因此要让代码正确运作，就必须为其施行某种次序。

原子变量 data_ready 的操作提供了所需的强制次序，它属于 std::atomic<bool>类型，凭借两种内存模型关系"先行"（happens-before）[1]和"同步"（synchronizes-with），这些操作确定了必要的次序。数据写出③在标志变量 data_ready 设置为成立④之前发生，标志判别①在数据读取②之前发生。等到从变量 data_ready 读取的值变成 true①，写出动作与该读取动作即达成同步，构成先行关系。数据写出③在设置标志成立④之前发生，且④在从标志读取 true 值①之前发生，而①在读取数据②之前发生，又因为先行关系可传递，所以这些操作被强制施行了预定的次序：数据写出在数据读取操作前面发生。图 5.2 描绘了两个线程间多个重要的先行关系。我们特意为读线程上的 while 循环多设置了几轮迭代。

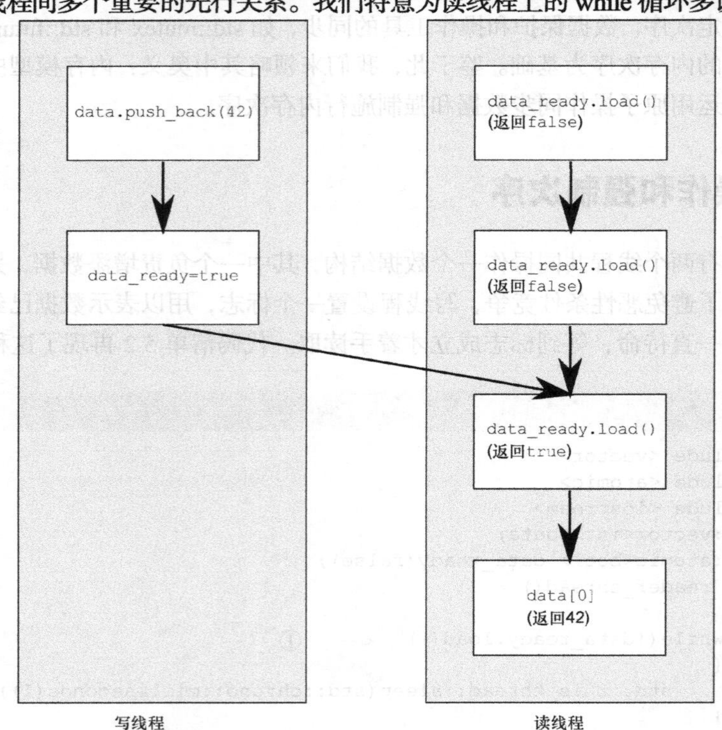

图 5.2 利用原子操作强制其他非原子操作遵从预定次序

1 译者注：为了行文流畅，"happens-before"因应语境分别译为"先行"和"……在……之前发生"。

这些先行关系看起来相当直观：某个值的写出操作在其读取操作之前发生。这对默认原子操作自然成立（因而它就是按照默认次序），但在代码中还是应该明确设定采用这一次序，因为原子操作还能根据需要选取其他次序，我们稍后将进行讲解。

我们通过实例认识了先行关系和同步关系，现在是时候来研究它们的内在含义了。我们从同步关系开始讲解。

5.3.1 同步关系

同步关系只存在于原子类型的操作之间。如果一种数据结构含有原子类型，并且其整体操作都涉及恰当的内部原子操作，那么该数据结构的多次操作之间（如锁定互斥）就可能存在同步关系。但同步关系从根本上来说来自原子类型的操作。

同步关系的基本思想是：对变量 x 执行原子写操作 W 和原子读操作 R，且两者都有适当的标记。只要满足下面其中一点，它们即彼此同步。

- R 读取了 W 直接存入的值。
- W 所属线程随后还执行了另一原子写操作，R 读取了后面存入的值。
- 任意线程执行一连串“读-改-写”操作（如 fetch_add()或 compare_exchange_weak()），而其中第一个操作读取的值由 W 写出（见 5.3.4 节）。

我们暂不深究“适当的标记”，原因是原子类型上的全部操作都默认添加适当的标记。

我们按上述思想来分析代码清单 5.2 的行为，会发现其行为符合预期：线程甲存入一个值，再由线程乙读取，那么两个线程的读写操作之间存在同步关系。图 5.2 对此有所描绘。

我可以肯定的是，读者会猜到精妙之处尽在“适当的标记”。它的含义是，在 C++ 内存模型中，操作原子类型时所受的各种次序约束。5.3.3 节将讲解各种内存次序，分析它们与同步关系如何对应。现在，我们来回顾先行关系。

5.3.2 先行关系

先行关系和严格先行（strongly-happens-before）关系是在程序中确立操作次序的基本要素；它们的用途是清楚界定哪些操作能看见其他哪些操作产生的结果。在单一线程内，这种关系通常非常直观：若某项操作按控制流程顺序在另一项之前执行，前者即先于后者发生，且前者严格先于后者发生。具体而言，在源代码中，若甲操作的语句位于乙操作之前，那么甲就先于乙发生，且甲严格先于乙发生。我们在代码清单 5.2 中曾见过这种次序：在写线程上，容器 data 的写操作③先于原子标志 data_ready 的写操作④。但如果同一语句内出现多个操作，则它们之间通常不存在先行关系，因为 C++标准没有规定执行次序（换言之，执行次序不明）。读者应该知道，代码清单 5.3 会输出“1,2”

或"2,1"，但因两次调用 get_num()的次序不明，所以无法确定到底输出哪一个。

代码清单 5.3 函数调用需要求出所传入参数的值，但求值运算次序并不明确

```
#include <iostream>
void foo(int a,int b)
{
    std::cout<<a<<","<<b<<std::endl;
}
int get_num()
{
    static int i=0;
    return ++i;
}
int main()
{
    foo(get_num(),get_num());    ①
}
```

①get_num()发生两次调用，但没有明确的先后次序

某些单一语句含有多个操作，还是会按一定的顺序执行：譬如由内建逗号操作符拼接而成的表达式；又如，一个表达式的结果可以充当另一个表达式的参数[1]。但单一语句中的多个操作往往没有规定次序，它们之间不存在控制流程的先后关系（sequenced-before）[2]，因而也没有先行关系，一条语句中的所有操作全在下一条语句的所有操作之前执行。

以上规则实质上还是我们熟知的单线程次序执行，只不过换了一种陈述方式，何来新意？新的关键点是线程间互动：若某一线程执行甲操作，另一线程执行乙操作，从跨线程视角观察，甲操作先于乙操作发生，则甲操作先行于乙操作。虽然引入的新的线程间先行关系似乎不太有用，但其实它对多线程的代码编写具有重要意义。

在基础层面上，线程间先行（inter-thread happens-before）[3]关系相对简单，它依赖于 5.3.1 节所介绍的同步关系：如果甲、乙两操作分别由不同线程执行，且它们同步，则甲操作跨线程地先于乙操作发生。这也是可传递关系：若甲操作跨线程地先于乙操作发生，且乙操作跨线程地先于丙操作发生，则甲操作跨线程地先于丙操作发生。同样代码清单 5.2 给出了示范。

线程间先行关系还可与控制流程的先后关系结合：若甲操作按控制流程在乙操作之前发生，且乙操作跨线程地先于丙操作发生，则甲操作跨线程地先于丙操作发生。类似地，若甲操作与乙操作同步，且乙操作在丙操作之前发生，则甲操作跨线程地先于丙操

1 译者注：此处原书用语为 argument，针对函数嵌套调用的情况。而 5.3.3 节中"携带依赖"部分针对操作数（operand）的情况将另作说明。

2 译者注：sequenced-before 指同一线程内的控制流程的先后关系，后文为了简洁、流畅，根据上下文分别译成"……在……之前执行"。

3 译者注：为了行文流畅，"inter-thread happens-before"根据上下文分别译成"线程间先行""……跨线程地先于……发生"和"……在不同线程上先于……发生"。

作发生。以上两点结合起来，假设我们在某线程上改动多个数据，那么要令这些改动为另一线程的后续操作所见，两个线程仅需确立一次同步关系。

严格先行关系与先行关系略有不同，但在大部分情况下两者还是一样的。上面的两条规则同样适用于严格先行关系：若甲操作与乙操作同步，或甲操作按流程顺序在乙操作之前发生，则甲操作严格地在乙操作之前发生。传递规律也都适用：若甲操作严格地在乙操作之前发生，且乙操作严格地在丙操作之前发生，则甲操作严格地在丙操作之前发生。区别在于，在线程间先行关系和先行关系中，各种操作都被标记为memory_order_consume（见5.3.3节），而严格先行关系则无此标记。由于绝大多数代码都不会用memory_order_consume标记，因此实际上这一区别对我们影响甚微。简洁起见，本书后文我将一律使用“先行关系”。

以上规则都非常重要，它们强制线程间操作服从一定的次序，使得代码清单5.2正确运行。我们稍后还会分析更多有关数据依赖的细节。为了便于读者理解，我需要讲解原子操作的内存次序标记，以及它们与同步关系之间的关联。

5.3.3 原子操作的内存次序

原子类型上的操作服从6种内存次序：memory_order_relaxed、memory_order_consume、memory_order_acquire、memory_order_release、memory_order_acq_rel和memory_order_seq_cst。其中，memory_order_seq_cst是可选的最严格的内存次序，各种原子类型的所有操作都默认遵从该次序，除非我们特意为某项操作另行指定。

虽然内存次序共有6种，但它们只代表3种模式：先后一致次序（memory_order_seq_cst）、获取-释放次序（memory_order_consume、memory_order_acquire、memory_order_release和memory_order_acq_rel）、宽松次序（memory_order_relaxed）。

在不同的CPU架构上，这几种内存模型也许会有不同的运行开销。以某处理器执行相同的改动操作举例：其采用不同内存序重复执行，比如原本按照先后一致次序，后来改成获取-释放次序，又譬如首先采取获取-释放次序，然后换作对宽松次序，若需精确控制该执行结果，在前后两种内存序下均为别的处理器所见（或同样不可见），则系统有可能要插入额外的同步指令。如果这些系统具备的处理器数目众多，额外的同步指令也许会消耗大量时间，降低系统的整体性能。

另一方面，采用x86或x86-64架构的CPU（如在台式计算机中常见的Intel和AMD处理器）并不需要任何额外的同步指令，就能确保服从获取-释放次序的操作的原子化，甚至不采取特殊的载入操作就能保障先后一致次序，而且其存储行为的开销仅略微增加。

C++提供了上述各种内存序模型，资深程序员可以自由选用，籍此充分利用更为细分的次序关系，从而提升程序性能；还一些场景对性能不构成关键影响，普通开发者则能采取默认方式，按先后一致性次序执行原子操作（比起其他内存序，它分析起来要容易很多）。

代码中的内存次序关系因采用不同内存模型而异，只有认识不同的内存模型如何影响程序的行为，才可以理解其中机制，从而选出最合适的内存次序。接下来，我们逐一分析每种内存次序和同步关系，及其产生的效果。

1. 先后一致次序

默认内存次序之所以命名为“先后一致次序”，是因为如果程序服从该次序，就简单地把一切事件视为按先后顺序发生，其操作与这种次序保持一致。假设在多线程程序的全部原子类型的实例上，所有操作都保持先后一致，那么若将它们按某种特定次序改由单线程程序执行，则两个程序的操作将毫无区别。只要服从该次序，全部线程所见的一切操作都必须服从相同的次序，这是目前最容易理解的内存次序，它因此被选作默认内存次序。若涉及原子变量的代码服从保持“先后一致次序”，则易于分析和推理。针对多个线程的并发操作，我们可以写下它们全部可能的顺序组合，将操作不一致的剔除，从而验证代码是否符合预期。这种内存模型无法重新编排操作次序。如果在一个线程内，某项操作先于另一项发生，那么其他线程所见的先后次序都必须如此。

从同步的角度考虑，假设同一个变量上发生了存储和载入操作，若它们都保持先后一致次序，则读取的值即为写出的值。这为多线程间的操作施加了一种次序约束，而先后一致次序还具有更强有力的功能。假设在该载入操作之后，程序又执行了别的原子操作，而它们之间的次序保持先后一致，如果在系统内的其他线程上，所采取的原子操作也保持先后一致[1]，那么就它们所见，这些操作也必须在该存储操作之后发生。代码清单 5.4 通过实际代码表现上述次序约束。若其他线程使用的原子操作服从宽松次序，那么这种约束不起作用：它们依然有可能看见操作按不同的次序发生。因此，要保持绝对先后一致，所有线程都必须采用保序原子操作。

尽管这种内存次序易于理解，但代价无可避免。在弱保序的多处理器计算机上[2]，保序操作会导致严重的性能损失，因为它必须在多处理器之间维持全局操作次序，而这很可能要在处理器之间进行大量同步操作，代价高昂，所以某些处理器架构（如常见的 x86 和 x86-64）提供了相对低廉的方式以维持先后一致。若读者想使用这种内存次序，而又在意它对性能的影响，则应查阅目标处理器架构的说明文档。

代码清单 5.4 以实例示范先后一致次序。虽然此例中的默认内存次序就是 memory_order_seq_cst，但我们依然采用显式方式标记变量 x 和 y 的载入和存储操作。

代码清单 5.4 保持先后一致次序会形成一个全局总操作序列

```
#include <atomic>
#include <thread>
```

---

1 译者注：即 sequentially consistent atomic operation，后文简称为“保序原子操作”或“保序操作”。

2 译者注：即 weakly-ordered machine，指在某些多核或多处理器系统中，其中一个处理单元向共享内存写出值，但有些单元却见到不同的改动序列（见 5.1.3 节），该计算机即为弱保序机器，例如 Alpha、ARM 和 PowerPC 等。术语“弱硬件内存模式”同样是指这种情况。

```
#include <assert.h>
std::atomic<bool> x,y;
std::atomic<int> z;

void write_x()
{
    x.store(true,std::memory_order_seq_cst);  ←①
}

void write_y()
{
    y.store(true,std::memory_order_seq_cst);  ←②
}

void read_x_then_y()
{
    while(!x.load(std::memory_order_seq_cst));
    if(y.load(std::memory_order_seq_cst))  ←③
        ++z;
}

void read_y_then_x()
{
    while(!y.load(std::memory_order_seq_cst));
    if(x.load(std::memory_order_seq_cst))  ←④
        ++z;
}

int main()
{
    x=false;
    y=false;
    z=0;
    std::thread a(write_x);
    std::thread b(write_y);
    std::thread c(read_x_then_y);
    std::thread d(read_y_then_x);
    a.join();
    b.join();
    c.join();
    d.join();
    assert(z.load()!=0);  ←⑤
}
```

断言肯定不会触发⑤，因为x和y其中一个的存储操作①②必然先行发生，虽然并不明确哪个会先发生。若在read_x_then_y()函数中，变量y载入失败而返回false③，x的存储操作则必然发生在y的存储操作之前。在这种情形下，④处变量x的载入肯定返回true，因其上方的while循环保证了y在该处为true。按照memory_order_seq_cst次序[1]，所有

1 译者注：若某项操作标记为**memory_order_seq_cst**，则编译器和CPU须严格遵循源码逻辑流程的先后顺序。在相同的线程上，以该项操作为界，其后方的任何操作不得重新编排到它前面，而前方的任何操作不得重新编排到它后面，其中“任何”是指带有任何内存标记的任何变量之上的任何操作。

以它为标记的操作形成单一的全局总操作序列，因此变量y的载入操作(③处，返回false)和存储操作①会构成某种次序关系。在上述单一全局总操作序列中，如果线程先见到x==true，再见到y==false，那就说明变量x的存储操作发生在y的存储操作之前。

由于对称性，因此事情可能以另一种方式发生，变量x的载入操作返回false④，变量y的载入操作被迫返回true③。两种情形中变量z都等于1①。两项载入操作都可能返回true，从而令变量z的值为2，但在任何情况下变量z的值都不可能为0。

就read_x_then_y()函数中的操作所见，变量x为true，而变量y为false，图5.3描绘了其中多个操作的先行关系。在函数read_x_then_y()中，虚线从变量y的载入操作引出，指向函数write_y()中的y的存储操作，这说明必须存在次序关系才可能保持先后一致：要实现上述运行结果，在服从memory_order_seq_cst次序的全局操作序列中，载入操作必须在存储操作之前完成。

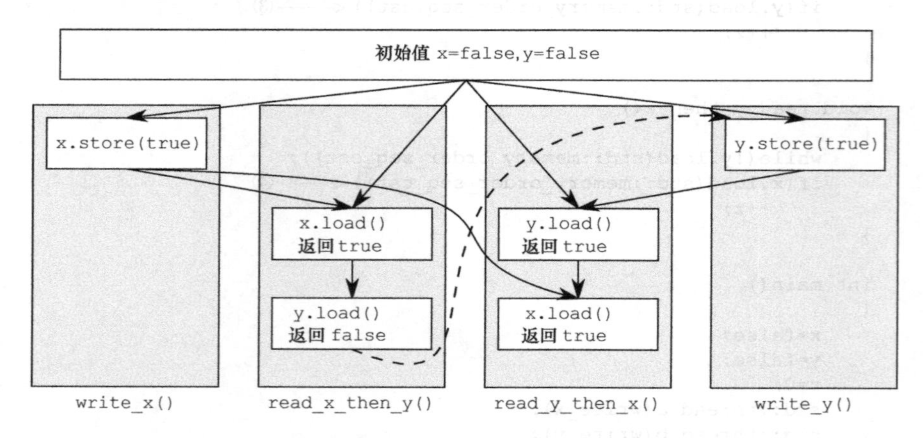

图 5.3 先后一致操作与先行关系

先后一致次序是最直观、最符合直觉的内存次序，但由于它要求在所有线程间进行全局同步，因此也是代价最高的内存次序。在多处理器系统中，处理器之间也许为此而需要频繁通信。

为了避免产生这种同步开销，我们需要突破先后一致次序的思维模式，考虑使用别的内存次序。

2. 非先后一致次序

如果完全脱离了保持先后一致次序的环境，事情就开始复杂了。我们要面对的最大问题很可能是事件不再服从单一的全局次序。换言之，不同线程所看到的同一组操作的次序和效果可能呈现差异。在前文构思的模型中，不同线程上的操作独立而完整地交替执行，我们必须舍弃这种思维，而以真正的并发思维分析同时发生的事件，并且多个线程也不必就事件发生次序达成一致。如果想脱离默认的memory_order_seq_cst次序，采用其他内存次序编写代码（或仅仅是为了读懂代码），那么读者大有必要深究本节内容。即使多个线程上运行的代码相同，由于某些线程上的操作没有显式的次序约束，因此它们有可能无法就多个事件的发生次序达成一致，而在不同的 CPU 缓存和内部缓冲中，同一份内存数据也可能具有不同的值。以上认知非常重要，我们必须再次强调：线程之间不必就事件发生次序达成一致。

我们不仅须舍弃交替执行完整操作的思维模式，还得修正原来的认知，不再任由编译器或处理器自行重新排列指令。如果没有指定程序服从哪种内存次序，则采用默认内存次序。它仅仅要求一点：全部线程在每个独立变量上都达成一致的修改序列。不同变量上的操作构成其特有的序列，假设各种操作都受施加的内存次序约束，若线程都能看到变量的值相应地保持一致，就容许这个操作序列在各线程中出现差别。

完全脱离先后一致次序的最佳示范就是，将上例的全部操作改用 memory_order_relaxed 次序。读者一旦掌握其要领，就可以回头学习获取-释放次序。它针对某些操作建立次序关系，这更接近我们对指令重新编排的旧有认知。

3. 宽松次序

如果采用宽松次序，那么原子类型上的操作不存在同步关系。在单一线程内，同一个变量上的操作仍然服从先行关系，但几乎不要求线程间存在任何次序关系。该内存次序的唯一要求是，在一个线程内，对相同变量的访问次序不得重新编排。对于给定的线程，一旦它见到某原子变量在某时刻持有的值，则该线程的后续读操作不可能读取相对更早的值。memory_order_relaxed 次序无须任何额外的同步操作，线程间仅存的共有信息是每个变量的改动序列。

我们仅凭两个线程就足以说明，采用宽松次序的操作[1]究竟能宽松到何种程度，如代码清单 5.5 所示。

代码清单 5.5　宽松原子操作几乎不要求服从任何次序

```
#include <atomic>
#include <thread>
#include <assert.h>
std::atomic<bool> x,y;
std::atomic<int> z;
void write_x_then_y()
{
    x.store(true,std::memory_order_relaxed);  <——①
    y.store(true,std::memory_order_relaxed);  <——②
}
void read_y_then_x()
{
    while(!y.load(std::memory_order_relaxed));  <——③
    if(x.load(std::memory_order_relaxed))  <——④
```

1 译者注：即 relaxed atomic operation，后文简称“宽松原子操作”或“宽松操作”。

```
        ++z;
}
int main()
{
    x=false;
    y=false;
    z=0;
    std::thread a(write_x_then_y);
    std::thread b(read_y_then_x);
    a.join();
    b.join();
    assert(z.load()!=0);  ⑤
}
```

这次，断言可能触发错误⑤，因为即使变量 y 的载入操作读取了 true 值③，且变量 x 的存储操作①在 y 的存储操作之前发生②，变量 x 的载入操作也可能读取 false 值④[1]。变量 x 和 y 分别执行操作，让各自的值发生变化，但它们是两个不同的原子变量，因此宽松次序不保证其变化可为对方所见。

不同变量上的宽松原子操作可自由地重新排列，前提是这些操作受到限定而须服从先行关系（譬如在同一个线程内执行的操作），不会产生同步关系。图 5.4 展示了代码清单 5.5 中的先行关系，还给出了一种执行结果。在变量 x 和 y 的两项存储操作之间，以及它们的两项载入操作之间，确实有着先行关系。但是，任一存储操作与任一载入操作之间却不存在这种关系，所以两项载入操作都可能见到两项存储操作以乱序执行。

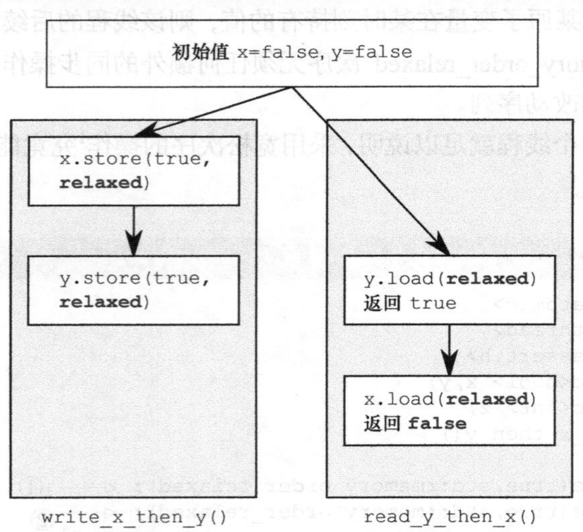

图 5.4 原子变量上的宽松原子操作及其构成的先行关系

1 译者注：参考图 5.4，变量 x 的存储操作和载入操作分属不同线程，因为采用了宽松次序，所以后者不一定能见到前者执行产生的效果，即存储的新值 true 还停留在 CPU 缓存中，而读取的 false 值是来自内存的旧值。

我们来看看稍微复杂的例子，它涉及 3 个原子变量和 5 个线程，如代码清单 5.6 所示。

代码清单 5.6 多个线程上的宽松原子操作

```
#include <thread>
#include <atomic>
#include <iostream>
std::atomic<int> x(0),y(0),z(0);  ←①
std::atomic<bool> go(false);  ←②
unsigned const loop_count=10;
struct read_values
{
    int x,y,z;
};
read_values values1[loop_count];
read_values values2[loop_count];
read_values values3[loop_count];
read_values values4[loop_count];
read_values values5[loop_count];
void increment(std::atomic<int>* var_to_inc,read_values* values)
{
    while(!go)  ←③自旋以等待信号
        std::this_thread::yield();
    for(unsigned i=0;i<loop_count;++i)
    {
        values[i].x=x.load(std::memory_order_relaxed);
        values[i].y=y.load(std::memory_order_relaxed);
        values[i].z=z.load(std::memory_order_relaxed);
        var_to_inc->store(i+1,std::memory_order_relaxed);  ←④
        std::this_thread::yield();
    }
}
void read_vals(read_values* values)
{
    while(!go)  ←⑤自旋以等待信号
        std::this_thread::yield();
    for(unsigned i=0;i<loop_count;++i)
    {
        values[i].x=x.load(std::memory_order_relaxed);
        values[i].y=y.load(std::memory_order_relaxed);
        values[i].z=z.load(std::memory_order_relaxed);
        std::this_thread::yield();
    }
}
void print(read_values* v)
{
```

```
        for(unsigned i=0;i<loop_count;++i)
        {
            if(i)
                std::cout<<",";
            std::cout<<"("<<v[i].x<<","<<v[i].y<<","<<v[i].z<<")";
        }
        std::cout<<std::endl;
    }
    int main()
    {
        std::thread t1(increment,&x,values1);
        std::thread t2(increment,&y,values2);
        std::thread t3(increment,&z,values3);
        std::thread t4(read_vals,values4);
        std::thread t5(read_vals,values5);
        go=true;                          ⑥主循环的触发信号
        t5.join();
        t4.join();
        t3.join();
        t2.join();
        t1.join();
        print(values1);                   ⑦输出最终值
        print(values2);
        print(values3);
        print(values4);
        print(values5);
    }
```

这其实是一个简单的程序。我们让5个线程共同操作3个全局原子变量①。每个线程分别循环10轮，每一轮都按memory_order_relaxed次序读取3个原子变量的值，并将它们存入数组。其中3个线程还各自更新其中一个原子变量④（t1、t2、t3更新x、y、z，见main()函数内的定义），而其余2个线程则仅进行读取。我们最终汇合所有线程，并输出由各线程所存入的数组的值⑦。

原子变量go②向这5个线程发令，确保它们按最相近的时间共同开始每轮循环。若不明令延缓线程的执行，那么由于线程的启动操作开销较高，因此在最后一个线程开始运行之前，最早运行的线程可能已经结束运行。只有在全部线程都启动之后，原子变量go才变为true⑥。每个线程都在原子变量go上等待，在其变为true以后才进入主循环③⑤。这个程序会产生多种输出，下面是其中一种可能。

```
(0,0,0),(1,0,0),(2,0,0),(3,0,0),(4,0,0),(5,7,0),(6,7,8),(7,9,8),(8,9,8),(9,9,10)
(0,0,0),(0,1,0),(0,2,0),(1,3,5),(8,4,5),(8,5,5),(8,6,6),(8,7,9),(10,8,9),(10,9,10)
(0,0,0),(0,0,1),(0,0,2),(0,0,3),(0,0,4),(0,0,5),(0,0,6),(0,0,7),(0,0,8),(0,0,9)
(1,3,0),(2,3,0),(2,4,1),(3,6,4),(3,9,5),(5,10,6),(5,10,8),(5,10,10),(9,10,10),(10,10,10)
(0,0,0),(0,0,0),(0,0,0),(6,3,7),(6,5,7),(7,7,7),(7,8,7),(8,8,7),(8,8,9),(8,8,9)
```

前3行输出负责更新的线程所取得的值，而最后两行则是读线程所取得的值。每轮循环读取变量 x、y、z 的值，依次组成各个三元组。请注意以上输出的几个特点：第一行中考察所有三元组内的第一个值，变量 x 的值以 1 为增量逐渐递增；第二行中三元组的第二个值，即变量 y 的值同样如此；第三行中三元组的第三个值，即变量 z 的值也一样。

三元组中表示 x 的元素仅在同一行输出中递增，y 和 z 也是，但它们的递增幅度并不稳定，分别形成的相对序列在每个线程上也都有异。

线程 t3 并没有看见变量 x 和 y 的任何更新，它仅仅看见自己对变量 z 的更新。尽管如此，这并不妨碍其他线程看见变量 z 的更新，它们还一并看见变量 x 和 y 的更新。

这是宽松原子操作的一种合法输出，但并非唯一的合法输出。如果每个给定的变量都有对应的线程，令其从 0 到 9 依次递增，并且 3 个变量的值都各自服从一致性，分别从 0 到 9 取值（可能跳变），则任何满足以上条件的三元组输出即为合法输出。

4. 理解宽松次序

要理解宽松次序如何工作，请将每个原子变量想象成一位记录员，各自身处小隔间里，手持笔记本，而笔记本上有一列数值。你可以致电记录员，请他报告当中的一个值，或请他记录一个新值。若是前者，他就报告列表中的一个值；若是后者，则他将新值记录在列表末尾。

当你第一次向记录员询问数值时，他即从笔记本中任选一个值报告。如果再次询问，他可能重复报告同一个值，也可能报告它后方的某一个值（两值不一定相邻），但不会报告它前方的值。若你让记录员记录新值，过后再询问，他可能报告该新值，也可能报告该值后方的某一个值。

设想起初列表是 5、10、23、3、1 和 2。如果你开始询问，就会得到其中任意一个值。假定回答是 10，那么下次再询问时，记录员可能又报告 10，也可能报告 10 后面的值，但不可能报告 5。以 5 次电话询问为例，他的回答可能是 10、10、1、2、2。如果你请他记录 42，他就将其记录在列表末尾。之后再向他询问，他只能反复报告 42，除非他的列表上又出现了另一个新值[1]，而且他愿意告诉你那个新值。

现在，设想 Carl 也有此记录员的电话，也与他通电话，或者询问，或者告知记录员记录新值，他们两人之间也遵守上述规则。记录员只有一部电话，所以每次只能应付一人，并且他的笔记本上的数值列表清晰、准确。然而，若你让他记录新值，他不一定会把这个新值告诉 Carl，反之同理。如果 Carl 向记录员询问数值，答案是 23；过后，你让他记录 42；下一轮又换成 Carl 询问他，答案却不一定是 42，记录员可能从 23、3、1、2 中任选一个告诉 Carl。甚至有可能出现这种场景：Fred 在你之后致电记录员，让他又记录 67，然后 Carl 又连续多次询问，那记录员完全有可能依次回答 23、3、3、1、67。

1 译者注：新值有可能是由他人告诉记录员的，而非你自己告诉他的，见后文。

而这串数值并未违反规则，与记录员向你提供的答案依然一致。记录员的行为就像是为每人准备一张标签，每次报告之后，就移动与询问者对应的标签，以标记刚刚回答过的数值，如图 5.5 所示。

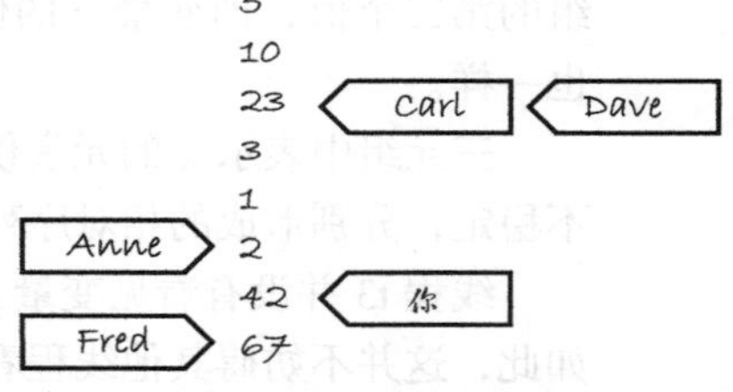

图 5.5 小隔间记录员的笔记本

现在进一步想象，记录员不止一位，整个楼层满是小隔间，众多记录员手持笔记本接听电话。他们就是拟人化的原子变量。每个原子变量都有自己的改动序列（笔记本上的数值列表），但各变量之间并不相关。而每位来电人士（你、Carl、Anne、Dave 和 Fred 等）则是拟人化的线程，各项操作，并且全部遵循 memory_order_relaxed 内存序，这样便会形成上述场景。其实，你还能指挥小隔间里的记录员执行更多操作，例如，“告诉我列表最后的值，再记录一个新值”（交换操作）；又如，“若我给出的值与列表最后的值相等，就写下这个值；否则，请告诉我最后的值是什么”（compare_exchange_strong()函数）。但这些操作不会影响一般原则。

如果我们回头重新思考代码清单 5.5 的程序逻辑，那么函数 write_x_then_y()就如某人致电小隔间的记录员 x，告诉他记录 true 值，然后与小隔间的记录员 y 通电话，让他也记录 true 值。运行 read_y_then_x()的线程反复呼叫 y，经过几次询问，他终于听到了 true，随即改向 x 致电以询问。小隔间记录员并没有义务“和盘托出”，我们无法指定列表的一个具体位置让他报告该值，他自然有权根据规则报告 false。

这种行为方式让宽松原子操作变得难以驾驭。唯有配合具备更强内存次序语义的原子操作，它们才可以发挥线程间同步的作用。除非万不得已，强烈建议避免使用宽松原子操作，即便要用，也请保持十二分警惕。仅仅牵涉两个线程和两个原子变量，代码清单 5.5 产生的结果已然与预期不符。如果牵涉更多线程和更多原子变量，不难想象复杂度将大幅增长。有一种方法可以实现更佳的同步效果：运用获取-释放次序。它避免了“绝对先后一致次序”的额外开销。

5. 获取-释放次序

获取-释放次序比宽松次序严格一些，它会产生一定程度的同步效果，而不会形成服从先后一致次序的全局总操作序列。在该内存模型中，原子化载入即为获取操作（memory_order_acquire[1]），原子化存储即为释放操作（memory_order_release），而原子

1 译者注：若某项操作标记为 memory_order_acquire 或 memory_order_release，那么编译器和 CPU 的重新编排行为将受其约束，根据代码逻辑流程的先后顺序，在相同的线程上，以该项被标记的操作为界，memory_order_acquire 限令后方的任何操作不得重新编排到它前面，memory_order_release 则限令前方的任何操作不得重新编排到它后面，其中“任何”是指带有任何内存标记的任何变量之上的任何操作。

化“读-改-写”操作（像 fetch_add()和 exchange()）则为获取或释放操作，或二者皆是（memory_order_acq_rel）。这种内存次序在成对的读写线程之间起到同步作用。释放与获取操作构成同步关系，前者写出的值由后者读取。换言之，若多个线程服从获取-释放次序，则其所见的操作序列可能各异，但其差异的程度和方式都受到一定条件的制约。代码清单 5.4 原本服从保序语义，代码清单 5.7 是改用获取-释放次序语义的重写版本。

代码清单 5.7　获取-释放操作不会构成单一的全局总操作序列

```
#include <atomic>
#include <thread>
#include <assert.h>
std::atomic<bool> x,y;
std::atomic<int> z;
void write_x()
{
    x.store(true,std::memory_order_release);
}
void write_y()
{
    y.store(true,std::memory_order_release);
}
void read_x_then_y()
{
    while(!x.load(std::memory_order_acquire));
    if(y.load(std::memory_order_acquire))    <——①
        ++z;
}
void read_y_then_x()
{
    while(!y.load(std::memory_order_acquire));
    if(x.load(std::memory_order_acquire))    <——②
        ++z;
}
int main()
{
    x=false;
    y=false;
    z=0;
    std::thread a(write_x);
    std::thread b(write_y);
    std::thread c(read_x_then_y);
    std::thread d(read_y_then_x);
    a.join();
    b.join();
    c.join();
    d.join();
    assert(z.load()!=0);    <——③
}
```

本例中，变量 x 和 y 的载入操作②①有可能都读取 false 值（与宽松次序的情况一样），因此有可能令断言触发错误③。变量 x 和 y 分别由不同线程写出，所以两个释放操作都不会影响到对方线程。

图 5.6 展示了代码清单 5.7 所含的先行关系，其中两个读线程所见的操作序列并不相同，该图还呈现了一种可能的执行结果。前文曾有解释，本例的先行关系尚不充足，未能强制各操作服从一定的次序，故上述情形可能发生。

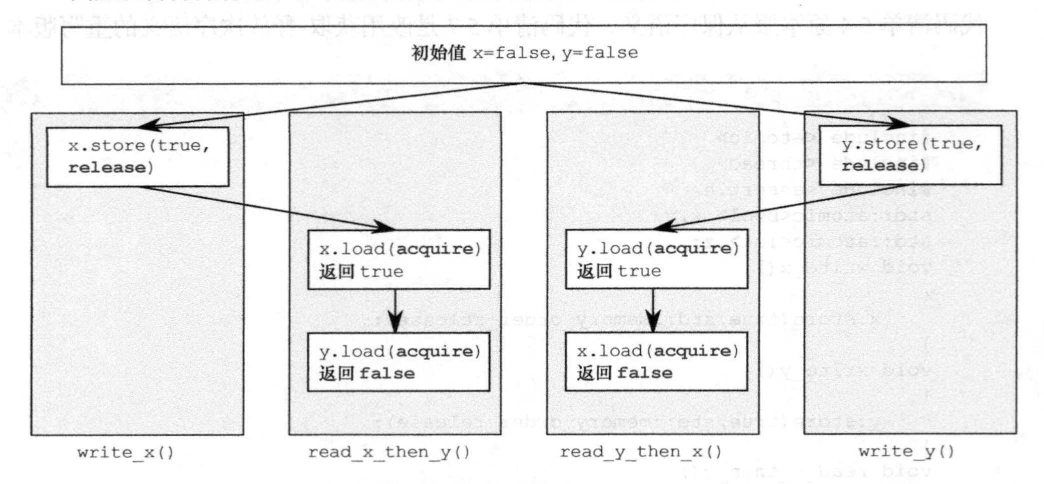

图 5.6 获取-释放操作及其先行关系

为了分析获取-释放次序的优势，我们需要考虑同一线程上的两个存储操作，类似代码清单 5.5。若我们将变量 y 的存储操作改用 memory_order_release 次序，将 y 的载入操作改用 memory_order_acquire 次序，如代码清单 5.8 所示，就会强制变量 x 上的宽松操作服从一定的次序。

代码清单 5.8 获取-释放操作可以令宽松操作服从一定的次序

```
#include <atomic>
#include <thread>
#include <assert.h>
std::atomic<bool> x,y;
std::atomic<int> z;
void write_x_then_y()
{
    x.store(true,std::memory_order_relaxed);  <-- ①
    y.store(true,std::memory_order_release);  <-- ②
}
void read_y_then_x()
{
    while(!y.load(std::memory_order_acquire));  <-- ③以自旋方式等待变量 y 的值设置为 true
    if(x.load(std::memory_order_relaxed))  <-- ④
        ++z;
}
int main()
```

```
{
    x=false;
    y=false;
    z=0;
    std::thread a(write_x_then_y);
    std::thread b(read_y_then_x);
    a.join();
    b.join();
    assert(z.load()!=0);  ⊲——⑤
}
```

变量 y 的存储操作②最终会为其载入操作③所见，后者会读取前者写出的 true 值。因为存储操作采用 memory_order_release 次序，而载入操作采用 memory_order_acquire 次序，所以两者同步。变量 x 的存储操作①和 y 的存储操作②同属一个线程，所以操作①会在操作②之前发生。又因为变量 y 的存储操作②与载入操作③同步，且变量 x 的存储操作①在变量 y 的载入操作③之前发生，进而可知，变量 x 的存储操作①也在 x 的载入操作④之前发生。因此，变量 x 的载入操作必然读取 true 值，而断言不会触发⑤。若变量 y 的载入操作并未置于 while 循环内，情况就可能不同。变量 y 的载入操作可能读取 false 值，那么从变量 x 读取的值就不确定。获取和释放操作唯有成对才可以产生同步。释放操作所存储的值必须为获取操作所见，才会产生有效同步。若上例中的存储操作②或载入操作③是宽松原子操作，那么他们对变量 x 的两次访问不存在强制次序，载入操作④并不一定会读取 true 值，因此断言有可能触发错误。

我们来回想一下手持笔记本的小隔间记录员，完善他们所表示的模型，借此分析获取-释放次序。我们首先设想，更新操作按批次完成，已完成的每个存储操作都是其组成部分，那么若你致电记录员让他记录新值，则需要同时告知记录员该值所属批次："请记录 99，它属于批次 423。"如果存储操作是某批次操作的最后一项，我们也一同告诉记录员："请记录 147，它是批次 423 的最后一项存储操作。"小隔间记录员则完整记录这些信息，还记录由谁给出新值。这一行为即模仿了存储-释放操作。下次你再致电任何一位记录员，则须增加批次的编号："请记录 147，它属于批次 424。"

现在，你有两种询问选择：只问数值（对应宽松载入操作），记录员则仅仅回答数值；或既问数值又问相关信息，分辨该值是否为所属批次中的最末项（对应载入-获取操作）。按第二种形式询问，若数值不是批次最末项，记录员就会回答："数值是 987，只是'普通'值。"否则记录员回答："数值是 987，它是批次 956 的最末项，由 Anne 给出。"好了，获取-释放语义就此登场：如果你在询问的时候，告诉记录员自己所知道的全部操作批次，他就会向前翻查列表，按你给出的批次找出最末项，他或者报告该最末项，或者报告列表中该项后方的另一数值。

这种行为模式如何实现获取-释放语意呢？我们借类比程序进行分析。首先，线程甲运行 write_x_then_y()，相当于告诉小隔间的记录员 x："请记录 true，它属于批次 1，由线程甲操作。”于是记录员完整记录。线程甲再致电小隔间的记录员 y：“请记录 true，它是批次 1 的最末项，由线程甲操作。” 记录员同样完整地记录。同时，线程乙运行 read_y_then_x()。线程乙反复向小隔间的记录员 y 询问，既问数值又问批次信息，等到回答变为 “true” 时，其询问停止。线程乙可能需要多次询问，但最终记录员 y 还是会回答 “true”，而且 y 除了回答 “true”，还报告 “这是批次 1 的最后一项写操作，由线程甲执行”。

接着，线程乙转向小隔间的记录员 x 询问数值，但这次线程乙说：“我想问一个数值，而且我知道线程甲执行了批次 1 的操作。” 于是，小隔间的记录员 x 翻查列表，找出最后出现的、由甲执行的、批次为 1 的操作。就记录员 x 所掌握的信息，该批次的最末项为 true 值，也是其列表上的最末项，所以按规则他必须报告该值。

我们回顾 5.3.2 节中定义的线程间先行关系，它有一个重要性质：可传递。若操作甲跨线程地先于操作乙发生，且操作乙跨线程地先于操作丙发生，则操作甲跨线程地先于操作丙发生。按此定义，获取-释放次序可用于多线程之间的数据同步，即使 “过渡线程” 的操作不涉及目标数据，也照样可行。

6. 通过获取-释放次序传递同步

我们需要至少 3 个线程来解释次序传递。线程甲改动某些共享变量，在其中一个变量上执行存储-释放操作。然后，线程乙用载入-获取操作读取该变量，该操作服从存储-释放次序。接着，线程乙对第二个共享变量执行存储-释放操作。最后，线程丙对第二个共享变量执行载入-获取操作。我们假设同步关系确立的前提条件是存储-释放操作写出的值能为载入-获取操作所见，那么以此为据，线程丙就能够读取线程甲所存储的其他变量，即使这些变量与过渡线程（乙）全无接触。代码清单 5.9 重现了以上场景。

代码清单 5.9　运用获取-释放次序传递同步

```
std::atomic<int> data[5];
std::atomic<bool> sync1(false),sync2(false);
void thread_1()
{
    data[0].store(42,std::memory_order_relaxed);
    data[1].store(97,std::memory_order_relaxed);
    data[2].store(17,std::memory_order_relaxed);
    data[3].store(-141,std::memory_order_relaxed);
    data[4].store(2003,std::memory_order_relaxed);
    sync1.store(true,std::memory_order_release);        ①设置 sync1 成立
}
void thread_2()
{
    while(!sync1.load(std::memory_order_acquire));      ②一直循环，到 sync1 成立为止
    sync2.store(true,std::memory_order_release);        ③设置 sync2 成立
}
```

```
void thread_3()
{
    while(!sync2.load(std::memory_order_acquire)); ⊲── ④一直循环，到 sync2 成立为止
    assert(data[0].load(std::memory_order_relaxed)==42);
    assert(data[1].load(std::memory_order_relaxed)==97);
    assert(data[2].load(std::memory_order_relaxed)==17);
    assert(data[3].load(std::memory_order_relaxed)==-141);
    assert(data[4].load(std::memory_order_relaxed)==2003);
}
```

尽管线程 thread_2 只接触过变量 sync1②和 sync2③，但这足以同步线程 thread_1 和 thread_3，从而保证每个断言都不会触发。首先，线程 thread_1 对各数组 data 和变量 sync1 执行操作，因同属一个线程，故各 data 元素的存储均在变量 sync1 的存储①之前发生。而线程 thread_2 运用 while 循环反复载入变量 sync1②，因此该操作最终会见到线程 thread_1 所存储的值，这两项操作形成配对，服从获取-释放次序。一旦变量 sync1 载入 true 值，while 循环随即停止，这说明变量 sync1 的存储操作在此之前发生。在线程 thread_2 上，按控制流程顺序，变量 sync1 的载入操作②在 sync2 的存储操作③之前发生（因而②也在③之前发生）。类似地，变量 sync2 的存储操作③在其载入操作之前发生④，而④又在各 data 元素的载入操作前发生。再考虑到先行关系可传递，我们将以上操作串接起来：各 data 元素的存储操作在变量 sync1 的存储操作①之前发生，变量 sync1 的存储操作在变量 sync1 的载入操作②之前发生，变量 sync1 的载入操作在变量 sync2 的存储操作③之前发生，变量 sync2 的存储操作在其载入操作④之前发生，而其载入操作在 data 元素的载入操作之前发生。因此，各 data 元素的存储操作在其载入操作之前发生（前者由线程 thread_1 执行，后者由线程 thread_3 执行），断言不会触发。

上例中，我们还能进一步将变量 sync1 和 sync2 融合成单一变量，在线程 thread_2 上对其执行“读-改-写”操作，该操作采用 memory_order_acq_rel 次序。我们可以选用 compare_exchange_strong()来执行操作。通过这个函数我们可以保证，只有见到线程 thread_1 完成存储之后，才更新该单一变量。

```
std::atomic<int> sync(0);
void thread_1()
{
    // ...
    sync.store(1,std::memory_order_release);
}
void thread_2()
{
    int expected=1;
    while(!sync.compare_exchange_strong(expected,2,
                                        std::memory_order_acq_rel))
        expected=1;
}
void thread_3()
{
    while(sync.load(std::memory_order_acquire)<2);
```

```
    // ...
}
```

如果我们使用“读-改-写”操作，选择满足需要的内存次序语义则是关键。上面的场景中，我们同时需要获取语义和释放语义，所以选择次序 memory_order_acq_rel 正合适（尽管我们也可以选用其他内存次序）。举个反例，采用 memory_order_acquire 次序的 fetch_sub()不会与任何操作同步，因为它不是释放操作。类似地，存储操作无法与采用 memory_order_release 次序的 fetch_or()同步，因为 fetch_or()所含的读取行为并不是获取操作。若“读-改-写”操作采用 memory_order_acq_rel 次序，则其行为是获取和释放的结合，因此前方的存储操作会与之同步，而它也会与后方的载入操作同步，正如本例所示。

若将获取-释放操作与保序操作交错混杂，那么保序载入的行为就与服从获取语义的载入相同，保序存储的行为则与服从释放语义的存储相同。如果“读-改-写”操作采用保序语义，则其行为是获取和释放的结合。混杂其间的宽松操作仍旧宽松，但由于获取-释放语义引入了同步关系（也附带引入了先行关系），这些操作的宽松程度因此受到限制。

尽管锁操作的运行效果有可能远离预期，但如果我们使用过锁，就要面对一个次序问题：给互斥加锁是获取操作，解锁互斥则是释放操作。我们都清楚，互斥的有效使用方法是必须确保锁住了同一个互斥，才读写受保护的相关变量。同理，获取和释放操作唯有在相同的原子变量上执行，才可确保这些操作服从一定的次序。如果要凭借互斥保护数据，由于锁具有排他性质，因此其上的加锁和解锁行为服从先后一致次序，就如同我们明令强制它们采用保序语义一样（实际上我们并没有这样设定）。类似地，假设我们利用获取-释放次序实现简单的锁，那么考察一份使用该锁的代码，其行为表现将服从先后一致次序，而加锁和解锁之间的内部行为则不一定[1]。

如果原子操作对先后一致的要求不是很严格，那么由成对的获取-释放操作实现同步，开销会远低于由保序操作实现的全局一致顺序。这种做法很耗脑力，要求周密思量线程间那些违背一般情况的行为，从而保证不出差错，让程序服从施加的次序正确运行。

7. 获取-释放次序和 memory_order_consume 次序造成的数据依赖

我们曾在本节的开始部分说过，memory_order_consume 次序是获取-释放次序的组成部分。但很明显，我们在前文的解说中刻意避开它。这是因为 memory_order_consume 次序相当特别：它完全针对数据依赖，引入了线程间先行关系中的数据依赖细节。其特别之处还在于，C++17 标准明确建议我们对其不予采用。所以，这里的介绍只是为了知识的完备性，我们不应在代码中使用 memory_order_consume 次序。

---

1 译者注：指因为锁的使用而限制了指令的重新编排，加锁之前的代码不会被重新编排到其后面，解锁之后的代码也不会被重新编排到其前面。

数据依赖的概念相对直观：若我们执行两项操作，第一项得出的结果由第二项继续处理，即构成数据依赖。数据依赖需要处理两种关系：前序依赖（dependency-ordered-before）和携带依赖（carries-a-dependency-to）。与流程先后顺序关系类似，携带依赖关系属于严格的单一线程中的内部关系，它模拟了两项操作之间的数据依赖：如果甲操作的结果是乙操作的操作数，那么甲操作带给乙操作依赖；如果甲操作的结果值属于标量类型（如 int），即便甲操作的结果存储到某个变量中，该变量后来又充当乙操作的操作数，这种关系仍然成立。这种关系同样可传递，如果甲操作带给乙操作依赖，且乙操作带给丙操作依赖，那么甲操作带给丙操作依赖。

然而，前序依赖关系可以存在于线程之间。它由标记为 memory_order_consume 的原子化载入操作引入。这是 memory_order_acquire 次序的一种特例，将同步数据限制在直接依赖中。假设，甲操作执行存储操作，其标记是 memory_order_release、memory_order_acq_rel 或 memory_order_seq_cst。而乙操作执行载入操作，它由 memory_order_consume 标记成消耗行为。那么，如果乙操作读取了甲操作存储的值，则乙操作前序依赖于甲操作。相反地，若载入操作的标记是 memory_order_acquire，则甲操作和乙操作构成同步关系。如果更进一步，乙操作带给丙操作依赖，那么甲操作和丙操作之间也构成前序依赖关系。

假如上述传递作用对线程间先行关系不起作用，那么它对同步操作就毫无助益。然而事实上，若甲操作和乙操作之间存在前序依赖关系，则甲操作跨线程地在乙操作之前发生。

这种内存次序有一个重要用途：按原子化方式载入某份数据的指针。我们把存储操作设定成 memory_order_release 次序，而将后面的读取操作设定为 memory_order_consume 次序，即可保证所指向的目标数据得到正确同步，而无须对任何非独立数据施加同步措施。代码清单 5.10 展示了上述同步操作的场景。

代码清单 5.10　运用 std::memory_order_consume 次序同步数据

```
struct X
{
    int i;
    std::string s;
};
std::atomic<X*> p;
std::atomic<int> a;
void create_x()
{
    X* x=new X;
    x->i=42;
    x->s="hello";
    a.store(99,std::memory_order_relaxed);  ①
    p.store(x,std::memory_order_release);   ②
}
```

```
void use_x()
{
    X* x;
    while(!(x=p.load(std::memory_order_consume)))  ⟵③
        std::this_thread::sleep(std::chrono::microseconds(1));
    assert(x->i==42);                               ⟵④
    assert(x->s=="hello");                          ⟵⑤
    assert(a.load(std::memory_order_relaxed)==99);  ⟵⑥
}
int main()
{
    std::thread t1(create_x);
    std::thread t2(use_x);
    t1.join();
    t2.join();
}
```

根据流程先后顺序，变量 a 的存储操作①位于指针 p 的存储操作②之前，且后者以 memory_order_release 标记，而指针 p 的相应载入操作的标记则为 memory_order_consume ③。指针 p 由载入操作读取地址③，其后有两个表达式依赖该地址④⑤。上述代码结构及其标记的意义在于，保证指针 p 的存储操作在两个表达式执行之前发生。④⑤两处的断言针对结构体 X 的数据成员，凭借变量 x，指针 p 的载入操作为接受判别的表达式带来依赖，因此两个断言都肯定不会触发。不同的是，断言⑥针对变量 a 的取值，它可能会触发，也可能不会。这项操作并不依赖指针 p 所载入的地址，所以无法保证变量 a 的值在前面已经被读取。由于变量 a 的相关操作都被标记为 memory_order_relaxed，因此其执行效果并不确定，这显而易见。

若代码中有大量携带依赖，则会造成额外开销。我们并不想编译器面对依赖而束手无策，而希望它将值缓存在 CPU 寄存器中，并重新编排指令进行优化。这时，我们可以运用 std::kill_dependency()显式打断依赖链。std::kill_dependency()是一个简单的函数模板，它复制调用者给出的参数，直接将其作为返回值，借此打断依赖链。假设有一个只读的全局数组，其索引值由其他线程给出，而我们采用 std::memory_order_consume 次序接收该值，那么我们就可以运用 std::kill_dependency()告知编译器，无须重读数组元素，如以下代码所示。

```
int global_data[]={ ...
};
std::atomic<int> index;
void f()
{
    int i=index.load(std::memory_order_consume);
    do_something_with(global_data[std::kill_dependency(i)]);
}
```

在实际代码中，凡是要用到 memory_order_consume 次序的情形，我们应当一律改用 memory_order_acquire 次序，而使用 std::kill_dependency()是没有必要的。

至此，我们已经完成了基本的内存次序的介绍。现在，是时候来深入探讨释放序列了，它是同步关系中更复杂的部分。

5.3.4 释放序列和同步关系

5.3.1 节曾提过，针对同一个原子变量，我们可以在线程甲上对其执行存储操作，在线程乙上对其执行载入操作，从而构成同步关系。即使存储和读取之间还另外存在多个“读-改-写”操作，同步关系依然成立，但这一切的前提条件是，所有操作都采用适合的内存次序标记。我们已在前文介绍了内存次序“标记”，现在可以来深入探讨细节了。如果存储操作的标记是 memory_order_release、memory_order_acq_rel 或 memory_order_seq_cst，而载入操作则以 memory_order_consume、memory_order_acquire 或 memory_order_seq_cst 标记，这些操作前后相扣成链，每次载入的值都源自前面的存储操作，那么该操作链由一个释放序列组成。若最后的载入操作服从内存次序 memory_order_acquire 或 memory_order_seq_cst，则最初的存储操作与它构成同步关系。但如果该载入操作服从的内存次序是 memory_order_consume，那么两者构成前序依赖关系。操作链中，每个“读-改-写”操作都可选用任意内存次序，甚至也能选用 memory_order_relaxed 次序。

为了分析上述性质的意义及其重要之处，我们来看一下代码清单 5.11。它以 atomic<int>作为计数器，记录共享队列容器中的数据项总数。

代码清单 5.11 通过原子操作从共享队列容器读取值

```
#include <atomic>
#include <thread>
std::vector<int> queue_data;
std::atomic<int> count;
void populate_queue()
{
    unsigned const number_of_items=20;
    queue_data.clear();
    for(unsigned i=0;i<number_of_items;++i)
    {
        queue_data.push_back(i);
    }
    count.store(number_of_items,std::memory_order_release);   ←①最初的存储操作
}

void consume_queue_items()
{
    while(true)
    {
        int item_index;
        if((item_index=count.fetch_sub(1,std::memory_order_acquire))<=0)   ←②一项“读—改—写”操作
```

```
            {
                wait_for_more_items();    ◁── ③等待队列容器装入新数据项
                continue;
            }
            process(queue_data[item_index-1]);    ◁── ④从内部容器 queue_data 读取数据项是安全行为
        }
    }
    int main()
    {
        std::thread a(populate_queue);
        std::thread b(consume_queue_items);
        std::thread c(consume_queue_items);
        a.join();
        b.join();
        c.join();
    }
```

代码以生产-消费模式为例，让生产线程将生成的数据存储到共享缓冲[1]，然后执行 count.store(number_of_items, std::memory_order_release)①，让其他线程知悉已有数据可用。消费线程则执行 count.fetch_sub(1, std::memory_order_acquire)②，表示向其他线程通告它会从容器取出一项数据，然后才真正读取共享缓冲④。一旦计数器的值变为 0，即再无数据项可取，消费线程必须就此等待③。

如果只存在一个消费线程，那么一切如常。fetch_sub()是服从 memory_order_acquire 次序的读取操作，而且存储操作服从 memory_order_release 次序，所以存储和读取构成同步关系，该线程可以从共享缓冲读取数据。若有两个线程读取数据，那它们都会按原子化方式执行 fetch_sub()，但后一个线程所读取的值是前一个写出的结果。假设上述释放序列的规则不成立，那么两个消费线程之间不会构成先行关系，进而读取共享缓冲的并发读取就不再安全，除非前一个 fetch_sub()也采用 memory_order_release 次序，但这会在两个线程间引发过分严格的同步，实无必要。要是释放序列的规则不成立，或 fetch_sub()没有采用 memory_order_release 次序，那么 queue_data 容器上的存储就不会为第二个消费线程所见，结果引发数据竞争。万幸事实并非如此，第一个 fetch_sub()处于释放序列中，所以其 store()与第二个 fetch_sub()同步。但其实两个消费线程之间仍未构成同步关系。图 5.7 描绘了本例的逻辑次序，其中的虚线表示释放序列，而实线则表示先行关系。

操作链上可以有任意多的操作，前提是那些操作均为“读-改-写”操作，例如以 memory_order_acquire 标记的 fetch_sub()，并且每个都有对应的 store()与之同步。本例中，所有操作都是获取操作，但它们可以是不同类型的操作，并且以不同内存次序语义标记。

---

1 译者注：即示例代码的共享队列容器。虽然正文使用了名词“队列容器”，但它名不副实。示例代码所包装的内部容器实际上是 std::vector，并不涉及 std::queue 容器。

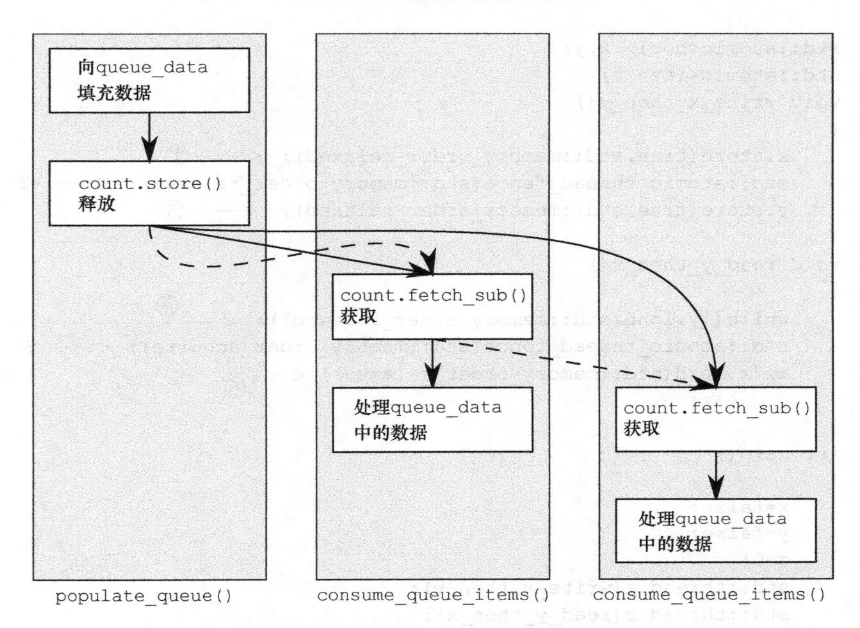

图 5.7 释放序列与代码清单 5.11 中对应的共享队列容器操作

原子类型上的操作具有各种内存次序语义，大多数同步关系据此形成。尽管如此，我们还可以使用栅栏引入别的次序约束。

5.3.5 栅栏

如果缺少栅栏（fence）功能，原子操作的程序库就不完整。栅栏具备多种操作，用途是强制施加内存次序，却无须改动任何数据。通常，它们与服从 memory_order_relaxed 次序的原子操作组合使用。栅栏操作全部通过全局函数执行。当线程运行至栅栏处时，它便对线程中其他原子操作的次序产生作用。栅栏也常常被称作“内存卡”或“内存屏障”，其得名原因是它们在代码中划出界线，限定某些操作不得通行（见 4.4.7 ~ 4.4.10 节）。回顾 5.3.3 节，针对不同变量上的宽松操作，编译器或硬件往往可以自主对其进行重新编排。栅栏限制了这种重新编排。在一个多线程程序中，可能原来并非处处具备先行关系和同步关系，栅栏则在欠缺之处引入这两种关系。

代码清单 5.5 涉及两个线程，分别含有两项原子操作。现在我们在它们中间都加入栅栏②⑤，如代码清单 5.12 所示。

代码清单 5.12 栅栏可以令宽松操作服从一定的次序

```
#include <atomic>
#include <thread>
#include <assert.h>
```

```
std::atomic<bool> x,y;
std::atomic<int> z;
void write_x_then_y()
{
    x.store(true,std::memory_order_relaxed);  ◁———①
    std::atomic_thread_fence(std::memory_order_release);  ◁———②
    y.store(true,std::memory_order_relaxed);  ◁———③
}
void read_y_then_x()
{
    while(!y.load(std::memory_order_relaxed));  ◁———④
    std::atomic_thread_fence(std::memory_order_acquire);  ◁———⑤
    if(x.load(std::memory_order_relaxed))  ◁———⑥
        ++z;
}
int main()
{
    x=false;
    y=false;
    z=0;
    std::thread a(write_x_then_y);
    std::thread b(read_y_then_x);
    a.join();
    b.join();
    assert(z.load()!=0);  ◁———⑦
}
```

因变量 y 的载入操作④需读取③处存储的值，我们在②处加入释放栅栏（release fence），在⑤处加入获取栅栏（acquire fence），两个栅栏形成同步。这一改动使得变量 x 的存储操作①在其载入操作⑥之前发生，故读取的值必然是 true，⑦处的断言肯定不会触发。程序修改之后的行为与原来不同：加入栅栏之前，变量 x 的存储操作和读取操作是没有确定次序的，故此断言有可能触发。请注意，我们加入的两个栅栏都有必要：一个线程需要进行释放操作，另一个线程则需进行获取操作，唯有配对才可以构成同步关系。

在上例中，释放栅栏②的作用是令变量 y 的存储操作不再服从 memory_order_relaxed 次序，如改用了次序 memory_order_release 一样。类似地，我们还加入了获取栅栏⑤，变量 y 的载入操作遂如改用了次序 memory_order_acquire 一样。栅栏的整体运作思路是：若存储操作处于释放栅栏后面，而存储操作的结果为获取操作所见，则该释放栅栏与获取操作同步；若载入操作处于获取栅栏前面，而载入操作见到了释放操作的结果，则该获取栅栏与释放操作同步。我们在两个线程上都加上栅栏，情形如上例所述，载入操作④处于获取栅栏⑤前面，而存储操作③处于释放栅栏②后面，释放栅栏②即与获取栅栏⑤同步，从而使载入操作看见存储操作写入的值。

尽管栅栏之间的同步取决于其前后的读写操作，但我们一定要明白，同步点是栅栏本身。如果修改代码清单 5.12 中的 write_x_then_y()函数代码，将变量 x 的写出移动到栅栏后面，如下所示，断言所判别的条件将不能保证肯定成立⑦，即使变量 x 的写出在 y 的写出之前也依然不能。

```
void write_x_then_y()
{
    std::atomic_thread_fence(std::memory_order_release);
    x.store(true,std::memory_order_relaxed);
    y.store(true,std::memory_order_relaxed);
}
```

栅栏不再前后分隔这两个写出操作，因此它们之间原来的先后次序不复存在。栅栏只有放置在变量 x 和 y 的存储操作之间，才会强制这两个操作服从先后次序。就其他原子操作之间的先行关系而言，栅栏存在与否并不影响已经加诸其上的次序。

本节的范例，以及本章前部分曾经列出的范例，全部都只涉及某原子类型的单一变量。但是，我们利用原子操作强制施行内存次序，其中真正的奥妙在于它们可以强制非原子操作服从一定的内存次序，并避免因数据竞争而引发的未定义行为，代码清单 5.2 已就此进行了示范。

5.3.6 凭借原子操作令非原子操作服从内存次序

我们再次修改代码清单 5.12，将原子变量 x 的类型改成非原子化的普通 bool 类型，如代码清单 5.13 所示。可以肯定的是，程序的行为与原来的完全相同。

代码清单 5.13 向非原子操作强制施行内存次序

```
#include <atomic>
#include <thread>
#include <assert.h>
bool x=false;                     <-- ①现在 x 已改为普通的非原子变量
std::atomic<bool> y;
std::atomic<int> z;
void write_x_then_y()
{
    x=true;                       <-- ②变量 x 的存储操作位于栅栏前面
    std::atomic_thread_fence(std::memory_order_release);
    y.store(true,std::memory_order_relaxed);      <-- ③变量 y 的存储操作位于栅栏后面
}
void read_y_then_x()
{
    while(!y.load(std::memory_order_relaxed));    <-- ④一直循环等待，直到看见②处写出 true 值才停止
    std::atomic_thread_fence(std::memory_order_acquire);
    if(x)                         <-- ⑤这里读取①处所写出的值
        ++z;
}
int main()
```

```
{
    x=false;
    y=false;
    z=0;
    std::thread a(write_x_then_y);
    std::thread b(read_y_then_x);
    a.join();
    b.join();
    assert(z.load()!=0);  ⟵⑥此断言不会触发
}
```

本例中还是有两个栅栏，分别位于变量 x 和 y 的存储操作之间②③，以及 y 和 x 的载入操作之间④⑤，依旧令①和②的存储操作服从先后次序，也令④和⑤的读取操作服从先后次序，而变量 x 的存储操作和读取操作之间还是存在先行关系，断言仍旧不会触发⑥。变量 y 的存储操作③和载入操作④仍必须采用原子操作，否则其上就会出现数据竞争；然而，只要读线程见到变量 y 上所存储的 true 值，两个栅栏即通过联合作用，向变量 x 的读写操作强制施行次序，尽管变量 x 上的读写操作分别由不同线程执行，但是该强制次序排除了 x 上的数据竞争。

能令非原子操作服从内存次序的不只有栅栏。代码清单 5.10 曾经示范，我们凭借分别标记为 memory_order_release 和 memory_order_consume 的原子操作，就能按非原子化的方式访问动态分配的对象。本章不少范例使用了以 memory_order_relaxed 标记的原子操作，我们其实可以重写代码，将其替换成普通的非原子操作。

5.3.7　强制非原子操作服从内存次序

先行关系中蕴含着控制流程的先后执行顺序。我们利用这一重要性质，即可借原子操作强制非原子操作服从内存次序。如果按照控制流程，非原子操作甲在原子操作乙之前执行，而另一线程上执行了原子操作丙，并且操作乙在操作丙之前发生，那么操作甲同样在操作丙之前发生。在代码清单 5.13 中，我们对变量 x 执行非原子操作和原子操作，它们正是因为上面这一点才服从先后一致次序，这也是代码清单 5.2 正确运行的内在原因。C++标准库的高层级工具，如互斥和条件变量，同样以它作为逻辑基础。为了理解该性质如何产生作用，我们来回想代码清单 5.1 的自旋锁互斥。

lock()的实现方式是在循环中反复调用 flag.text_and_set()，其中所采用的次序为 std::memory_order_acquire；unlock()实质上则是服从 std::memory_order_release 次序的 flag.clear()操作。第一个线程调用 lock()时，标志 flag 正处于置零状态，test_and_set()的第一次调用会设置标志成立并返回 false，表示负责执行的线程已获取了锁，遂循环结束，互斥随即生效。该线程可修改受其保护的数据而不受干扰。此时标志已设置成立，如果任何其他线程再调用 lock()，都会在 test_and_set()所在的循环中阻塞。

当持锁线程完成了受保护数据的改动，就调用 unlock()，再进一步按 std::memory_order_release 次序语义执行 flag.clear()。若第二个线程因调用 lock()而反复执行 flag.test_and_set()，又因该操作采用了 std::memory_order_acquire 次序语义，故标志 flag 上的这两项操作形成同步。根据互斥的使用规则，首先，受保护数据的改动须按流程顺序在调用 unlock()前完成；其次，只有在解锁以后才能重新加锁；最后，第二个线程需要先获取锁，接着才可以访问目标数据。所以，改动先于 unlock()发生，自然也先于第二个线程的 lock()调用，进而更加先于第二个线程的数据访问。

尽管其他互斥实现的内部操作各有不同，但其基本原理都一样：lock()与 unlock()都是某内部内存区域之上的操作，前者是获取操作，后者则是释放操作。

第 2～4 章讲解了多种同步机制，它们根据同步关系，按各种形式为相关内存次序提供了保证。正因如此，我们得以运用这些机制来同步数据，确立相关内存次序。这些工具所给出的同步关系如下。

1. std::thread

如果我们给出一个函数或可调用对象，凭借构造 std::thread 实例创建新线程并由它执行，那么该实例的构造函数的完成与前者的调用形成同步。

若负责管控线程的 std::thread 对象上执行了 join 调用，而此函数成功返回，则该线程的运行完成与这一返回动作同步。

2. std::mutex、std::timed_mutex、std::recursive_mutex 和 std::recursive_timed_mutex

给定一互斥对象，其上的 lock()和 unlock()的全部调用，以及 try_lock()、try_lock_for()和 try_lock_until()的成功调用会形成单一总序列，即对该互斥进行加锁和解锁的操作序列。

给定一互斥对象，在其加锁和解锁的操作序列中，每个 unlock()调用都与下一个 lock()调用同步，或与下一个 try_lock()、try_lock_for()、try_lock_until()的成功调用同步。

但是，如果 try_lock()、try_lock_for()或 try_lock_until()的调用失败，则不构成任何同步关系。

3. std::shared_mutex 和 std::shared_timed_mutex

给定一互斥对象，其上的 lock()、unlock()、lock_shared()和 unlock_shared()的全部调用，以及 try_lock()、try_lock_for()、try_lock_until()、try_lock_shared()、try_lock_shared_for()和 try_lock_shared_until()的成功调用会形成单一总序列，即对该互斥进行加锁和解锁的操作序列。

给定一互斥对象，在其加锁和解锁的操作序列中，每个 unlock()调用都与下一个 lock()调用同步，或与下一个 try_lock()、try_lock_for()、try_lock_until()、try_lock_ shared()、try_lock_shared_for()和 try_lock_shared_until()的成功调用同步。

但是，如果 try_lock()、try_lock_for()、try_lock_until()、try_lock_shared()、try_lock_shared_for()和 try_lock_shared_until()的调用失败，则不构成任何同步关系。

4. std::promise、std::future 和 std::shared_future

给定一 std::promise 对象，则我们由 get_future()得到关联的 std::future 对象，它们共享异步状态。如果 std::promise 上的 set_value()或 set_exception()调用成功，又如果我们接着在该 std::future 对象上调用 wait()、get()、wait_for()或 wait_until()，成功返回 std::future_status::ready，那么这两次调用的成功返回构成同步。

给定一 std::promise 对象，则我们由 get_future()得到关联的 std:: future 对象，它们共享异步状态。如果出现异常，该异步状态就会存储一个 std:: future_error 异常对象，又如果我们在关联的 std::future 对象上调用 wait()、get()、wait_for()或 wait_until()，成功返回 std::future_status:: ready，那么 std::promise 对象的析构函数与该成功返回构成同步。

5. std::packaged_task、std::future 和 std::shared_future

给定一 std::packaged_task 对象，则我们由 get_future()得到关联的 std::future 对象，它们共享异步状态。若包装的任务由 std::packaged_task 的函数调用操作符运行，我们在关联的 std::future 对象上调用 wait()、get()、wait_for()或 wait_until()，成功返回 std::future_status::ready，那么任务的运行完结与该成功返回构成同步。

给定一 std::packaged_task 对象，则我们由 get_future()得到关联的 std::future 对象，它们共享异步状态。如果出现异常，该异步状态就会存储 std::future_error 异常对象，又如果我们在关联的 std::future 对象上调用 wait()、get()、wait_for()或 wait_until()，成功返回 std::future_status::ready，那么 std::packaged_task()析构函数的运行与该成功返回构成同步。

6. std::async、std::future 和 std::shared_future

如果一项任务通过调用 std::async 而启动，以 std::launch::async 方式在其他线程上异步地运行，则该 std::async 调用会生成一个关联的 std::future 对象，它与启动的任务共享异步状态。若我们在该 std::future 对象上调用 wait()、get()、wait_for()或 wait_until()，成功返回 std::future_status:: ready，那么任务线程的完成与该成功返回构成同步。

如果一项任务通过调用 std::async 而启动，以 std::launch::deferred 方式在当前线程上同步运行，则该 std::async 调用会生成一个关联的 std::future 对象，它与启动的任务共享异步状态。若我们在该 std::future 对象上调用 wait()、get()、wait_for()或

wait_until()，成功返回 std::future_status:: ready，那么该任务的完成与这一成功返回构成同步。

7. std::experimental::future、std::experimental::shared_future 和后续函数

异步共享状态会因目标事件触发而变成就绪，共享状态上所编排的后续函数也随之运行，该事件与后续函数的启动构成同步。

在起始 future 上，我们通过调用 then()来编排后续函数，并由此生成另一个 std::future 对象，它与起始 future 共享异步状态。若我们在该新 std::future 对象上调用 wait()、get()、wait_for()或 wait_until()，成功返回 std:: future_status::ready，那么后续函数的完成会与该成功返回构成同步，或与所编排的下一个后续函数的启动构成同步。

8. std::experimental::latch

给定一 std::experimental::latch 实例，若在其上调用 count_down()或 count_down_and_wait()，则每次调用的启动都与其自身的完成同步。

9. std::experimental::barrier

给定一 std::experimental::barrier 实例，若在其上调用 arrive_and_wait()或 arrive_and_drop()，则每次调用的启动都与下一次 arrive_and_ wait()的运行完成同步。

10. std::experimental::flex_barrier

给定一 std::experimental::flex_barrier 实例，若在其上调用 arrive_and_wait()或 arrive_and_drop()，则每次调用的启动都与下一次 arrive_and_wait()的运行完成同步。

给定一 std::experimental::flex_barrier 实例，若在其上调用 arrive_ and_wait()或 arrive_and_drop()，则每次调用的启动都与其补全函数的下一次启动同步。

给定一 std::experimental::flex_barrier 实例，若在其上调用 arrive_ and_wait()或 arrive_and_drop()，则这些调用会因等待补全函数的完成而发生阻塞，而补全函数的返回与这些调用的完成构成同步。

11. std::condition_variable 和 std::condition_variable_any

条件变量并不提供任何同步关系。它们本质上是忙等循环的优化，其所有同步功能都由关联的互斥提供。

5.4 小结

本章中，我们讲解了 C++内存模型的底层细节，它们是线程间同步的基础。其中包括从类模板 std::atomic<>特化而成的基本原子类型，也包括 std::atomic<>和 std::

experimental:: atomic_shared_ptr<>的泛化模板；还包括后面二者提供的通用原子化接口，以及这些类型上的各种操作。最后我讲解了各种内存次序的复杂细节。

我们还学习了栅栏，分析它们如何配对，从而强制原子类型上的操作服从内存次序。最后，我们从头回顾了原子操作如何发挥效用，强制不同线程上的非原子操作服从内存次序，也回顾了高级工具所提供的同步关系。

第6章的内容是用原子操作配合高级同步工具，设计支持高效并发访问的容器，以及实现并行处理数据的算法。

第 6 章 设计基于锁的并发数据结构

本章内容：

- 并发数据结构的设计内涵。
- 并发数据结构的设计指引。
- 并发数据结构设计的实现范例。

第 5 章我们探讨了原子操作和内存模型的底层细节，本章我们暂时从底层细节抽身（留待第 7 章再探讨），转向思考数据结构的设计。

要依靠编程全面解决一个问题，数据结构的选择是其中最关键的因素，并行编程问题也不例外。如果要让多线程共同访问一个数据结构，或者程序完全不可变化，所含数据绝不更改；或者它设计精良，保证线程之间正确同步，多个改动并行无碍。二者必居其一。一种保护数据的方式是采用独立互斥和外部锁，借鉴第 3 章和第 4 章介绍过的技法。另一种方式则是专门为并发访问而自行设计数据结构。

前面章节介绍了各种构建多线程应用的基本构建单元，例如互斥和条件变量，我们应该加以利用，将其融入支持并发功能的数据结构的设计。诚然，我们已学习了不少范例，知道该怎样结合这些构建单元以设计数据结构，使之能安全接受多线程的并发访问。

在本章中，我们将从通用的并发数据结构设计指引开始，接着重温基本构建单元，将锁和条件变量学以致用，最后自行实现更加复杂的数据结构。我们将在第 7 章重新深入细节，充分利用第 5 章所介绍的原子操作，以构建无锁的并发数据结构。

事不宜迟，我们先来看看设计并发数据结构所涉及的内容。

6.1 并发设计的内涵

在最基本的层面上，并发数据结构的设计意图是让多线程并发访问。只要满足以下条件，我们就认为这是一个线程安全（thread-safe）的数据结构：多线程执行的操作无论异同，每个线程所见的数据结构都是自恰的；数据不会丢失或破坏，所有不变量终将成立，恶性条件竞争也不会出现。通常，只有限定进行几种特定的并发访问，数据结构才能保证安全。我们有可能遇到以下情况：多个线程在某数据结构上并发执行同一种操作，而另一线程却要求以完全排他方式来访问；也可能出现另一种情况，在同一个数据结构上，若多个线程并发执行不同的操作，则该方式安全、可靠，而若多个线程并发执行相同的操作，却会引发问题。

真正的并发设计有着更深刻的内涵，其意义在于提供更高的并发程度，让各线程有更多机会按并发方式访问数据结构。顾名思义，互斥使多个访问互相排斥：在一个互斥上，每次只可能让一个线程获取锁。互斥保护数据结构的方式是明令阻止真正的并发访问。以上行为称为串行化（serialization）：每个线程轮流访问受互斥保护的数据，它们只能先后串行依次访问，而非并发访问。鉴于此，我们设计数据结构时必须深思熟虑，力求实现真正的并发访问。相对而言，某些数据结构更有潜质支持真正的并发访问，但万变不离其宗：保护的范围越小，需要的串行化操作就越少，并发程度就可能越高。

我们先从简单的设计指引入手，充分把握针对并发访问而需要考虑的要点，接着才去分析具体的数据结构设计。

设计并发数据结构的指引

前文已提及，在设计支持并发访问的数据结构时，我们需要考虑两方面：确保访问安全，并实现真正的并发访问。我们曾在第 3 章介绍过，如何构建线程安全的数据结构：若某线程的行为破坏了数据结构的不变量（见 3.1 节），则必须确保其他任何线程都无法见到该状态。保持谨慎以排除函数接口固有的条件竞争，数据结构提供的操作应该完整、独立，而非零散的分解步骤。一旦程序抛出异常，要特别注意数据结构的行为，力保不变量不被破坏。在数据结构的使用过程中，限制锁对象的作用域，尽可能避免嵌套锁，从而将死锁的可能性降至最低。

在深究上述细节之前，我们也应该想清楚，数据结构的使用者应该受到什么样的条件限制，这点十分重要。如果有线程能通过特定函数访问数据结构，那么哪些函数可以安全地跨线程调用？

这个问题至关重要。通常，构造函数和析构函数都要按排他方式执行。但数据结构的使用者须自行保证一点：在构造函数完成以前和析构函数开始之后，访问不会发生。如果数据结构支持赋值、内部数据互换或拷贝构造等操作，且数据结构还具备多个处理函数，那么即便其中绝大部分函数可由多线程安全地并发调用，但是身为数据结构的设计者，我们依然有责任决断：这些函数与其他操作一起并发调用是否安全，以及这些函数是否要求使用者保证以排他方式访问。

第二个要考虑的方面则是实现真正的并发访问。我们无法就此给出太多建议，然而，身为数据结构的设计者，我们需要思考下列问题。

- 能否限制锁的作用域，从而让操作的某些部分在锁保护以外执行？
- 数据结构内部的不同部分能否采用不同的互斥？
- 是否所有操作都需要相同程度的保护？
- 能否通过简单的改动，提高数据结构的并发程度，为并发操作增加机会，而不影响操作语义？

这些问题全部都归结为一个核心问题：我们如何才可以只保留最必要的串行操作，将串行操作减少至最低程度，并且最大限度地实现真正的并发访问？若线程仅仅读取数据结构，就容许它们并发访问，而改动数据结构的线程则必须以排他方式访问。这种模式并不罕见，利用构造对象即可实现（如 std::shared_mutex）。类似地，我们很快会看到另一种颇为常见的情形：某些数据结构支持其并发访问，能让多个线程执行不同的操作，然而对于同一项操作，只允许多个线程按串行化方式执行。

利用互斥和锁保护的数据结构具有代表意义，是最简单的、线程安全的数据结构。第 3 章已经分析过，这种方式其实存在问题，但它相对简单，能确保每次只有一个线程访问数据结构。我们循序渐进，逐步深入线程安全的数据结构的设计。本章从基于锁的并发数据结构着手，将无锁数据结构的设计留待第 7 章讨论。

6.2 基于锁的并发数据结构

设计基于锁的并发数据结构的奥义就是，要确保先锁定合适的互斥，再访问数据，并尽可能缩短持锁时间。即使仅凭一个互斥来保护整个数据结构，其难度也不容忽视。我们在第 3 章已经分析过，需要保证不得访问在互斥锁保护范围以外的数据，且成员函数接口上不得存在固有的条件竞争。若针对数据结构中的各部分分别采用独立互斥，这两个问题就会互相混杂而恶化。另外，假使并发数据结构上的操作需要锁住多个互斥，则可能会引发死锁。所以，相比只用一个互斥的数据结构，如果我们考虑采用多个互斥，就需要更加谨慎。

我们将遵从上一节的指引，在这一节设计几种简单的并发数据结构，使用互斥和锁来保护数据。我们要为各种并发数据结构提高并发程度，增加并发操作的实现机会，同时保证其线程安全。

第 3 章曾实现过并发的栈容器。它是我们手上最简单的并发数据结构，而且只用了一个互斥。它是线程安全的数据结构吗？以真正的并发作为衡量，它实现的并发程度算高吗？

6.2.1 采用锁实现线程安全的栈容器

第 3 章曾介绍过线程安全的栈容器，代码清单 6.1 再度列出其代码。我们意在编写类似 std::stack<>的线程安全的栈容器，以支持数据的压入和弹出。

代码清单 6.1 线程安全的栈容器的类定义

```
#include <exception>
struct empty_stack: std::exception
{
    const char* what() const throw();
};
template<typename T>
class threadsafe_stack
{
private:
    std::stack<T> data;
    mutable std::mutex m;
public:
    threadsafe_stack(){}
    threadsafe_stack(const threadsafe_stack& other)
    {
        std::lock_guard<std::mutex> lock(other.m);
        data=other.data;
    }
    threadsafe_stack& operator=(const threadsafe_stack&) = delete;
    void push(T new_value)
    {
        std::lock_guard<std::mutex> lock(m);
        data.push(std::move(new_value));    ①
    }
    std::shared_ptr<T> pop()
    {
        std::lock_guard<std::mutex> lock(m);
        if(data.empty()) throw empty_stack();  ②
        std::shared_ptr<T> const res(
           std::make_shared<T>(std::move(data.top())));  ③
        data.pop();  ④
        return res;
    }
    void pop(T& value)
    {
        std::lock_guard<std::mutex> lock(m);
        if(data.empty()) throw empty_stack();
```

```
        value=std::move(data.top());  ⊲——⑤
        data.pop();  ⊲——⑥
    }
    bool empty() const
    {
        std::lock_guard<std::mutex> lock(m);
        return data.empty();
    }
};
```

我们逐一核对每条指引，看看它们该怎样用于本例。

首先，我们看到每个成员函数都在内部互斥 m 之上加锁，因此这保障了基本的线程安全。这种方式保证了任何时刻都仅有唯一线程访问数据。因此，只要每个成员函数都维持不变量，就没有线程能见到不变量被破坏。

其次，在 empty()和每个 pop()重载之间，都潜藏着数据竞争的隐患。然而，pop()函数不仅可以加锁，其还可以明文判别内部的栈容器是否为空，所以这不属于恶性数据竞争。以上设计并未沿用 std::stack<>的既有模式，即提供两个分离的成员函数 top()和 pop()，而是让 pop()直接返回弹出的数据，因此避开了原本可能存在的数据竞争。

接着，有几个操作可能产生异常。给互斥加锁可能产生异常，但这极其罕见，因为只有互斥本身存在问题或系统资源耗尽，才可能出现这种状况。再者，每个成员函数的第一项内部操作就是加锁，所以栈容器所存储的数据尚未发生改动，即便抛出异常也是安全行为。互斥的解锁不可能失败，故它肯定安全，而 std::lock_guard<>则保证了绝不遗漏互斥的解锁操作。

data.push()的调用①有可能抛出异常，其诱因可能是复制/移动数据的过程抛出异常，也可能是底层的 std 栈容器在扩展容量时，不巧遇上内存分配不足。无论遇到哪种异常，内部的 std::stack<>均能保证自身的安全，所以并不成问题。

在 pop()的第一个重载中，代码可能抛出 empty_stack 异常②，但任何改动都尚未发生，因此它是安全的抛出行为。共享指针 res 的创建③有机会抛出异常，原因可能是内存不足而无法为新对象分配空间，也无法为引用计数而设的内部数据分配空间；也可能是虽然分配了内存空间，但在数据的移动/复制过程中，其复制构造函数或移动构造函数抛出异常。

针对这两种情形，C++运行库和标准库都保证不会出现内存泄漏，若存在创建失败残留的新对象，则会正确地销毁。因为底层栈容器依旧还没有改动，所以所存的数据还是安全的。data.pop()的调用④的实质操作是返回结果，它绝不会抛出异常，所以这一 pop()重载是异常安全的重载。

pop()的第二个重载与第一个重载类似，不同之处在于，拷贝赋值操作符或移动赋值操作符会抛出异常⑤，而非创建新对象和 std::shared_ptr 实例。在调用 data.pop()⑥之前，数据结构同样不发生改动，而按定义 pop()不会抛出异常，所以这一 pop()重载也是异常安全的重载。

最后，empty()不改动任何数据，是异常安全的函数。

这段代码有可能引起死锁，原因是我们在持锁期间执行用户代码：栈容器所含的数据中，有用户自定义的复制构造函数（①和③处的 res 构造）、移动构造函数（③处的 make_shared）、拷贝赋值操作符和移动赋值操作符⑤，用户也有可能自行重载 new 操作符[1]。假使栈容器要插入或移除数据，在操作过程中数据自身调用了上述函数，则可能再进一步调用栈容器的成员函数，因而需要获取锁，但相关的互斥却已被锁住，最后导致死锁。向栈容器添加/移除数据，却不涉及复制行为或内存分配，这是不切实际的空想。合理的解决方式是对栈容器的使用者提出要求，由他们负责保证避免以上死锁场景。

栈容器的所有成员函数都使用 std::lock_guard<>保护数据，因此，同时调用各成员函数的线程没有数量限制。仅有构造函数和析构函数不是安全的成员函数，但这不成问题：每个对象都只能分别构造一次和销毁一次。若对象未完成构造或销毁到一半，转去调用成员函数，那么无论是否按并发方式执行，这都绝非正确之举。所以，必须由使用者自己保证：若栈容器还未构建完成，则其他线程不得访问数据，并且，只有当全部线程都停止访问之后，才可销毁栈容器。

尽管在本例的栈容器上，由多线程并发调用成员函数是安全行为，但不论具体执行什么操作，锁的排他性仅容许一次只有一个线程访问数据。这将令多线程激烈争夺栈容器，迫使它们串行化，应用程序的性能很可能因此而受限：线程一旦为了获取锁而等待，就变得无所事事。另外，该栈容器并未提供任何等待/添加数据的操作，因此，假如栈容器满载数据而线程又等着添加数据，它就必须定期反复调用 empty()，或通过调用 pop()而捕获 empty_stack 异常，从而查验栈容器是否为空。万一真的出现这种情况，本例的栈容器实现就绝非最佳选择，因为等待的线程只有耗费宝贵的算力查验数据，或者栈容器使用者不得不另行编写代码，以在外部实现"等待-通知"的功能（如利用条件变量），令内部锁操作变得多余且浪费。第 4 章的队列容器在内部采用条件变量，将等待行为融合到数据结构中。接下来，我们来分析队列容器。

6.2.2 采用锁和条件变量实现线程安全的队列容器

第 4 章实现了线程安全的队列容器，如代码清单 6.2 所示，我们把代码重新列出。并发栈容器的实现基于 std::stack<>，与之类似，并发队列容器的实现则以 std::queue<>为蓝本。本例的数据结构要顾及多线程并发访问的安全，因此接口与标准库的版本同样

1 译者注：请注意，new 其实是操作符而非函数，可以针对各种类型而重载。详见 *Effective C++* 条款 3。

有所不同。

代码清单 6.2 完整的类定义：采用条件变量实现的线程安全的队列容器

```
template<typename T>
class threadsafe_queue
{
private:
    mutable std::mutex mut;
    std::queue<T> data_queue;
    std::condition_variable data_cond;
public:
    threadsafe_queue()
    {}
    void push(T new_value)
    {
        std::lock_guard<std::mutex> lk(mut);
        data_queue.push(std::move(new_value));
        data_cond.notify_one();    ←①
    }
    void wait_and_pop(T& value)    ←②
    {
        std::unique_lock<std::mutex> lk(mut);
        data_cond.wait(lk,[this]{return !data_queue.empty();});
        value=std::move(data_queue.front());
        data_queue.pop();
    }
    std::shared_ptr<T> wait_and_pop()    ←③
    {
        std::unique_lock<std::mutex> lk(mut);
        data_cond.wait(lk,[this]{return !data_queue.empty();});    ←④
        std::shared_ptr<T> res(
            std::make_shared<T>(std::move(data_queue.front())));
        data_queue.pop();
        return res;
    }
    bool try_pop(T& value)
    {
        std::lock_guard<std::mutex> lk(mut);
        if(data_queue.empty())
            return false;
        value=std::move(data_queue.front());
        data_queue.pop();
        return true;
    }
    std::shared_ptr<T> try_pop()
    {
        std::lock_guard<std::mutex> lk(mut);
```

```
        if(data_queue.empty())
            return std::shared_ptr<T>();  <—— ⑤
        std::shared_ptr<T> res(
            std::make_shared<T>(std::move(data_queue.front())));
        data_queue.pop();
        return res;
    }
    bool empty() const
    {
        std::lock_guard<std::mutex> lk(mut);
        return data_queue.empty();
    }
};
```

代码清单6.2是并发队列容器的实现，它与代码清单6.1的栈容器相似，不同之处在于push()中的data_cond.notify_one()调用①，另外还增加了两个成员函数wait_and_pop()②③。try_pop()具有两个重载，与代码清单6.1的pop()几乎毫无二致。区别是即使队列容器全空，它们也不抛出异常。

其中一个重载返回布尔值，指明是否通过传入的引用成功获取了值；另一个重载则返回一个NULL指针，表示容器内不存在数据，因而无法通过指针返回⑤。并发栈容器的pop()同样可以采用以上模式。除了两个wait_and_pop()函数之外，前文针对栈容器的并发设计和分析在这里也成立。

并发栈容器的插入操作并不支持等待-通知功能，这里新增的两个wait_and_pop()函数意在解决该问题。等待弹出的线程再也不必连续调用 empty()，它可以改为调用wait_and_pop()，队列容器会通过条件变量处理其等待。data_cond.wait()的调用会被阻塞，直到底层的队列容器中出现最少一个数据才返回，所以我们不必忧虑队列为空的状况；又因为互斥已经加锁，在等待期间数据仍然受到保护，所以这两个函数不会引入任何数据竞争，死锁也不可能出现，不变量保持成立。

本例对线程安全的处理与栈容器稍有不同：假定在数据压入队列的过程中，有多个线程同时在等待，那么 data_cond.notify_one()的调用只会唤醒其中一个。然而，若该觉醒的线程在执行wait_and_pop()时抛出异常（譬如新指针std::shared_ptr<>在构建时就有可能产生异常④），就不会有任何其他线程被唤醒。如果我们不能接受这种行为方式，则将data_cond.notify_one()改为data_cond.notify_all()，这轻而易举。这样就会唤醒全体线程，但要大大增加开销：它们绝大多数还是会发现队列依然为空[1]，只好重新休眠。第二种处理方式是，倘若有异常抛出，则在wait_and_pop()中再次调用notify_one()，从而再唤醒另一线程，让它去获取存储的值。第三种处理方式是，将std::shared_ptr<>的初始

1 译者注：队列容器之所以会唤醒等待的线程，是因为队列状态从全空转变为非空，即恰好增添了一个数据。新版本的唤醒操作却令线程全体觉醒，所以其中第一个线程会率先将刚压入的数据弹出（它们休眠的原因是在空队列上执行wait_and_pop()，本来的意图就是要弹出数据）。结果，余下的线程都只能看见空队列。

化语句移动到push()的调用处，令队列容器改为存储std::shared_ptr<>，而不再直接存储数据的值。从内部 std::queue<>复制 std::shared_ptr<>实例的操作不会抛出异常，所以wait_and_pop()也是异常安全的。我们采用最后一种处理方式改进并发队列容器，如代码清单 6.3 所示。

代码清单 6.3 存储 std::shared_ptr<>实例的线程安全的队列容器

```
template<typename T>
class threadsafe_queue
{
private:
    mutable std::mutex mut;
    std::queue<std::shared_ptr<T>> data_queue;
    std::condition_variable data_cond;
public:
    threadsafe_queue()
    {}
    void wait_and_pop(T& value)
    {
        std::unique_lock<std::mutex> lk(mut);
        data_cond.wait(lk,[this]{return !data_queue.empty();});
        value=std::move(*data_queue.front());   <-- ①
        data_queue.pop();
    }
    bool try_pop(T& value)
    {
        std::lock_guard<std::mutex> lk(mut);
        if(data_queue.empty())
            return false;
        value=std::move(*data_queue.front());   <-- ②
        data_queue.pop();
        return true;
    }
    std::shared_ptr<T> wait_and_pop()
    {
        std::unique_lock<std::mutex> lk(mut);
        data_cond.wait(lk,[this]{return !data_queue.empty();});
        std::shared_ptr<T> res=data_queue.front();   <-- ③
        data_queue.pop();
        return res;
    }
    std::shared_ptr<T> try_pop()
    {
        std::lock_guard<std::mutex> lk(mut);
        if(data_queue.empty())
            return std::shared_ptr<T>();
        std::shared_ptr<T> res=data_queue.front();   <-- ④
        data_queue.pop();
        return res;
    }
    void push(T new_value)
```

```
    {
        std::shared_ptr<T> data(
            std::make_shared<T>(std::move(new_value)));  ⟵⑤
        std::lock_guard<std::mutex> lk(mut);
        data_queue.push(data);
        data_cond.notify_one();
    }
    bool empty() const
    {
        std::lock_guard<std::mutex> lk(mut);
        return data_queue.empty();
    }
};
```

队列数据所属的类型从值变成了共享指针，因而需要连带改动相关代码：其中两个pop()函数接收外部变量的引用作为参数，其功能是保存结果。原来的代码直接向它存入从底层队列容器获取的值，这里则需先根据指针提取出值①②，再将其作为结果存入。而另外两个pop()函数则返回std::shared_ptr<>实例，它们先从底层队列容器取出结果③④，再返回给外部使用者。

如果数据通过std::shared_ptr<>间接存储，还会产生额外的好处：在push()中，我们依然要为新的std::shared_ptr<>实例分配内存⑤，这样可以脱离锁保护，但是按代码清单6.2的处理方式，内存操作必须在持锁状态下进行。内存分配往往是成本相当高的操作，而新的队列以安全方式为其免除了锁保护，遂缩短了互斥的持锁时长，在分配内存的时候，还容许其他线程在队列容器上执行操作，因此非常有利于增强性能。

这个并发队列容器与前文的栈容器相似，缺点都是由唯一的互斥保护整个数据结构，它所支持的并发程度因此受限。虽然多个线程上的阻塞可能在不同成员函数中发生，但是事实上每次只容许一个线程操作队列数据。该限制的部分原因是，这个实现基于标准库的std::queue<>容器，我们实际上将它视为一项大数据，或施加整体保护，或完全不保护。若能掌控数据结构的实现细节，我们就能提供粒度更精细的锁，以提高并发程度。

6.2.3 采用精细粒度的锁和条件变量实现线程安全的队列容器

在代码清单6.2和代码清单 6.3 中，我们其实仅保护了一项数据，即整个内部队列data_queue，遂只用到一个互斥。为了采取精细粒度的锁操作，我们需要深入队列的实现，分析其组成，为不同的数据单独使用互斥。

单向链表是可以充当队列的最简单的数据结构[1]，如图6.1所示。队列含有一个“头

---

1 译者注：本节中，队列的功能特性全都由链表实现，而原书“链表”和“队列”两个名词交替混用，实则同指一物，这里一律译成“队列”，以免混淆。

指针 head”，它指向头节点，每个节点再依次指向后继节点。队列弹出数据的方法是更改 head 指针：将指向目标改为其后继节点，并返回原来的第一项数据。

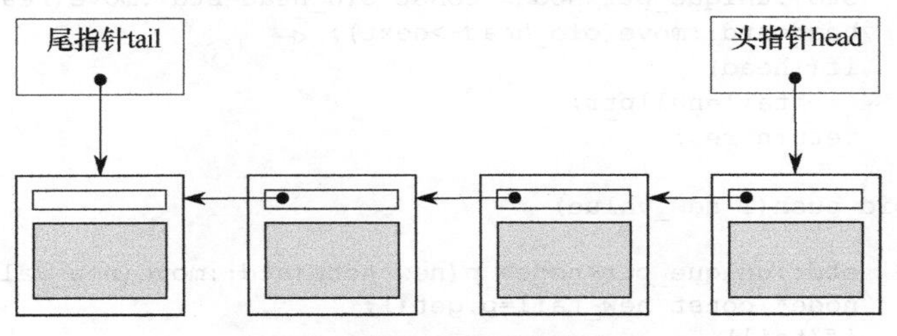

图 6.1　单向链表形式的队列

新数据从队列末端加入，其实现方式是，队列另外维护一个“尾指针 tail”，指向尾节点。假如有新节点加入，则将尾节点的 next 指针指向新节点，并更新 tail 指针，令其指向新节点。如果队列为空，则将 head 指针和 tail 指针都设置为 NULL。

代码清单 6.4 是这种队列的简单实现，它以代码清单 6.2 为基础，接口有所裁减。这个版本仅支持单线程，它只有一个 try_pop()函数，尚不具备 wait_and_pop()函数。

代码清单 6.4　单线程队列的简单实现

```
template<typename T>
class queue
{
private:
    struct node
    {
        T data;
        std::unique_ptr<node> next;
        node(T data_):
            data(std::move(data_))
        {}
    };
    std::unique_ptr<node> head;  ←①
    node* tail;  ←②
public:
    queue(): tail(nullptr)
    {}
    queue(const queue& other)=delete;
    queue& operator=(const queue& other)=delete;
    std::shared_ptr<T> try_pop()
    {
        if(!head)
        {
            return std::shared_ptr<T>();
```

```
        }
        std::shared_ptr<T> const res(
            std::make_shared<T>(std::move(head->data)));
        std::unique_ptr<node> const old_head=std::move(head);
        head=std::move(old_head->next);   ③
        if(!head)
            tail=nullptr;
        return res;
    }
    void push(T new_value)
    {
        std::unique_ptr<node> p(new node(std::move(new_value)));
        node* const new_tail=p.get();
        if(tail)
        {
            tail->next=std::move(p);   ④
        }
        else
        {
            head=std::move(p);   ⑤
        }
        tail=new_tail;   ⑥
    }
};
```

首先，请注意代码清单6.4采用std::unique_ptr<node>管控节点，通过其自身特性确保，当我们不再需要某个节点时，它和所包含的数据即被自动删除，我们不必明文编写相关操作的代码。从队列的头节点开始一直到队列末端，相邻节点之间都按前后顺序形成归属关系。末端节点已划归前方节点的 std::unique_ptr<node>指针所有，但我们仍须对其进行直接操控，所以通过一个原生指针（前文提及的“tail 指针”）指向它。

虽然这种实现在单线程模式下工作良好，但是若我们换成多线程模式，并试图配合精细粒度的锁，其中几个细节就会引发问题。假设队列含有两项数据——head 指针①和 tail 指针②，原则上我们可以使用两个互斥分别保护 head 指针和 tail 指针，但问题随之而来。

最明显的问题是，push()可以同时改动 head 指针⑤和 tail 指针⑥，所以该函数就需要将两个互斥都锁住。尽管这并不合适，但同时锁住两个互斥的做法还算可行，问题不严重。严重的问题在于，push()和 try_pop()有可能并发访问同一节点的 next 指针：push()更新 tail→next④，而 try_pop()则读取 head→next③。如果队列仅含有一项数据，即head==tail，那么 head→next 和 tail→next 两个指针的目标节点重合，而它需要保护。假定我们没有读取头节点和尾节点的内部数据，无从辨别它们是否为同一个节点，就会在同时执行 push()和 try_pop()的过程中，无意中试图锁定同一互斥，相比以前并无改进。如何突破困局？

1. 通过分离数据而实现并发

我们可以预先设立一个不含数据的虚位节点（dummy node），从而确保至少存在一个节点，以区别头尾两个节点的访问。如果队列为空，head 和 tail 两个指针都不再是 NULL 值，而是同时指向虚位节点。这很不错，因为空队列的 try_pop()不会访问 head→next。若我们向队列添加数据（则会出现一个真实节点），则 head 和 tail 指针会分别指向不同的节点，在 head→next 和 tail→next 上不会出现竞争。但其缺点是，为了容纳虚位节点，我们需要通过指针间接存储数据，额外增加了一个访问层级，如代码清单 6.5 所示。

代码清单 6.5 带有虚位节点的简单队列

```
template<typename T>
class queue
{
private:
    struct node
    {
        std::shared_ptr<T> data;      <-①
        std::unique_ptr<node> next;
    };
    std::unique_ptr<node> head;
    node* tail;
public:
    queue():
        head(new node),tail(head.get())    <-②
    {}
    queue(const queue& other)=delete;
    queue& operator=(const queue& other)=delete;
    std::shared_ptr<T> try_pop()
    {
        if(head.get()==tail)    <-③
        {
            return std::shared_ptr<T>();
        }
        std::shared_ptr<T> const res(head->data);    <-④
        std::unique_ptr<node> old_head=std::move(head);
        head=std::move(old_head->next);    <-⑤
        return res;    <-⑥
    }
    void push(T new_value)
    {
        std::shared_ptr<T> new_data(
            std::make_shared<T>(std::move(new_value)));    <-⑦
        std::unique_ptr<node> p(new node);    <-⑧
        tail->data=new_data;    <-⑨
        node* const new_tail=p.get();
        tail->next=std::move(p);
        tail=new_tail;
    }
};
```

try_pop()的改动相当小。首先，由于引入了虚位节点，head 指针不再取值 NULL，因此我们不再判别它是否为 NULL，而改为比较指针 head 和 tail 是否重叠③。因为 head 指针的类型是 std::unique_ptr<node>，所以我们调用 head.get()来进行比较运算。其次，节点现已改为通过指针存储数据①，所以在弹出操作中，我们直接获取指针④，而不再构建 T 类型的实例。最大的变化是 push()，我们必须先在堆数据段上创建 T 类型的新实例，通过 std::shared_ptr<>管控其归属权⑦（请注意我们采用了 std::make_shared()，以避免因引用计数而出现重复内存分配）。新创建的节点即为虚位节点，故无须向构造函数提供 new_value 值⑧。为了代替原来的增加数据的行为，我们将前面的共享指针⑦存入原来的虚位节点⑨，则该节点的数据变为新近创建的 new_value 副本。最后，我们在队列的构造函数中创建虚位节点②。

行文至此，相信读者会问，这些改动带来了什么好处？它们对队列的线程安全有何帮助？

回答是，push()只访问 tail 指针而不再触及 head 指针，这就是一个好处。虽然 try_pop()既访问 head 指针又访问 tail 指针，但 tail 指针只用于函数中最开始的比较运算，所以只需短暂持锁。最大的好处来自虚位节点，它存在的意义是：try_pop()和 push()不再同时操作相同的节点，所以我们不再需要由一个互斥统领全局。换言之，指针 head 和 tail 可以各用一互斥保护。但是，具体应该在哪一处加锁呢？

我们的目标是最大程度实现真正的并发功能，让尽可能多的操作有机会并发进行，所以希望持锁时长最短。push()不难处理。tail 指针的全部访问都需要对互斥加锁，即新节点一旦创建完成，我们就马上锁住互斥⑧，在将数据赋予当前的尾节点之前⑨，也要锁住互斥。该锁需要一直持有，等到函数结束才释放。

try_pop()的处理则不太简单。首先，我们需要为 head 指针锁住互斥并一直持锁，等到它使用完成才解锁。互斥会被多个线程争抢，这将决定哪个线程弹出数据，故我们在最开始就要锁定互斥。一旦 head 指针的改动完成⑤，互斥即可解锁，结果的返回操作⑥无须互斥保护。

余下的只有 tail 指针的访问，它需要在对应的互斥上加锁。因为我们只需在 try_pop()内部访问 tail 指针一次，所以在临近读取指针之前再对互斥加锁。最好将加锁和访问包装成同一个函数。实际上，因为仅有 try_pop 成员函数中的部分语句需锁住 head_mutex，所以将它们包装成一个函数会显得更清晰，如代码清单 6.6 所示。

代码清单 6.6 带有精细粒度锁的线程安全队列

```
template<typename T>
class threadsafe_queue
{
private:
    struct node
    {
```

```
        std::shared_ptr<T> data;
        std::unique_ptr<node> next;
    };
    std::mutex head_mutex;
    std::unique_ptr<node> head;
    std::mutex tail_mutex;
    node* tail;
    node* get_tail()
    {
        std::lock_guard<std::mutex> tail_lock(tail_mutex);
        return tail;
    }
    std::unique_ptr<node> pop_head()
    {
        std::lock_guard<std::mutex> head_lock(head_mutex);

        if(head.get()==get_tail())
        {
            return nullptr;
        }
        std::unique_ptr<node> old_head=std::move(head);
        head=std::move(old_head->next);
        return old_head;
    }
public:
    threadsafe_queue():
        head(new node),tail(head.get())
    {}
    threadsafe_queue(const threadsafe_queue& other)=delete;
    threadsafe_queue& operator=(const threadsafe_queue& other)=delete;
    std::shared_ptr<T> try_pop()
    {
        std::unique_ptr<node> old_head=pop_head();
        return old_head?old_head->data:std::shared_ptr<T>();
    }
    void push(T new_value)
    {
        std::shared_ptr<T> new_data(
            std::make_shared<T>(std::move(new_value)));
        std::unique_ptr<node> p(new node);
        node* const new_tail=p.get();
        std::lock_guard<std::mutex> tail_lock(tail_mutex);
        tail->data=new_data;
        tail->next=std::move(p);
        tail=new_tail;
    }
};
```

我们回想 6.1.1 节的指引，按严格的标准评判这段代码。我们先来明确程序含有哪些不变量，接着再查证它们是否被破坏。

- tail→next==nullptr。
- tail→data==nullptr。
- head==tail 说明队列为空。
- 在单元素队列中，head→next==tail。
- 对于每个节点 x，只要 x!=tail，则 x→data 指向一个 T 类型的实例，且 x→next 指向后续节点。
- x→next==tail 说明 x 是最后一个节点。从 head 指针指向的节点出发，我们沿着 next 指针反复访问后继节点，最终会到达 tail 指针指向的节点。

push()本身是清晰简单的操作，其仅有的数据结构的改动行为受到互斥 tail_mutex 保护，这些改动行为维持不变量成立。因为新的尾节点是空节点，而且旧的尾节点的 data 成员和 next 指针都设置正确，所以该尾节点现在成了队列中的最后一个真实节点。

try_pop()则稍微复杂。分析表明，在互斥 tail_mutex 上加锁，不仅对读取 tail 指针是必要的保护，当我们从头节点开始读取数据时，该加锁操作也必不可少，它保证了数据竞争不会出现。若缺少这个互斥，try_pop()和 push()就很可能由不同线程并发调用，无法确定这两项操作的先后次序。虽然每个成员函数都在互斥上持锁，但是它们锁住的互斥各不相同，所以它们有可能访问相同的数据。毕竟队列里的全部数据都来自 push()的调用，数据都由其增加。多个线程可能会访问同一项数据，而不服从一定的内存次序。根据第 5 章的分析，这有可能构成数据竞争，并出现未定义行为。万幸，在 get_tail()函数中互斥 tail_mutex 的锁定解决了这一切。由于 get_tail()和 push()两个调用都会锁住该互斥，因此两个调用之间会服从确定的内存次序。get_tail()的调用或在 push()开始前发生，或在其完成后发生。如果是前者，get_tail()只会见到 tail 指针的旧值；如果是后者，get_tail()就会见到 tail 指针已被赋予新值，还会见到原来的尾节点存入了新增的数据。

get_tail()的调用在 head_mutex 保护范围之内，这点也很重要。如若不然，pop_head()会在内部先调用 get_tail()，再对互斥 head_mutex 加锁，代码如下。在这种情况中，可能其他线程已经调用了 try_pop()，进而调用 pop_head()，锁住了互斥 head_mutex，令 pop_head()受阻而停滞不前，导致更严重的问题。

```
std::unique_ptr<node> pop_head()   ①这个实现有缺陷
{
    node* const old_tail=get_tail();   ②在互斥 head_mutex 的保护范围以外取得 tail 指针的旧值
    std::lock_guard<std::mutex> head_lock(head_mutex);

    if(head.get()==old_tail)   ③
    {
```

```
        return nullptr;
    }
    std::unique_ptr<node> old_head=std::move(head);
    head=std::move(old_head->next);  <-- ④
    return old_head;
}
```

上面的代码中，get_tail()的调用②在锁的作用域以外发生，导致暗藏隐患：等到当前线程可以在互斥 head_mutex 上加锁的时候，指针 head 和 tail 有可能都发生了更改，get_tail()返回的节点可能不再是尾节点，甚至可能不再是队列的组成节点。即便指针 head 确实指向了最后一个节点③，它和指针 old_tail 的比较也有可能不成立。结果，在更新 head 指针时④，可能令它外移，越过队列的尾节点，破坏整个数据结构。在代码清单 6.6 中，get_tail()的调用处于互斥 head_mutex 的保护范围之内，因而该实现方式正确、可行。这首先保证了其他线程都无法改变 head 指针，还保证了在调用 push()加入新节点时，tail 指针只能从队列末尾向外移动，该行为绝对安全。head 指针不可能越过 get_tail()所返回的位置，不变量遂保持成立。

一旦 pop_head()将头节点从队列移除（方式是更新 head 指针），互斥随即解锁。接着，假如头结点是真实节点，try_pop()就提取出数据并销毁节点[1]；假如是虚拟节点，则 try_pop()返回一个含有 NULL 值的 std::shared_ptr<>实例。我们清楚，执行的线程是头节点的唯一访问者，因此 try_pop()是安全操作。

下一个设计是队列的对外接口，它们是代码清单 6.2 的一部分。所以这里的分析与前文相同，结论同样是接口中不存在固有的条件竞争。

异常的处理就更复杂了。因为我们改变了数据的内存分配模式，所以异常可能由不同的代码抛出。try_pop()中仅有一项操作会抛出异常，即互斥加锁，在获取锁之后，数据才会发生改动。因此，try_pop()是异常安全的函数。另一方面，push()在堆上分配内存以创建两个实例，它们分别属于 T 类型和 node 类型，两次内存分配都有可能抛出异常。但这两个新创建的对象都被赋予智能指针，万一有异常抛出，它们所占用的内存会被自动释放。在获取锁之后，push()余下的任何操作都不会抛出异常，所以任务圆满完成，push()是异常安全的函数。

我们没有改变接口的外在形式，所以死锁无法乘虚而入。成员函数内部同样无懈可击，唯一需要获取两个锁的操作位于 pop_head()内，而它总是先锁住互斥 head_mutex，然后对 tail_mutex 加锁，故死锁不会出现。

我们关注的终极问题是并发是否真正可行。相比代码清单 6.2 的实现，这份数据结构 threadsafe_queue 的并发潜能要大得多，因为这里采用的锁粒度更精细，更多的操作在锁保护以外完成。例如，push()函数在没有持锁的状态下，为新节点和新数据完成了

1 译者注：try_pop()中，头节点以指针形式赋给 old_head，它属于 unique_ptr 类型。函数退出之际，old_head 按 RAII 过程发生析构，所指向的节点遂随之销毁。

内存分配。其意义是，多个线程能为新节点和新数据并发分配内存，而不产生任何问题。每次只有一个线程可将生成的新节点加入队列，只涉及几个简单的指针赋值操作，所以这里的代码持锁时长很短。相比之下，基于 std::queue<>的实现则不然，因为它要为 std::queue<>的一切内存分配操作加锁。

同样，try_pop()只在互斥 tail_mutex 上短暂持锁，以保护 tail 指针的读取。因此，try_pop()的整个调用过程几乎都可以与 push()并发执行。队列节点通过 unique_ptr<node>的析构函数删除，该操作开销高，所以在互斥 head_mutex 的保护范围以外执行，因而在其锁定期间执行的操作也被缩减至最少。这样就增加了 try_pop()的并发调用数目，虽然每次只容许一个线程调用 pop_head()，但多个线程可以并发执行 try_pop()的其他部分，安全地删除各自旧有的头节点并返回数据。

2. 等待数据弹出

代码清单 6.6 实现了线程安全的队列，其中运用了精细粒度的锁操作，但它只支持 try_pop()（也只存在唯一一个重载）。然而代码清单 6.2 还提供了使用方便的 wait_and_pop()函数，我们能否借助精细粒度的锁操作实现相同功能的函数?

当然能。问题是具体要怎么做？修改 push()似乎并不困难：在函数末尾加上对 data_cond.notify_one()的调用即可，与代码清单 6.2 一样。事情其实没那么简单，我们之所以采用精细粒度的锁，目的是尽可能提高并发操作的数量。如果在 notify_one()调用期间，互斥依然被锁住，形式与代码清单 6.2 一样，而等待通知的线程却在互斥解锁前觉醒，它就需要继续等待互斥解锁。矛盾的是，若在解锁互斥之后调用 notify_one()，那么互斥已经可以再次获取，并且超前一步，等着接受通知的线程对其加锁（前提是其他线程没有抢先将其重新锁住）。这点改进看似细微，但对某些情况却有重要作用。

wait_and_pop()就复杂得多，因为我们需要确定在哪里等待、根据什么断言唤醒等待、需要锁住什么互斥等。等待唤醒的条件是"队列非空"，用代码表示为 head!=tail。按这种写法，要求两个互斥 head_mutex 和 tail_mutex 都被锁住，我们分析代码清单 6.6 的时候就已经确定，只有在读取 tail 指针时才有必要锁住互斥 tail_mutex，而比较运算无须保护，本例同理。若我们将断言设定为 head!=get_tail()，则只需持有互斥 head_mutex，所以在调用 data_cond.wait()时，就可以重新锁住 head_mutex[1]。只要我们加入了等待的逻辑，这种实现就与 try_pop()一样。

对于 try_pop()的另一个重载和对应的 wait_and_pop()的重载，我们也要谨慎思考和设计。在代码清单 6.6 中，try_pop()函数的结果通过共享指针 std::shared_ptr<>的实例返回，其指向目标由 old_head 间接从 `pop_head()` 取得。如果模仿代码清单 6.2，将以上

1 译者注：根据代码清单 6.6，只要 head!=get_tail()成立，函数立即返回，而已经锁住的 head_mutex 因此释放。

方法改为 try_pop()的第一个重载的模式，令函数接收名为 value 的引用参数，再由拷贝赋值操作赋予它 old_head 的值，就可能会出现与异常有关的问题。根据这种改动，在拷贝赋值操作执行时，数据已经从队列中移除，且互斥已经解锁，剩下的全部动作就是将数据返回给调用者。但是，如果拷贝赋值操作抛出了异常（完全有可能），则该项数据丢失，因为它无法回到队列本来的位置上。

若队列模板在具现化时，模板参数采用了实际类型 T，而该类型支持不抛出异常的移动赋值操作，或不抛出异常的交换操作，我们即可使用类型 T。然而，我们还是更希望实现通用的解决方法，对任何类型 T 都有效。在上述场景中，我们需要在队列移除节点以前，将可能抛出异常的操作移动到锁的保护范围之内。换言之，我们还需要 pop_head()的另一个重功，在改动队列之前就获取其存储的值。

相比而言，empty()就很简单了：只需锁住互斥 head_mutex，然后检查 head==get_tail()（见代码清单 6.10，该处 head 节点的指针由 head.get()获得）。队列实现的最终代码由代码清单 6.7 ~ 代码清单 6.10 给出。

代码清单 6.7　采用锁操作并支持等待功能的线程安全的队列：内部数据和对外接口

```
template<typename T>
class threadsafe_queue
{
private:
    struct node
    {
        std::shared_ptr<T> data;
        std::unique_ptr<node> next;
    };
    std::mutex head_mutex;
    std::unique_ptr<node> head;
    std::mutex tail_mutex;
    node* tail;
    std::condition_variable data_cond;
public:
    threadsafe_queue():
        head(new node),tail(head.get())
    {}
    threadsafe_queue(const threadsafe_queue& other)=delete;
    threadsafe_queue& operator=(const threadsafe_queue& other)=delete;
    std::shared_ptr<T> try_pop();
    bool try_pop(T& value);
    std::shared_ptr<T> wait_and_pop();
    void wait_and_pop(T& value);
    void push(T new_value);
    bool empty();
};
```

代码清单 6.8 实现了向队列压入新节点的操作，其过程相当直观，这个实现与前文所示版本十分接近。

代码清单 6.8 采用锁操作并支持等待功能的线程安全的队列：压入新数据

```
template<typename T>
void threadsafe_queue<T>::push(T new_value)
{
    std::shared_ptr<T> new_data(
        std::make_shared<T>(std::move(new_value)));
    std::unique_ptr<node> p(new node);
    {
        std::lock_guard<std::mutex> tail_lock(tail_mutex);
        tail->data=new_data;
        node* const new_tail=p.get();
        tail->next=std::move(p);
        tail=new_tail;
    }
    data_cond.notify_one();
}
```

我们曾经提过，复杂之处全在于 pop()上，它运用几个辅助函数简化操作。代码清单 6.9 展示了 wait_and_pop()及其辅助函数的实现。

代码清单 6.9 采用锁操作并支持等待功能的线程安全的队列：wait_and_pop()

```
template<typename T>
class threadsafe_queue
{
private:
    node* get_tail()
    {
        std::lock_guard<std::mutex> tail_lock(tail_mutex);
        return tail;
    }
    std::unique_ptr<node> pop_head()  <---①
    {
        std::unique_ptr<node> old_head=std::move(head);
        head=std::move(old_head->next);
        return old_head;
    }
    std::unique_lock<std::mutex> wait_for_data()  <---②
    {
        std::unique_lock<std::mutex> head_lock(head_mutex);
        data_cond.wait(head_lock,[&]{return head.get()!=get_tail();});
        return std::move(head_lock);  <---③
    }
    std::unique_ptr<node> wait_pop_head()
    {
        std::unique_lock<std::mutex> head_lock(wait_for_data());  <---④
        return pop_head();
    }
    std::unique_ptr<node> wait_pop_head(T& value)
    {
        std::unique_lock<std::mutex> head_lock(wait_for_data());  <---⑤
```

```
        value=std::move(*head->data);
        return pop_head();
    }
public:
    std::shared_ptr<T> wait_and_pop()
    {
        std::unique_ptr<node> const old_head=wait_pop_head();
        return old_head->data;
    }
    void wait_and_pop(T& value)
    {
        std::unique_ptr<node> const old_head=wait_pop_head(value);
    }
};
```

代码清单 6.9 展示出 wait_and_pop()实现代码，它含有几个辅助函数，用以简化代码和减少重复，如 pop_head()①和 wait_for_data()②。前者移除头节点而改动队列，后者则等待数据加入空队列，以将其弹出。wait_for_data()特别值得注意，它在条件变量上等待，以 lambda 函数作为断言，并且向调用者返回锁的实例③。因为 wait_pop_head()的两个重载都会改动队列数据，并且都依赖 wait_for_data()函数，而后者将锁返回则保证了头节点弹出的全过程都持有同一个锁④⑤。这里的 pop_head()也为 try_pop()复用，如代码清单 6.10 所示。

代码清单 6.10 采用锁操作并支持等待功能的线程安全的队列：try_pop()和 empty()

```
template<typename T>
class threadsafe_queue
{
private:
    std::unique_ptr<node> try_pop_head()
    {
        std::lock_guard<std::mutex> head_lock(head_mutex);
        if(head.get()==get_tail())
        {
            return std::unique_ptr<node>();
        }
        return pop_head();
    }
    std::unique_ptr<node> try_pop_head(T& value)
    {
        std::lock_guard<std::mutex> head_lock(head_mutex);
        if(head.get()==get_tail())
        {
            return std::unique_ptr<node>();
        }
        value=std::move(*head->data);
        return pop_head();
    }
public:
    std::shared_ptr<T> try_pop()
```

```
    {
        std::unique_ptr<node> old_head=try_pop_head();
        return old_head?old_head->data:std::shared_ptr<T>();
    }
    bool try_pop(T& value)
    {
        std::unique_ptr<node> const old_head=try_pop_head(value);
        return old_head!=nullptr;
    }
    bool empty()
    {
        std::lock_guard<std::mutex> head_lock(head_mutex);
        return (head.get()==get_tail());
    }
};
```

第 7 章将讲解无锁队列，它以这个队列的实现作为蓝本。这个队列是无限队列。只要存在空闲内存，即便已存入的数据没有被移除，各个线程还是能持续往队列添加新数据。与之对应的是有限队列，其最大长度在创建之际就已固定。一旦有限队列容量已满，再试图向其压入数据就会失败，或者发生阻塞，直到有数据弹出而产生容纳空间为止。有限队列可用于多线程的工作分配，它能够依据待执行的任务的数量，确保工作在各线程中均匀分配。它能防止以下情形发生：某些线程向队列添加任务的速度过快，远超线程从队列领取任务的速度。

要实现这个功能，仅需简单地扩展本节讲解的无限队列代码：只需限制 push()中的条件变量上的等待数量。我们需要等待队列中的数据被弹出（由 pop()执行），所含数据数目小于其最大容量，而不是等着有数据被压入而使队列非空。关于有限队列的进一步讨论已经超出本书范围。现在，我们来研究更加复杂的数据结构。

6.3 设计更复杂的基于锁的并发数据结构

栈和队列都是简单的容器，它们的接口极度受限，而且严格针对特定用途。并非所有数据结构都如此简单，大多数数据结构都支持多种多样的操作。原则上，这应该会产生更多并发操作的机会，但也使数据保护的工作变得更加困难，因为有多种访问模式要顾虑周全。在这些支持并发访问的数据结构的设计过程中，精准把握各种操作的特性极其重要。

我们以查找表（lookup table）为例，来看看并发设计会牵涉什么议题。

6.3.1 采用锁编写线程安全的查找表

查找表（又称“字典”）关联键类型的值（key type）和映射目标类型的值（mapped type），两种类型可以相同，也可以不同。该数据结构的用途通常是根据给定的键查找数据。在 C++标准库中，这一功能由关联容器提供：std::map<>、std::multimap<>、std::unordered_map<>和 std::unordered_multimap<>。

查找表的使用方式不同于栈容器或队列容器。栈容器和队列容器的几乎每项操作都会进行改动，或增加元素，或删减元素，查找表却鲜有改动。代码清单 3.13 借用 std::map<>实现了简单的 DNS 缓存表，即以上情形的示例。相比之下，DNS 缓存表的接口受到大幅度裁减。我们通过 6.2 节的栈容器和队列容器已经分析清楚，在多线程并发访问的数据结构中，标准库容器的接口并不适合，因为它们原有的接口设计存在固有的条件竞争，所以其接口需做裁减或修改。

从并发的角度考虑，std::map<>接口中的最大问题是迭代器。有一种思路是通过迭代器访问容器内部，即便有其他线程访问（并改动）容器数据，迭代器所提供的访问依然安全。这虽然可行，但颇为棘手。要令迭代器正确运行，我们就必须面对诸多问题，这些问题处理起来相当复杂，例如一个线程要删除某个元素，而它却正被迭代器引用。所以，我们从迭代器“开刀”，先将它从线程安全的查找表的接口中剔除。考虑到 std::map<>严重依赖迭代器（标准库中的其他关联容器亦然），我们最好还是将其搁置，自己从头设计接口。

查找表上只有几项基本操作。

- 增加配对的键/值对。
- 根据给定的键改变关联的值。
- 移除某个键及其关联的值。
- 根据给定的键获取关联值（若该键存在）。

一些针对容器自身的整体操作也十分有用，如检查容器是否为空、以“快照”方式复制所有键或全体键/值对。

如果我们严守朴素的、线程安全的设计准则，简单采用互斥锁完整保护每个成员函数，那么这些成员函数的调用在其他线程的改动前发生或在改动后发生，全都能安全执行。最可能诱发条件竞争的情形是键/值对的加入：如果两个线程分别加入两个键/值对，其键相等而值不同（形如 K/V1 和 K/V2），那么由于其中一个添加操作会首先执行，因此另一个操作会失败。一种可行的解决方法是融合添加和改动操作，将其组成一个单独的新成员函数，类似于代码清单 3.13 的 DNS 缓存表的处理方式。

从接口自身的角度分析，则还有一点要特别处理，依据键获取其关联值的前提是“若该键存在”。我们其实可以准许用户预设一默认值，如果所查的键不存在，就返回该值充当结果。

```
mapped_type get_value(key_type const& key, mapped_type default_value);
```

上面的函数中，若用户没有明确提供他指定的默认值，代码则按默认构造的方式生成 mapped_type 类型的实例。这个函数可以扩展，改变返回值的所属类型，从原来的 mapped_type 实例改为 std::pair<mapped_type,bool>实例，其中的布尔值说明该键的查找成功与否。

还有一个办法：返回智能指针，指向查找目标的关联值，如果指针为NULL，则说明查找失败，无值返回。我们已经解释过，只要确定了接口（假设接口中没有条件竞争），就可以用一个互斥，简单地对每个成员函数都加锁，保护底层数据结构，从而保证查找表的线程安全。数据结构的各成员函数分别独立地读写，这些操作本来具备条件按并发方式执行，但以上做法杜绝了并发的可能。为了实现并发操作，我们可以模仿代码清单3.13，选用 std::shared_mutex，它同时支持多个读线程和一个写线程。虽然这的确会提高并发访问的可能性，但每次依然只有一个线程可以改动数据结构。我们肯定希望实现更好的效果。

设计采用精细粒度锁操作的map数据结构

6.2.3节讨论过并发队列容器，为了容许精细粒度锁操作，我们需要谨慎考察数据结构的底层细节，而不是将一个现成的容器包装起来。所以，这里 std::map<>并不适合。有3种常用的方法可以实现关联容器，类似于前文的查找表。

- 二叉树，如红黑树。
- 有序数组。
- 散列表。

要增加并发操作的机会，二叉树并不怎么具备潜力：它每次查找或改动都要从根节点开始访问，因而必须对其加锁。访问线程会逐层向下移动，根节点上的锁会随之释放。尽管如此，比起为整个数据结构单独使用一个锁，这种情形好不了多少。

有序数组则更差，因为它无法预知所需查找的目标的位置，我们唯有对整个数组使用单一的锁。

因此，散列表披挂上阵。假定散列表具有固定数量的桶，每个键都属于一个桶，键本身的值和散列函数决定键具体属于哪个桶[1]。这让我们可以安全地为每个桶使用独立的锁。若再采用共享锁，支持多个读线程或一个写线程，就会令并发操作的机会增加 N 倍，其中 N 是桶的数目。其短处是，我们需要一个针对键的散列函数。我们可以使用C++标准库提供的函数模板 std::hash<>。该函数已经具备针对基础类型的特化版本，如 int 和 std::string，用户也可以方便地对其他类型的键进行特化。若我们沿袭标准库的无序容器的模式，在模板参数中接收函数对象类型，并由其执行散列运算，那么用户还能自行决定是否针对键类型特化 std::hash<>，或者提供一个独立的散列函数。

线程安全的查找表的具体实现是怎样的呢？代码清单6.11是一种可行的实现。我们接着来分析代码。

1 译者注：有关散列表的详细说明，请读者自行参阅相关数据结构的资料。

代码清单 6.11 线程安全的查找表

```
template<typename Key,typename Value,typename Hash=std::hash<Key>>
class threadsafe_lookup_table
{
private:
    class bucket_type
    {
    private:
        typedef std::pair<Key,Value> bucket_value;
        typedef std::list<bucket_value> bucket_data;
        typedef typename bucket_data::iterator bucket_iterator;
        bucket_data data;
        mutable std::shared_mutex mutex;    ⇽——①

        bucket_iterator find_entry_for(Key const& key) const    ⇽——②
        {
            return std::find_if(data.begin(),data.end(),
                                [&](bucket_value const& item)
                                {return item.first==key;});
        }
    public:
        Value value_for(Key const& key,Value const& default_value) const
        {
            std::shared_lock<std::shared_mutex> lock(mutex);    ⇽——③
            bucket_iterator const found_entry=find_entry_for(key);
            return (found_entry==data.end())?
                default_value:found_entry->second;
        }
        void add_or_update_mapping(Key const& key,Value const& value)
        {
            std::unique_lock<std::shared_mutex> lock(mutex);    ⇽——④
            bucket_iterator const found_entry=find_entry_for(key);
            if(found_entry==data.end())
            {
                data.push_back(bucket_value(key,value));
            }
            else
            {
                found_entry->second=value;
            }
        }
        void remove_mapping(Key const& key)
        {
            std::unique_lock<std::shared_mutex> lock(mutex);    ⇽——⑤
            bucket_iterator const found_entry=find_entry_for(key);
            if(found_entry!=data.end())
            {
                data.erase(found_entry);
            }
```

```
        }
    };
    std::vector<std::unique_ptr<bucket_type>> buckets;  ⑥
    Hash hasher;
    bucket_type& get_bucket(Key const& key) const  ⑦
    {
        std::size_t const bucket_index=hasher(key)%buckets.size();
        return *buckets[bucket_index];
    }
public:
    typedef Key key_type;
    typedef Value mapped_type;
    typedef Hash hash_type;
    threadsafe_lookup_table(
        unsigned num_buckets=19,Hash const& hasher_=Hash()):
        buckets(num_buckets),hasher(hasher_)
    {
        for(unsigned i=0;i<num_buckets;++i)
        {
            buckets[i].reset(new bucket_type);
        }
    }
    threadsafe_lookup_table(threadsafe_lookup_table const& other)=delete;
    threadsafe_lookup_table& operator=(
        threadsafe_lookup_table const& other)=delete;
    Value value_for(Key const& key,
                    Value const& default_value=Value()) const
    {
        return get_bucket(key).value_for(key,default_value);  ⑧
    }
    void add_or_update_mapping(Key const& key,Value const& value)
    {
        get_bucket(key).add_or_update_mapping(key,value);  ⑨
    }
    void remove_mapping(Key const& key)
    {
        get_bucket(key).remove_mapping(key);  ⑩
    }
};
```

这个实现采用 std::vector<std::unique_ptr<bucket_type>>来放置桶⑥，可以通过其构造函数设定桶的数目。散列表所含有的桶的数目最好是质数，代码清单 6.11 设置 19 为默认数目，它是个随意挑选的质数。每个桶都分别由独立 std::shared_mutex 的实例保护①，它们都支持多个并发读取，或单个涉及改动的函数调用。

由于桶的数目固定，因此 get_bucket()函数⑦的调用无须锁保护⑧⑨⑩，并且根据各函数的不同操作特性，桶互斥可以按共享方式加锁（只读）③，也可以按独占方式加锁（读/写）④⑤。

桶由内部类 bucket_type 实现，它含有成员函数 find_entry_for()②，用于判断桶内是否含有给定的数据。这个类的另外 3 个成员函数会用到它，每个桶都含有一个 std::list<>链表以存储键/值对，因此数据的增删都很容易。

我们已从并发的角度分析过，互斥锁稳妥地保护了一切。但代码在异常方面是否安全？成员函数 value_for()不进行任何改动，即便抛出异常，也不会影响数据结构，所以没有问题。remove_mapping()通过 erase()调用改动链表，但该调用肯定不会抛出异常，因此它是安全操作。最后就剩下 add_or_update_mapping()，它含 if 语句，两个分支流程都有可能抛出异常。若 if 条件成立就运行 push_back()，这是异常安全的操作，即便抛出异常，链表也会保持原样，故该分支没问题。假如原来已经存在目标键/值对，则会执行另一分支的赋值操作，以新值替换原值，仅有这种情况可能产生问题。万一赋值操作抛出异常，我们就只能期望原值没有发生改动。然而，整体的数据结构并未受此影响，而且值的类型由查找表的使用者提供，所以我们大可将异常留待使用者善后，这是安全的处理方式。

我们在本节的开头提过，如果再加入一些功能，查找表就“如虎添翼”，“数据快照”是选择之一，它以快照形式取得查找表的当前状态，如保存为 std::map<>。该功能要求锁住整个数据结构，即所有桶都被锁住，这样做是为了确保获取的副本数据与查找表的状态保持一致。查找表上的普通操作每次只需锁住一个桶，这是唯一一项锁住全部桶的操作。所以，只要我们每次都按相同的顺序对每个桶加锁（譬如按照桶的序号的递增顺序），就没有机会发生死锁。代码清单 6.12 展示了“数据快照”的实现代码。

代码清单 6.12　取得 threadsafe_lookup_table 的内容，并保存为 std::map<>

```
std::map<Key,Value> threadsafe_lookup_table::get_map() const
{
    std::vector<std::unique_lock<std::shared_mutex>> locks;
    for(unsigned i=0;i<buckets.size();++i)
    {
        locks.push_back(
            std::unique_lock<std::shared_mutex>(buckets[i].mutex));
    }
    std::map<Key,Value> res;
    for(unsigned i=0;i<buckets.size();++i)
    {
        for(bucket_iterator it=buckets[i].data.begin();
            it!=buckets[i].data.end();
            ++it)
        {
            res.insert(*it);
        }
    }
    return res;
}
```

代码清单 6.11 的实现分别对每个桶都独立加锁，还使用了共享互斥 std::shared_

mutex，准许对同一个桶并发执行读操作，从而从整体上增加并发操作查找表的机会。

然而，怎样才能运用粒度更精细的锁操作，令桶的并发潜力进一步释放呢？我们在 6.3.2 节中将要完全做到这点：实现支持迭代器的线程安全的链表。

6.3.2 采用多种锁编写线程安全的链表

链表是最基本的数据结构之一，所以我们应能直截了当地写出其线程安全版本。果真如此吗？其实，是否如此取决于我们想实现的功能，若要让链表提供迭代器支持，那就太过复杂了，正因如此，我们在前面介绍散列表时特意回避了这一功能。如果容器提供了支持 STL 风格的迭代器，那么根本问题就是，它必须按某种形式持有引用，指向内部数据结构。若准许别的线程同时改动容器，该引用就必须保持有效，进而要求迭代器在数据结构的部件上持锁。以上思路并不可取，因为我们必须考虑到，STL 风格的迭代器的生命期完全不受其容器控制。

另一种方法是，让容器以成员函数形式提供迭代功能，例如 for_each()。这让容器直接管控迭代操作和锁操作，但却违背了第 2 章有关避免死锁的内容。如果 `for_each()` 的存在要有意义，它就必须在持有内部锁的时候运行用户代码。不仅如此，它还必须向用户代码传递每一项数据，这样才可以让用户代码对其进行操作。数据应该按值传递，而非按引用方式，但若数据过于庞大，则会造成高昂的开销。

结果，我们唯有寄希望于使用者，由他们自己保证，他们所提供的用户代码不会试图获取锁，也不会向锁的作用域意外传递数据的引用，从而预防死锁和数据竞争。前文的查找表内部用到了链表，由于我们设计谨慎，因此避免了任何出错的可能，该例的使用方式相当安全。

那剩下的问题是，我们的链表需要对外提供什么操作？我们来回顾代码清单 6.11 和代码清单 6.12，看看链表所需要的操作。

- 向链表加入数据。
- 根据一定的条件从链表移除数据项。
- 根据一定的条件在链表中查找数据。
- 更新符合条件的数据。
- 向另一容器复制链表中的全部数据。

若为链表增加更多功能（如按位置插入数据），将有助于其成为更好、更通用的容器，但这并非查找表所必需的操作，因此把它留给读者作为练习。

链表若要具备精细粒度的锁操作，则基本思想是让每个节点都具备自己的互斥。如果链表增长，互斥数量也会变多！这种做法的好处是，可以在链表不同部分执行真正的并发操作：每个操作仅仅需要锁住目标节点，当操作转移到下一个目标节点时，原来的锁即可解开。代码清单 6.13 展示了按这种模式实现的链表。

代码清单 6.13 支持迭代功能的线程安全的链表

```
template<typename T>
class threadsafe_list
{
    struct node    <——①
    {
        std::mutex m;
        std::shared_ptr<T> data;
        std::unique_ptr<node> next;
        node():    <—┐②
            next()
        {}
        node(T const& value):    <——③
            data(std::make_shared<T>(value))
        {}
    };
    node head;
public:
    threadsafe_list()
    {}
    ~threadsafe_list()
    {
        remove_if([](node const&){return true;});
    }
    threadsafe_list(threadsafe_list const& other)=delete;
    threadsafe_list& operator=(threadsafe_list const& other)=delete;
    void push_front(T const& value)
    {
        std::unique_ptr<node> new_node(new node(value));    <——④
        std::lock_guard<std::mutex> lk(head.m);
        new_node->next=std::move(head.next);    <——⑤
        head.next=std::move(new_node);    <—┐⑥
    }
    template<typename Function>
    void for_each(Function f)    <——⑦
    {
        node* current=&head;
        std::unique_lock<std::mutex> lk(head.m);    ⑧
        while(node* const next=current->next.get())    <——⑨
        {
            std::unique_lock<std::mutex> next_lk(next->m);    <——⑩
            lk.unlock();    <——⑪
            f(*next->data);    <——⑫
            current=next;
            lk=std::move(next_lk);    <——⑬
        }
    }
    template<typename Predicate>
    std::shared_ptr<T> find_first_if(Predicate p)    <——⑭
    {
        node* current=&head;
        std::unique_lock<std::mutex> lk(head.m);
```

```
        while(node* const next=current->next.get())
        {
            std::unique_lock<std::mutex> next_lk(next->m);
            lk.unlock();
            if(p(*next->data))         ⑮
            {
                return next->data;    ⑯
            }
            current=next;
            lk=std::move(next_lk);
        }
        return std::shared_ptr<T>();
    }
    template<typename Predicate>
    void remove_if(Predicate p)       ⑰
    {
        node* current=&head;
        std::unique_lock<std::mutex> lk(head.m);
        while(node* const next=current->next.get())
        {
            std::unique_lock<std::mutex> next_lk(next->m);
            if(p(*next->data))                            ⑱
            {
                std::unique_ptr<node> old_next=std::move(current->next);
                current->next=std::move(next->next);    ⑲
                next_lk.unlock();
            }                                     ⑳
            else
            {
                lk.unlock();    ㉑
                current=next;
                lk=std::move(next_lk);
            }
        }
    }
};
```

代码清单 6.13 所示的 threadsafe_list<>是单向链表，其中每个节点都是 node 结构体①。链表的头节点是按照默认构造方式生成的，它的 next 指针是 NULL②。新节点通过 push_front()函数加入。新节点的创建过程如下③：先在堆数据段上分配内存④，next 指针此时为 NULL；然后我们锁住头节点的互斥，以便正确读取其 next 指针，并将其指向新节点的 next 指针⑤，再将头节点的 next 指针改为指向新节点⑥，这样就将新节点插入链表头部。

运行到这里，一切安好：我们只需要锁住一个互斥，即可向链表添加新数据，而且没有发生死锁的可能。另外，虽然内存分配过程缓慢，但它在锁的作用范围之外发生，因此锁保护的只是几个指针的更新，它们肯定不会出问题。下面看迭代函数。

首先，我们来分析 for_each()⑦。该项操作接收一个按值传递的参数，其类型名为 Function，与 C++标准库中的大多数算法一样，该参数可能是原生函数，也可能是具有函数调用操作符的函数对象，它所表示的函数对链表中的每个元素产生作用。本例中，该函数必须接收一个类型为 T 的值作为参数。我们在 for_each()内部沿着链表前进交替加锁。最开始，我们锁住头节点的互斥⑧。然后我们通过 next 指针上的 get()调用，安全地获取指向下一节点的指针（因为 next 指针属于 unique_ptr<node>类型，如果由对象本身直接赋值，将夺走指针的归属权）。只要取得的指针不是 NULL⑨，我们就锁定它指向的"下一节点"⑩，以便处理其所含数据。一旦我们锁住了下一节点，即可释放"当前节点"上的锁⑪，并按传入的 for_each()的参数调用指定的函数⑫。

等到函数运行完成，我们就更新"当前指针"，使其指向刚刚处理过的"下一节点"，并将 next_lk 所持有的锁转移给 lk⑬。for_each()将每项数据都直接传入用户给出的函数，我们在必要时可通过该函数更新数据，或将数据复制到另一个容器，或执行任何其他操作。假如用户提供的函数遵守多线程的行为准则，以上模式就完全安全，因为在其调用期间，目标数据项的节点所含的互斥全程加锁。

find_first_if()⑭与 for_each()类似，两者最关键的区别是，find_first_if()如果找到了匹配的数据，用户给出的 Predicate 断言函数就必须返回 true，否则返回 false⑮。一旦遇到匹配的数据，我们就停止查找，返回找到的数据⑯。我们本来也可以通过 for_each()进行查找，但按其运行模式，即使发现了匹配的数据，也会毫无意义地迭代下去，处理完链表的剩余部分。

remove_if()⑰则稍稍不同，该函数需要更新链表，其操作无法通过 for_each()完成。如果用户给出的 Predicate 断言函数在某节点上返回 true⑱，我们即通过改变 current→next 而从链表移除该节点⑲。我们在改动完成后随即解锁"下一节点"中的互斥。我们令智能指针 old_next 暂时指向目标节点，它的所属类型为 std::unique_ptr<node>，一旦它所在的 if()分支结束运行⑳，该智能指针随即自动销毁，因而也连带删除目标节点。这种情形中删除的是 `current->next` 原本指向的节点，所以 current 指针并不更新，我们需要从新的"下一节点"继续操作。如果 Predicate 断言函数返回 false，我们就移动到下一节点再进行考察㉑。

那么，这些互斥上会存在死锁或条件竞争吗？答案非常明确：不会。但其前提是，用户给出的断言函数和功能函数代码编写得当，遵守多线程行为准则。迭代操作是单向进行的，总是从头节点开始，并且都是先锁住"下一节点"的互斥，然后才解锁"当前节点"的互斥。所以，不同线程上的锁操作顺序不可能有异。在 remove_if()⑳中，删除的目标节点最后会被销毁，这是引发条件竞争的唯一可能，因为销毁行为在解锁以后发生（否则，销毁节点在前，但它所含的互斥已被锁住，销毁已锁互斥是未定义行为）。但我们深入思考就会发现，那其实是安全操作，因为我们仍然在 current 指针所指向的节点上持有锁，所以在删除过程中，没有线程可以越过当前节点，从被删节点上获取锁。

并发操作的机会又如何呢？这个链表采用了精细粒度的锁操作，目标是摆脱单一的全局互斥，从而增加并发操作的机会。我们做到这点了吗？是的，我们做到了：不同的线程可以同时在不同的节点上工作，无论具体的操作是利用 for_each()处理数据，还是利用 find_first_if()进行查找，还是通过 remove_if()删除节点。互斥的加锁顺序必须按链表中节点的前后顺序进行，故多线程间不能出现“超越他人的处理节点”。若一个线程需在某节点上耗费特别长的时间，那么其他线程在到达该节点时就不得不等待。

6.4 小结

本章首先从并发设计的内涵开始，并就此给出了一些指引。然后，我们分析了几种常见的数据结构的设计，包括栈、队列、链表和查找表，通过锁操作保护数据，预防数据竞争，并着眼于并发访问的设计方法，探讨了如何将本章前部分的指引用于具体实现。现在，读者应该有能力审视自己设计的并发数据结构，考察哪里具有实现并发访问的机会，哪里可能存在数据竞争的隐患。

第 7 章　设计无锁数据结构

本章内容：

- 无锁数据结构的设计与实现。
- 在无锁数据结构中管理内存的技法。
- 实现无锁数据结构的简单原则。

第 6 章从综合视角着眼，阐述了设计并发数据结构的基本要素，给出了保证线程安全的设计原则，还在几种常见的数据结构上进行了验证，并且分析了一些实现范例，其中采用了互斥和锁保护共享数据。在前几个范例中，数据结构作为整体，只受到单个互斥的保护，后面的范例则使用了多个互斥，在数据结构内部保护多个组件，使之得以接受更高程度的并发访问。

互斥是一种强有力的保障机制，能避免条件竞争或破坏不变量，从而让数据结构安全地接受多个线程访问。如果采用了互斥，分析代码的行为便因此变得相对简单、直观：程序要么无法锁住互斥，不执行任何操作，要么成功锁定互斥，在保护状态下存取数据。遗憾的是金无足赤，第 3 章已经以实例说明，带有缺陷的加锁方式将导致死锁；我们还学习过基于锁的队列和查找表，知晓不同粒度的锁会影响实际的并发程度。只要摆脱锁，实现支持安全并发访问的数据结构，就有可能解决上述问题。这种数据结构称为无锁数据结构。

第 5 章介绍了原子操作的内存次序，本章则把其特性用于实战，实现无锁数据结构。请读者务必完全读懂第 5 章的所有内容，它们对理解本章至关重要。在设计这些无锁数据结构时，我们需要极为小心、谨慎，因为它们的正确实现相当不容易，而导致代码出错的情形可能难以复现。下面，我们先来探究无锁数据结构的定义和推论，然后分析几个范例，以展现其实用意义，并给出一些通用原则。

7.1 定义和推论

算法和数据结构中只要采用了互斥、条件变量或 future 进行同步操作，就称之为阻塞型算法和阻塞型数据结构。如果应用程序调用某些库函数，发起调用的线程便会暂停运行，即在函数的调用点阻塞，等到另一线程完成某项相关操作，阻塞才会解除，前者才会继续运行。所以，这种库函数的调用被命名为阻塞型调用。操作系统往往会把被阻塞的线程彻底暂停，并将其时间片分配给其他线程，等到有线程执行了恰当的操作，阻塞方被解除。恰当的操作可能是释放互斥、知会条件变量，或是为 future 对象装填结果值而令其就绪。

算法和数据结构若没有采用上述阻塞型库函数调用，则对应地称为非阻塞型（nonblocking）算法和非阻塞型数据结构。我们先来考察一些非阻塞型数据结构，不过，其中几种还是涉及锁。

7.1.1 非阻塞型数据结构

第 5 章以自旋锁的形式实现了基本的互斥类，其中用到了 std::atomic_flag 原子变量，代码清单 7.1 重新列出代码。

代码清单 7.1 采用 std::atomic_flag 实现自旋锁互斥

```
class spinlock_mutex
{
    std::atomic_flag flag;
public:
    spinlock_mutex():
        flag(ATOMIC_FLAG_INIT)
    {}
    void lock()
    {
        while(flag.test_and_set(std::memory_order_acquire));
    }
    void unlock()
    {
        flag.clear(std::memory_order_release);
    }
};
```

代码清单 7.1 没有调用任何阻塞型函数。lock()不断循环，直到 test_and_set()函数返回 false 才停止。自旋锁正得名于此——代码在循环中“自旋”。由于代码中不存在阻塞型调用，因此借这一互斥保护数据的线程均不会发生阻塞。尽管 spinlock_mutex 并不属于无锁数据结构，但依然存在互斥，且任何时刻都只能由一个线程锁定。此例说明了，若仅知道某个型别/函数具备非阻塞特性，在绝大多数情况下并不足以准确判断其适用性。实践中，我们需要参考下列详细定义，根据适用的条款，分辨该型别/函数属于哪一类。

- 无阻碍（obstruction-free）：假定其他线程全都暂停，则目标线程将在有限步骤内完成自己的操作。
- 无锁（lock-free）：如果多个线程共同操作同一份数据，那么在有限步骤内，其中某一线程能够完成自己的操作。
- 免等（wait-free）：在某份数据上，每个线程经过有限步骤就能完成自己的操作，即便该份数据同时被其他多个线程所操作。

绝大多数时候，无阻碍算法并不切实有用，因为其他线程全都暂停的情形极少出现，它更多用于刻画错误的无锁实现代码的特征。我们先来深入了解这些特征的细节，从无锁数据结构开始，然后延伸到其他各种数据结构。

7.1.2 无锁数据结构

如果某数据结构具备无锁特性，那么它必须能够同时接受多个线程的访问，但多个线程所执行的操作不一定相同：无锁队列准许一个线程压入数据，另一线程则同时弹出数据，但若两个线程同时压入新数据，却有可能导致出错。不仅如此，假设某线程访问该数据结构，操作系统的调度器却在操作到中途时令其停止，那么其他线程必须依然能分别完成自己的操作，而不必等待暂停的线程。

一旦在算法中对数据结构执行比较-交换操作，其中就通常会含有循环。在当前线程更新目标数据结构的过程中，别的线程有可能同时改动了同一数据结构，故需借比较-交换操作来判定这种情况是否出现。若出现，则当前线程需重新执行部分操作，并再次进行比较-交换操作。假设别的线程被暂停运行，而比较-交换操作最终得以成功执行，这份代码就是无锁实现；否则，内含比较-交换操作的循环其实成了自旋锁，虽然不会造成阻塞，却不属于无锁实现。

如果无锁算法含有上述循环，就有可能令某一个线程“受饿”[1]。设想有两个并发线程，其中一个按部就班地执行操作，另一个总是在“错误”的时机开始执行操作，结果被迫中止，且反复重新开始，试图完成其操作。免等数据结构和无锁数据结构能避免这一问题。

---

1 译者注：即 starvation，指某个/某些线程被其他线程抢占 CPU 资源，自身只分配到极少的执行时间，甚至完全没有，运行几乎停滞或完全停滞。

7.1.3 无须等待的数据结构

无须等待的数据结构（wait-free data structure，以下简称“免等数据结构”）是具备额外功能的无锁数据结构，如果它被多个线程访问，不论其他线程上发生了什么，每个线程都能在有限步骤内完成自己的操作。若多个线程之间存在冲突，导致某算法无限制地反复尝试执行操作，那它就不是免等算法。本章的大部分范例都具有上述特性，它们都含有一个 while 循环，在里面执行 compare_exchange_weak()或 compare_exchange_strong()，且循环次数不进行限制。线程调度由操作系统掌控，可能导致某一线程的循环次数超乎寻常的多，而其他线程的循环次数却很少。因此，以上方式都不是免等操作。

正确写出免等数据结构极其困难。为了令每个线程都在有限步骤内完成自己的操作，我们必须确保，各项操作能在一次执行中顺利完成，并且，如果某线程运行多个步骤，其中每一步都不会导致别的线程操作失败。一旦算法涉及多步操作，它在总体上就变得非常复杂。

既然无锁数据结构和免等数据结构的实现极其困难，我们若要亲手实现，就需要强有力的理由：为了令收益高于代价。下面我们来逐点权衡利弊。

7.1.4 无锁数据结构的优点和缺点

本质上，采用无锁数据结构的首要原因是：最大限度地实现并发。在基于锁的容器上，若某个线程还未完成操作，就大有可能阻塞另一线程，使之陷入等待而无法进行处理；而且，互斥锁的根本意图就是杜绝并发功能。在无锁数据结构上，总是存在某个线程能执行下一步操作。免等数据结构则完全无须等待，每个线程都能运行无碍，不论别的线程正同时执行什么操作。这种特性十分吸引人，但却难以实现。免等数据结构的代码太容易出现偏差，最终写成自旋锁。

采用无锁数据结构的第二个原因是代码健壮性。假设数据结构的写操作受锁保护，如果线程在持锁期间终止，那么该数据结构只完成了部分改动，且此后无从修补。但是，若某线程操作无锁数据时意外终结，则丢失的数据仅限于它持有的部分，其他数据依然完好，能被别的线程正常处理。

另一方面，若我们无法限制多个线程访问无锁数据结构，就必须谨慎行事，力求保持不变量成立，或选取别的可以一直成立的不变量作为替代。我们还须留心施加在各项操作上的内存次序约束。数据的修改必须采用原子操作，以免出现与数据竞争相关的未定义行为。但这尚不足以高枕无忧。我们必须保证，就其他线程的观察所见，各项修改步骤仍然保持正确次序。换言之，如果对线程安全的无锁数据结构执行写操作，其难度远远高于对带锁的数据结构执行写操作。

由于无锁数据结构完全不含锁，因此不可能出现死锁，但活锁（live lock）反而有机会出现。假设两个线程同时更改同一份数据结构，若它们所做的改动都导致对方从头开始操作，那双方就会反复循环，不断重试，这种现象即为活锁。设想两人狭道相逢，若他们同时前进，便都堵在路上，只好后退，再试图上路。除非其中一人先行通过（或经过协商，或快步走完狭道，或全凭运气），否则循环不停止。在这个简单的例子中，活锁出现与否完全取决于线程的调度次序，故往往只会短暂存在。因此，它们仅降低了程序性能，尚不至于造成严重的问题，但我们仍需小心防范。根据定义，在免等代码中，执行一项操作所需步骤的数目总是被设定了上限，所以不存在活锁问题。这种模式的缺点在于，相关算法很可能比别的算法复杂，即便没有其他线程同时访问数据结构，也依然要执行更多步骤。

这一缺点会降低无锁代码和免等代码的效率：虽然它提高了操作同一个数据结构的并发程度，缩短了单个线程因等待而消耗的时间，却也有可能降低整体性能。首先，对比非原子操作，无锁代码所采用的原子操作要缓慢很多。对于基于锁的数据结构，其原子操作仅涉及互斥的加锁行为，相比之下，无锁数据结构中原子操作的数目很可能更多。不仅如此，如果多个线程访问相同的原子变量，则硬件必须在线程之间同步数据。我们将在第 8 章看到，这还会造成缓存乒乓现象，导致严重的性能损耗。一如既往，无论是基于锁的数据结构，还是无锁数据结构，在提交代码之前，我们都有必要核查与性能相关的各项指标（其中包括最差等待时间、平均等待时间、整体执行时间，以及其他方面）。

接下来，我们来学习一些代码范例。

7.2 无锁数据结构范例

下面，我们将学习一系列简单数据结构的无锁实现，它们示范了设计无锁数据结构所用的一些技法。这些技法很有用，其通过每个范例逐一展示，分别侧重解释设计无锁数据结构的各处细节。

7.1 节曾提到，无锁数据结构依赖于原子操作，以及相关的内存次序约束，后者的作用是令其他线程按正确内存次序见到数据操作的过程。默认内存次序 memory_order_seq_cst 最易于分析和推理（请记住，全部 memory_order_seq_cst 次序的操作形成确定且唯一的总序列），因此在最先列举的范例中，我们给全部原子操作施加这种内存次序约束。接着，我们将在后续范例中放宽一些内存次序约束，改成 memory_order_acquire 次序或 memory_order_release 次序，甚至 memory_order_relaxed 次序。尽管本节的范例均未直接使用互斥锁，但还请读者牢记于心：只有原子标志 std::atomic_flag 的实现可以保证无锁。在部分平台上，某些代码看似无锁，却用到了 C++标准库中的内部锁（详见第 5 章）。就那些平台而言，简单的、基于锁的数据结构可能更为适合，但选择不只这一项。我们必须明确需求，并对各套满足条件的备选方案进行性能剖析，然后挑出一份合适的予以实现。

接下来，我们从头开始，再次分析最简单的数据结构：栈容器。

7.2.1 实现线程安全的无锁栈[1]

栈容器的基本设定前提相对简单：栈容器能加入数据，然后按逆序取出——后进先出（Last In，First Out，LIFO）。因此，我们必须保证，一旦某线程将一项数据加入栈容器中，就能立即安全地被另一个线程取出，同时还得保证，只有唯一一个线程能获取该项数据。最简单的栈容器可以通过链表的形式实现：指针 head 指向第一个节点（即将被取出的节点），各节点内的 next 成员指针再依次指向后继节点。

按照这种方案，添加节点相对简单。

步骤 1：创建新节点。

步骤 2：令新节点的成员指针 next 指向当前的头节点。

步骤 3：把 head 指针指向新节点。

上述步骤在单线程环境下行之有效，但是，如果其他线程同时修改栈容器，这些操作可能不足以胜任。关键问题是，若两个线程同时添加节点，步骤 2 和步骤 3 之间就会产生数据竞争：假设某线程完成了步骤 2，即头节点已读出，但尚未执行步骤 3，所以头节点没来得及更新，趁此间隙，另一线程有可能抢先改动 head 指针。因此出现了条件竞争，导致该抢先改动失效，甚至导致更严重的后果。在着手解决问题前，还请读者务必留意指针 head 的更新：一旦它指向了新节点，其他线程便能读取。因此，我们必须先妥当准备好新节点，才可以设置指针 head 指向它，而之后再也无法修改该节点的内部数据。

那么，要解决这个棘手的条件竞争，我们该怎么做？答案是步骤 3 改用原子化的比较-交换操作，使 head 指针由步骤 2 读出后就不再改动。万一发生改动，我们就循环重试。代码清单 7.2 展示了如何实现线程安全的无锁 push()。

代码清单 7.2 push()的无锁实现

```
template<typename T>
class lock_free_stack
{
private:
    struct node
    {
        T data;
        node* next;
        node(T const& data_):    ⊲——①
            data(data_)
        {}
    };
    std::atomic<node*> head;
public:
    void push(T const& data)
```

1 译者注：7.2 节中所指的栈均在内部采用链表作为底层实现，为免混淆，一律统称栈容器。

```
    {
        node* const new_node=new node(data);  <——┘②
        new_node->next=head.load();            <——┘③
        while(!head.compare_exchange_weak(new_node->next,new_node));  <——┐④
    }
};
```

代码清单 7.2 完美契合了前文的 3 个操作步骤：创建新节点②，令新节点的成员指针 next 指向当前的头节点③，将 head 指针指向新节点④。实质数据通过 node 的构造函数装填到结构体中①，从而确保它在构造完毕时就彻底备妥，相关问题遂轻松解决。接着，我们在④处运用 compare_exchange_weak()做判断，确定 head 指针与 new_node→next 所存储的值③是否依然相同，若相同，就将 head 指针改为指向 new_node。这行代码充分利用了比较-交换函数的功能，甚为精妙：若它返回 false，则表明对比的两个指针互异（head 指针被其他线程改动过），第一个参数 new_node→next 就被更新成 head 指针的当前值。因此，我们不必每一轮循环都重新加载 head 指针，因为比较-交换函数已代我们处理好了。还有，只要对比结果表明两个指针互异，程序便直接继续循环，故这里采用了 compare_exchange_weak()，其好处是在某些硬件架构上，编译器生成的代码相较 compare_exchange_strong()更优。

尽管我们还没实现弹出操作 pop()，但依然可以快速核查 push()是否符合设计原则。唯一有可能抛出异常的位置是新节点构造之处①，但节点本身会自行清理，而且栈容器尚未被改动，故代码很好地满足异常安全。我们先构建出实质数据，再将其作为节点内容存入栈容器中，并采用 compare_exchange_weak()更新 head 指针，遂不存在恶性条件竞争。只要比较-交换操作成功执行，新节点的压栈行为就可以完成，并可随时弹出。这段代码不含锁，故绝不会出现死锁。综上所述，push()函数顺利通过核查。

我们已经有办法向栈容器添加数据，现在需要实现弹出的方法。表面上，这十分简单。

步骤 1：读取 head 指针的当前值。

步骤 2：读取 head→next。

步骤 3：将 head 指针的值改为 head→next 的值。

步骤 4：弹出原栈顶节点 node，获取其所含数据 data 作为返回值。

步骤 5：删除已弹出的节点。

然而，一旦涉及多线程，事情就不再简单。如果两个线程同时从栈容器弹出数据，便有可能都在步骤 1 读出同一个 head 指针的值。假设一个线程顺畅地完成 5 个步骤后，另一个线程却较为缓慢，才开始执行步骤 2，那么它将对悬空指针解引用，这是编写无锁代码的最棘手的问题之一。我们先忽略步骤 5，暂且容许节点泄漏内存。

即便如此，余下问题仍无法解决。再一个问题是：若两个线程所读取的指针 head 的值相同，则其返回值都取自同一个节点。这违背了栈容器的设计原意，应当避免。我们采用比较-交换操作来更新 head 指针，从而防范数据竞争，这与 push()中的手法相同。假定比较-交换操作失败，即表明或者别的线程压入了新节点，或者别的线程弹出了栈

顶节点。无论出现哪种情形，我们都要回到步骤 1 从头开始操作（尽管比较-交换操作已自动重新读取了 head 指针）

一旦比较-交换操作成功，我们便知晓，只有当前线程正在改动栈容器，从栈顶弹出节点，步骤 4 遂得以安全执行。

下面是 pop()的第一个版本：

```
template<typename T>
class lock_free_stack
{
public:
    void pop(T& result)
    {
        node* old_head=head.load();
        while(!head.compare_exchange_weak(old_head,old_head->next));
        result=old_head->data;
    }
};
```

虽然这段代码短小精悍，却仍有一些瑕疵（暂且不论节点的内存泄漏）。第一个问题是它没处理空栈：如果 head 指针为空，而代码试图读取其 next 指针，就会导致未定义行为。只要在 while 循环中查验 head 指针是否为 nullptr，并且针对空栈抛出异常，或返回布尔值示意 pop()操作成功与否，这个问题即迎刃而解。

第二个问题关乎异常安全。回顾第 3 章，初次介绍线程安全的栈容器时，我们就了解到，以值的形式返回对象存在异常安全的隐患：如果复制返回值导致异常抛出，便会造成返回值丢失。针对这一情形，可向 pop()函数传入引用以获取结果。这种解决方法原本尚能接受，因为即便有异常抛出，栈容器也肯定保持不变。无奈，此方法在这里却不可行：仅当我们确认正在栈容器上弹出节点的只有当前线程时，复制数据才是安全行为，矛盾之处在于，那样须先移除栈顶节点。因此，传入引用以取出返回值的方法不可取，我们仍旧以值的形式返回结果。若想安全地返回值，就须选用第 3 章讲解的另一种做法：返回一个（智能）指针，指向所获得的值。

假设 pop()返回智能指针，就要在堆数据段上为节点分配内存，而空栈则借 nullptr 指针作为结果，以示无值可取。如果在 pop()的调用过程中分配堆内存，则异常安全的问题依旧，因为堆数据段的内存分配有可能导致异常。我们可以改为在 push()函数内分配内存（向栈容器压入数据时），因为节点本身总要分配内存。返回 std::shared_ptr<>不会导致异常，因此 pop()照这样修改成了异常安全的函数。代码清单 7.3 融合了上述改进。

代码清单 7.3 无锁栈，但这种实现会泄漏节点内存

```
template<typename T>
class lock_free_stack
{
private:
```

```
    struct node
    {
        std::shared_ptr<T> data;  <-- ①通过指针持有数据
        node* next;
        node(T const& data_):
            data(std::make_shared<T>(data))  <-- ②依据型别 T 新分配一块内存
        {}                   //再创建一个共享指针 std::shared_ptr 指向它
    };
    std::atomic<node*> head;
public:
    void push(T const& data)
    {
        node* const new_node=new node(data);
        new_node->next=head.load();
        while(!head.compare_exchange_weak(new_node->next,new_node));
    }
    std::shared_ptr<T> pop()
    {
        node* old_head=head.load();  <-- ③判定 old_head 指针非空，然后依据它取值
        while(old_head &&
            !head.compare_exchange_weak(old_head,old_head->next));
        return old_head ? old_head->data : std::shared_ptr<T>();  <-- ④
    }
};
```

本例中的数据由指针管控①，因此节点的构造函数须在堆数据段为数据分配内存②。③处的循环含有 compare_exchange_weak()，代码根据 old_head 指针取值，但须首先核实该指针非空。最后，如果栈容器存有数据，就返回栈顶节点中的数据，否则返回空指针④。请注意，这段代码虽然是无锁实现，却非免等实现，原因在于若 compare_exchange_weak()的结果总是 false，理论上会导致 push()和 pop()中的 while 循环持续进行。

假如可以使用垃圾回收器清理内存（某些语言会代管内存，如 C#或 Java），工作到此便结束了。一旦旧节点不再为任何线程所用，其内存就会被回收重用。然而，没几个 C++编译器带有垃圾回收器，我们只好手动清理内存。

7.2.2 制止麻烦的内存泄漏：在无锁数据结构中管理内存

前文第一次分析 pop()时，为了防范条件竞争，我们暂且容许节点内存泄漏，以免发生以下情形：某线程删除了节点，而另一线程却仍持有指向该节点的指针，并要根据它执行取值操作。但对于任何正常、合理的 C++程序，内存泄漏均不可接受，必须设法杜绝。现在是时候来分析问题并寻求解决方法了。

其本质问题是，若要删除某节点，我们就必须先行确认，其他线程并未持有指向该节点的指针，否则不得执行操作。在一个栈容器实例上，如果只有一个线程曾经调用过 pop()，那么弹出的节点可安全地删除。因为全部节点都在 push()的调用过程中创建，而 push()并不会访问已经存在于栈容器节点上的内容，所以仅仅两种线程可能访问指定节

点，一是将其压入栈容器的线程，二是任何借 pop()调用把它弹出的线程。把节点压入栈容器后便与 push()再无关系，由调用 pop()的线程负责余下操作。如果仅存在一个线程调用 pop()，则该线程必然是唯一访问节点的线程，遂可以安全地删除节点。

此外，在同一个栈容器实例上，若有多个线程同时调用 pop()，我们就需采取某种跟踪措施，判定何时才可以安全地删除节点。换言之，我们需要针对节点实现特定用途的垃圾回收器。这听起来似乎有点儿吓人。尽管它肯定不太简单，但其实也不算非常困难：我们只是跟踪节点，且仅仅跟踪 pop()函数访问过的节点，因为多个线程可能同时通过 pop()访问同一个节点，而 push()所操作的节点在入栈前只被一个线程访问，我们不必操心。

如果没有线程调用 pop()，我们即可绝对安全地删除有待删除的节点。因此，我们需要维护一个“等待删除链表”（简称“候删链表”），每次执行弹出操作都向它加入相关节点，等到没有线程调用 pop()时，才删除候删链表中的节点。如何得知目前没有线程调用 pop()？答案很简单，即对调用进行计数。如果为 pop()函数设置一个计数器，使之在进入函数时自增，在离开函数时自减，那么，当计数变为 0 时，我们就能安全删除候删链表中的节点。该计数器必须原子化，才可以安全地接受多线程访问。代码清单 7.4 展示了修改过的 pop()函数实现，代码清单 7.5 则给出了其辅助函数的实现。

代码清单 7.4 若没有线程调用 pop()，则趁机删除节点

```
template<typename T>
class lock_free_stack
{
private:
    std::atomic<unsigned> threads_in_pop;  <-- ①原子变量
    void try_reclaim(node* old_head);
public:
    std::shared_ptr<T> pop()
    {                                       ②计数器首先自增，然后才执行其他操作
        ++threads_in_pop;  <--
        node* old_head=head.load();
        while(old_head&&
              !head.compare_exchange_weak(old_head,old_head->next));
        std::shared_ptr<T> res;
        if(old_head)
        {                                   ③只要有可能，就回收已删除的节点
            res.swap(old_head->data);  <--
        }                                   ④从节点提取数据，而非复制指针
        try_reclaim(old_head);  <--
        return res;
    }
};
```

原子变量 threads_in_pop①的作用是，记录目前正有多少线程试图从栈容器弹出数据，它在 pop()函数的最开始处自增②，而在 try_reclaim()内部自减。每当有节点被删

除，程序便调用 try_reclaim()一次④。由于我们有可能延后删除节点，因此不复制节点中的共享指针的目标地址，而是通过 swap()变换共享指针 data 来删除实质数据③。按此处理，节点便不再指涉实质数据，一旦该项数据没有继续为程序所用，就不会因尚未删除节点而继续存在，即由共享指针 res 自动释放。代码清单 7.5 展示了 try_reclaim()的内部代码。

代码清单 7.5 采取引用计数的内存释放机制

```
template<typename T>
class lock_free_stack
{
private:
    std::atomic<node*> to_be_deleted;
    static void delete_nodes(node* nodes)
    {
        while(nodes)
        {
            node* next=nodes->next;
            delete nodes;
            nodes=next;
        }
    }
    void try_reclaim(node* old_head)
    {
        if(threads_in_pop==1)    ⟵①
        {                                        ②当前线程把候删链表收归已有
            node* nodes_to_delete=to_be_deleted.exchange(nullptr);  ⟵
            if(!--threads_in_pop)  ⟵  ③pop()是否仅仅正被当前线程唯一地调用
            {
                delete_nodes(nodes_to_delete);  ⟵④
            }
            else if(nodes_to_delete)  ⟵⑤
            {
                chain_pending_nodes(nodes_to_delete);  ⟵⑥
            }
            delete old_head;  ⟵⑦
        }
        else
        {
            chain_pending_node(old_head);  ⟵⑧
            --threads_in_pop;
        }
    }
    void chain_pending_nodes(node* nodes)
    {
        node* last=nodes;
        while(node* const next=last->next)  ⟵  ⑨沿着 next 指针前进到候删链表末端
        {
            last=next;
```

```
        }
        chain_pending_nodes(nodes,last);
    }
    void chain_pending_nodes(node* first,node* last)
    {                                                      ⑩
        last->next=to_be_deleted;  <--------------------------
        while(!to_be_deleted.compare_exchange_weak(
                last->next,first));  <---  ⑪借循环保证 last->next 指向正确
    }
    void chain_pending_node(node* n)
    {
        chain_pending_nodes(n,n);  <------ ⑫
    }
};
```

在试图回收节点时，若计数器 threads_in_pop 的值为 1①，就表明仅有当前线程正在调用 pop()，那我们可以安全删除刚刚弹出的节点⑦，其他有待删除的节点也能安全删除[1]。若计数器的值不为 1，则删除节点的行为不安全，故将其添加到候删链表中⑧。

假定某时刻计数器 threads_in_pop 的值为 1，我们便需尝试马上回收等待删除的节点，否则它们就会一直等下去，直到栈容器销毁才会被删除。当前线程为了完成这一任务，先借原子化交换操作将候删链表收归己有②[2]，然后令计数器 threads_in_pop 自减③。如果自减后计数器变成 0，我们便知晓，别的线程不会访问候删链表中的节点。这时有可能出现新的待删除的节点，需加入候删链表中，但现在我们只顾及回收操作的安全，暂且不考虑新出现的节点。接着，代码调用 delete_nodes()④，遍历候删链表，逐一删除等待删除的节点。假使多个线程同时通过 pop()访问栈容器，即有可能出现以上情形。当前线程先核查完 threads_in_pop 的值①[3]，才将候删链表收归己有②，两项操作中间可能存在时间空隙，使别的线程趁机调用 pop()，向候删链表加入新的待删除的节点，而其他线程仍然在访问该节点。图 7.1 中，线程丙把节点 Y 加到候删链表 to_be_deleted 中，而线程乙却仍通过 old_head 指涉 Y 节点，并试图读取它内含的 next 指针。结果，一旦线程甲删除节点，就有可能导致线程乙发生未定义行为，否则，计数器自减后值不是 0，回收节点就不是安全行为。因而，若最初的候删链表中含有节点⑤[4]，我们必须把它们重新放回去⑥。

---

1 译者注：请注意针对 old_head 节点的处理手法。内存释放分成两步：先释放候删链表，再删除 old_head 节点。

2 译者注：to_be_deleted 在②处被改成空指针 nullptr，别的线程遂无法通过该指针操作候删链表，而候删链表的本体则在当前线程上通过 nodes_to_delete 访问，即候删链表实际上被当前线程独占。

3 如果 threads_in_pop 等于 1，候删链表就不加入 old_head 节点，而是直接删除该节点。这样便跳过了添加动作，从而提高了效率。

4 译者注：意指候删链表 to_be_deleted 一开始含有节点，但在②处节点全都转移到了 nodes_to_delete 上，现在在⑥处节点必须放回原处。

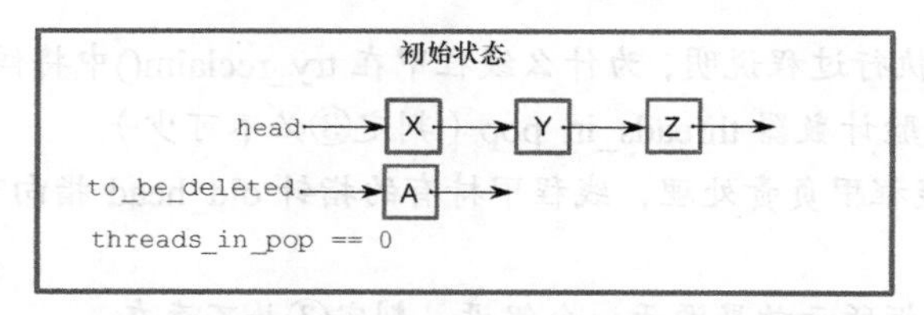

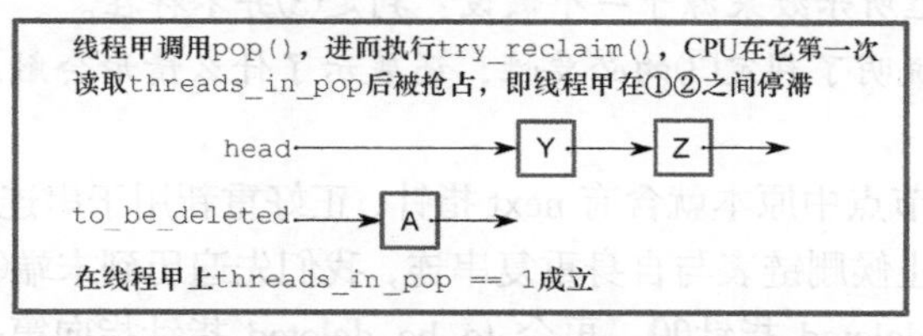

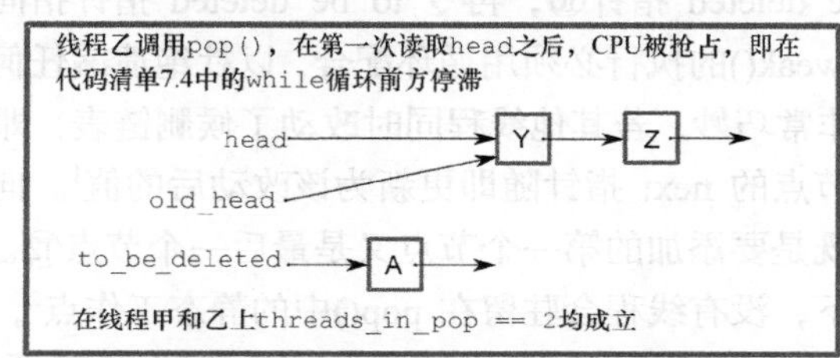

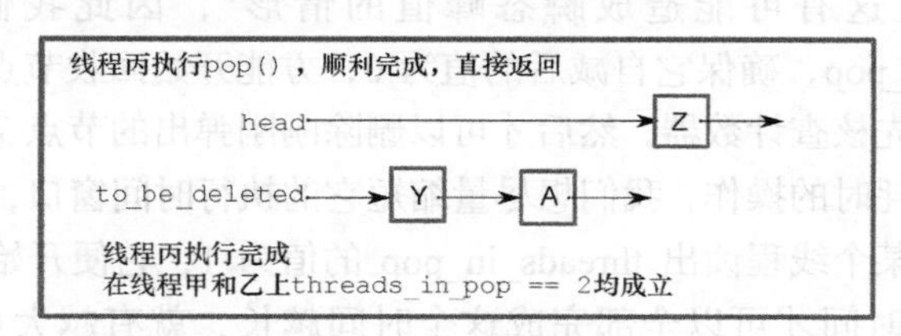

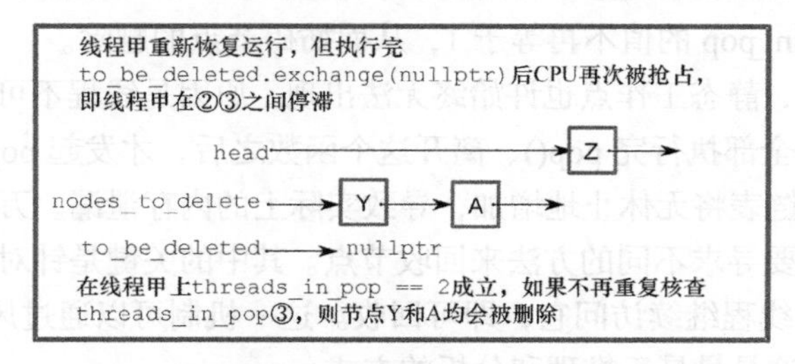

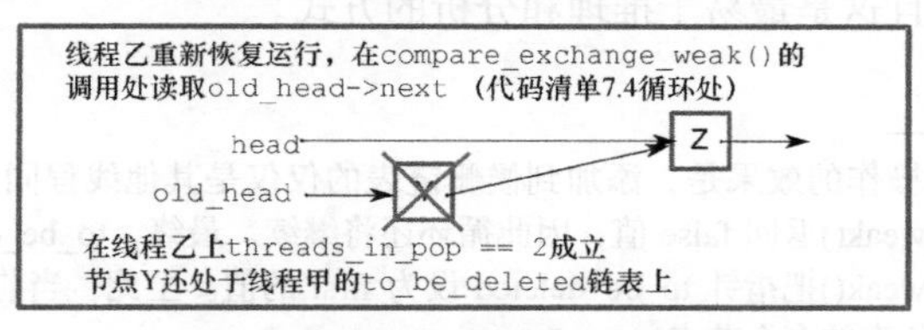

图 7.1　3 个线程并发调用 pop()[1]

1 译者注：节点 A 是早前弹出的节点，事先就存在于候删链表上。

- 图 7.1 中的执行过程说明，为什么线程甲在 try_reclaim()中将候删链表收归己有后，仍须查验计数器 threads_in_pop（判定③必不可少）。
- 节点 X 由线程甲负责处理，线程甲持有的指针 old_head 指向节点 X，在图 7.1 中省略。
- 最后两个方框所示效果源于一个假设：判定③并不存在。
- 图 7.1 不但说明了判定③的必要性，还展示了什么情形会触发⑤⑥（详见清单 7.5）执行。

那些等待删除的节点中原本就含有 next 指针，正好重新用于串连节点，再将其加到候删链表上。为了防止候删链表与自身重复串连，我们先遍历到末端⑨，将其 next 指针改换成当前的 to_be_deleted 指针⑩，再令 to_be_deleted 指针指向第一个节点 first⑪。compare_exchange_weak()的执行必须用循环配合，以杜绝遗漏任何由其他线程同时加入的节点。这种处理非常巧妙，若其他线程同时改动了候删链表，即 to_be_deleted 指针的值发生更改，末端节点的 next 指针随即更新为该改动后的值[1]。向候删链表添加单个节点是特殊情况，它既是要添加的第一个节点又是最后一个节点⑫。

在低负荷情况下，没有线程会驻留在 pop()中的静态工作点[2]，上面的代码有良好的表现。但这有可能造成瞬态峰值的情形[3]，因此我们需要在③处核查计数器 threads_in_pop，确保它自减后的值为 0，方能开始回收节点。图 7.1 同时还解释了，为什么需要先核查计数器，然后才可以删除刚刚弹出的节点⑦。删除节点、回收内存很可能是一项耗时的操作，我们想尽量缩短它的执行时间窗口，好让其他线程也能修改候删链表。若某个线程读出 threads_in_pop 的值为 1，它便开始删除等待的节点，这个操作需要一定时间才可以全部完成这个时间越长，就有越大可能遭遇另一线程同时调用 pop()，导致 threads_in_pop 的值不再等于 1，从而妨碍节点的删除。

在高负荷场景中，静态工作点也许始终无法出现，原因是线程不可能主动等待，它们不会等到别的线程全部执行完 pop()、离开这个函数之后，才发起 pop()调用而进入。否则，to_be_deleted 链表将无休止地增加，导致实际上的内存泄漏。万一不存在任何静态工作点，我们就需要寻求不同的方法来回收节点。其中的关键是针对任一特定的节点进行判定，如果没有线程继续访问它，即可回收。这一机制可以通过风险指针（hazard pointer）实现，而且这是最易于推理和分析的方式。

---

1 译者注：正文所述操作的效果是，添加到候删链表的仅仅是其他线程同时加入的节点，而对应的 compare_exchange_weak()返回 false 值，因此循环还将继续。最终，to_be_deleted 与 last->next 相等，compare_exchange_weak()把指针 to_be_deleted 设为 first 的值。至此，当前线程才完成操作，向候删链表成功添加自身负责的多个节点。

2 译者注：这里借用电路分析术语表达平衡的概念，调用 pop()而进入该函数内部的线程能够快速完成且顺利离开，实现出入平衡。

3 这里借用电路分析术语表达高强度的工作负荷，详细过程如图 7.1 所示。

7.2.3 运用风险指针检测无法回收的节点

术语“风险指针”是指 Maged Michael 发明的一种技法[1]。这个术语得名的缘由是，若某节点仍被其他线程指涉，而我们依然删除它，此举便成了“冒险”动作。删除目标节点后，别的线程还持有指向它的引用，还通过这一引用对其进行访问，便会导致程序产生未定义行为。上述机制的基本思想是，假使当前线程要访问某对象，而它却即将被别的线程删除，那就让前者设置一指涉目标对象的风险指针，以通知其他线程删除该将产生实质风险。若程序不再需要那个对象，风险指针则被清零。如果观看过牛津和剑桥的赛艇对抗，我们便会发现，赛事起步过程采用了类似机制：无论哪支队伍的舵手觉得尚未准备就绪，都可举手示意，裁判见状便不会发令；若双方舵手都放下手，裁判即可发令起航，但在正式出发前，一旦舵手觉得情况有变，再次出现异状，还能举手示意。

线程要删除对象时，必须先在系统中核查隶属其他线程的风险指针。如果目标对象没有被任何风险指针所指涉，即可安全删除，否则必须留待以后处理。程序把这些滞留对象组织成一个链表，按时、定期检查，逐个判定能否删除。

上面从高层级视角描述了风险指针，听起来相对简单、直观，但其如何通过 C++实现呢？

首先，我们要确定存储风险指针的内存区域，才可通过该指针访问目标节点。这块区域必须对全体线程可见，且每个线程都配备自己专属的风险指针，通过它来访问栈容器的节点。正确、高效地分配内存颇具挑战性，故留待后文详细解说。我们暂时先假定已有一个现成的函数 get_hazard_pointer_for_current_thread()，由它负责生成风险指针并返回其引用。此后，若要依据风险指针读取指向目标，就需把指针设置为相关的值。本例中，该值即为 7.2.2 节中的候删链表的 head 指针：

```
std::shared_ptr<T> pop()
{
    std::atomic<void*>& hp=get_hazard_pointer_for_current_thread();
    node* old_head=head.load();  ◁——①
    node* temp;
    do
    {
        temp=old_head;
        hp.store(old_head);  ◁——②
        old_head=head.load();
    } while(old_head!=temp);  ◁——③
    // ...
}
```

---

1 “利用原子化读写操作针对动态无锁对象安全地回收内存”（Safe Memory Reclamation for Dynamic Lock-Free Objects Using Atomic Reads and Writes），Maged M.Michael，PODC'02 第 21 届分布式计算原理年度专题研讨会 2002 论文集（Proceedings of the Twenty-first Annual Symposium on Principles of Distributed Computing，2002），ISBN 1-58113-485-1。

程序先读取旧的 head 指针①，然后设置风险指针②，中间可能存在时间空隙，所以风险指针的设置操作必须配合 while 循环，从而确保目标节点不会在间隙内删除。在这一时间窗口内，其他线程均无法得知当前线程正在访问该节点。碰巧，如果旧的头节点需被删除，则 head 指针本身必然会被改动。因此，只要 head 指针与风险指针的目标不一致，我们便不断循环对比两者，直到它们变成一致为止③。按以上模式运用风险指针需满足一项特殊要求：在它指涉的节点被删除以后，我们依然能安全使用该指针的值。若采用默认的 new 和 delete 操作，则此模式在技术上属于未定义行为，为满足要求，我们需自行实现 new 和 delete 操作（操作符重载），或采用定制的内存分配器（allocator）。

到这里，我们已经设置好了风险指针，接下来继续处理 pop()的余下部分。现在只差一步即可保证，其他线程不会删除当前线程所指涉的节点：程序若要重新载入 old_head 指针，便需首先更新风险指针，然后才依据它取值。每当从候删链表取出一个节点，我们就清除对应的空风险指针。若目标节点没有同时被其他风险指针所指涉，即可安全删除；否则，我们需要将其添加到候删链表中留待以后处理。代码清单 7.6 展示了 pop()的完整实现，其中采用了上述方案。

代码清单 7.6 采用风险指针实现的 pop()函数

```
std::shared_ptr<T> pop()
{
    std::atomic<void*>& hp=get_hazard_pointer_for_current_thread();
    node* old_head=head.load();
    do
    {
        node* temp;
        do                    <-- ①反复循环，直到风险指针被设置为 head 才停止
        {
            temp=old_head;
            hp.store(old_head);
            old_head=head.load();
        } while(old_head!=temp);
    }
    while(old_head&&
          !head.compare_exchange_strong(old_head,old_head->next));
    hp.store(nullptr);        <-- ②一旦更新了 head 指针，便将风险指针清零
    std::shared_ptr<T> res;
    if(old_head)
    {
        res.swap(old_head->data);
        if(outstanding_hazard_pointers_for(old_head))   <-- ③删除旧有的头节点之前，先核查它是否正被风险指针所指涉
        {
            reclaim_later(old_head);   <-- ④
        }
        else
```

```
        {
            delete old_head;     <——⑤
        }
        delete_nodes_with_no_hazards();     <——⑥
    }
    return res;
}
```

首先，外层循环借比较-交换操作更新 head 指针，如果失败便重新载入 old_head 指针的值，并继续循环下去；内层循环则用于设置风险指针①。由于实质操作在循环中进行，因此这里采用 compare_exchange_strong()。假若改成 compare_exchange_weak()，万一发生佯败（详见 5.2.3 节），就会毫无必要地重新设置风险指针。我们以 while 循环配合 compare_exchange_strong()执行，便能保证代码正确地先行完成风险指针的设置，然后才依据 old_head 指针访问目标节点。一旦当前线程将原来的头节点收归己有[1]，风险指针即被清零②。如果节点成功弹出，其节点指针便与隶属其他线程的风险指针逐一对比③，从而判定它是否被别的线程指涉。若被指涉，该节点就不能马上删除，而必须放置到候删链表中留待稍后回收④；否则，我们立刻删除它⑤。最后，我们调用 delete_ nodes_with_no_hazards()，以核查由 reclaim_later()回收的所有节点⑥，如果其中有一些节点不再被任何风险指针所指涉，即可安全删除。剩余的节点则依然被风险指针所指涉，在下一个线程调用 pop()时，它们会再次按同样的方式被处理。

上述代码涉及好几个新函数，如 get_hazard_pointer_for_current_thread()、reclaim_later()、outstanding_hazard_pointers_for()和 delete_nodes_with_no_hazards()等。其中隐藏了许多细节，下面我们来揭开帷幕，探究它们如何工作。

get_hazard_pointer_for_current_thread()用于为各线程的风险指针实例分配内存。我们可以自由选择具体的内存分配及布局方案，这对程序的整体流程逻辑无关要紧，但后文将阐明这会影响到运行效率。现在，我们先采用简单的结构体：将线程 ID 与其专属的风险指针配对，形成 hazar_pointer 结构体，存储在定长数组中。get_hazard_pointer_for_current_thread()会在数组内寻找空闲的位置，把第一个空位的 ID 设置成当前线程的 ID。当前线程结束时，该位置上的 ID 即被重置，替换成依据 std::thread::id()构造的默认值，从而释放那个位置。代码清单 7.7 展示了这种内存分配方式。

代码清单 7.7 get_hazard_pointer_for_current_thread()的简单实现

```
unsigned const max_hazard_pointers=100;
struct hazard_pointer
{
```

1 译者注：双重 while 循环将 head 指针更新为 old_head->next，即 head 指针原本所指向的目标节点被取出，而该节点只能通过指针 old_head 访问，且仅仅为当前线程掌握，别的线程无法访问它，遂相当于被当前线程收归己有。

```
    std::atomic<std::thread::id> id;
    std::atomic<void*> pointer;
};
hazard_pointer hazard_pointers[max_hazard_pointers];
class hp_owner
{
    hazard_pointer* hp;

public:
    hp_owner(hp_owner const&)=delete;
    hp_owner operator=(hp_owner const&)=delete;
    hp_owner():
        hp(nullptr)
    {
        for(unsigned i=0;i<max_hazard_pointers;++i)
        {                                                    ①当前线程试图把
            std::thread::id old_id;                            风险指针收归已有
            if(hazard_pointers[i].id.compare_exchange_strong(  <-
                old_id,std::this_thread::get_id()))
            {
                hp=&hazard_pointers[i];
                break;
            }
        }
        if(!hp)   <-- ②
        {
            throw std::runtime_error("No hazard pointers available");
        }
    }
    std::atomic<void*>& get_pointer()
    {
        return hp->pointer;
    }
    ~hp_owner()   <-- ③
    {
        hp->pointer.store(nullptr);
        hp->id.store(std::thread::id());
    }
};
std::atomic<void*>& get_hazard_pointer_for_current_thread() <-- ④
{
    thread_local static hp_owner hazard; <-- ⑤每个线程都具有自己的风险指针
    return hazard.get_pointer(); <-- ⑥
}
```

get_hazard_pointer_for_current_thread()的实现④看似简单：函数内具有一个线程局部的静态变量⑤，属于 hp_owner 型别，用于存储当前线程的风险指针，并借以返回一个指针⑥，由其真正指涉等待删除的节点。其中的工作原理如下。每个线程第一次调用该函数时，即分别创建出一个专属该线程的 hp_owner 新实例。接着，其构造函数会搜索前述的定长数组，逐一查验配对的线程 ID 与风险指针，寻求尚未被占用的位置（见②前面的 for 循环）。若发现某一位置并不隶属于任何线程，即把它收归己有。判定和回收两项操作由 compare_exchange_strong()一次完成。如果 compare_exchange_strong()执行失败，就表明别的线程抢先夺得所发明的位置，代码继续向前查找，否则交换操作成功，当前线程便成功地占用该数组元素，遂将风险指针存入其中并停止查找（见 break 处）。若搜遍整个定长数组也未能找到空闲的位置②，则说明目前有太多线程正在使用风险指针，因此抛出异常。

对任一特定的线程而言，只要它完成了 hp_owner 实例的创建，以后的访问便会相对较快，因为该指针已被缓存，且无须再次扫描指针数组。

若某线程创建了 hp_owner 实例，则该实例会在该线程结束之际销毁。hp_owner 的析构函数会将风险指针重置成 nullptr，然后把隶属线程的 ID 改为 std::thread::id()，让别的线程以后可以重用相关的数组元素。

根据代码清单 7.7 对 get_hazard_pointer_for_current_thread()的处理方式，outstanding_hazard_pointers_for()实现起来并不困难，扫描整个定长数组以查验对应的风险指针是否存在即可。

```
bool outstanding_hazard_pointers_for(void* p)
{
    for(unsigned i=0;i<max_hazard_pointers;++i)
    {
        if(hazard_pointers[i].pointer.load()==p)
        {
            return true;
        }
    }
    return false;
}
```

上述代码甚至不必判定数据项是否隶属于某线程：若一个数组元素未被占用，则其中的风险指针具有 NULL 值，比较操作的结果自然会是 false，从而简化了代码。

reclaim_later()和 delete_nodes_with_no_hazards()可以利用简单的链表来实现。reclaim_later()向链表添加节点，而 delete_nodes_with_no_hazards()则扫描整个链表，以删除那些未被风险指针指涉的节点。代码清单 7.8 展示了这一实现。

代码清单 7.8 节点回收函数的一种简单实现

```
template<typename T>
void do_delete(void* p)
{
    delete static_cast<T*>(p);
}
struct data_to_reclaim
{
```

```
    void* data;
    std::function<void(void*)> deleter;
    data_to_reclaim* next;
    template<typename T>
    data_to_reclaim(T* p):  ⟵①
        data(p),
        deleter(&do_delete<T>),
        next(0)
        {}
    ~data_to_reclaim()
    {
        deleter(data); ⟵②
    }
};
std::atomic<data_to_reclaim*> nodes_to_reclaim;
void add_to_reclaim_list(data_to_reclaim* node)  ⟵③
{
    node->next=nodes_to_reclaim.load();
    while(!nodes_to_reclaim.compare_exchange_weak(node->next,node));
}
template<typename T>
void reclaim_later(T* data)  ⟵④
{
    add_to_reclaim_list(new data_to_reclaim(data)); ⟵⑤
}
void delete_nodes_with_no_hazards()
{
    data_to_reclaim* current=nodes_to_reclaim.exchange(nullptr); ⟵⑥
    while(current)
    {
        data_to_reclaim* const next=current->next;
        if(!outstanding_hazard_pointers_for(current->data)) ⟵⑦
        {
            delete current; ⟵⑧
        }
        else
        {
            add_to_reclaim_list(current); ⟵⑨
        }
        current=next;
    }
}
```

首先，读者应该已经注意到，reclaim_later()的实现方式并非普通函数，而是函数模板④。这是因为风险指针属于通用功能，我们不希望它局限于栈容器节点。虽然前文的代码已采用 std::atomic<void*>来存储指针，但是只要有可能，我们希望实现随时删除数据项，而删除行为要求给出真实型别的指针，因此我们需要处理任意型别的指针，而不能使用 void*。我们将马上见到，结构体 data_to_reclaim 的构造函数很好地实现了这一点。reclaim_later()内的代码依据指针创建一个 data_to_reclaim 实例，并将其加入候删链表中⑤。add_to_reclaim_list()的函数主体③是一个简单的循环，用于配合 compare_exchange_weak()的执行，以更新候删链表 nodes_to_reclaim 的头节点，这与前文的范例代码类似。

我们回头分析结构体 data_to_reclaim 的构造函数①：它也是模板。该构造函数将待删除数据的指针视作 void*型别存储到数据成员 data 中，然后用具现化的函数模板 do_delete()充当函数指针，借以初始化成员 deleter。实质的删除操作则由简单的 do_delete()函数执行，它先把参数的 void*指针转换为选定的指针型别，再删除目标对象。std::function<>将 do_delete()作为函数指针妥善包装，并保存到成员 deleter 中，之后由 data_to_reclaim 的析构函数进行调用，借此删除数据②。

当我们向候删链表添加节点的时候，结构体 data_to_reclaim 的析构函数不会发生调用，这一函数在节点没被任何风险指针指向时才被调用。data_to_reclaim 对象的析构由函数 delete_nodes_with_no_hazards()负责（位于⑧处，分析见后文）。

首先，delete_nodes_with_no_hazards()采用简单的 exchange()操作⑥，借此将整个 nodes_to_reclaim 链表收归当前线程所有。这一步简单而必要，它保证了那些节点只能由当前线程回收。这样，在当前线程的删除过程中，其他线程便能随意向候删链表添加节点，甚至还能试图回收节点，但不会影响当前线程的操作。

然后，只要候删链表上存在节点，我们就逐一检查，判定它们是否被风险指针所指涉⑦。若未被指涉，该节点即可安全删除，其内含的数据也一并清理⑧；否则，我们将节点放回候删链表，留待以后回收⑨。

尽管这一简单的实现的确可以安全地回收节点，但其处理过程带有不少额外的开销。每当调用 pop()时，代码就要扫描风险指针数组，查验其中的原子变量，其数目多达 max_hazard_pointers。原子操作本来就很慢，在台式计算机的 CPU 上，等效的非原子操作通常比它快约 100 倍，这令 pop()操作开销高昂。我们既要遍历候删链表中的全部节点，还要针对每个节点扫描整个风险指针数组。这种方法显然不尽人意。候删链表的节点总数可能达到 max_hazard_pointers，而每一个节点都可能要与 max_hazard_pointers 个风险指针对比。所以，我们必须采用更好的办法。

更好的利用风险指针的删除策略改进方法确实存在。前文只示范了简单且朴素的风险指针的实现，意在解析其使用技法。首先，我们可以牺牲内存空间换取效率。在调用 pop()时，不必总是试图回收全部节点。仅当候删链表的节点数目超过 max_hazard_pointers 时，我们才着手处理，遂无须每次都为全部节点核查风险指针数组。按此方法能够保证至少回收一个节点。一旦候删链表的节点数目达到 max_hazard_pointers+1，我们便马上着手进行删除操作。这样程序性能的改善程度甚微，因为假定待删节点有所增加，其数目达到 max_hazard_pointers 时，则其中多数节点由 pop()新近弹出，很可能仍被其他线程指涉，所以程序性能不会有太大改善。然而，若候删链表的节点数目累加到 2×max_hazard_pointers，那么仍被指涉的节点最多只有 max_hazard_pointers 个，因此我们至少可以回收 max_hazard_pointers 个节点。于是在后面的情形中，pop()至少重新执行 max_hazard_pointers 次才触发下一轮节点的回收。新的方法好多了。以前每当 pop()的调用发生时，我们都要检查 max_hazard_pointers 个节点，而回收操作还不一定成功。经过改良，pop()发生 max_hazard_pointers 次调用之后，我们才会检查 2 × max_hazard_pointers 个节点，并最少回收 max_hazard_pointers 个节点，这就等效于，每次调用 pop()仅检查两个节点，且成功回收其中一个。

但上述的新方法还是有缺点：首先，候删链表变得更长，且等待回收的节点的数目也变得更多，两者都会消耗更多内存；其次，现在须对候删链表中的节点进行计数，因此应当使用一个原子变量作为计数器；最后，多线程同时访问候删链表，还会形成竞争。如果读者拥有富余的内存，便可以消耗更多内存，改换更好的回收方法：让各线程设立线程局部变量，分别维护自己的候删链表。这样便不必将原子变量作为计数器，也消除了访问全局候删链表的竞争。但是，我们需要分配的节点总数高达 max_hazard_pointers×max_hazard_pointers。若线程还没回收自己的候删节点，却需马上退出运行，那些节点则转存到一个全局链表中，再加入下一个线程的局部链表，由它执行回收操作，这与 7.2.2 节的做法相同。

风险指针还有另一个缺点：IBM 公司就这项技术申请了专利[1]。尽管作者认为这项专利已经过期，但是若读者在该项专利仍然有效的国家或地区编写软件，并要交付使用，那最好还是请专利律师来核实相关事宜，你需要确保得到了正当授权。许多无锁内存回收技术都存在这种情况；这是个活跃的研究领域，大公司都会尽力申请专利。读者也许会问我，为什么花大篇幅来讲解这项技术，而它却可能无法使用。这个问题合情合理。首先，我们还是有可能使用这项技术，却无须支付授权费用。譬如，如果我们遵从 GPL 协议开发自由软件[2]，该软件就符合 IBM 公司的禁止主张专利权益条款[3]。其次，也是最重要的一点，我通过解释这项技术，介绍了编写无锁代码过程中需着重考虑的要素，如原子操作的开销。最后，已经有人提议，让未来的 C++标准的修订版本引入风险指针[4]，那么现在便了解其工作原理是件好事，即便我们今后可能只用编译器厂商提供的实现。

那是否存在还没注册专利的内存回收技术，可以为无锁代码所用？万幸，还真的有。其中一种方法是引用计数。

---

1 Maged M.Michael，美国专利与商标局，申请号码 20040107227，“针对无锁数据结构进行动态安全内存回收的一种高效实现方法”。

2 GNU 通用公共许可证。

3 IBM 公司针对开源软件的禁止主张专利权益声明条款。

4 P0566：关于并发数据结构的草案——风险指针和读取复制更新（Hazard Pointer and Read Copy Update）。

7.2.4 借引用计数检测正在使用中的节点

回顾 7.2.2 节，我们知道删除节点涉及一个问题：检测哪些节点仍然被执行读操作的线程访问。若能安全且精准地辨识哪些节点正被访问，以及知晓它们何时不再为线程所访问，我们即可将其删除。风险指针解决问题的方式是将节点存放到候删链表上。引用计数[1]则针对各节点分别维护一个计数器，随时知悉访问它的线程数目，以此解决问题。

这个方法看似既简单又直观，但在实践中却相当棘手。最开始，我们可能觉得类似 std::shared_ptr<>的组件便足以胜任，毕竟它本来就是基于引用计数的指针。可惜，虽然 std::shared_ptr<>本身的某些操作具有原子特性，但这些操作却不一定通过无锁机制实现。尽管它们与原子型别上的操作并无差别，但 std::shared_ptr<>的设计目标是在多种场景下适用，若强行按无锁方式实现该指针类的原子操作，就难以兼顾其全部用途，很可能造成额外开销。如果读者所用的系统平台提供了一种实现，使得 std::atomic_is_lock_free(&some_shared_ptr)针对共享指针进行判别的结果是 true，那么内存回收的问题立即烟消云散。以代码清单 7.9 为例，在候删链表中采用 std::shared_ptr<node>。请注意，给定任一已经弹出的节点，若存在指涉它的 std::shared_ptr 指针，那么在最后一个指针销毁之际，我们需清零该节点的 next 指针，以免发生深度嵌套的销毁行为，导致相关的节点被错误删除。

代码清单 7.9 采用无锁指针 std::shared_ptr<>实现的无锁栈容器

```
template<typename T>
class lock_free_stack
{
private:
    struct node
    {
        std::shared_ptr<T> data;
        std::shared_ptr<node> next;
        node(T const& data_):
            data(std::make_shared<T>(data_))
        {}
    };
    std::shared_ptr<node> head;
public:
    void push(T const& data)
    {
        std::shared_ptr<node> const new_node=std::make_shared<node>(data);
        new_node->next=std::atomic_load(&head);
```

1 译者注："引用计数"即 reference counting，虽然名字如此，但在这一节中实质上是对指针进行记录，跟踪它指涉目标对象的次数，与 C++语法层面的别名式引用并不相关。

```
        while(!std::atomic_compare_exchange_weak(&head,
                  &new_node->next,new_node));
    }
    std::shared_ptr<T> pop()
    {
        std::shared_ptr<node> old_head=std::atomic_load(&head);
        while(old_head && !std::atomic_compare_exchange_weak(&head,
                  &old_head,std::atomic_load(&old_head->next)));
        if(old_head) {
            std::atomic_store(&old_head->next,std::shared_ptr<node>());
            return old_head->data;
        }
        return std::shared_ptr<T>();
    }
    ~lock_free_stack(){
        while(pop());
    }
};
```

只有在极少数 C++程序库的实现中，std::shared_ptr<>才会提供无锁原子操作，另外，开发者也总是很难记住保持原子操作的一致性。C++并发技术规约在<experimental/atomic>头文件中提供了类模板 std::experimental::atomic_shared_ptr<T>[1]，若有条件使用相关的实现，问题便迎刃而解。这个类在许多方面都与理论上的 std::atomic<std::shared_ptr<T>>等价，只不过 std::shared_ptr<T>无法结合 std::atomic<>使用，原因是 std::shared_ptr<T>并不具备平实拷贝语义（详见 5.2.6 节），这样才可以保证正确处理引用计数。std::experimental::atomic_shared_ptr<T>可以正确地处理引用计数，同时令操作保持原子化。给出这个类模板的任何一种实现，它既可能带锁也可能无锁，这与第 5 章介绍的其他原子型别相似。代码清单 7.9 可以重写成代码清单 7.10，如果代码无须包含 atomic_load()和 atomic_store()的调用，就会大幅度简化。

代码清单 7.10 采用 std::experimental::atomic_shared_ptr<>实现的栈容器

```
template<typename T>
class lock_free_stack
{
private:
    struct node
    {
        std::shared_ptr<T> data;
        std::experimental::atomic_shared_ptr<node> next;
        node(T const& data_):
            data(std::make_shared<T>(data_))
        {}
    };
    std::experimental::atomic_shared_ptr<node> head;
```

1 译者注：C++20 正式引入了偏特化的 std::atomic<std::shared_ptr<T>>，取代 std::experimental::atomic_shared_ptr<T>，由头文件<memory>提供。

```
public:
    void push(T const& data)
    {
        std::shared_ptr<node> const new_node=std::make_shared<node>(data);
        new_node->next=head.load();
        while(!head.compare_exchange_weak(new_node->next,new_node));
    }
    std::shared_ptr<T> pop()
    {
        std::shared_ptr<node> old_head=head.load();
        while(old_head && !head.compare_exchange_weak(
                  old_head,old_head->next.load()));
        if(old_head) {
            old_head->next=std::shared_ptr<node>();
            return old_head->data;
        }
        return std::shared_ptr<T>();
    }
    ~lock_free_stack(){
        while(pop());
    }
};
```

通常情况下，就同一个程序库而言，如果 std::shared_ptr<>不是无锁实现，那么这个库也不会提供 std::experimental::atomic_shared_ptr<>的无锁实现，我们需要手动管理引用计数。

有一种可行的引用计数技术，它为各节点配备的计数器不只一个，而是两个：内、外部计数器各一。两个计数器值之和即为节点的总引用数目。外部计数器与节点的指针组成结构体，每当指针被读取，外部计数器就会自增。内部计数器则位于节点之中，随着节点读取操作的完成而自减。这种指针的读取是一项简单操作，外部计数器会因此加 1；完成读取后，内部计数器随即减 1[1]。

一旦外部计数器和指针的组合不再有用（其所属的结构体被销毁，尽管各线程还能访问它们原来所在的内存区域，却因指针不复存在而无从读写目标节点），两个计数器的值便先相加，再减去 1（因为当前线程也不再指涉该节点，见后文对代码清单 7.12 的分析），把所得结果作为内部计数器的新值，而外部计数器则弃置不管。如果内部计数器的值变为 0，就表明节点没有被遗留的指针所指涉，遂可将其安全删除，但共享数据仍有必要由原子操作更新。我们接着来分析一个无锁栈容器的实现，它利用以上计数方法，保证只有在安全情形下才会回收节点。

代码清单 7.11 给出无锁栈容器的内部数据结构，及其 push()功能的实现，代码设计得当且直观、易读。

代码清单 7.11　按分离引用计数的方式向无锁栈容器压入节点

```
template<typename T>
class lock_free_stack
```

1 译者注：内部计数器采用“向下计数”的形式，其值恒为非正数。

```
{
private:
    struct node;
    struct counted_node_ptr     ⟵①
    {
        int external_count;
        node* ptr;
    };
    struct node
    {
        std::shared_ptr<T> data;
        std::atomic<int> internal_count;  ⟵②
        counted_node_ptr next;            ⟵③
        node(T const& data_):
            data(std::make_shared<T>(data_)),
            internal_count(0)
        {}
    };
    std::atomic<counted_node_ptr> head;   ⟵④
public:
    ~lock_free_stack()
    {
        while(pop());
    }
    void push(T const& data)   ⟵⑤
    {
        counted_node_ptr new_node;
        new_node.ptr=new node(data);
        new_node.external_count=1;
        new_node.ptr->next=head.load();
        while(!head.compare_exchange_weak(new_node.ptr->next,new_node));
    }
};
```

首先，代码清单 7.11 将外部计数器与节点指针整合包装，形成结构体 counted_node_ptr①。而 node 采用这个结构体作为 next 指针的型别③，内部计数器也位于 node 中②。由于结构体 counted_node_ptr 足够简单，因此我们依据它实例化 std::atomic<>模板，作为 head 指针的型别④。

结构体 counted_node_ptr 的尺寸足够小，如果硬件平台支持双字比较-交换[1]操作，std::atomic<counted_node_ptr>就属于无锁数据。若读者的硬件平台没有这种功能，那最好改用代码清单 7.9 中以 std::shared_ptr<>实现的栈容器。因为在这些平台上，std::atomic<>中涉及的结构体的尺寸过大，无法直接通过原子指令操作，std::atomic<>便会转而采用互斥来保证操作的原子化，使得"无锁"数据结构和算法成为基于锁的实现。如果读者想缩小结构体 counted_node_ptr 的尺寸，可以采取另一种方法代替：假定在这些硬件平台上，指针型别具有空余的位（例如，硬件寻址空间只有 48 位，指针型别的大小却是 64 位），它们可以用来放置计数器，借此将 counted_node_ptr 结构体缩成

1 译者注：即 double-word-compare-and-swap，指单一指令即可完成 64 位数据的比较-交换操作。

单个机器字长（a single machine word）。这种方法要求读者了解与硬件平台相关的信息，这超出了本书的范畴。

push()则相对简单⑤。函数根据参数给定的数据为新节点分配内存，并构造一个counted_node_ptr结构体充当该节点的指针，再把栈容器head指针现有的值赋予next指针。接着，代码通过while循环配合compare_exchange_weak()设定head指针的值，这种方式与前文的代码清单相同。内部计数器internal_count初始化为0，外部计数器external_count则初始化为1。由于这是个新节点，因此目前节点上仅有一个外部引用，即head指针本身。

一如既往，这种无锁栈容器的复杂性在于pop()的实现，如代码清单7.12所示。

代码清单7.12 按分离引用计数的方式从无锁栈容器弹出节点

```
template<typename T>
class lock_free_stack
{
private:
    // 这里包含代码清单 7.11 的代码，不再重复列出
    void increase_head_count(counted_node_ptr& old_counter)
    {
        counted_node_ptr new_counter;
        do
        {
            new_counter=old_counter;
            ++new_counter.external_count;
        }
        while(!head.compare_exchange_strong(old_counter,new_counter));  ①
        old_counter.external_count=new_counter.external_count;
    }
public:
    std::shared_ptr<T> pop()#
    {
        counted_node_ptr old_head=head.load();
        for(;;)
        {
            increase_head_count(old_head);
            node* const ptr=old_head.ptr;  ②
            if(!ptr)
            {
                return std::shared_ptr<T>();
            }
            if(head.compare_exchange_strong(old_head,ptr->next))  ③
            {
                std::shared_ptr<T> res;
                res.swap(ptr->data);  ④
                int const count_increase=old_head.external_count-2;  ⑤
                if(ptr->internal_count.fetch_add(count_increase)==  ⑥
                   -count_increase)
                {
                    delete ptr;
                }
```

```
                return res;   <——⑦
            }
            else if(ptr->internal_count.fetch_sub(1)==1)
            {
                delete ptr;   <——⑧
            }
        }
    }
};
```

这次，只要我们载入 head 指针，就必须首先令头节点的外部引用计数自增（执行 increase_head_count(old_head)），以表明它正被指涉，从而确保根据 head 指针读取目标节点是安全行为。若在外部引用计数自增之前，我们就根据 head 指针读取目标节点，另一线程便有可能在读取动作发生前删除节点，令 head 指针变成悬空指针。这正是使用分离引用计数的主要原因：我们通过外部引用计数的自增来保证，在访问目标节点的过程中，其指针依然安全有效。计数器自增由 compare_exchange_strong()配合循环执行①，该函数对比两个结构体（它们的 ptr 成员均指向头节点，且它们均含有外部计数器，分别表示外部引用计数的当前值和尚未自增的原值，见代码清单 7.11 中的 counted_node_ptr 定义），目的是判定 head 指针是否同时被别的线程改动过，如果两个结构体相等，就把计数器自增后的新值赋予 head 指针。

一旦计数器自增完成，我们便能载入 head 指针，根据其中的 ptr 成员指针安全地读取其指向目标，即访问目标节点②。若该指针为空，便表明 pop()已经到了栈底，无法返回任何数据；否则指针非空，我们针对头节点调用 comcpare_exchange_strong()，试图将 head 节点弹出③。

如果 compare_exchange_strong()成功执行，当前线程便独占头节点的归属权，遂可将其中的数据置换给 res 指针，作为返回值以备后用④。即便弹出操作期间有别的线程同时访问栈容器，以上处理方式也令它们无法访问该节点的数据[1]，从而确保在弹出完成后数据项无法为其他线程指涉。然后，我们执行原子操作 fetch_add()，将节点外部引用计数的新值加到内部引用计数上⑥。若内部引用计数值变成 0，则其原值（fetch_add()的返回值）是新的外部引用计数值的相反数，遂可删除节点。这里有一点非常重要，请务必注意：内部计数器的增量是外部计数器的旧值减去 2⑤。我们将头节点弹出栈容器，因此外部计数器要减 1[2]。而当前线程不再访问该节点[3]，所以外部计数器还要再减 1。无

---

1 译者注：假定控制流程成功到达⑤处，则说明当前线程在③处已经操作成功，即指针 head 肯定被更新为其他值，因此令其他线程无从同时访问。

2 译者注：头节点弹出栈容器，则不再为指针 head 所指涉，所以外部计数器需减 1，这对应了代码清单 7.11 中 push()函数内 external_count 成员变量初始值是 1。另外，如果节点存在于栈容器内而没有充当头节点，在这种情况下节点则是被前驱节点的 next 指针所指涉，同样对应了 external_count 中的 1。

3 译者注：头节点在 pop()中也被局部变量 ptr 指涉，函数返回后 ptr 弃之不顾，故外部计数器要再减 1，这次减数操作对应了 increase_head_count(old_head)。请注意，pop()的返回值是节点内的数据，pop()的调用者直接指涉数据而非节点本身，所以 pop()的返回值不影响节点的外部引用计数。

论节点是否删除，弹出任务都已完成，我们返回前面备好的数据⑦。

如果比较-交换操作③失败，则表明有另一线程试图同时弹出节点，且先于本线程完成，或有另一线程试图同时向栈容器压入新节点，也先于本线程完成。无论是哪种情况，我们均需要重新开始（进入 for 循环的下一轮），通过比较-交换操作再次取出头节点的新值。但是，若当前线程试图弹出这个节点却操作失败，则它从此不会再访问该节点，我们遂须令其引用计数自减。如果当前线程是最后一个持有指针的线程（因为另一个线程将其弹出了栈容器），则其内部引用计数会变为 1，而再减 1 会使计数清零，即该节点不再被任何线程指涉。因此，我们便先将节点删除⑧，再继续循环。

到目前为止，本章的原子操作一直采用默认的 std::memory_order_seq_cst 次序。在大多数系统上，相比其他内存次序，这会消耗更多执行时间和造成更大的同步开销，而在一些系统上，这种现象尤为严重。现在，我们已经正确地实现了栈容器的运行逻辑，下一步就是放宽某些内存次序的约束。对于这个数据结构的使用者，我们不希望其带来任何不必要的额外开销。下面，我们先来复查栈容器的各项操作，并且诘问自省，能否对某些操作放宽内存次序约束，而维持同等程度的线程安全特性？随后，我们将转去设计无锁队列。

7.2.5 为无锁栈容器施加内存模型

改变内存次序以前，我们需要先核查各项操作，确认它们之间所必须存在的内存次序关系，接下来才可以后退一步，寻求约束最少的内存次序，使得那些必要的关系依然成立。为了做到这点，我们必须从线程的视角出发，考虑几种不同场景中的具体情形。最可能出现的简单场景肯定是一个线程向栈容器压入数据，另一个线程稍后弹出数据，后文就此切入分析。

这种简单的场景涉及 3 项重要数据。第一项是 head 指针（代码清单 7.11 中④处），它是个 counted_node_ptr 结构体（代码清单 7.11 中①处），用于压入和弹出栈容器数据。第二项是指针 head 所指向的 node 结构体节点。第三项是该节点指向的目标数据（代码清单 7.11 中②前面的 std::shared_ptr<T>的指向目标）。

执行push()的线程先依据压入的数据构造节点，然后设定指针head的新指向目标（代码清单 7.11 中⑤处）。执行 pop()的线程首先载入 head 指针，接着配合比较-交换操作运行循环，令 head 指针的外部引用计数自增（代码清单 7.12 中①处循环内部），然后从头节点内读出 next 指针的值（代码清单 7.12 中③处的 ptr→next，其中 ptr 来自②处的 old_head.ptr，而 old_head 来自前面的 head.load()），并将它赋予 head 指针作为新值（代码清单 7.12 中③处的比较-交换操作）。据此，我们便清楚有一种内存次序关系必然存在：next 指针只是一个未被原子化的普通对象，所以为了安全读取其值，存储操作必须在载入操作之前发生（先行关系，详见 5.3.2 节），前者由压入数据的线程执行，后者则由弹出数据的线程执行。由于 push()函数中唯一的原子操作是 compare_exchange_weak()，如果要在线程间构成先行关系，则代码需要一项释放操作，因此 compare_exchange_weak()必须采用 std::memory_order_release 或更严格的内存次序。若 compare_exchange_weak()执行失败，则指针 head 和 new_node 均无变化，代码遂继续循环，我们在这种情形下只需采用 std::memory_order_relaxed 次序。

```
void push(T const& data)
{
    counted_node_ptr new_node;
    new_node.ptr=new node(data);
    new_node.external_count=1;
    new_node.ptr->next=head.load(std::memory_order_relaxed)
    while(!head.compare_exchange_weak(new_node.ptr->next,new_node,
        std::memory_order_release,std::memory_order_relaxed));
}
```

那 pop()代码该如何处理呢？为了构成所需的先行关系，代码在访问 next 指针之前还需要执行一项操作，该操作受到 std::memory_order_acquire 或更严格的内存次序约束。pop()先调用 increase_head_count()，借其中的 compare_exchange_strong()获取[1]指针 head 的旧值[2]，再通过它访问目标节点的 next 成员[3]，所以我们要为此施加内存次序约束。这类似于 push()中的比较-交换操作，如果调用失败就会重新循环执行，所以我们针对失败的情况采用宽松次序（见下列代码中 compare_exchange_strong()的最后一个参数）：

```
void increase_head_count(counted_node_ptr & old_counter)
{
    counted_node_ptr new_counter;
    do
    {
        new_counter=old_counter;
        ++new_counter.external_count;
    }
    while(!head.compare_exchange_strong(old_counter,new_counter,
        std::memory_order_acquire,std::memory_order_relaxed));
```

1 译者注：“获取”是指代码清单 7.12 中，pop()中的局部变量 old_head 以引用参数 old_counter 的形式传入 increase_head_count()。如果有别的线程同时改动了 head 指针，导致当前线程上的 compare_exchange_strong()操作失败，就会令 old_counter 指针（old_head 指针）被赋予新近改动过的 head 指针值。这相当于 old_head 指针取得了比较-交换操作成功前最后一次更新的 head 指针值，否则此过程中没有其他线程改动 head 指针，head 指针保持原样。比较-交换操作单凭一次调用就成功执行，更新动作和获取动作均不会发生。

2 译者注：“旧值”是指代码清单 7.12 中①处的 compare_exchange_strong()在操作成功之前，head 指针最后一次更新的值（该更新随其他线程的同时改动而发生）。compare_exchange_strong()配合循环反复执行，最终会成功，并且将再次更新 head 指针，进一步将它改为 new_counter 指针的值，所以说 old_head 指针持有的值相对较旧。

3 译者注：指代码清单 7.12 中②处先从 old_head 指针读取成员指针 ptr，再从③处读取指涉的目标成员 next。

```
        old_counter.external_count=new_counter.external_count;
    }
```

若上面的 compare_exchange_strong()调用成功，我们便得知，head 的成员指针 ptr 被赋予了 old_counter 结构体中的对应值（见代码清单 7.11 中①处的定义）。因为 push()中的存储行为是释放操作，而这里的 compare_exchange_strong()则是获取操作，所以存储行为与载入操作同步，构成先行关系。因此，对 push()中成员指针 ptr 的存储操作先行发生，然后 pop()函数才会在 increase_head_count()的调用中访问 ptr→next，代码符合线程安全。

请注意，push()中的 head.load()调用不影响以上内存次序关系的分析，故它可以安全地施加 std::memory_order_relaxed 次序。

下面，我们来考察 pop()函数中的 compare_exchange_strong()调用（代码清单 7.12 中③处），它将 old_head.ptr->next 指针的值[1]赋予 head 指针。这一操作需要受到什么内存次序约束，才可以保证当前线程上的数据完备？如果交换操作成功，当前线程就会访问 ptr->data（代码清单 7.12 中④处），因而我们需要保证，负责 push()的线程须先行完成针对 ptr->data 的存储操作，然后当前线程上的载入操作方可执行。不过代码已然遵从了这一点：increase_head_count()中的获取操作确保了在 push()的存储操作与上述比较-交换操作之间，两者构成了同步关系（详见 5.3.1 节）。由于在执行 push()的线程上，按照控制流程顺序，data 的存储操作在 head 的存储操作之前发生，而 increase_head_count()的调用也在 ptr->data 的载入操作之前发生，构成了先行关系，因此即便 pop()中的比较-交换操作采用 std::memory_order_relaxed 内存次序，全部操作依然可以正确执行。ptr->data 仅在另外一处发生改动，即仅在 swap()的调用中发生改动（代码清单 7.12 中④处），而③处的比较-交换操作更新了 head 指针，相当于原来的头节点（现由指针 ptr 指向）已弹出栈容器，收归当前线程独有，故其他任何线程都无法操作该节点。

若 compare_exchange_strong()操作失败，则 old_head 就会更新成 head 的当前值并保持该值不变，继续下一轮循环（指代码清单 7.12 的 pop()中的 for 无限循环），而 increase_head_count()中的相关操作已经施加了 std::memory_order_acquire 约束，故这里采用内存次序 std::memory_order_relax 即足够。

那其他线程应该采用什么内存次序呢？若想保证它们的行为安全，本例的代码是否需要为之施加更严格的约束？答案是否。因为虽然这份代码含有几处比较-交换操作，但从始至终 head 指针是它们唯一修改的数据项。其余全是“读-改-写”操作，它们构成了一个释放序列（详见 5.3.4 节），该序列始于 push()中的比较-交换操作。因此，push()中的 compare_exchange_weak()与 increase_head_count()中的 compare_exchange_strong()

1 译者注：虽然该调用的参数是 ptr->next，但其实指针 ptr 在代码清单 7.12 的②处接受了 old_head.ptr 的赋值，则 ptr->next 相当于 old_head.ptr->next。

调用彼此同步，后者肯定能安全读取前者存入的值，即便有许多线程同时改动 head 指针的值。

我们快完工了，现在剩下要处理的唯一操作就是 fetch_add()，它负责改动引用计数（代码清单 7.12 中⑥处）。前面的内存次序保证了，如果已经有线程正在弹出节点，那么其他任何线程均无法改动它所含的数据，负责弹出的线程可以直接执行 fetch_add()并返回数据。不过，若别的线程试图同时弹出节点，它们便无法完成获取数据的操作，还会知悉有线程正在改动节点的数据，即成功弹出节点，而所指涉的数据则通过 swap()提取出来（代码清单 7.12 中④处）。所以，我们需确保 swap()先于删除动作执行完成，以防出现数据竞争。能够实现该目的的最简单的方法是，对 fetch_add()的成功返回的分支施加 std::memory_order_release 次序（代码清单 7.12 中⑥处），在“重新循环”分支（代码清单 7.12 中⑧所处位置）中的 fetch_sub()（此调用在代码清单 7.13 中改为了 fetch_add()）采用 std::memory_order_acquire 次序。但这种约束还是过于严格：同一时刻只可能有一个线程执行删除操作（把计数器改为 0 的线程），因而也只有那个线程需要执行获取操作。万幸，由于 fetch_sub()是个读-改-写操作，它本身就是释放序列的一部分，因此我们可以额外增加一项 load()操作，并施加 std::memory_order_acquire 次序，从而形成一个获取操作（见 5.3.4 节）。如果“重新循环”分支将内部引用计数改成 0，执行删除操作的线程就重新载入内部计数器，并借 std::memory_order_acquire 次序来确立所须的同步关系（见 5.3.1 节和 5.3.4 节），而 fetch_add()本身则可采用 std::memory_order_relaxed 次序。下面是栈容器所含 pop()的新版本，也是最终实现。

代码清单 7.13 采用引用计数和宽松原子操作的无锁栈容器

```
template<typename T>
class lock_free_stack
{
private:
    struct node;
    struct counted_node_ptr
    {
        int external_count;
        node* ptr;
    };
    struct node
    {
        std::shared_ptr<T> data;
        std::atomic<int> internal_count;
        counted_node_ptr next;
        node(T const& data_):
            data(std::make_shared<T>(data_)),
            internal_count(0)
        {}
    };
    std::atomic<counted_node_ptr> head;
```

```
    void increase_head_count(counted_node_ptr& old_counter)
    {
        counted_node_ptr new_counter;
        do
        {
            new_counter=old_counter;
            ++new_counter.external_count;
        }
        while(!head.compare_exchange_strong(old_counter,new_counter,
                                            std::memory_order_acquire,
                                            std::memory_order_relaxed));
        old_counter.external_count=new_counter.external_count;
    }
public:
    ~lock_free_stack()
    {
        while(pop());
    }
    void push(T const& data)
    {
        counted_node_ptr new_node;
        new_node.ptr=new node(data);
        new_node.external_count=1;
        new_node.ptr->next=head.load(std::memory_order_relaxed)
        while(!head.compare_exchange_weak(new_node.ptr->next,new_node,
                                          std::memory_order_release,
                                          std::memory_order_relaxed));
    }
    std::shared_ptr<T> pop()
    {
        counted_node_ptr old_head=
            head.load(std::memory_order_relaxed);
        for(;;)
        {
            increase_head_count(old_head);
            node* const ptr=old_head.ptr;
            if(!ptr)
            {
                return std::shared_ptr<T>();
            }
            if(head.compare_exchange_strong(old_head,ptr->next,
                                            std::memory_order_relaxed))
            {
                std::shared_ptr<T> res;
                res.swap(ptr->data);
                int const count_increase=old_head.external_count-2;
                if(ptr->internal_count.fetch_add(count_increase,
                        std::memory_order_release)==-count_increase)
                {
                    delete ptr;
                }
                return res;
            }
            else if(ptr->internal_count.fetch_add(-1,
```

```
                std::memory_order_relaxed)==1)
            {
                ptr->internal_count.load(std::memory_order_acquire);
                delete ptr;
            }
        }
    }
};
```

编写这段代码相当考验人，不过最终还是大功告成了，栈容器较之前已有所改善。我们通过谨慎的思索和分析，采用更加宽松的内存次序，得以提升性能而不影响程序的正确运行。我们可以看到，这里 pop()的实现代码量较多，但在代码清单 6.1 的基于锁的栈容器中，功能相同的 pop()代码量却很少，而代码清单 7.2 中的栈容器则是个无锁的基础版本，它不负责内存管理。下面，我们将转去实现无锁队列，也会见到类似的演化模式。无锁代码之所以复杂，是因为内存管理。

7.2.6　实现线程安全的无锁队列

队列和栈容器的难点稍微不同，因为对于队列结构，push()和 pop()分别访问其不同部分，而在栈容器上，这两项操作都访问头节点，所以两种数据结构所需的同步操作相异。如果某线程在队列一端做出改动，而另一线程同时访问队列另一端，代码就要保证前者的改动过程能正确地为后者所见。然而，代码清单 6.6 中的队列具有成员函数 try_pop()，代码清单 7.2 中的简单的无锁栈容器则具备 pop()，两个函数的代码结构并没有很大差别，我们有理由相信，就队列的 pop()函数而言，对应的含锁代码和无锁代码也不会相差太大。下面来一探究竟。

若我们以代码清单 6.6 的代码为基础，则需要两个节点指针，分别指向头、尾节点，它们将接受多个线程的访问，故最好采用原子变量取代对应的互斥。我们从这一小改动着手，看看效果如何。代码清单 7.14 展示了修改后的代码。

代码清单 7.14　仅能服务单一生产者和单一消费者的无锁队列

```
template<typename T>
class lock_free_queue
{
private:
    struct node
    {
        std::shared_ptr<T> data;
        node* next;
        node():
            next(nullptr)
        {}
    };
    std::atomic<node*> head;
```

```
    std::atomic<node*> tail;
    node* pop_head()
    {
        node* const old_head=head.load();
        if(old_head==tail.load())    <——①
        {
            return nullptr;
        }
        head.store(old_head->next);
        return old_head;
    }
public:
    lock_free_queue():
        head(new node),tail(head.load())
    {}
    lock_free_queue(const lock_free_queue& other)=delete;
    lock_free_queue& operator=(const lock_free_queue& other)=delete;
    ~lock_free_queue()
    {
        while(node* const old_head=head.load())
        {
            head.store(old_head->next);
            delete old_head;
        }
    }
    std::shared_ptr<T> pop()
    {
        node* old_head=pop_head();
        if(!old_head)
        {
            return std::shared_ptr<T>();
        }
        std::shared_ptr<T> const res(old_head->data);  <——②
        delete old_head;
        return res;
    }
    void push(T new_value)
    {
        std::shared_ptr<T> new_data(std::make_shared<T>(new_value));
        node* p=new node;                              <——③
        node* const old_tail=tail.load();              <——④
        old_tail->data.swap(new_data);     <——⑤
        old_tail->next=p;     <——⑥
        tail.store(p);   <——⑦
    }
};
```

上面的实现初看上去还不错。在同一时刻，如果只有一个线程调用 push()，且仅有一个线程调用 pop()，这份代码便可以相对完美地工作。本例中的 push()和 pop()之间存在先行关系（见 5.3.2 节），这点很重要，它使队列的使用者可安全地获取数据。tail 指针的存储操作⑦与其载入操作①同步：按控制流程，在运行 push()的线程上，原有的尾节点中的 data 指针先完成存储操作⑤，然后 tail 才作为指针存入新值⑦；并且，在运行 pop()的线程上，tail 指针先完成载入操作①，原来的 data 指针才执行加载操作②，故 data 的存储操作②在载入操作①之前发生（见 5.3.2 节），全部环节正确无误。因此这个单一生产者、单一消费者（Single-Producer Single-Consumer，SPSC）队列可以完美地工作。

不过，若多个线程并发调用 push()或并发调用 pop()，便会出问题。我们先来分析 push()。如果有两个线程同时调用 push()，就会分别构造一个新的空节点并分配内存③，而且都从 tail 指针读取相同的值④，结果它们都针对同一个尾节点更新其数据成员，却各自把 data 指针和 next 指针设置为不同的值⑤⑥。这形成了数据竞争！

pop_head()也有类似问题，若两个线程同时调用这个函数，它们就会读取同一个头节点而获得相同的 next 指针，而且都把它赋予 head 指针以覆盖 head 指针原有的值。最终两个线程均认为自己获取了正确的头节点，这是错误的根源。给定一项数据，我们不仅要确保仅有一个线程可对它调用 pop()，如果有别的线程同时读取头节点，则还需保证它们可以安全地访问头节点中的 next 指针。我们曾在前文的无锁栈容器中遇见过类似问题，其 pop()函数也有完全相同的问题，如此这里能直接采用前文的各种解决办法。

既然 pop()的问题已经解决，那 push()的问题又如何解决呢？其关键在于队列上的 push()和 pop()必须构成先行关系，所以我们需先构造出空节点并向它存入数据，然后才更新 tail 指针。但是依照这种模式，若代码并发调用 push()，则会使多线程同时读取 tail 指针，结果在同一个数据上形成竞争。

在 push()中处理多线程的一种办法是在真实节点之间加入空节点。按此处理，当前尾节点中需要更新的便只有成员 next 指针，遂可采用原子操作。若某线程成功地更改 next 指针，令它的值从 nullptr 变为指向新节点，即可成功加入新节点，否则该线程需再次读取 tail 指针以从头开始操作。这就要求我们稍微修改 pop()，把成员指针 data 为空的节点丢弃并继续循环。其缺点是每次调用 pop()通常都须删除两个节点，所占用的内存大小也是普通方法的两倍。

另一种方法是将 data 指针原子化，通过比较-交换操作来设置它的值。如果比较-交换操作成功，所操作的节点即为真正的尾节点，我们便可安全地设定 next 指针，使之指向新节点。若比较-交换操作失败，就表明有另一线程同时存入了数据，我们应该进行循环，重新读取 tail 指针并从头开始操作。如果 std::shared_ptr<>上的原子操作是无锁实现，那便万事大吉，否则我们仍需采取别的方法。一种可行的方法是令 pop()返回 std::unique_ptr<>指针（凭此使之成为指涉目标对象的唯一指针），并在队列中存储指向数据的普通指针。这样让代码得以按 std::atomic<T*>的形式存储指针，支持必要的 compare_exchange_strong()调用。代码清单 7.12 借引用计数使 pop()具备多线程功能，而参照该方案实现的 push()如代码清单 7.15 所示。

代码清单 7.15 push()的第一份修订版本（仍有瑕疵）

```
void push(T new_value)
{
    std::unique_ptr<T> new_data(new T(new_value));
    counted_node_ptr new_next;
    new_next.ptr=new node;
    new_next.external_count=1;
    for(;;)
    {
        node* const old_tail=tail.load();  ←①
        T* old_data=nullptr;
        if(old_tail->data.compare_exchange_strong(
            old_data,new_data.get()))  ←②
        {
            old_tail->next=new_next;
            tail.store(new_next.ptr);  ←③
            new_data.release();
            break;
        }
    }
}
```

引用计数避免了上述的数据竞争，但那不是push()中仅有的数据竞争。代码清单7.15是经过修订的push()版本，只要我们仔细观察，便会发现其代码模式与栈容器相同：先载入原子指针①，然后依据该指针读取目标值②。另一线程有可能同时更新tail指针③，如果该更新在 pop()内部发生，最终将导致删除尾节点。若尾节点先被删除，代码却依然根据指针读取目标值，就会产生未定义行为。有一种方法能解决上面的问题，且该方法颇具吸引力：在尾节点中添加一外部计数器，与处理头节点的方法相同。不过队列中的每个节点已配备一个外部计数器，分别存储在对应前驱节点内的next指针中。若要让同一个节点具有两个外部计数器，便需要改动引用计数的实现方式，以免过早删除节点。我们为了满足上述要求，可在节点的结构体中记录外部计数器的数目，外部计数器一旦发生销毁，该数目则自减，并且将该外部计数器的值加到内部计数器的值之上。对于任意特定节点，如果内部计数器的值变为零，且再也没有外部计数器存在，我们就知道该节点能被安全地删除。在Joe Seigh主导的Atomic Ptr Plus项目中[1]，我头一次领略到以上方法。代码清单7.16所示范的push()函数采用了上述方法。

代码清单 7.16 实现无锁队列的 push()功能，其中对尾节点进行引用计数[2]

```
template<typename T>
class lock_free_queue
{
private:
```

1 译者注：SourceForge的页面仅给出了文字说明描述，详细代码请参考GitHub上的同名项目。

2 译者注：请注意，实际上这段代码中的每个节点均采用了引用计数。

```
    struct node;
    struct counted_node_ptr
    {
        int external_count;
        node* ptr;
    };
    std::atomic<counted_node_ptr> head;
    std::atomic<counted_node_ptr> tail;  ⊲——①
    struct node_counter
    {
        unsigned internal_count:30;
        unsigned external_counters:2;  ⊲——②
    };
    struct node
    {
        std::atomic<T*> data;
        std::atomic<node_counter> count;  ⊲——③
        counted_node_ptr next;
        node()
        {
            node_counter new_count;
            new_count.internal_count=0;
            new_count.external_counters=2;  ⊲——④
            count.store(new_count);

            next.ptr=nullptr;
            next.external_count=0;
        }
    };
public:
    void push(T new_value)
    {
        std::unique_ptr<T> new_data(new T(new_value));
        counted_node_ptr new_next;
        new_next.ptr=new node;
        new_next.external_count=1;
        counted_node_ptr old_tail=tail.load();
        for(;;)
        {
            increase_external_count(tail,old_tail);  ⊲——⑤
            T* old_data=nullptr;
            if(old_tail.ptr->data.compare_exchange_strong(  ⊲——⑥
                old_data,new_data.get()))
            {
                old_tail.ptr->next=new_next;
                old_tail=tail.exchange(new_next);
                free_external_counter(old_tail);  ⊲——⑦
                new_data.release();
                break;
            }
            old_tail.ptr->release_ref();
        }
    }
};
```

在代码清单 7.16 中，tail 指针①和 head 指针的型别均为 atomic<counted_node_ptr>，而 node 结构体则以成员 count③取代原有的 internal_count。该 count 成员也是一个结构体，内含 internal_count 变量和新引入的 external_counters 变量②。请注意，external_counters 仅需使用两位，因为同一个节点最多只可能有两个外部计数器。因此，结构体 count 为它分配了一个两位的位域，而把 internal_count 设定为 30 位的整型值，从而维持了计数器 32 位的整体尺寸。按此处理，内部计数器的取值范围仍然非常大，还保证了在 32 位或 64 位计算机上，一个机器字（machine word）便能容纳整个结构体。后文很快会解释，为了杜绝条件竞争，上述两种计数器必须合并，视作单一数据项，共同进行更新。只要把结构体的大小限制在单个机器字内，那么在许多硬件平台上，其原子操作就更加有机会以无锁方式实现。

节点经过初始化，其 internal_count 成员被置零，而 external_counters 成员则设置成 2④，因为我们向队列加入的每个新节点，它最初既被 tail 指针指涉，也被前一个节点的 next 指针指涉。push()本身则与代码清单 7.15 类似，不同之处在于，我们先调用一个新函数 increase_external_count()令外部计数器的值增加⑤，再载入 tail 指针，进而读取尾节点的 data 成员并对它调用 compare_exchange_strong()⑥，然后对原有的 tail 指针执行 free_external_counter()⑦。

处理好 push()之后，我们再来看看 pop()。代码清单 7.17 展示了 pop()的代码，它融合了代码清单 7.12 的 pop()实现的引用计数逻辑，以及代码清单 7.14 中队列的 pop()逻辑。

代码清单 7.17　从无锁队列弹出尾节点，该尾节点采取了引用计数

```
template<typename T>
class lock_free_queue
{
private:
    struct node
    {
        void release_ref();
        //node 的余下代码与代码清单 7.16 相同
    };
public:
    std::unique_ptr<T> pop()
    {
        counted_node_ptr old_head=head.load(std::memory_order_relaxed); ⊲ ①
        for(;;)
        {
            increase_external_count(head,old_head); ⊲ ②
            node* const ptr=old_head.ptr;
            if(ptr==tail.load().ptr)
            {
                ptr->release_ref(); ⊲ ③
```

```
                return std::unique_ptr<T>();
            }
            if(head.compare_exchange_strong(old_head,ptr->next)) ⊲——④
            {
                T* const res=ptr->data.exchange(nullptr);
                free_external_counter(old_head);         ⊲——⑤
                return std::unique_ptr<T>(res);
            }
            ptr->release_ref();   ⊲——⑥
        }
    }
};
```

节点的弹出操作从加载 old_head 指针开始①，接着进入一个无限循环，并且令已加载好的指针上的外部计数器的值自增②。若头节点正巧就是尾节点，即表明队列内没有数据，我们便释放引用[1]③，并返回空指针。否则表明队列中存在数据，因此当前线程试图调用 compare_exchange_strong()将其收归已有④。这里的处理方法与代码清单 7.12 的栈容器相同，以上调用会对比结构体 head 和 old_head，其成员都包括外部计数器和指针，但均被视作一个整体。无论哪个成员发生了变化而导致不匹配，代码即释放引用⑥并重新循环。如果比较-交换操作成功，当前线程就顺利地将节点所属的数据收归已有，故我们随即释放弹出节点的外部计数器⑤，再将数据返回给 pop()的调用者。若两个外部计数器都被释放，且内部计数器值变为 0，则节点本身可被删除。有几个函数负责处理引用计数，其代码分别由代码清单 7.18～代码清单 7.20 列出。

代码清单 7.18　在无锁队列中针对某节点释放引用

```
template<typename T>
class lock_free_queue
{
private:
    struct node
    {
        void release_ref()
        {
            node_counter old_counter=
                count.load(std::memory_order_relaxed);
            node_counter new_counter;
            do
            {
                new_counter=old_counter;
                --new_counter.internal_count;   ⊲——①
            }
            while(!count.compare_exchange_strong(   ⊲——②
```

1 译者注：原书用词为 release reference。不过，切确而言，释放行为等到指针的生命期完结时才发生，调用 release_ref()不一定执行释放，在大多情况下，该函数的作用是根据释放意图而调整引用计数。详见后文对代码清单 7.18 的分析。

```
                old_counter,new_counter,
                std::memory_order_acquire,std::memory_order_relaxed));
            if(!new_counter.internal_count &&
               !new_counter.external_counters)
            {
                delete this;  ⊲——③
            }
        }
    };
};
```

若要得到以上的 node::release_ref()实现，只需参照代码清单 7.12 中的 lock_free_stack::pop()的相应代码，稍加修改即可写出。不同之处在于，代码清单 7.12 仅需处理一个外部计数器，故采用了简单的 fetch_sub()操作，而尽管我们在这里只改动位域成员 internal_count①，也必须按原子化方式更新整个计数器结构体。所以更新操作要用比较-交换函数配合循环实现②。

当计数器 internal_count 完成自减后，如果内外两个计数器的值均为 0，就表明调用 release_ref()的是最后一个指涉目标节点的指针（代码清单 7.17 中③⑥两处的 ptr），我们应当删除节点③。

代码清单 7.19　在无锁队列中针对某节点获取新的引用[1]

```
template<typename T>
class lock_free_queue
{
private:
    static void increase_external_count(
        std::atomic<counted_node_ptr>& counter,
        counted_node_ptr& old_counter)
    {
        counted_node_ptr new_counter;
        do
        {
            new_counter=old_counter;
            ++new_counter.external_count;
        }
        while(!counter.compare_exchange_strong(
              old_counter,new_counter,
              std::memory_order_acquire,std::memory_order_relaxed));
        old_counter.external_count=new_counter.external_count;
    }
};
```

代码清单 7.19 与代码清单 7.18 有别，属于另一种情况。这次我们获取一个新引用，而非释放引用，还要令外部计数器自增。increase_external_count()与代码清单 7.13 的

1 译者注：原书用词为 obtain reference，但代码清单 7.19 实质上仅增加了外部计数器。严格来说，获取行为是借定义变量或动态分配生成新的指针，在 increase_external_count()函数外发生。

increase_head_count()类似，但前者已改成了静态成员函数，需要更新的目标不再是自身固有的成员计数器，而是一个外部计数器，它通过第一个参数传入函数以进行更新。

代码清单 7.20 针对无锁队列的节点释放其外部计数器

```
template<typename T>
class lock_free_queue
{
private:
    static void free_external_counter(counted_node_ptr &old_node_ptr)
    {
        node* const ptr=old_node_ptr.ptr;
        int const count_increase=old_node_ptr.external_count-2;
        node_counter old_counter=
            ptr->count.load(std::memory_order_relaxed);
        node_counter new_counter;
        do
        {
            new_counter=old_counter;
            --new_counter.external_counters;         ①
            new_counter.internal_count+=count_increase;   ②
        }
        while(!ptr->count.compare_exchange_strong(   ③
              old_counter,new_counter,
              std::memory_order_acquire,std::memory_order_relaxed));
        if(!new_counter.internal_count &&
           !new_counter.external_counters)
        {
            delete ptr;   ④
        }
    }
};
```

与 free_external_counter()对应的是 increase_external_count()函数，它与代码清单 7.12 的 lock_free_stack::pop()中的部分代码类似，不过为了处理 external_counters 计数器而有所改动。该函数对整个计数器结构体仅执行一次 compare_exchange_strong()，便合并更新了其中的两个计数器③，这与 release_ref()中更新 internal_count 的自减操作类似。计数器 internal_count 按照代码清单 7.12 的方式更新②，计数器 external_counters 则同时自减①。如果这两个值均变为 0，就表明目标节点再也没有被指涉，遂可以安全删除④。为了避免条件竞争，上述更新行为需要整合成单一操作完成，因此需要用比较-交换函数配合循环运行。若两项更新分别独立进行，万一有两个线程同时调用该函数，则它们可能都会认为自己是最后的执行者，所以都删除节点，结果产生未定义行为。

虽然上述代码尚可工作，也无条件竞争，但依然存在性能问题。在代码清单 7.16 中，一旦某线程开始执行 push()操作，针对 old_tail.ptr->data 成功完成了 compare_exchange_strong()调用⑥，就没有其他线程可以同时运行 push()。若有其他任何线程试图同时压入数据，便始终看不到 nullptr，而仅能看到上述线程执行 push()传入的新值，导致 compare_exchange_strong()调用失败，最后只能重新循环。这实际上是忙等，消耗 CPU 周期却一事无成，结果形成了实质的锁。第一个 push()调用令其他线程发生阻塞，直到执行完毕才解除，所以这段代码不是无锁实现。问题不止这一个。若别的线程被阻塞，则操作系统会提高对互斥持锁的线程的优先级，好让它尽快完成，但本例却无法依此处理，被阻塞的线程将一直消耗 CPU 周期，等到最初调用 push()的线程执行完毕才停止。这个问题带出了下一条妙计：让等待的线程协助正在执行 push()的线程，以实现无锁队列。

借另一线程的协助来实现无锁队列是为了让代码恢复无锁性质。我们需要找出一种方法，即便有线程因执行 push()而被阻塞，也要让它继续运行下去。其中一种方法是，帮受阻线程分担工作，借此提供协助。

我们很清楚应该在这种方法中具体做什么：先设定尾节点上的 next 指针，使之指向一个新的空节点，且必须随即更新 tail 指针。由于空节点全都等价，因此这里所用空节点的起源并不重要，其创建者既可以是成功压入数据的线程，也可以是等待压入数据的线程。如果将节点内的 next 指针原子化，代码就能借 compare_exchange_strong()设置其值。只要设置好了 next 指针，便可使用 compare_exchange_weak()配合循环设定 tail 指针，借此令它依然指向原来的尾节点。若 tail 指针有变，则说明它已同时被别的线程更新过，因此我们停止循环，不再重试。pop()需要稍微改动才可以载入原子化的 next 指针，如代码清单 7.21 所示。

代码清单 7.21 经过修改的 pop()，它可以协助队列的 push()操作

```
template<typename T>
class lock_free_queue
{
private:
    struct node
    {
        std::atomic<T*> data;
        std::atomic<node_counter> count;
        std::atomic<counted_node_ptr> next;  ⟵①
    };
public:
    std::unique_ptr<T> pop()
    {
        counted_node_ptr old_head=head.load(std::memory_order_relaxed)
        for(;;)
        {
            increase_external_count(head,old_head);
            node* const ptr=old_head.ptr;
            if(ptr==tail.load().ptr)
            {
                return std::unique_ptr<T>();
            }
            counted_node_ptr next=ptr->next.load();  ⟵②
```

```
            if(head.compare_exchange_strong(old_head,next))
            {
                T* const res=ptr->data.exchange(nullptr);
                free_external_counter(old_head);
                return std::unique_ptr<T>(res);
            }
            ptr->release_ref();
        }
    }
};
```

前文提到过，上面的代码进行了简单改动：next 指针现在采用了原子变量①，并且②处的载入操作也成了原子操作。本例使用了默认的 memory_order_seq_cst 次序，而 ptr->next 指针原本属于 std::atomic<counted_node_ptr>型别，在②处隐式转化成 counted_node_ptr 型别，这将触发原子化的载入操作，故无须显式调用 load()。不过我们还是进行了显式调用，目的是提醒自己，在以后优化时此处应该显式设定内存次序。

新版本的 push()相对更复杂，如代码清单 7.22 所示。

代码清单 7.22 无锁队列中的 push()范例，它能够接受另一线程的协助

```
template<typename T>
class lock_free_queue
{
private:
    void set_new_tail(counted_node_ptr &old_tail,     <--①
                      counted_node_ptr const &new_tail)
    {
        node* const current_tail_ptr=old_tail.ptr;
        while(!tail.compare_exchange_weak(old_tail,new_tail) &&     <--②
              old_tail.ptr==current_tail_ptr);
        if(old_tail.ptr==current_tail_ptr)     <--③
            free_external_counter(old_tail);     <--④
        else
            current_tail_ptr->release_ref();     <--⑤
    }
public:
    void push(T new_value)
    {
        std::unique_ptr<T> new_data(new T(new_value));
        counted_node_ptr new_next;
        new_next.ptr=new node;
        new_next.external_count=1;
        counted_node_ptr old_tail=tail.load();
        for(;;)
        {
            increase_external_count(tail,old_tail);
            T* old_data=nullptr;
            if(old_tail.ptr->data.compare_exchange_strong(     <--⑥
                   old_data,new_data.get()))
            {
                counted_node_ptr old_next={0};
```

```
                if(!old_tail.ptr->next.compare_exchange_strong(  ⟵⑦
                    old_next,new_next))
                {
                    delete new_next.ptr;  ⟵⑧
                    new_next=old_next;  ⟵⑨
                }
                set_new_tail(old_tail, new_next);
                new_data.release();
                break;
            }
            else  ⟵⑩
            {
                counted_node_ptr old_next={0};
                if(old_tail.ptr->next.compare_exchange_strong(  ⟵⑪
                    old_next,new_next))
                {
                    old_next=new_next;  ⟵⑫
                    new_next.ptr=new node;  ⟵⑬
                }
                set_new_tail(old_tail, old_next);  ⟵⑭
            }
        }
    }
};
```

代码清单 7.22 中的 push()实现与代码清单 7.16 中的原版 push()类似，但存在一些重要区别。由于我们确实想在⑥处设置 data 指针，而且还需接受另一线程的协助，因此引入了 else 分支以处理该情形⑩。

上述 push()的新版本先在⑥处设置好节点内的 data 指针，然后通过 compare_exchange_strong()更新 next 指针⑦，从而避免了循环。若交换操作失败，我们便知道另一线程同时抢先设定了 next 指针，遂无须保留函数中最初分配的新节点，可以将它删除⑧。虽然 next 指针是由别的线程设定的，但代码依然持有其值，留待后面更新 tail 指针⑨。

更新 tail 指针的代码被提取出来，写成 set_new_tail()函数①。它通过 compare_exchange_weak()配合循环来更新 tail 指针②。如果其他线程试图通过 push()压入新节点，计数器 external_count 就会发生变化，而上述新函数正是为了防止错失这一变化。但我们也要注意，若另一线程成功更新了 tail 指针，其值便不得再次改变。若当前线程重复更新 tail 指针，便会导致控制流程在队列内部不断循环，这种做法完全错误。相应地，如果比较-交换操作失败，所载入的 ptr 指针也需要保持不变。在脱离循环时，假如 ptr 指针的原值和新值保持一致③，就说明 tail 指针的值肯定已经设置好，原有的外部计数器则需要释放④。若 ptr 指针前后有所变化，则另一线程将释放计数器，而当前线程要释放它持有的唯一一个 tail 指针⑤。

这里，若多个线程同时调用 push()，那么只有一个线程能成功地在循环中设置 data 指针，失败的线程则转去协助成功的线程完成更新。当前线程一进入 push()就分配了一个新节点，我们先更新 next 指针，使之指向该节点⑪。假定操作成功，该节点就充当新的尾节点⑫，而我们还需另行分配一个新节点，为下一个压入队列的数据预先做好准备⑬。接着，代码尝试调用 set_new_tail()以设置尾节点⑭，再重新循环。

读者可能还注意到，这一小段代码中存在大量 new 和 delete 操作，原因是 push()会分配新节点，而 pop()则会销毁弹出的节点。所以，内存分配器的效率大大影响了这段代码的性能。对于类似本例的无锁容器，其可伸缩性可能被低效的内存分配器完全抵消。如何选择内存分配器，以及它们如何实现，都超出了本书的范畴，但我们必须牢记于心，要评判哪个内存分配器相对更优，唯一的方法就是进行测试，对比前后版本的代码性能。常见的内存分配优化技术包括为每个线程配备独立的内存分配器，引入空闲内存列表[1]循环使用节点，而不是把它们交回内存分配器处理。

这一节的范例已经十分充足。下面，根据这些范例，我们从中提炼出一些实现无锁数据结构的原则。

7.3 实现无锁数据结构的原则

读者若阅读了本章的全部范例，便能了解正确写出无锁代码的困难和繁复。若读者想自行设计无锁数据结构，请注意以下设计原则，它们颇有助益。第6章开篇也给出了并发数据结构的通用原则，但我们需要的不止那些。我们从本章的范例中提炼出一些实用的原则，以供读者在自行设计无锁数据结构时参考。

7.3.1 原则1：在原型设计中使用 std::memory_order_seq_cst 次序

若代码服从 std::memory_order_seq_cst 次序，则对其进行分析和推理要比其他内存次序容易得多，因为它令全部操作形成一个确定的总序列。回顾本章的范例，它们的原始版本全都采用 std::memory_order_seq_cst 次序，当基本操作均正常工作后，我们才放宽内存次序约束。在这种意义上，采用其他内存次序其实是一项优化，需要避免过早实施。我们通常只有先完全了解代码全貌，认清哪些代码操作核心数据结构，才可以确定放宽哪些操作的内存次序约束。否则，事情就会很棘手。即便代码在测试过程中正常工作，也无法保证在生产环境下代码依然如此，这令内存次序的放宽调整变得复杂。所以，仅仅测试代码的运行并不足够，除非我们能够采用测试工具（假如真的存在），系统化地核查线程访问内存次序的全部可能的组合，验证它们是否与指定的内存次序约束保持一致。

1 译者注：即 free list，又称自由列表，是内存池的一种实现方式，主要用于管理小片内存的动态分配和回收，细节请参考《STL 源码剖析》。

7.3.2 原则 2：使用无锁的内存回收方案

无锁代码中的一大难题是内存管理。最基本的要求是，只要目标对象仍然有可能正被其他线程指涉，就不得删除。然而，为了避免过度消耗内存，我们还是想及时删除无用的对象。我们在这一章学习了 3 种方法，以确保内存回收满足安全要求：暂缓全部删除对象的动作，等到没有线程访问数据结构的时候，才删除待销毁的对象；采用风险指针，以辨识特定对象是否正在被某线程访问；就对象进行引用计数，只要外部环境仍正在指涉目标对象，它就不会被删除。3 种方法的关键思想都是以某种方式掌握正在访问目标对象的线程数目，仅当该对象完全不被指涉的时候，才会被删除。针对无锁数据结构，还有很多别的方法可以回收内存。譬如，无锁数据是使用垃圾回收器的理想场景。若我们得以采用垃圾回收器，即事先知晓它具备适时删除无用节点的能力，则算法的实现代码写起来就会轻松一些。

另一种处理方法是重复使用节点，等到数据结构销毁时才完全释放它们。由于重用了节点，因此所分配的内存便一直有效，代码从而避开了一些涉及未定义行为的麻烦细节。然而，这种方法有一个缺点，它导致程序频频出现被称为“ABA 问题”的情形。

7.3.3 原则 3：防范 ABA 问题

在所有涉及比较-交换的算法中，我们都要注意防范 ABA 问题。该问题产生过程如下[1]。

步骤 1：线程甲读取原子变量 x，得知其值为 A。

步骤 2：线程甲根据 A 执行某项操作，比如查找，或如果 x 是指针，则依据它提取出相关值（称为 ov）。

步骤 3：线程甲因操作系统调度而发生阻塞。

步骤 4：另一线程对原子变量 x 执行别的操作，将其值改成 B。

步骤 5：又有线程改变了与 A 相关的数据，使得线程甲原本持有的值失效（步骤 2 中的 ov）。这种情形也许是 A 表示某内存地址，而改动操作则是释放指针的目标内存，或变更目标数据，最后将产生严重后果。

步骤 6：原子变量 x 再次被某线程改动，重新变回 A。若 x 属于指针型别，其指向目标可能在步骤 5 被改换成一个新对象。

步骤 7：线程甲继续运行，在原子变量 x 上执行比较-交换操作，与 A 进行对比。因此比较-交换操作成功执行（因 x 的值依然为 A），但 A 的关联数据却不再有效，即原本

---

1 译者注：步骤 1、2、3、7 均为同一个线程的操作，步骤 4、5、6 则是其他线程的操作。后面的几个线程可能相同，也可能互异，但这不影响问题的发生。这里将 x 当作指针举例，A 则充当地址。还有一种情形是，x 属于整型，A 则是线性容器的索引。

在步骤 2 中取得的 ov 已失效，而线程甲却无从分辨，这将破坏数据结构。

本章内容所涉及的算法均不存在 ABA 问题，但它很容易由无锁算法的代码引发。该问题最常见的解决方法之一是，在原子变量 x 中引入一个 ABA 计数器。将变量 x 和计数器组成单一结构，作为一个整体执行比较-交换操作。每当它的值被改换，计数器就自增。照此处理，如果别的线程改动了变量 x，即便其值看起来与最初一样，比较-交换操作仍会失败。

如果某数据结构的操作算法涉及空闲内存列表，或者涉及循环使用节点，而不是通过内存分配器回收管理，那么 ABA 问题就格外常见。

7.3.4 原则 4：找出忙等循环，协助其他线程

如我们在代码清单 7.22 中所见，若两个线程同时执行压入操作，其中一个就须等待另一个结束，才可以继续运行。这实质上是一个忙等循环，如果放任不管，受到阻塞的线程就唯有浪费 CPU 时间却无计可施。如果最终变成了忙等循环，那实际上就是阻塞操作，倒不如使用互斥和锁。假设按照调度安排，某线程先开始执行，却因另一线程的操作而暂停等待，那么只要我们修改操作的算法，就能让前者先完成全部步骤，从而避免忙等，操作也不会被阻塞。在代码清单 7.22 中，这要求将非原子变量的数据成员改为原子变量，并采用比较-交换操作设置其值。不过，更复杂的数据结构需要进行更多修改。

7.4 小结

第 6 章介绍了基于锁的并发数据结构，本章仍然以栈和队列作为切入点，讲解了几种无锁数据结构的简单实现。我们学习了如何对原子操作施加必要的内存次序，以杜绝数据竞争，令各线程所见的数据结构的内容保持一致。我们还从中领略到，比起基于锁的并发数据结构，无锁数据结构中的内存管理要困难很多，并且为此考察了好几种内存管理机制。本章也示范了如何帮助等待中的线程完成操作，从而防止产生忙等循环。

设计无锁数据结构是艰难的任务，我们非常容易犯错，但这些数据结构具有可伸缩的特点，在某些情形中能起重要作用。通过分析本章的范例和阅读相关的设计原则，希望读者能够开阔眼界，完善思路，设计出自己的无锁数据结构，或依据科研论文给出具体实现，或从别人的代码中剔除错误。

在多线程共享数据的场景中，我们需要考量数据结构的特点，以及如何在多个线程之间同步数据。在本章中，我们亲自设计了并发数据结构，自行封装了相关代码，全权负责上述功能，余下的代码便不必再插手数据同步，而专注于操作数据和执行任务。我们将在第 8 章印证这点，其主要内容是设计通用的并发代码。并行算法函数使用多个线程提升性能，这些工作线程需要共享数据，为它们选择并发数据结构有重要意义。

第 8 章　设计并发代码

本章内容：

- 在线程间切分任务的方法。
- 影响并发代码性能的因素。
- 性能如何影响数据结构的设计。
- 多线程代码中的异常安全。
- 可伸缩性。
- 几个并行算法的实现范例。

前面章节着力于为读者介绍各种 C++工具，专门用于编写并发代码。我们在第 6 章和第 7 章学习了使用那些工具设计出基础数据结构，好让多线程安全地并发访问。然而并发编程远不止设计和运用基础数据结构，这就如木匠若要制作橱柜或餐桌，那么除了构造绞合关节之外，他还需具备更多知识和技能。我们应该开拓视野，概览大局，从而创造出更具规模的软件架构，达到承担工作的实用效果。本章将通过一些 C++标准库的算法函数举例，给出其多线程实现，但是相同的设计原理适用于任何规模的应用程序。

并发代码的设计要义在于谨慎思考，这一点与任何编程项目都别无二致。然而，多线程代码比串行代码需要考虑更多因素。我们不仅要考虑到普通因素，如封装、耦合和内聚（许多软件设计书中都有详细介绍）等，还要分析共享哪些数据、如何同步那些数据的访问、哪些线程需要等待哪些线程完成某些操作，等等。在本章中，我们将先从高层级视角出发，考虑使用多少线程、由哪个线程执行什么代码，以及这会如何影响代码的清晰度，然后一直深入底层细节，研究怎样编排和组织共享数据以达到最优性能。

我们先来探讨在线程间切分任务的方法。

8.1 在线程间切分任务的方法

请试想一下，我们有一个建造房屋的任务，为了完成任务，就需挖地基、筑墙、埋管、布线等。假定我们接受了足够的技能培训，理论上我们可亲自包揽全部事项，但很可能相当费时，如果必要，我们还得不停切换任务。我们可以采取另一种方式，雇一些帮工。那便需要根据技能选择工人以确定人数。例如，我们可以雇几位普通工人，好让每个人都可以分担多种任务。虽然任务切换依旧必不可少，但是建造速度能因人手增加而变快。

又例如，我们可以雇一队专业技工，其中瓦匠、木匠、电工和水管工各一，让他们各司其职。结果，假如管道无须施工，水管工便闲坐一旁喝茶、喝咖啡。由于增添了各式人手，倘使电工在厨房布线，水管工能同时安装抽水马桶，因此任务还是会比之前更快完成。不过，若某位技工暂时未被安排任务，全员累计的空等时间就会增加。虽然专业技工有时会闲下来，但我们仍能察觉他们比普通工人更快完成任务。这是因为专业技工之间无须互换工具，而且与普通工人相比，每位技工都很有可能更迅速地完成自己的任务。具体情况决定了这一论断成立与否，我们需要通过实践来观察。

尽管我们改为雇佣专业技工，但仍然要确定每个工种的人数。譬如，比较合理的安排是，所请瓦匠的数目应多于电工。另外，如果建造的房屋不止一座，那么施工人员的构成可能需要调整，整体效率也会出现变化。如果有多座房屋同时在建，即便其中每一座房屋的管道工程任务都不算繁重，但总体工作量仍足够让水管工忙个不停。最后，假定专业技工无事可做而空等时不计薪酬，我们不必为此支付报酬，因此我们能承担起雇佣更多人员的支出，只要令就位工作的人数始终保持相同即可。

建造房屋的例子到此为止。以上种种与多线程有何干系？其实，多线程同样涉及这些议题。我们需要决定使用多少线程，决定应当让它们执行什么任务，还要决定应该采用“普通”线程还是“专家”线程（前者能随时执行任何必要的任务，后者则专精一种任务），或将它们组合起来。并发特性的运用无论是受什么原因驱使，我们均需做出以上决定，所做决定将对代码的性能和清晰度起关键作用。因此，充分理解上述各种选择具有极其重要的意义，这样在设计应用程序的结构的时候，开发人员才可以契合客观条件，得出明智的判断。读者将在本节学习几种划分任务的技术，首先是线程间的数据切分，然后才是其他内容。

8.1.1 先在线程间切分数据，再开始处理

简单的算法函数最容易并行化，如 std::for_each()，它对数据集所含的每个元素轮流

执行操作。这些元素可以指派给多个线程分别处理，以便令这一算法并行化。切分元素的最佳方式是什么？怎样才能实现最优性能？8.2 节将分析性能议题，我们到时便会明白这取决于数据结构本身。

最简单的切分数据的方法是，将最前面的 N 个元素分配给一个线程，将其后的 N 个元素分配给另一个线程，以此类推，如图 8.1 所示。当然，我们也能采用其他切分方法。无论数据如何划分，每个线程只处理分配获得的元素。在各自完成任务以前，线程之间不会发生任何通信。

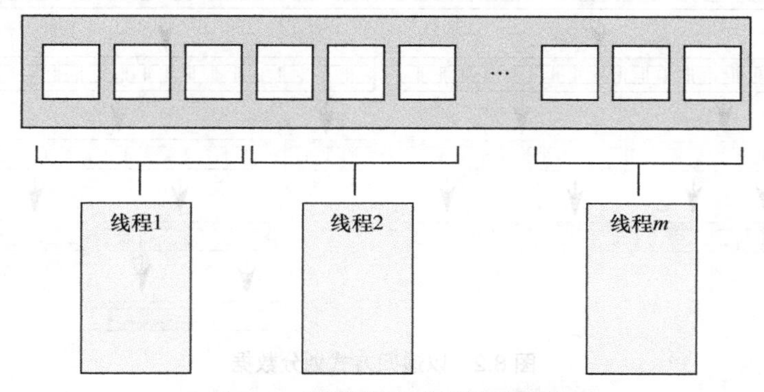

图 8.1 在线程间切分连续的数据

读者若曾经从事过 MPI 编程或 OpenMP 编程，就会熟悉上述切分的结构：一项整体任务被划分成一组并行子任务，工作线程各自独立执行这些任务，在最后的规约步骤整合中间结果。前文的 std::accumulate()范例也用到了相同的方式（2.4 节，代码清单 2.9），其并行子任务与最后的规约步骤都是累加运算。for_each()则更简单，由于没有中间数据需要规约，因此不存在执行规约操作的最后步骤。

把上述的最后步骤明确视为规约具有重要意义：在朴素的实现中，最后的步骤按串行化方式执行规约操作，如代码清单 2.9 所示。然而该步骤通常也可以并行化，譬如，累加运算本身就是规约操作。因此，我们可以修改代码清单 2.9，若线程数目多于单线程应处理的元素的数目，就让 accumulate()递归调用自己。又或者，线程池的工作线程每完成一个任务后，我们可令它继续执行某些规约步骤，而不是每次都生成新线程。

虽然这种方法强而有力，但它并非万能。有时候，数据无法在一开始就很好地划分，因为只有经过适度处理，才可以清晰地对数据实行必要的划分。这对递归算法尤其明显，譬如快速排序，所以，这类问题需要通过不同的方法解决。

8.1.2 以递归方式划分数据

快速排序算法含有两大基本步骤：选定一个元素为比较的基准元素；将数据集按大

小划分为前后两部分，重新构成新序列，再针对这两个部分递归排序。数据划分无法从一开始就并行化，因为数据只有经过处理后，我们才清楚它会归入哪个部分。若我们要并行化这个算法，就需要利用递归操作的固有性质。每层递归均会涉及更多的 quick_sort()函数调用，因为我们需对基准元素前后两部分都进行排序。由于这些递归调用所访问的数据集互不相关，因此它们完全独立，正好吻合并发程序的首选执行方式。图 8.2 展示了以递归方式划分数据。

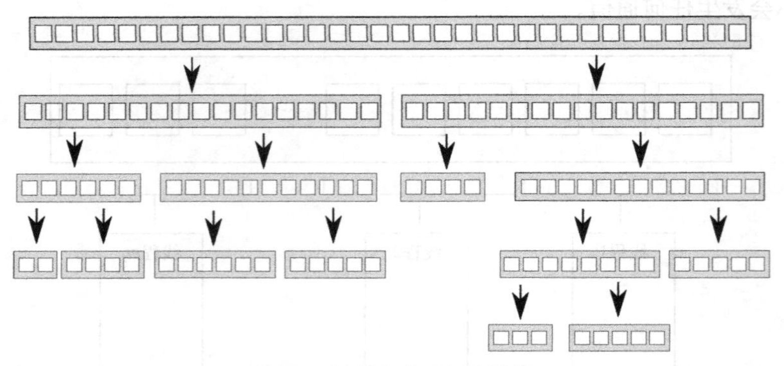

图 8.2 以递归方式划分数据

我们曾在第 4 章分析过这一实现（见代码清单 4.13，4.4.1 节）。那段代码每深入一层递归，都借 std::async()生成新的异步任务处理前半部分数据，而非针对前后两部分各执行一次递归调用。我们通过 std::async()让 C++线程库自主决定，是另起新线程执行新任务，还是在原线程上同步运行。

这点相当重要：假设排序操作的数据集非常庞大，若每次递归都生成新线程，则势必令线程数目激增。我们将通过后文的性能分析了解到，太多线程反而可能令应用程序变慢。如果数据集着实庞大，还有可能消耗殆尽全部线程。按上述递归方式来切分数据是不错的思路，但需约束线程数目的增长，不可任其数目无限膨胀。此例比较简单，std::async()足以应付，但它不是唯一选择。

另一种做法是，根据 std::hardware_concurrency()函数的返回值设定线程的数目，代码清单 2.9 的代码正是照这样编写而成，实现了 accumulate()的并行版本。接着，我们采用第 6 章和第 7 章介绍的线程安全的栈容器，将尚未排序的数据段压入其中，而不是启动新线程以执行递归调用。若某线程无所事事，或因全部数据段均已处理妥当，或因它正等着另一数据段完成排序，若是后者，该线程即从栈容器取出所等的数据段自行排序。

代码清单 8.1 的实现采用了上述方法。与大多数示例代码一样，该示例只意在说明思想，而非给出可以直接用于生产的代码。如果读者使用 C++17 编译器，且标准库也提供支持，那最好还是使用标准库提供的并行算法函数。第 10 章将涵盖这些内容。

代码清单 8.1 并行化的快速排序，由栈容器管理其中待排序的数据段

```
template<typename T>
struct sorter    <-①
{
    struct chunk_to_sort
    {
        std::list<T> data;
        std::promise<std::list<T> > promise;
    };
    thread_safe_stack<chunk_to_sort> chunks;  <-②
    std::vector<std::thread> threads;  <-③
    unsigned const max_thread_count;
    std::atomic<bool> end_of_data;
    sorter():
        max_thread_count(std::thread::hardware_concurrency()-1),
        end_of_data(false)
    {}
    ~sorter()  <-④
    {
        end_of_data=true;  <-⑤
        for(unsigned i=0;i<threads.size();++i)
        {
            threads[i].join();  <-⑥
        }
    }
    void try_sort_chunk()
    {
        boost::shared_ptr<chunk_to_sort> chunk=chunks.pop();  <-⑦
        if(chunk)
        {
            sort_chunk(chunk);  <-⑧
        }
    }
    std::list<T> do_sort(std::list<T>& chunk_data)  <-⑨
    {
        if(chunk_data.empty())
        {
            return chunk_data;
        }
        std::list<T> result;
        result.splice(result.begin(),chunk_data,chunk_data.begin());
        T const& partition_val=*result.begin();
        typename std::list<T>::iterator divide_point=  <-⑩
            std::partition(chunk_data.begin(),chunk_data.end(),
                [&](T const& val){return val<partition_val;});
        chunk_to_sort new_lower_chunk;
        new_lower_chunk.data.splice(new_lower_chunk.data.end(),
                                    chunk_data,chunk_data.begin(),
                                    divide_point);
        std::future<std::list<T> > new_lower=
            new_lower_chunk.promise.get_future();
        chunks.push(std::move(new_lower_chunk));  <-⑪
        if(threads.size()<max_thread_count)  <-⑫
```

```
            {
                threads.push_back(std::thread(&sorter<T>::sort_thread,this));
            }
            std::list<T> new_higher(do_sort(chunk_data));
            result.splice(result.end(),new_higher);
            while(new_lower.wait_for(std::chrono::seconds(0)) !=
                  std::future_status::ready)    ⑬
            {
                try_sort_chunk();    ⑭
            }
            result.splice(result.begin(),new_lower.get());
            return result;
        }
        void sort_chunk(boost::shared_ptr<chunk_to_sort > const& chunk)
        {
            chunk->promise.set_value(do_sort(chunk->data));    ⑮
        }
        void sort_thread()
        {
            while(!end_of_data)    ⑯
            {
                try_sort_chunk();    ⑰
                std::this_thread::yield();    ⑱
            }
        }
    };
    template<typename T>
    std::list<T> parallel_quick_sort(std::list<T> input)    ⑲
    {
        if(input.empty())
        {
            return input;
        }
        sorter<T> s;
        return s.do_sort(input);    ⑳
    }
```

本例中，parallel_quick_sort()函数⑲把绝大部分功能委托给 sorter 类①，后者通过栈容器管理待排序的数据段②，并集中管控多个线程以并发执行任务③，从而以便捷的操作方式给出了代码实现。本例中，主要工作由成员函数 do_sort()负责⑨，它借标准库的std::partition()函数完成数据分段⑩。do_sort()将新划分出来的数据段压入栈容器⑪，但没有为每个数据段都专门生成新线程，而仅当仍存在空闲的处理器时⑫才生成新线程[1]。因为划分出的前半部分数据可能会由别的线程处理，所以我们需要等待它完成排序而进入就绪状态⑬。如果当前线程是整个程序中仅有的线程，或者其他线程都正忙于别的任务，那么这一等待行为则需妥善处理，在当前线程的等待期间，我们让它试着从栈容器

1 译者注：请注意，⑪⑫两项操作彼此独立。本例的新线程属于通用型，不专门针对刚刚压入栈容器的那个数据段，⑫处的条件分支只是生成新线程，但代码并未指定它具体负责哪个数据段。实际上，每个线程在启动之后，都会不断从栈容器取出数据以执行排序，故⑪处压入的新数据段有可能被别的线程处理。

取出数据进行处理⑭[1]。try_sort_chunk()先从栈容器弹出一段数据⑦并对其进行排序⑧，再把结果存入附属该段的 promise 中⑮，使之准备就绪，以待提取。向栈容器压入数据段与取出相关结果相互对应，两项操作均由同一个线程先后执行⑪⑫。

只要标志 end_of_data 没有成立⑯，各线程便反复循环，尝试对栈内数据段进行排序⑰。每个线程在两次检测标志之间进行让步⑱，好让别的线程有机会向栈容器添加数据段。这段代码由 sorter 类的析构函数汇合各个线程④。do_sort()将在全部数据段都完成排序后返回（即便许多工作线程仍在运行），主线程进而从 parallel_quick_sort()的调用返回⑳，并销毁 sorter 对象。其析构函数将设置标志 end_of_data 成立⑤，然后等待全部线程结束⑥。标志的成立使得线程函数内的循环终止⑯。

我们凭借上面的方法即可避开 spawn_task()函数（见代码清单 4.14），解决线程数目无限增长的问题，还能摆脱对 C++线程库的 std::async()函数的依赖，从而自主选定线程的数目。实际上，这里的线程数目受限于 std::thread::hardware_concurrency()的返回值，因此避免了过度的任务切换。然而，我们还会遇到另一个问题：线程管控和线程间通信令代码复杂度显著增加。另外，虽然各线程所处理的数据彼此独立，但是它们都共同读写同一个栈容器，通过压入新数据段和弹出数据段进行处理，即便使用无锁栈容器（故不会发生阻塞），依然会诱发严重的资源争夺，导致性能下降。其成因将在后文分析。

清单 8.1 中的代码其实是一个特制的线程池，一组线程各自从列表领取任务，分别完成后又继续从列表领取别的任务来执行。第 9 章将涵盖线程池的一些潜在问题（包括任务列表上的争夺行为），并给出解决办法。我们还要让应用程序按处理器数目进行伸缩，相关问题将在本章后文详细讨论（见 8.2.1 节）。

无论是在开始处理前就切分数据，还是以递归方式划分数据，上面介绍的划分方法都假设数据始终固定不变。但事情并非总是如此。如果数据是动态生成的，或来自外部输入，这些方法便行不通。在这些情形中，更合理的做法是依据工作类别划分任务，而不是按数据切分。

8.1.3 依据工作类别划分任务

将不同数据段分配给各线程且以此划任务，无论是事先完成，还是在处理过程中递归地进行，都基于一项假设：全部线程均对每段数据执行相同的操作。另一种划分方式是。让各线程分别负责特定的操作步骤，每个线程各司其职，就像前文的建造房屋例子中的水管工和电工，他们的工作内容彼此不同。一份数据有可能需要由多

1 译者注：这里的操作看似“见缝插针”，实则“左右逢源”。针对正文所述的两种特殊状况，该操作本意是防范死锁。而在一般情形中，当前线程借此参与了某些数据段的排序，避免了单纯等待的空耗，物尽其用，有助于效率提升。

个线程共同处理，也可能不需要。如果需要由多个线程共同处理，则其具体操作和目的各异。

并发程序设计要求分离关注点，自然形成了上述划分任务的方式：每个线程都独立执行不同的任务，不依赖其他线程。就某一特定线程而言，它有时也许需接受别的线程传送来的数据，或处理别的线程触发的事件，但每个线程通常仅仅专精一种任务。这本质上是最基本的良好设计：每部分代码应当只承担单一的功能职责。

1. 依据类别划分任务以分离关注点

单线程应用程序照样需要同时运行多个任务，而某些程序即便正忙于手头的任务，也需随时处理外部输入的事件（譬如用户按键或网络数据包传入）。这些情形都与单一功能的设计原则矛盾，必须妥善处理。若我们按照单线程思维手动编写代码，那最后很可能混成“大杂烩”：先执行一下任务甲，再执行一下任务乙，接着检测按键事件，然后检查传入的网络数据包，又回头继续执行任务甲，如此反复循环。这就要求任务甲保存状态，好让控制流程按周期返回主循环，结果令相关的代码复杂化。如果向循环加入太多任务，处理速度便可能严重放缓，让用户感觉按键的响应时间过长。相信读者肯定见过这种操作方式的极端表现：我们让某个应用程序处理一些任务，其用户界面却陷入僵滞，到任务完成后才恢复。

2. 多线程正好“拔刀相助”

只要把每个任务都放在独立的线程上运行，操作系统便会替我们“包办”切换动作。因此，任务甲的代码可专注于执行任务，我们无须再考虑保存状态和返回主循环，也不必纠结间隔多久就得这样操作。

操作系统将择机行事，自动为任务甲保存好状态，然后切换到任务乙或任务丙。如果目标操作系统具备多核或多处理器，任务甲和任务乙还能并发运行。现在，处理按键或网络数据包的代码也得以及时运行，皆大欢喜。用户获得了即时响应。我们身为开发者，则令每个线程专注于自己的功能职责，只执行与之直接相关的操作，不再混杂用户互动与控制流程的代码，最终简化实现。

上述构想可谓精妙绝伦。我们真能如愿以偿吗？细节决定成败。假定每项任务都相互独立，且各线程无须彼此通信，那么该构想即可轻而易举地实现。可惜往往事与愿违。即便经过良好的设计，后台任务也常常按用户要求执行操作，它们需在完成时通过某种方式更新界面，好让用户知晓。反之，若用户想取消任务，就要通过界面线程向后台任务发送消息，告知它停止。上面两种情形中的各个关注点依然保持分离，但都必须经过周密考量和谨慎设计，并进行适当的同步。用户界面仍由界面线程处理，不过仅当其他线程提出请求时，它才会更新界面。类似地，执行后台任务的线程依然专注本身所需的操作，但它们“准许任务被别的线程终止”。无论是哪种状况，若某线程收到操作请求，它并不关心其发出的来源，而只在乎该操作应当由自己负责执行，且与自身的功能直接关联。

3. 借多线程分离关注点需防范两大风险

首先，我们最终可能分离出错误的关注点。其表现是多线程共享了非常多的数据，或多个线程相互等待，结果均导致线程间发生过量通信。我们需要检查是否有这两种表现。若有，便值得分析通信发生的缘由。假设全部通信都与同一个因素有关联，那就应该从牵涉的线程提取出相关功能，并将其整合到单一线程上，由它全权负责。或者，如果两个线程只针对彼此大量通信，却甚少与别的线程往来，则应当将两者合并为单一线程。

一旦我们依据类别划分任务，思路就不会再局限于运行完全孤立的任务。若存在多组输入数据，且要按相同的操作流程进行处理，则可依照流程步骤划分任务，让各线程分别执行其中一步。

4. 在线程间按流程划分任务

如果任务所处理的是许多独立的数据项，而它们的操作流程都相同，那我们便能采取流水线（pipeline）模式，极尽利用系统中可调配的并发资源。这就好比一条实体流水线：数据从一端流入，经过一系列的操作（管线），在另一端流出。

我们要为流水线上每个步骤逐一单独创建线程，一个线程对应流程中的一步操作，这样才可以按上述方式划分任务。元素每完成一项操作，即被放入一个队列进行等待，由下个线程取出处理。照此安排，流水线便能交错步骤并发运行，使得上游线程先操作数据集后面部分的元素，而下游线程则同时处理数据集前面部分的元素[1]。

以上就是在线程间划分数据的另一种方法，曾在 8.1.1 节有所提及。如果在输入数据上选取不同操作充当起始步骤，而不会影响结果，则适用该方法。例如处理经网络传入的数据，或者操作流程最开始就扫描文件系统，以分辨哪些文件需要处理。

若流程中的各项操作都很耗时，则流水线同样胜任：该模式按工作类别在线程间划分任务，而不依据数据类型划分，因此可以针对这种情况改善程序性能。假设我们要在 4 核处理器上处理 20 项数据，每项用 4 个步骤完成，每步花费 3 秒。如果我们将数据分配给 4 个线程，则一个线程应当处理 5 项。假定本例中没有其他程序占用处理时间，那么 12 秒后我们将处理完 4 项数据，24 秒后则处理完 8 项，以此类推。20 项数据将在 1 分钟后处理完。流水线模式让处理节奏大为不同。我们将 4 个步骤逐一分配到各处理器核心上，这样，第一项数据必须由 4 个核心轮流处理，故仍旧耗时 12 秒。第一个 12 秒只有 1 项数据完成处理，显然不及按数据划分任务的模式。一旦流水线满负荷运行，情

---

1 译者注：请注意，这里假定各项操作之间完全不存在前后依赖。这样，步骤方能交错，流水线起始点亦可随便选择。然而，后文的“4 核、4 步骤、20 数据项”例子中，流水线上的步骤具有固定次序，即同一元素之上的操作由各个线程顺次执行。

况就改变了：第一个核心处理好某项数据之后，就马上转头处理下一项；同理，最后一个核心处理好某项数据后，即紧接着处理下一项。最终，我们每 3 秒便处理 1 项数据，而不是按批次，每 12 秒处理 4 项数据。

最后那个处理器核心起初只能空等 9 秒，才轮到它处理第一项数据，故整批数据的总体处理时间变长了。但处理过程变得更平顺且更连贯，这给很多情形带来了助益。譬如，考虑一个专供观看高清数码视频的系统。为了获得流畅的视频观感，我们每秒通常至少要处理 25 帧画面（帧数越多越理想）。另外，画面的时序间隔需均匀，观众才会觉得动作连续。如果该应用程序每秒解码 100 帧，却不得不先静止 1 秒，接着极速显示 100 帧画面，然后又静止 1 秒，再显示 100 帧画面，那它就毫无实用价值。另外，在播放时观众大都能忍受最开始的几秒延迟。上述情形应当优先采用流水线模式，以并行处理各帧画面，维持稳定的输出速率。

这一节讲解了在线程间划分任务的各种方法。下面，我们来研究影响并发代码性能的因素，并分析如何针对它们选择相关的处理技法。

8.2 影响并发代码性能的因素

若我们力求改进代码性能，那么在利用多处理器系统的并发算力时，就需要了解哪些因素会影响其性能。即便是借多线程分离关注点，也需令其不至于对性能造成负面影响。在 16 核的崭新机器上，如果应用程序的速度反而不及单核的旧机器，用户肯定颇有微词。

我们将很快看到，多线程代码的性能受诸多因素影响。即便某些因素看似微不足道，也会起惊人的作用，譬如仅仅改变每个线程所处理的目标元素（其他运行条件均保持不变）。事不宜迟，我们马上开始探讨，其中最显著的影响因素就是：目标系统上处理器的数量。

8.2.1 处理器的数量

多线程应用程序的性能受处理器的数量（和架构）影响，它既是首要因素又是关键因素。在某些情况下，我们有条件知悉目标系统的确切硬件规格，或者可以将该系统环境精准再现，从而能据此设计程序并进行实测。若果真如此，我们便算走运，不过那几乎是奢望。开发环境所处的系统也许与生产环境相似，却又不完全一样，其中的差别有可能举足轻重。例如，我们在双核或四核系统上开发，但客户的系统或许具备一个多核处理器（不论核心数目多少），还可能含有多个单核处理器，甚至是多个多核处理器。在不同的环境中，并发程序的行为和性能特征有着巨大差异，故我们需仔细考虑哪些因素将造成影响，并尽量针对它们进行测试。

考虑以下硬件环境，系统都可以并发运行 16 个线程，性能大致相当：一个 16 核处理器大约等同 4 个 4 核处理器，或 16 个单核处理器。如果要充分利用硬件，应用程序应具有至少 16 个线程。否则，我们便闲置了处理器的算力（除非系统还运行其他程序，但这里暂且排除这种情形）。相反，假定同时运行的线程超过 16 个（没出现因等待而阻塞或类似情况），各线程就会发生切换，导致浪费处理器时间，这在第 1 章已有介绍。一旦出现这种情况，即称为线程过饱和。

C++11 标准线程库提供了 std::thread::hardware_concurrency()，其返回值即为硬件能够并发运行的线程数目，应用程序可依此缩放实际执行任务的线程数目。前文已经介绍过如何借该函数按照硬件环境调整线程的数目。

若直接运用 std::thread::hardware_concurrency()，我们则需留神：它不会反映正在应用程序内运行的线程数目，除非这些信息被显式共享。最坏的情形是，某函数正参照 std::thread::hardware_concurrency()的结果进行伸缩调整，多个不同的线程却同时调用该函数，结果引发严重的线程过饱和。采用 std::async()即可解决此问题，因为线程库明悉所有调用，并据此进行恰当的调度。谨慎使用线程池亦能防范这一问题。

然而，即便应用程序考虑了内部运行的全部线程，它仍会受到正在和它同时运行的应用程序的影响。在单用户系统上，我们很少同时运行多个 CPU 密集的应用程序，但这一情形在其他领域中却常常出现。只要系统经过专门设计，就能处理这种情形。它们往往提供多种机制，好让每个应用程序选取恰当的线程数目，不过这些机制超出了 C++ 标准的范围。其中一种机制与 std::async()的功能类似，在选择线程数目时，它将考虑全部应用程序的异步任务的总数。另一种机制是限制给定的应用程序，令其使用的处理器核心数目不超出某个限定值。我们预想，各硬件平台将借 std::thread::hardware_concurrency()的结果反映该限定值，但系统不保证必然会依此实现。若读者需要处理这种场景，请查阅系统文档，了解有什么方法可供采用。

上述情形还有一种衍生变化：某问题能否由一个算法理想地解决，依赖于问题规模与处理单元数目之间的比值。大规模并行系统具有数量繁多的硬件处理单元，因此相对操作步骤较少的算法，步骤较多的算法反而能在总体上更快完成，因为每个处理单元只会分配和执行很少几项操作。

随着处理器数量增加，多个处理器也更有可能访问同一份数据，因此加剧了对性能的影响，这形成了另一个问题。

8.2.2 数据竞争和缓存乒乓（cache ping-pong）[1]

若两个线程在不同处理器上并发运行，却读取同一份数据，这通常不会引发问题：

1 译者注：8.2.2 ~ 8.2.4 节只涉及缓存（cache）的基本概念，而现实中的 CPU 则往往具备多级缓存，且缓存块之间可能存在多路组关联及内存回写等其他问题，这些细节因 CPU 架构和型号不同而存在种种差异。原书作者回避了旁枝末节，这几个节意在讲解配合缓存的工作方式，但代码无法直接操控缓存。缓存在一般情况下对 C++/C 代码完全不可见，缓存与内存之间的载入和写出策略由 CPU 硬件自主、全权掌控。

该数据会复制到两个处理器所对应的缓存中，从而让它们运行无碍。但如果其中一个线程改动了数据，则该变化必须传达至另一处理器的缓存，这肯定要消耗一定时间。由于改动涉及两个线程所正在执行的操作，因此有可能导致第二个处理器半途暂停，以等待产生的变化经由内存硬件传递过来。暂停与否取决于操作的固有特性及其内存次序。深入 CPU 指令的层级，涉及的操作可能慢得极为明显，时间跨度相当于执行几百条独立的指令，但确切的实际耗时主要取决于硬件的物理结构。

考虑下列简单的代码片段：

```
std::atomic<unsigned long> counter(0);
void processing_loop()
{
    while(counter.fetch_add(1,std::memory_order_relaxed)<100000000)
    {
        do_something();
    }
}
```

计数器 counter 是全局原子变量，因而任何调用 processing_loop()的线程都会改动该原子变量。所以，当某个处理器执行自增操作时，必须首先确保，自身缓存载入了变量 counter 最近一次更新的副本，然后才改动它的值，再通知其他处理器。fetch_add()是一项“读-改-写”操作，故它需要先获取目标变量最新写入的值。我们采用了 std::memory_order_relaxed 次序，因此编译器不会与其他任何数据同步。即便如此，若另一线程正在另一处理器上运行相同的代码，两个处理器的缓存中将分别形成变量 counter 的副本，它们必须在两个处理器之间来回传递，两者所含的 counter 值才可以保持最新，从而正确执行自增操作。如果运行上述代码的处理器数量过多，或者 do_something()足够短小而得以快速运行完成，各处理器就有可能彼此等待：某处理器准备妥当，立即就要更新该值，却不料另一处理器却正在进行更新，所以前者只得等待后者完成更新，并且还要等待更新的结果传递过来。这种情况称为高度争夺（high contention）。反之，低度争夺（low contention）则是指处理器之间极少互相等待。

在上面代码的循环中，变量 counter 所含的数据在不同的缓存之间多次来回传递。这称为缓存乒乓，会严重影响应用程序的性能。如果某处理器因等待缓存数据的传递而暂停，则在此期间将迫使别的线程也陷入等待，即便它们原本可以在该 CPU 上有效地工作，但实际上却无所事事，对整个应用程序来说这不是好事。

也许读者觉得这不可能在自己身上发生，毕竟我们不会编写类似的循环。真的确定如此吗？请问考虑过互斥锁吗？如果我们借循环语句给互斥加锁，那么从数据访问的角度观察，代码就与前文的示例代码极为相似。若一个互斥最近被某线程访问过，而另一个线程要对这个互斥加锁，则该互斥的数据必须传递给后者所在的处理器，由它实施改动来进行锁定。当受互斥保护的操作完成以后，加锁的线程重新改动互斥将其解锁，互斥所含的数据再传递给下一个意欲加锁的线程。后面的线程除了需要耗时等待互斥释放，还需额外花费时间等待数据传递[1]。

```
std::mutex m;
my_data data;
void processing_loop_with_mutex()
{
    while(true)
    {
        std::lock_guard<std::mutex> lk(m);
        if(done_processing(data)) break;
    }
}
```

这段代码[2]将陷入最糟糕的状况：假定多个线程要访问数据 data 和互斥 m，那么，若系统具有越多核心或处理器，高度争夺则越可能发生，即处理器越可能相互等待。如果为了令任务更快完成，我们运用多线程处理同一份数据，那它们就会争夺数据，并连带争夺相关互斥。线程的数量越多，就越有可能同时试图在同一互斥上取得锁（本例），或同时试图访问同一个原子变量（前例），或发生其他争夺行为。

争夺互斥所造成的后果往往有别于原子操作，原因很简单，互斥并未在处理器层面直接插手，而只是在操作系统层面起作用，使线程按自然方式串行化运行。如果操作系统已经启动了足够数量的线程，且某线程正在等待互斥解锁，则在此期间处理器会被切换给另一个线程，可是处理器暂停却令其上的线程全都寸步难行。但若多个线程争夺同一个互斥，它们的性能还是会受影响，毕竟每次仅有一个线程得以运行。

我们曾在第 3 章学习过，较少更新的数据结构可以由特殊的互斥来保护（见 3.3.2 节），这些互斥专门针对“单一写出者和多个读取者”。如果运算负荷非常大，缓存乒乓所产生的影响将抵消互斥带来的助益，原因是访问数据的全部线程仍要亲自改动互斥（甚至包括执行读操作的线程）。随着访问数据的处理器增多，针对互斥本身的争夺便越发激烈，含有互斥的缓存块也须在多个核心之间传递，因此把加锁和解锁的时间增大到无法容忍的程度。有几种方法可让互斥横跨多个缓存块分布，借此缓解上述问题，但我们需要自行实现这样的互斥，否则只能使用系统提供的互斥。

既然缓存乒乓会造成危害，那我们应当如何防范？本章后文将给出答案，它与改善并发程度的通用指引紧密关联：尽量降低两个线程争夺同一内存范围的可能性。

但这过于简单化了；事情向来没那么简单。即便始终仅有一个线程访问某特定的内

---

1 译者注：这两项等待独立发生，解锁互斥要在逻辑流程上等待受保护的操作完结，而传递互斥数据则在硬件层面上发生。

2 译者注：这段代码与前文的代码不同，这里的争夺激烈程度相对低很多。前面的例子中，do_something() 共计执行 1 亿次，该执行次数固定不变，且每次循环均有相同数目的线程参与争夺，争夺的激烈程度始终不减。这段代码的互斥 m 仅仅在最初受到争夺。一个线程只要调用过 done_processing()之后，即退出循环并解锁，参与争夺的线程数目遂逐步减少，使争夺的激烈程度不断降低。而且，这里的 done_processing()执行次数与线程数目直接相关，远远小于 1 亿次。

存范围，还是会出现名为不经意共享（false sharing）的情况，依旧诱发缓存乒乓。

8.2.3 不经意共享

通常，处理器的缓存单元并非独立的小片内存范围，而是连续的大块内存，称为缓存块。这些缓存块的大小往往是 32 字节或 64 字节，其准确值取决于我们使用的处理器的具体型号。缓存硬件只能按缓存块的大小来处理内存块，若多个小型数据项在内存中的位置彼此相邻，那它们将被纳入同一个缓存块。以上机制有时颇具成效：如果线程访问的数据均位于相同的缓存块内，和它们散布到多个缓存块的情形相比，将提升应用程序的性能。但若一个缓存块中的数据互不关联，且需要被多个线程访问，这就会成为导致性能问题的主要因素。

假定多个线程要访问一个整型数组（包括更新），其中各线程都具有专属的元素，且只反复读写自己的元素。由于整型变量的尺寸往往比缓存块小很多，因此同一缓存块能够容纳多个数组元素。结果，尽管各线程仅访问数组中属于自己的元素，但仍会让硬件产生缓存乒乓的现象。假定某缓存块内有两个元素，序号是 0 和 1，每当有线程要更新 0 号元素，便需把整个缓存块传送到相关的处理器。若另一个处理器上的线程要更新 1 号元素，该缓存块则需再次传递。虽然两个线程没有共享任何数据，但缓存块却被它们共享，因此称之为不经意共享。这里的解决方法是编排数据布局，使得相同线程访问的数据在内存中彼此靠近，增加它们被纳入同一个缓存块的机会，而由不同线程访问的数据在内存中彼此远离，因此更有可能散布到多个独立的缓存块中。在本章的后面部分，我们将看到代码和数据的设计如何受此影响。C++17 标准在头文件<new>中定义了常量 std::hardware_destructive_interference_size，用以表示一个字节数的限度，若当前编译目标[1]内数据所在的相邻区域比它小，即有可能造成不经意共享。只要我们令数据的分布范围超出该值，就不会引发不经意共享。

既然多个线程访问同一缓存块会产生负面影响，那如果数据只由单一线程访问，其内存布局将起什么作用呢？

8.2.4 数据的紧凑程度

不经意共享的成因是，两个线程分别访问不同的数据，而数据分布却过于靠近。数据布局还会导致另一个缺陷，即直接影响单个线程的性能。该问题关乎数据的紧凑程度：若单个线程访问的数据在内存中松散分布，那它们就很可能被纳入不同的缓存块。相反，假如单个线程访问的数据在内存中紧凑聚集，则它们很有可能位于同一缓存块。对比紧

1 译者注：即 compilation target，泛指编译器根据源代码所生成的输出文件，这里特指针对某一特定硬件平台而最终生成的可执行文件、库文件、动态链接文件等。

凑布局与松散布局，后者必然令处理器从内存读取更多数据块，以载入缓存中，遂造成更长的内存访问延迟并最终降低性能。

另外，如果数据松散分布，无论数据是否与当前线程存在关联，都将混排在一起而相邻，这就增加了缓存块同时纳入它们的机会。最极端的情况是，缓存中的闲杂内容远多于我们关注的数据。这浪费了宝贵的缓存空间，并且增加了处理器缓存失效的概率。即便缓存曾经一度持有某相关数据，但也很可能迅速将其移除，为别的数据清理出空间，导致程序再次访问原目标数据时，只得从内存重新载入。

既然这是单线程代码的重要议题，为什么我在这里再次强调？原因是任务切换会加剧该问题。如果系统中的线程数目超出了核心数目，则每个核心都要运行多个线程。而为了避免不经意共享，我们又试图确保各线程分别访问不同的缓存块，这势必会增加缓存的压力。若线程所操作的数据没有聚集到同一缓存块中，而是散布在多个缓存块上，当处理器切换线程时，就更有可能需要重新载入这些缓存块。C++17 标准在头文件<new>中还定义了常量 std::hardware_constructive_interference_size，表示同一缓存块保证容纳的最大的连续字节数（前提是数据恰当地对齐）。若我们将所需数据的尺寸缩减至此限度以内，便可能减少缓存错失的次数。

如果线程的数目超过了处理器或核心的数目，操作系统就可能选取某种调度编排，让同一个线程在不同时间片内由不同核心运行。这就需要传送线程数据所在的缓存块，从一个核心传送到另一个。需要传送的缓存块越多，消耗的时间就越多。尽管操作系统总是尽力防止这种现象发生，但该现象难以避免，还是会影响性能。

当许多线程可同时全速运行，没有发生阻塞型等待时，与任务切换相关的问题就尤为突出。我们曾在前文接触过这一议题：线程过饱和。

8.2.5 过度任务切换与线程过饱和

除非我们在大规模并行硬件平台[1]上作业，否则多线程系统中的线程数目往往多于处理器数目。然而，这些线程常常会将时间花在等待外部 I/O 完成、等待条件变量成立、等待互斥上的阻塞解除等，所以上述操作都不是大问题。让应用程序运行超量线程，它才得以完成一些务实的工作，处理器也不会因线程发生等待而无所事事。

但这并不总是好事。如果线程数目过多，需全速运行的线程数目亦持续增加，早晚将超出可供调配的处理器数目，操作系统也会随之开始剧烈地切换任务，以公平分摊时间片，好让它们都能使用处理器。第 1 章已解释过这会增加任务切换的整体额外开销，若数据分布不够紧凑，还会导致缓存问题，两种情况一并出现会导致严重后果。假设某

1 译者注：意指集群，由大量独立主机作为节点，通过稳定的高速网络连接组成。当今主流超级计算机多采用这种模式，如富岳、神威和天河等。但在实践中，针对这些硬件环境，程序设计绝大多数采用 MPI 或 OpenMP，极少直接采用多线程。

项任务无限制地重复生成新线程，如第 4 章的递归方式的快速排序代码（见代码清单 4.13），就会引发线程过饱和。再比如，我们按类别划分任务来生成线程，若其自然得出的数目远超处理器数目，且任务本身是 CPU 密集型而鲜有 I/O 操作，同样会引发线程过饱和。

假定因切分数据而导致生成的线程过多，则代码可以模仿 8.1.2 节的方法，限制工作线程的数量。万一线程过饱和是自然划分任务的结果，那么唯一的改善办法就是另选划分方法，其他手段对该问题均力不能及。如此一来，若要另行选择恰当的划分方法，我们对目标平台的认识就要更为深入。仅当原来的划分方法导致性能低下，到了令人无法接受的地步，并且能证明改变任务划分的方法确会提升性能时，才值得我们另行选择。

多线程代码性能还受制于其他各种因素。譬如，对比一个双核处理器和两个单核处理器，即便它们属于相同的 CPU 类别，时钟频率也一样，如果两种环境下都出现缓存乒乓，所造成的性能损失仍存在巨大差别。不过，这只是足以产生重大影响的主要因素之一。我们现在来分析，这些因素如何左右代码和数据结构的设计。

8.3 设计数据结构以提升多线程程序的性能

8.1 节介绍了几种在多线程间划分任务的方法，8.2 节则接着分析了影响并发代码性能的几个因素。我们在设计数据结构时，该怎样利用这些信息来提升多线程程序的性能呢？第 6 章和第 7 章的主题是如何设计数据结构以支持安全的并发访问，而本节的侧重点有所不同。我们已从 8.2 节了解到，即便数据只为单线程使用，且未与任何别的线程共享，其内存布局依然会影响性能。

若要借多线程提升性能而设计数据结构，有 3 个关键我们要多加注意：资源争夺、不经意共享和数据紧凑程度。它们都会对性能造成巨大影响。通常，只要改动数据的内存布局，或变换数据元素从属线程的方式，就可以提升多线程程序的性能。我们先来探讨最简单、有效的做法：在多线程间划分数组元素。

8.3.1 针对复杂操作的数据划分

假定我们要进行繁重的数学运算，下面以两个“巨大”的正方形矩阵相乘为例。矩阵相乘的规则是：选取前方矩阵的第一行与后方矩阵的第一列，两者中对应的元素依次配对相乘，然后将全部乘积相加，所得之和即为结果矩阵第一行第一列的元素；我们再次选取前方矩阵的第二行与后方矩阵的第一列，重复上述步骤，就会产生结果矩阵第二行第一列的元素；又同样操作前方矩阵的第一行与后方矩阵的第二列，便算出结果矩阵第一行第二列的元素，以此类推。图 8.3 表示出矩阵相乘的某一步骤：阴影部分表明，前方矩阵的第二行与后方矩阵的第三列被选定，其中的对应元素依次配对相乘，接着把全部乘积相加，得到结果矩阵第二行第三列的元素。

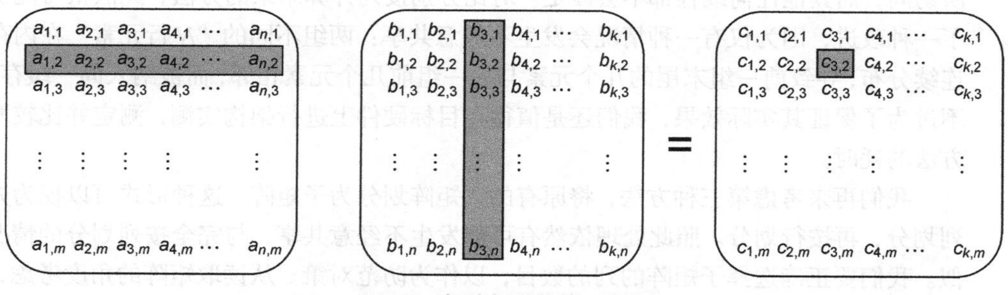

图 8.3 矩阵相乘的某一步骤

我们再进一步假设，参与相乘的是两个大型矩阵，都具有数千行和数千列，这样才值得采用多线程优化上述运算过程。非稀疏矩阵[1]在内存中通常用大型数组表示，矩阵第一行的全部元素存储在数组最前面部分，接着是矩阵第二行的元素，以此类推。矩阵乘法运算涉及 3 个这种大型数组。为了取得性能优化的最佳效果，我们需谨慎处理数据访问的模式，尤其是第 3 个数组的写操作。

有多种方法能够针对矩阵乘法在线程间划分任务。假设矩阵的行数/列数超出了现有处理器的数目，那么我们可为各线程分配任务，让其分别计算结果矩阵某几列的值，或计算结果矩阵某几行的值，或计算结果矩阵中某一子矩阵的值。

我们从 8.2.3 节和 8.2.4 节的分析中知晓，如果跳跃地访问前后分散的元素，效果不及集中访问数组中位置连续的元素，因为后者减少了缓存的占用，降低了不经意共享发生的概率。假设我们让各线程分别计算 N 列的结果，则这些线程均需按行读入前方矩阵的每个元素，并从后方矩阵读取与自身任务对应的 N 列，而写出的值仅分布在与自己对应的 N 列上。前文已经说明，乘法运算所牵涉的矩阵都按行连续存储，因此针对后方矩阵与结果矩阵，一个线程要在第一行访问某 N 个元素，在第二行访问相应的 N 个元素，以此类推，且其他线程也要逐行访问各自对应的 N 个元素。而每个线程明显应当访问连续的列，依此安排，各行相应的“N 个元素”才会相邻，令不经意共享发生概率降至最低。若 N 个元素占据的总空间正好等于缓存块大小，则各线程所用的缓存块便完全独立，遂可杜绝不经意共享。

另一种处理方法是让各线程分别计算 N 行结果，令其从前方矩阵分别读取对应的 N 行元素，再按列读入后方矩阵的全部元素。按照该模式，针对前方矩阵与结果矩阵，各线程会访问对应的 N 行中的每个元素。因为矩阵元素都按行连续存储，若我们依然选取

1 译者注：非稀疏矩阵即稠密矩阵，其中绝大部分元素具有非 0 值。反之，稀疏矩阵的绝大部分元素都是 0。它们所采用的数据结构完全不同。后者的值为 0 的元素不予存储，值不为 0 的元素则存储在网格状二维链表中。

相邻的行，则上述的“*N* 行元素”就位于一片连续的内存区域，所以只被唯一一个线程所访问，而其他任何线程都不会涉足。对比分别按列计算结果的方法，此法很可能实现了一种改进，因为仅有一种情况会发生不经意共享：两组不同的“*N* 行元素”在内存中连续分布，导致前一组末尾的几个元素与后一组前几个元素相邻，而被纳入同一缓存块。不过为了保证其实际效果，我们还是值得在目标硬件上进行架构实测，测定并比较两种方法的耗时。

我们再来考虑第三种方法，将原有的大矩阵划分为子矩阵。这种形式可以视为先按列划分，再按行划分。照此处理依然有可能发生不经意共享，与完全按列划分的情况相似。我们要正确选择子矩阵的列的数目，以作为防范对策。从读取矩阵的角度考虑，划分子矩阵的优点在于：任一参与相乘的矩阵均无须完全读入，我们只要读取目标子矩阵包含的行和列即可。下面来考虑一个具体的例子：相乘的两个矩阵都具有 1000 行和 1000 列，各自包含 1 000 000 个元素。假设我们有 100 个处理器，每个能计算 10 行结果，即 10 000 个元素。但是要算出这 10 000 个元素的值，每个处理器需要访问整个后方矩阵（1 000 000 个元素），还有前方矩阵中各自对应的 10 行（10 000 个元素），共计 1 010 000 个元素。作为对比，若它们计算的是 100 行、100 列的子矩阵（依然含有 10 000 个元素），它们需要访问前方矩阵中各自对应的 100 行（100 × 1000=100 000 个元素），并访问后方矩阵的 100 列（100 000 个元素），总共只需读取 200 000 个元素，数量缩减到原来的五分之一。读取的元素总量变少，缓存失效的概率也随之降低，故大有希望提升性能。

综上，一种处理方法是，让各线程完整地计算出结果矩阵的某几行，但更好的做法是把结果矩阵划分成多个小正方形（或接近正方形）的子矩阵，再逐一分配给各线程。这样，我们还能在运行期做出调整，依据大矩阵的规模和可用的处理器的数目决定子矩阵的规模。一如既往，若程序性能是考量的重点，那就极有必要在目标硬件架构上测试各种方法，剖析它们的性能。前文介绍了几种方法，但我们不能妄下结论，说它们就是最好的处理矩阵乘法的方法，或是仅有的方法[1]。然而，多线程的使用原因很有可能不是矩阵相乘，数据该按什么标准划分呢？首先，我们应当遵循前文介绍的原则，只要是在线程间划分大块数据的场景，它们全都适用；其次，还要仔细分析数据访问模式的所有细节，并预判出性能损失的潜在诱因。在读者所研究的某些问题领域中，情况也许与本节内容相仿，变换任务划分的方法即可提升性能，而无须改动基本的算法流程。

我们已探讨了数组的访问模式如何影响性能，那其他类型的数据结构又该如何处理呢？

---

1 译者注：这里讨论的内容仅限于数据的访问方式。实际上还有算法可加速大规模矩阵的相乘，如 Strassen 算法、Coppersmith–Winograd 算法和 V.V. Williams-A.J. Stothers 算法等。这些算法殊途同归，首要操作都是划分出多个子矩阵，再进一步操作（所有大型矩阵都进行划分，而正文的方法仅划分了结果矩阵）。

8.3.2 其他数据结构的访问模式

我们在试图优化其他数据结构的访问模式时，所考量的因素与优化数组访问模式所考量的因素大同小异。如尝试调整线程间的数据分配，彼此靠近的数据要让同一线程操作；给定任意一个线程，尽可能缩减它需要的数据量等。以 std::hardware_destructive_ interference_size 的值为参考，令不同线程所访问的数据互相充分隔离，以防范不经意共享。无奈其他数据结构不太容易遵守这些规则。例如，二叉树就只能固定地切分成子树，而其他形式都难以进行划分操作。至于子树划分是否有效，则由树的平衡度和需要划分的层级多少决定。另外，根据二叉树的内在特性，它的节点很可能经动态分配产生，因而会散布在程序的堆数据段上的不同位置。

数据分散在堆数据段上本身并不成问题，但是处理器因此需要缓存更多内容。这反而可能会带来好处。设想多个线程需要遍历某个树状数据结构，则它们均需要访问全部节点。若各节点内没有存储真正的数据，而是仅包含一个指针，该指针指向节点所表示的实质数据，那么只有在必要时，处理器才会从内存载入该数据。于是，在单节点内的实质数据跟整体结构之间，不经意共享得以避免。这样，如果一个线程正在访问某节点，且另一个线程同时要改动其数据，便可避免性能损失。

若利用互斥保护数据，也会出现相似的问题。设想一个简单的类，其中包含几项数据和一个互斥，在多线程访问时由后者负责保护数据。假定互斥和数据在内存中相互靠近，如果仅有单一线程要获取互斥，这就是理想的状况：因为互斥先被载入缓存以做改动，而数据也被连带载入，所以该线程无须重复等待读取内存。但依然存在缺点：若一个线程已在互斥上持锁，另一个线程却试图给互斥加锁，它们就需访问相同的内存区域。互斥加锁的实现方式通常是在互斥所在的内存范围上，实施某项“读-改-写”操作，一旦操作成功，就深入内核执行相关的后续系统调用。如前文所述，已在互斥上持锁的线程会将数据连带载入缓存，但是该“读-改-写”操作却可能使这些数据失效。就互斥本身而言，这完全不成问题：在它解锁之前，其他线程均无法“染指”。不过，如果互斥与受保护的数据位于相同的缓存块中，此时其他线程再试图加锁，那么在互斥上持锁的线程就会遭受性能损失。要确定这种不经意共享是否真的构成问题，其中一种测试方法是针对不同线程并发访问的各项数据，在它们之间加入巨大的填充块(block of padding)。例如，我们可以采用下面的代码进行测试，判断互斥上是否发生了争夺行为。

```
struct protected_data
{
    std::mutex m;
    char padding[std::hardware_destructive_interference_size]; ①
    my_data data_to_protect;
};
```

①万一读者的编译器尚未提供 std::hardware_destructive_interference_size 常量，那就请自行选取一个值表示填充的字节数，它应当高于缓存块尺寸几个数量级，如 65 536（请注意结构体成员的声明次序，填充块一定要位于互斥 m 与数据 my_data_to_protect 之间，这样才可以真正有效地隔离）

或者，采用下面的代码进行测试，判定数组元素之间是否存在不经意共享。

```
struct my_data
{
    data_item1 d1;
    data_item2 d2;
    char padding[std::hardware_destructive_interference_size];
};
my_data some_array[256];
```

请注意结构体成员的声明次序，这里的填充块只能位于最后方（或最前方），否则会起反作用，将成员 d1 和 d2 隔开，无意义地增加了缓存失效的概率。

如果这些改动提升了代码的性能，那我们就可以肯定是不经意共享导致了问题，遂能保留填充块或重新编排数据访问的模式，以消除不经意共享。

在设计并发代码的时候，除了数据访问的模式，我们还需要考虑更多其他因素。我们接下来探究这些额外因素。

8.4 设计并发代码时要额外考虑的因素

行文至此，本章已介绍了在线程间划分任务的几种方法、影响性能的一些因素，以及针对这些因素所起的作用，我们应当选取哪种访问数据的模式，以及采用什么数据结构。然而，针对并发功能的代码设计还要顾及更多其他因素。我们需考虑异常安全和可伸缩性。如果增加系统的处理器内核数目，程序性能也随之提升（无论是减少执行时间还是提高吞吐量），我们则称代码可伸缩。理想情况下，性能随着处理器数目的增加而线性提升。也就是说，对比两个系统，一个具备 100 个处理器，另一个只具备 1 个处理器，前者的性能是后者的 100 倍。

无论代码是否可伸缩，都要考虑异常安全，这关乎程序运行的正确性，虽然不可伸缩的代码也能工作（如单线程应用程序）。如果代码不能保证异常安全，就会破坏不变量或导致条件竞争，应用程序也许会因某操作抛出异常而意外结束。带着这些思考，我们先来学习异常安全。

8.4.1 并行算法代码中的异常安全

出色的 C++代码必然能保证异常安全，支持并发功能的代码也不例外。事实上，比起普通的串行算法，并行算法常常要求我们更妥善地处理异常。假设串行算法中的某项操作抛出异常，该算法代码则只需考虑如何确保周全地处理自身的运行环境，以防范资源泄漏和避免破坏不变量；它还可以坦然地向上传递异常，让函数的调用者来收拾残局。相反地，并行算法的多项操作都会在各独立线程上执行。在这种情形中，异常不得向上传递，因为它有可能位于错误的调用栈中。若在某线程上有函数因发生异常而退出，则整个应用程序会被终结。

代码清单 8.2 列出了代码清单 2.9 的 parallel_accumulate()函数，我们来重温这段代码，将其作为具体范例进行分析。

代码清单 8.2 并行版 std::accumulate()的朴素实现（摘自代码清单 2.9）

```
template<typename Iterator,typename T>
struct accumulate_block
{
    void operator()(Iterator first,Iterator last,T& result)
    {
        result=std::accumulate(first,last,result);    ⟵①
    }
};
template<typename Iterator,typename T>
T parallel_accumulate(Iterator first,Iterator last,T init)
{
    unsigned long const length=std::distance(first,last);    ⟵②
    if(!length)
        return init;
    unsigned long const min_per_thread=25;
    unsigned long const max_threads=
        (length+min_per_thread-1)/min_per_thread;
    unsigned long const hardware_threads=
        std::thread::hardware_concurrency();
    unsigned long const num_threads=
        std::min(hardware_threads!=0?hardware_threads:2,max_threads);
    unsigned long const block_size=length/num_threads;
    std::vector<T> results(num_threads);    ⟵③
    std::vector<std::thread>  threads(num_threads-1);    ⟵④
    Iterator block_start=first;    ⟵⑤
    for(unsigned long i=0;i<(num_threads-1);++i)
    {
        Iterator block_end=block_start;    ⟵⑥
        std::advance(block_end,block_size);
        threads[i]=std::thread(    ⟵⑦
            accumulate_block<Iterator,T>(),
            block_start,block_end,std::ref(results[i]));
        block_start=block_end;    ⟵⑧
    }
    accumulate_block<Iterator,T>()(
        block_start,last,results[num_threads-1]);    ⟵⑨
    std::for_each(threads.begin(),threads.end(),
        std::mem_fn(&std::thread::join));
    return std::accumulate(results.begin(),results.end(),init);    ⟵⑩
}
```

现在，我们从头到尾、逐行分析代码，以辨认哪些地方可能抛出异常（也就是那些已知的可能产生异常的函数调用，以及对用户自定义型别执行的部分操作，它们也可能导致异常）。

首先，我们在②处执行 distance()，它对用户提供的迭代器型别执行操作。因为实质工作尚未开始，同一个线程在调用 parallel_accumulate()后随即执行 distance()，所以即使抛出异常也无大碍。接着，我们在③④处分别声明一个 vector 容器，命名为 results 和 threads，容器与所含元素即在该处获得内分配存，分配操作仍旧由调用 parallel_accumulate()的线程执行，而代码还未曾生成任何线程，实质工作依然没有开始，故这些也不成问题。如果 threads 容器的构造函数抛出异常，则 parallel_accumulate()会因此退出，分配给 results 容器的内存就必须被清理回收，但我们无须亲自编码，其析构函数自会妥当善后。

⑤处是 block_start 的初始化，它符合线程安全。接下来，我们便进入一个创建线程的循环，其中有可能出问题的操作是⑥⑦⑧ 3 项。一旦逻辑流程抵达⑦处，创建出第一个线程后，若代码再抛出任何异常，事情就相当棘手了，那会令新创建的 std::thread 对象调用析构函数，进而调用 std::terminate()终结整个应用程序。从此以后，代码运行“如履薄冰”。

accumulate_block()的调用有可能抛出异常⑨，后果与前文相似：线程对象会通过析构函数调用 std::terminate()，并被销毁。相反地，这段代码在最后调用 std::accumulate()⑩也不会引发问题，因为全部线程在此前已完成汇合。

以上就是针对主线程的分析，但还有一个地方可能抛出异常：在新线程上发起的 accumulate_block()调用①。该处没有任何 catch 块，故代码不会处理产生的异常，结果令线程库调用 std::terminate()而终止整个应用程序。

难免会有读者误以为问题还不够明显，我们必须强调代码清单 8.2 并非异常安全的代码。

1. 加入异常安全

我们已分析了所有可能抛出异常的地方，还分析了异常所造成的严重后果。接着要怎么做？工作线程可能抛出异常而造成问题，我们从这里入手。

其实，第 4 章已针对这一问题给出了解决方法。如果我们认真分析新线程应当具备什么功能，很明显，它需要计算出一个值并将其返回，同时还准许相关代码抛出异常。按照设计意图，只要 std::packaged_task 类和 std::future 类“联手出击”，即可精准实现上述功能。代码清单 8.3 就是采用 std::packaged_task 类重写代码清单 8.2 的代码。

代码清单 8.3　采用 std::packaged_task 类的并行版 std::accumulate()

```
template<typename Iterator,typename T>
struct accumulate_block
{
    T operator()(Iterator first,Iterator last)  ◁——①
    {
        return std::accumulate(first,last,T());  ◁——②
```

```
    }
};
template<typename Iterator,typename T>
T parallel_accumulate(Iterator first,Iterator last,T init)
{
    unsigned long const length=std::distance(first,last);
    if(!length)
        return init;
    unsigned long const min_per_thread=25;
    unsigned long const max_threads=
        (length+min_per_thread-1)/min_per_thread;
    unsigned long const hardware_threads=
        std::thread::hardware_concurrency();
    unsigned long const num_threads=
        std::min(hardware_threads!=0?hardware_threads:2,max_threads);
    unsigned long const block_size=length/num_threads;
    std::vector<std::future<T> > futures(num_threads-1);  ⇽——③
    std::vector<std::thread> threads(num_threads-1);
    Iterator block_start=first;
    for(unsigned long i=0;i<(num_threads-1);++i)
    {
        Iterator block_end=block_start;
        std::advance(block_end,block_size);
        std::packaged_task<T(Iterator,Iterator)> task(  ⇽——④
            accumulate_block<Iterator,T>());
        futures[i]=task.get_future();  ⇽——⑤
        threads[i]=std::thread(std::move(task),block_start,block_end);  ⇽——⑥
        block_start=block_end;
    }
    T last_result=accumulate_block<Iterator,T>()(block_start,last);  ⇽——⑦
    std::for_each(threads.begin(),threads.end(),
        std::mem_fn(&std::thread::join));
    T result=init;  ⇽——⑧
    for(unsigned long i=0;i<(num_threads-1);++i)
    {
        result+=futures[i].get();  ⇽——⑨
    }
    result += last_result;  ⇽——⑩
    return result;
}
```

第一项变化是，型别 accumulate_block 的函数调用操作符现在直接返回结果①，而不再接受某个参数的引用以存储结果[1]。为了保证异常安全，我们使用了 std::packaged_task 类和 std::future 类，故因势乘便，也借其传递结果。由于取消了 result 参数（代码清单 8.2 的①处），因此在调用 std::accumulate()时，需显式传入一个型别为 T 的对象，它按默认方式构造②，作为累加结果的原始值，但这只是次要的修改。

下一项变化是，我们不再用 vector 容器直接存储结果，而将容器中的元素改为 future，为生成的线程分别存储一个 std::future<T>对象③。在生成线程的循环中，我们先针对目

1 译者注：请注意代码清单 8.2 与代码清单 8.3 的① 并非同指一处。

标 accumulate_block 对象创建一个任务④。std::packaged_task<T(Iterator, Iterator)>声明了一项任务，它接收两个 Iterator 参数并返回一个 T 对象，与 accumulate_block 的函数调用操作符相吻合。接着，我们取得与任务对应的 future⑤，再向新线程传递需要处理的数据段的起始位置，在新线程上运行任务⑥。随着任务运行，其结果最终会被安置到 future 对象内，如果出现任何异常，也会被 future 捕获。

由于使用了 future，因此原本存储结果的 vector 容器（代码清单 8.2 的③处）被舍去，最后一个数据段上的求和结果遂无法存储，我们必须手动保存其结果⑦（对应代码清单 8.2 的⑨处）。另外，代码原来借 std::accumulate()将多个分段结果累加（代码清单 8.2 的⑩处），由于我们须从 future 对象获取各数据段的求和结果，因此改用一个简单的 for 循环进行总体求和，累加计算以给定的原始值（parallel_accumulate()的最后一项参数）为基础⑧，再与各 future 对象所含的结果逐一相加⑨。若某任务抛出了异常，则会被对应的 future 捕获，在⑨处调用 get()时会再次抛出异常。最后，我们加上末尾数据段的结果，求出总体和，返回给调用者⑩。

上面的修改解决了一个潜在的问题：工作线程所抛出的异常会被 future 捕获，转而在主线程上重新抛出。假设抛出异常的工作线程不止一个，那就只有一个异常能够向上传递，但问题不大。如果这确实构成问题，我们可以采用 std::nested_exception 之类的工具捕获全部异常，在主线程上改为抛出这种类型的异常（std::nested_exception）。

剩下的问题是：从第一个线程的创建开始，直到全部汇合完成，在此期间若有异常抛出，还可能导致线程泄漏（leaking thread，见后文 std::async()异常安全处）。对于该问题，最简单的解决方法是先捕获任何异常，若一个 std::thread 对象上的 joinable()结果依然为 true，则让主线程汇合对应的线程，之后再重新抛出异常：

```
try
{
    for(unsigned long i=0;i<(num_threads-1);++i)
    {
        // 本循环的代码与代码清单 8.3 对应部分相同
    }
    T last_result=accumulate_block<Iterator,T>()(block_start,last);
    std::for_each(threads.begin(),threads.end(),
        std::mem_fn(&std::thread::join));
}
catch(...)
{
    for(unsigned long i=0;i<(num_thread-1);++i)
    {
        if(threads[i].joinable())
            thread[i].join();
    }
    throw;
}
```

这样，代码便能正确工作了。所有线程最终都会汇合，不论控制流程以什么方式离开代码块。但try/catch块并不完美，而且我们还写出了重复代码。无论在正常的控制流程上，还是在catch块中，我们都需要汇合全部线程。重复代码向来不是好事，因为照这样，升级和维护就得改动多个地方，容易遗漏。我们采用C++的惯用手法清理资源：另外设计一个类，提取出重复代码，将其放置到其析构函数中。代码如下：

```
class join_threads
{
    std::vector<std::thread>& threads;
public:
    explicit join_threads(std::vector<std::thread>& threads_):
        threads(threads_)
    {}
    ~join_threads()
    {
        for(unsigned long i=0;i<threads.size();++i)
        {
            if(threads[i].joinable())
                threads[i].join();
        }
    }
};
```

这个类与代码清单2.3中的thread_guard类相似，只不过它针对装载线程的vector容器进行扩展。我们可以简化代码清单8.3的代码，如代码清单8.4所示。

代码清单8.4 异常安全的并行版std::accumulate()

```
template<typename Iterator,typename T>
T parallel_accumulate(Iterator first,Iterator last,T init)
{
    unsigned long const length=std::distance(first,last);
    if(!length)
        return init;
    unsigned long const min_per_thread=25;
    unsigned long const max_threads=
        (length+min_per_thread-1)/min_per_thread;
    unsigned long const hardware_threads=
        std::thread::hardware_concurrency();
    unsigned long const num_threads=
        std::min(hardware_threads!=0?hardware_threads:2,max_threads);
    unsigned long const block_size=length/num_threads;
    std::vector<std::future<T> > futures(num_threads-1);
    std::vector<std::thread> threads(num_threads-1);
    join_threads joiner(threads);        ⟵①
    Iterator block_start=first;
    for(unsigned long i=0;i<(num_threads-1);++i)
    {
        Iterator block_end=block_start;
        std::advance(block_end,block_size);
        std::packaged_task<T(Iterator,Iterator)> task(
            accumulate_block<Iterator,T>());
```

```
        futures[i]=task.get_future();
        threads[i]=std::thread(std::move(task),block_start,block_end);
        block_start=block_end;
    }
    T last_result=accumulate_block<Iterator,T>()(block_start,last);
    T result=init;
    for(unsigned long i=0;i<(num_threads-1);++i)
    {
        result+=futures[i].get();    ⊲——②
    }
    result += last_result;
    return result;
}
```

这里，我们先创建线程容器，再依据它创建一个新设计的 join_threads 类的实例①，以在函数退出时自动汇合全部线程。原本显式编写的汇合线程的循环便可删除（见前文 try/catch 块的代码片段），因此我们就能确信全部线程都会汇合，不管函数以什么方式退出。请注意，在结果准备就绪之前，futures[i].get()的调用会一直阻塞②，故无须在该处汇合线程。这一版本改进了代码清单 8.2 的原始代码。之前，我们必须先汇合全部线程（代码清单 8.2 的⑨⑩之间），然后才可以将结果完整地放到 vector 容器中。我们不仅修改得到了线程安全的代码，算法函数也变短了，因为汇合线程的代码被提取出来，放到了一个新的类中（可复用）。

2. std::async()的线程安全

我们已经学习了在显式地手动管控线程时，需要如何编写代码以保证异常安全。现在，我们来看看如何通过 std::async()实现异常安全。前文已经介绍过，std::async()会让线程库替我们管控线程，任何生成的线程一旦运行完成，对应的 future 即进入就绪状态。针对 std::async()的线程安全，我们需要注意的关键之处是，如果不等 future 进入就绪状态就将其销毁，future 对象的析构函数依然会等待其线程运行结束；否则，线程仍会运行，万一还持有指向局部数据的引用，便会导致线程资源遗失。而此弊病凭借上述等待行为得以根除。代码清单 8.5 展示了采用 std::async()的算法实现，代码满足异常安全。

代码清单 8.5　采用 std::async()的并行版 std::accumulate()，该实现满足异常安全

```
template<typename Iterator,typename T>
T parallel_accumulate(Iterator first,Iterator last,T init)
{
    unsigned long const length=std::distance(first,last);    ⊲——①
    unsigned long const max_chunk_size=25;
    if(length<=max_chunk_size)
    {
        return std::accumulate(first,last,init);    ⊲——②
    }
    else
    {
```

```
    Iterator mid_point=first;
        std::advance(mid_point,length/2);    <——③
        std::future<T> first_half_result=
            std::async(parallel_accumulate<Iterator,T>,    <——④
                first,mid_point,init);
        T second_half_result=parallel_accumulate(mid_point,last,T());    <—⑤
        return first_half_result.get()+second_half_result;    <——⑥
    }
}
```

这一版本运用递归方式切分数据，而非预先算好数据序列的尺寸再进行划分，但代码满足线程安全，还比前面的版本简单很多。我们先算出数据序列的全长①，若全部数据都能容纳于一个数据块中，就用 std::accumulate()直接求和②。如果数据的规模超出了数据块的尺寸，我们则找到序列的中间位置，并生成异步任务处理序列的前半部分④，而后半部分则直接采用递归调用处理⑤。然后将两部分的和相加得出最终结果⑥。std::async()调用由线程库提供，从而保证既能充分运用硬件线程，又能让创建线程的数目不会过量。某些"异步调用"会在调用 get()时以同步方式执行⑥（详见 4.2.1 节）。

这种设计十分巧妙，不仅充分利用了可供运行的并发硬件资源，而且满足异常安全。在每一层递归中，std::async()的调用会创建出一个 future 对象④，继而进入下一层递归调用⑤，若后者抛出异常，便会向上传递，令控制流程离开当前层级，导致该 future 被销毁。这会令代码等待异步任务完成，预防了悬空线程。另外，如果异步调用抛出异常，则被对应的 future 捕获，对应的 get()的调用⑥则会重新抛出该异常。

在设计并发代码时还需要顾及什么因素呢？我们来看看可伸缩性。若将代码迁移到具有更多处理器的系统上，性能提升的幅度有多大？

8.4.2　可伸缩性和 Amdahl 定律

可伸缩性[1]的意义在于，如果系统增加了处理器，就应确保应用程序能充分利用它们。单线程应用程序是一种极端，它完全不可伸缩：就算我们往系统中增加 100 个处理器，它的性能也不会发生任何改变。类似 SETI@Home 的项目[2]则是另一种极端，按照设计，它可利用成千上万的处理器（形式是众多志愿者提供的联网的独立计算机）。

任意给定一个多线程应用程序，在运行期间，实际有效执行任务的线程的数目会发生变化。应用程序在最开始可能只具有一个线程，到后来才根据任务生成其他线程。尽管我们想让每个线程在整个生命期内，不停地处理实际工作，然而这很难实现，线程常常耗费时间彼此等待，或者等待 I/O 操作完成。

1 译者注：顾名思义，可伸缩性包括"伸"和"缩"两方面，但原书着重强调"伸"。

2 译者注：这是一个超大规模分布式计算项目，由美国加州大学伯克利分校主持，目的是在全球范围内召集志愿者，将他们的普通计算机联网，在空闲时分析天文观测站所接收的无线电数据，尝试从中检测出外星文明发送的信号，至今已运作超过 20 年，可惜一无所获。

一旦某线程开始了等待行为（无论所等的是什么），它所在的处理器就会空闲下来（即便原本可以处理实际工作），除非另一线程取而代之，占用了该处理器。

上述情形可从简化的视角分析：程序由“串行”片段和“并行”片段共同构成，前者的代码仅能让唯一一个线程运行，而后者则可以让多个线程分别在各个处理器同时有效工作。若在多处理器的系统上运行应用程序，“并行”片段从理论上讲应当更快完成，因为多个处理器之间可以划分任务，而“串行”片段依旧按串行方式执行。以这些简化的假设为前提，我们便可根据增加的处理器数量，估算出可能的性能增益。如果“串行”片段所占总体程序的比例为 f_s，那么使用 N 个处理器所取得的整体性能增益 P 是：

$$P=\frac{1}{f_s+\frac{1-f_s}{N}}$$

这就是 Amdahl 定律[1]，常常在并发代码性能的讨论中被引用。若每一项操作都能并行化，则“串行”片段的比例为 0，加速比是 N（前文性能增益 P 的值）。再举一例，如果“串行”片段的比例为 1/3，即便无限增加处理器数目，加速比也不可能超过 3。

Amdahl 定律大致描述了加速的总体限度。若想令加速比达到最大，N 值便需趋于无穷大，这要求无限细分任务以进行并行处理，但这显然难以实现。该定律还假设全部操作均为 CPU 密集型操作，而实际上这几乎不可能。前文已解释过，线程在执行期间，有可能因许多事由而发生等待。

Amdahl 定律让我们清楚一点：如果要利用并发特性提升程序性能，就应当统筹协调应用程序的整体设计，尽可能令并发程度达到最大，并且确保实际的工作量始终维持一定水平，足以让多个处理器有效运行。若我们可以缩短“串行”片段的长度，或降低线程等待的概率，便能在具备更多处理器的系统上提高性能增益。对应地，如果我们可向系统提供更多的数据以进行处理，从而令“并行”片段一直忙于工作，也能降低“串行”片段所占的比例，从而提升性能增益 P。

可伸缩性的意义是，随着处理器数目增加，将缩短程序执行操作的时间，或者，程序在给定时间内所能处理的数据量会增加。这两种表现有时候彼此等价（若能加快每个元素的处理速度，则单位时间内可以处理的总量就更多），但不一定总是成立。我们有必要先清楚认识可伸缩性的各个方面对问题解决的重要程度，再选择在线程间划分任务的方法。

我们在本节开始处提到过，线程不一定总会执行实际工作。有时候它们需要等待其他线程，或等待 I/O 操作完成，或等待其他事项。如果在等待期间，我们为系统指派一些实际工作，即可“掩藏”等待行为。

---

1 译者注：由 IBM 公司的科学家 Gene M.Amdahl 于 1967 年在论文“Validity of the Single Processor Approach to Achieving Large-Scale Computing Capabilities”中提出，发表于 AFIPS 计算机联合学术讨论会春季会刊。

8.4.3　利用多线程"掩藏"等待行为

在前文关于多线程代码性能的绝大部分讨论中，我们一直假设各个线程总是全速运行，并且，一旦它们占用了处理器，就总有实际工作需要处理。但事实并非如此，在应用程序中，多线程经常因等待行为而发生阻塞。例如，这些线程有可能要等待某些 I/O 操作完成，或者等待获取某个互斥，或者等待另一线程结束某项操作，以通知某个条件变量或将结果装入某个 future，或者自身需要休眠一段时间而空等。

若系统所含处理器的数目等于线程的数目，则无论出于什么缘由而等待，一旦线程发生阻塞，处理器便无所事事，即浪费了 CPU 时间。因此，如果我们能够预知，某一线程将花费相当部分的运行时间进行等待，就可以多运行一个或几个线程，以充分利用空闲的 CPU 时间。

考虑一个扫描病毒的应用程序，它采用流水线模式在线程间划分任务。一个线程在文件系统中找出需要检查的文件，并将它们放入一个队列。同时，另一个线程从队列中取出文件名，据此加载文件，并扫描病毒。我们知道，若某线程专门在文件系统中查找目标文件，就必然牵涉大量 I/O 操作，因而可以再增加一个负责扫描病毒线程，设法利用空闲的 CPU 时间。假设系统具有多个实体核心或处理器，便可运行一个查找文件的线程，以及多个扫描病毒的线程。由于扫描线程可能也需读取文件的大部分内容，才可以完成扫描操作，因此采用多个扫描线程是合理的做法。但是，一旦线程的数目超过某个值，就会过量，系统就会消耗更多时间进行任务切换，运行速度反而会变慢，这在 8.2.5 节已有说明。

一如既往，增加线程的数目属于优化手段，因此改动前后均有必要测量性能以便进行对比。线程的最优数目高度依赖执行中的任务的性质，还依赖因等待而耗费的时间所占的比例。

根据应用程序自身的特质，我们还是有可能利用上述的空闲 CPU 时间，而无须运行更多线程。譬如，假设某线程会因等待某项 I/O 操作完成而阻塞，那么，只要可以采用异步 I/O，该线程就能合理地将 I/O 操作放到后台执行，同时处理其他实际的工作。还有一种情况，如果某线程需等待别的线程执行一项操作，该线程便有可能代为执行那项操作，从而避免阻塞，我们在第 7 章的无锁队列中已见过这种情况。若一个线程等待某任务完成，且其他线程均尚未开始执行该任务，等待的线程则可以完整地执行这一任务。代码清单 8.1 即展示了这种情况，只要还有数据段尚未完成排序，sort()函数就一直试图对那些数据段进行排序。

我们通过增加线程数目，可确保可调配的处理器均被充分利用。不仅如此，有时候还能通过增加线程数目确保外部事件及时被处理，以提升系统的响应性能。

8.4.4 借并发特性改进响应能力

多数现代图形用户界面框架都采用事件驱动：按键或移动鼠标构成了图形用户界面上的用户行为，并会产生一系列事件或消息，由应用程序负责处理。系统也有可能自主产生消息或事件。应用程序往往具备如下的事件循环，以确保正确处理全部事件和消息。

```
while(true)
{
    event_data event=get_event();
    if(event.type==quit)
        break;
    process(event);
}
```

API 的细节显然会因不同系统而异，但代码结构通常一致：等待事件，执行必要的操作以完成处理，然后继续等待下一事件。如果应用程序只具有单一的线程，我们就很难妥善编写需要长时间运行的任务的代码，8.1.3 节就此给出了解释。无论应用程序的具体用途是什么，它必须按合理的频率调用 get_event()和 process()，这样才可以保证及时处理用户输入。换言之，我们或定期暂停执行任务，以将控制流程移交给事件循环，或在任务代码的恰当位置调用 get_event()/process()。以上两种方式均会令任务的实现复杂化。

我们可以利用并发代码分离软件关注点，指派一个新线程完整地执行冗长的任务，GUI 事件则由另一线程专门处理。并且，两个线程通过简单的方式沟通，从而避免事件处理和任务功能的代码混杂。代码清单 8.6 展示出这种分离方式。

代码清单 8.6 分离 GUI 线程和任务线程

```
std::thread task_thread;
std::atomic<bool> task_cancelled(false);
void gui_thread()
{
    while(true)
    {
        event_data event=get_event();
        if(event.type==quit)
            break;
        process(event);
    }
}
void task()
{
    while(!task_complete() && !task_cancelled)
    {
        do_next_operation();
    }
```

```
        if(task_cancelled)
        {
            perform_cleanup();
        }
        else
        {
            post_gui_event(task_complete);
        }
    }
    void process(event_data const& event)
    {
        switch(event.type)
        {
        case start_task:
            task_cancelled=false;
            task_thread=std::thread(task);
            break;
        case stop_task:
            task_cancelled=true;
            task_thread.join();
            break;
        case task_complete:
            task_thread.join();
            display_results();
            break;
        default:
            //...
        }
    }
```

通过以上方式，软件的关注点即可分离，就算任务花费的时间再长，用户线程也可以全程及时响应事件。在应用程序的使用过程中，响应能力往往是决定用户体验的关键。假如一旦执行某项特定的操作（无论具体是什么），就会导致应用程序完全锁死，它的用户体验肯定不好。我们只要设定一个线程专门处理事件，GUI 就能专注处理与自身相关的消息（如调整窗口大小或重绘窗体内容），而不会中断耗时任务的运行，与任务有关的信息依然可以传达，并产生作用。

至此，本章已深入分析了多个议题，我们在设计并发代码时需要一一考虑。将这么多要点集结起来，要一次消化吸收，内容的确有些多。不过，只要我们掌握了多线程代码设计方法，这些考虑就会成为习惯。如果读者是初次接触这些内容，那么，希望随着读者具体的多线程代码的阅读量增加，它们会逐渐显得更加明晰、有理。

8.5 并发代码的设计实践

为具体任务设计并发代码时，我们需要考虑前文所述的议题，具体深入的程度则由任务的性质决定。我们将从 C++标准库选取 3 个函数，实现其并行版本，以说明如何应用前文介绍的各种方法。我们本来就熟识这些函数，它们提供了构建多线程代码的基础，还充当了教学平台，可以帮助我们分析各种议题。我们还会得到额外收获，逐步实现这几个函数的多线程版本。它们具有实战意义，在并行化较大的任务时，可用于完成某些操作。

我们选择这3个函数来实现，主要目的在于示范特定的技术，而不是给出最前沿的实现。若读者想学习相对更先进的实现，更好地发挥现有的硬件并发性能，则可以参阅专门讨论并行算法的学术文献，或分析专家级别的多线程库，如 Intel 公司的线程构建单元（threading building blocks）。

根据概念，最简单的并行算法是并行版本的 std::for_each()，我们以它为起点。

8.5.1 std::for_each()的并行实现

std::for_each()在概念上较简单：它在给定的区域内，针对其中的每个元素逐一调用用户提供的函数。std::for_each()的并行/串行实现的最大差异在于各元素上的函数调用的先后执行次序。串行版 std::for_each()先对区域内第一个元素调用函数，接着是第二个，以此类推；然而，在并行实现中，元素的处理次序无从确定，它们有可能被并发处理（我们希望如此）。

我们需要将区域内的元素划分成几组，分配给各线程处理。由于元素的数目已在事先预知，因此数据一开始就划分妥当，然后进行处理（见8.1.1节）。假定这是系统中唯一的并行任务，线程的数目遂依据 std::thread::hardware_concurrency()的结果而定。我们还知道这些元素可以完全独立地处理，故将其划分成连续的数据段以避免不经意共享（见8.2.3节）。

8.4.1节描述了并行版的 std::accumulate()，与 std::for_each()在概念上相似，只不过前者逐一累加每个元素以求和，而后者则要由我们指定一个函数，以对各元素产生作用。因为没有返回值，所以读者可能以为代码会大幅度简化。但是，若想要捕获异常再将其移交给函数调用者，我们仍需采用 std::packaged_task 和 std:: future 互相配合的机制，才可以在线程间传递异常。

代码清单8.7就是一个实现范例。

代码清单 8.7 并行版的 std::for_each()

```
template<typename Iterator,typename Func>
void parallel_for_each(Iterator first,Iterator last,Func f)
{
    unsigned long const length=std::distance(first,last);
    if(!length)
        return;
    unsigned long const min_per_thread=25;
    unsigned long const max_threads=
        (length+min_per_thread-1)/min_per_thread;
    unsigned long const hardware_threads=
```

```
        std::thread::hardware_concurrency();
    unsigned long const num_threads=
        std::min(hardware_threads!=0?hardware_threads:2,max_threads);
    unsigned long const block_size=length/num_threads;
    std::vector<std::future<void>> futures(num_threads-1);  ◁——①
    std::vector<std::thread> threads(num_threads-1);
    join_threads joiner(threads);
    Iterator block_start=first;
    for(unsigned long i=0;i<(num_threads-1);++i)
    {
        Iterator block_end=block_start;
        std::advance(block_end,block_size);
        std::packaged_task<void(void)> task(  ◁——②
            [=]()
            {
                std::for_each(block_start,block_end,f);
            });
        futures[i]=task.get_future();
        threads[i]=std::thread(std::move(task));  ◁——③
        block_start=block_end;
    }
    std::for_each(block_start,last,f);
    for(unsigned long i=0;i<(num_threads-1);++i)
    {
        futures[i].get();  ◁——④
    }
}
```

不出所料，这段代码的基本编排结构与代码清单 8.4 一致。关键的区别在于，这里的 vector 容器存储 future<void>①，因为工作线程没有返回值。另外，实际任务在一个简单的 lambda 函数中执行②，针对给定区域的每个元素调用函数 f，而该区域始于 block_start 终于 block_end。采取上述方式，便不必向线程的构造函数传入区域的参数③。由于工作线程没有返回值，因此 futures[i].get()调用④的意义在于提供一种方法，以获取工作线程抛出的任何异常。若不想传递异常。那么我们就可略去这一操作。

我们也能采用 std::async()来简化 parallel_for_each()的代码，就像简化 std::accumulate()的并行实现一样，如代码清单 8.8 所示。

代码清单 8.8　采用 std::async()的并行版 std::for_each()

```
template<typename Iterator,typename Func>
void parallel_for_each(Iterator first,Iterator last,Func f)
{
    unsigned long const length=std::distance(first,last);
    if(!length)
        return;
    unsigned long const min_per_thread=25;
    if(length<(2*min_per_thread))
    {
        std::for_each(first,last,f);  ◁——①
    }
```

```
        else
        {
            Iterator const mid_point=first+length/2;
            std::future<void> first_half=                    ⟵②
                std::async(&parallel_for_each<Iterator,Func>,
                           first,mid_point,f);
            parallel_for_each(mid_point,last,f);         ⟵③
            first_half.get();   ⟵④
        }
    }
```

以上的 std::for_each()实现在任务执行中按递归方式划分数据，而非在任务执行前划分，因为我们并不知道线程库将使用多少线程，这与代码清单 8.5 中基于 std::async()的 parallel_accumulate()相似。像以前一样，我们在每一层递归对半划分数据，前半部分数据依照异步方式处理②，后半部分数据则继续依照递归方式处理③，直到余下的数据量太少，不值得进一步划分。在这种情况下，我们就改用 std::for_each()处理①。代码清单 8.8 与前文的范例一样，再次调用了 std::future 的成员函数 get()，以此对外提供传播异常的语义④。

上述算法函数对每个元素执行相同的操作（这类函数其实有好几个，初学者可能首先会想起 std::count()和 std::replace()），我们已经介绍完毕，接下来看看 std::find()的并行实现，此例稍微复杂一些。

8.5.2 std::find()的并行实现

接下来，我们分析 std::find()以帮助读者思考并发设计。选择这一函数的原因是，它针对给定的区域进行处理，但无须操作全部元素即可完成任务（还有几个算法函数也同样如此）。具体而言，假设区域内的头一个元素符合搜索条件，就不必继续查找其他元素。读者很快便会理解，该行为特点对程序性能具有重要意义，其直接影响并行算法的设计。8.3.2 节曾介绍过，数据访问模式会影响代码的设计，std::find()就是典型例证。同一类别的其他函数还包括 std::equal()和 std::any_of()。

设想你和朋友翻找几个储物箱，想找出一张旧照片。那么，一旦你发现了照片，就会让朋友们停手。你会告知他们找到了（也许是大叫“找到了”），好让朋友们停止翻找，转而去做别的事情。按照各种算法的内在特性，许多算法函数需要处理指定区域内的每个元素，所以它们的实现代码不会大叫“找到了”。对于类似 std::find()的算法函数，它们的一项重要特性是具有及早完成任务的能力，这可以避免浪费资源和时间。因此，我们的代码设计需要利用该特性。一旦找到了答案，就以某种方式中断其他工作线程，从而不必等待其他线程处理余下的元素。

假如我们不中断其他线程，串行版本的性能也许会超越并行版本，因为串行代码只要找到了匹配的元素，就立刻停止搜索并返回。下面举例说明。假设系统可同时支持 4

个硬件线程，即每个线程需检查给定区域内 1/4 的元素，如果每个元素都要检查，那么对比单线程版本所消耗的时间，朴素的 std::find()的并行实现大约只会花费其 1/4 的时间。若匹配的元素位于最前面 1/4 的区域，则串行实现会首先返回，因为它无须检查剩余的元素。

我们可以采用下面的方式中断其他线程：将一原子变量作为标志，每处理一个元素就查验一次该标志。如果这个标志被设置为成立，则表明某个线程已找到匹配元素，函数应当终止处理，并且返回。按以上方式中断线程，我们维持了算法函数的行为特点，不必逐一匹配全部元素。在许多场景中，其性能相对串行版本均有所改进。由于加载原子变量是缓慢的操作（代码清单 8.9 中②处循环的条件判断），因此会放缓各线程的处理速度，这是上述方式的缺点。

这里，返回结果和传播异常的方法有两种。一是运用 future 和 std::packaged_task 的数列，借它们返回结果和传播异常，然后在主线程上进行处理；二是采用 std::promise，直接在工作线程中设定最终结果。对于工作线程抛出的异常，我们能以不同的模式处理，这完全取决于应当选取上述哪种方法。如果我们想在第一个异常发生时就中止操作（即便尚未完成全部元素的处理），便应使用 std::promise 设定结果或异常。相反地，若要让其他工作线程继续查找下去，则应使用 std::packaged_task 和 future 存储全部异常。如果最后没有找到匹配元素，则重新抛出其中一个异常。

我们在本例中选择使用 std::promise，原因是其行为与 std::find()更加贴近。这里有一点需要注意，给定的区域可能没有包含所查找的目标元素。而我们要等所有线程完成后，再从 future 获取结果。假设某线程没有发现查找的目标元素，用于获取结果的 future 便无从装填数据（③处代码没机会执行）。如果我们仅在 future 上等待结果，就会没完没了地阻塞下去（只有⑭而没有⑬），如代码清单 8.9 所示。

代码清单 8.9 std::find()算法函数的并行实现

```
template<typename Iterator,typename MatchType>
Iterator parallel_find(Iterator first,Iterator last,MatchType match)
{
    struct find_element   <---①
    {
        void operator()(Iterator begin,Iterator end,
                        MatchType match,
                        std::promise<Iterator>* result,
                        std::atomic<bool>* done_flag)
        {
            try
            {
                for(;(begin!=end) && !done_flag->load();++begin)   <---②
                {
                    if(*begin==match)
                    {
                        result->set_value(begin);   <---③
```

```
                    done_flag->store(true);  ◁——④
                    return;
                }
            }
            catch(...)   ◁——⑤
            {
                try
                {
                    result->set_exception(std::current_exception());  ◁—⑥
                    done_flag->store(true);
                }
                catch(...)  ◁——⑦
                {}
            }
        }
    };
    unsigned long const length=std::distance(first,last);
    if(!length)
        return last;
    unsigned long const min_per_thread=25;
    unsigned long const max_threads=
        (length+min_per_thread-1)/min_per_thread;
    unsigned long const hardware_threads=
        std::thread::hardware_concurrency();
    unsigned long const num_threads=
        std::min(hardware_threads!=0?hardware_threads:2,max_threads);
    unsigned long const block_size=length/num_threads;
⑧——▷ std::promise<Iterator> result;
    std::atomic<bool> done_flag(false);  ◁——⑨
    std::vector<std::thread> threads(num_threads-1);
⑩——▷ {
        join_threads joiner(threads);
        Iterator block_start=first;
        for(unsigned long i=0;i<(num_threads-1);++i)
        {
            Iterator block_end=block_start;
            std::advance(block_end,block_size);
            threads[i]=std::thread(find_element(),  ◁——⑪
                                   block_start,block_end,match,
                                   &result,&done_flag);
            block_start=block_end;
        }
        find_element()(block_start,last,match,&result,&done_flag);  ◁——⑫
    }
    if(!done_flag.load())  ◁——⑬
    {
        return last;
    }
    return result.get_future().get();  ◁——⑭
}
```

代码清单 8.9 的主体代码与代码清单 8.8 相似。这次，由局部类 find_element①的函数调用操作符来完成任务。②处的循环遍历给定区域内的全部元素，并且每一轮循环都会查验标志。若某线程查获了匹配的元素，则在 promise 变量中设置最终的结果③，再将 done_flag 标志设置为成立④，然后退出。

假定有异常抛出，其便会在⑤处被全能异常处理的代码块捕获（catch-all handler），我们把该异常存储到 promise 变量中⑥，接着将 done_flag 标志设置为成立。如果 promise 变量已经存入了某个值，再次设置就会导致新的异常抛出。因此，万一出现了新异常，我们即在⑦处将其捕获，但不予处理而直接丢弃。

照此处理，各线程以仿函数形式调用 find_element()，如果找到了匹配的元素或抛出了异常，均会将 done_flag 标志设置为成立，这将为其他全部线程所见，因此它们随之停止运行。若多个线程同时找到了匹配元素，或同时抛出异常，它们就会彼此竞争，都试图在 promise 变量中设置结果。但该条件竞争属于良性，无论哪个线程“得手”，都算是名义上的“第一”[1]，因此这是一个可以接受的结果。

回到 parallel_find()本身的函数主体。我们采用一个 promise 变量⑧和一个标志⑨来中止查找，两者和查找的目标子区域一起充当参数，共同传递给新线程⑪。主线程还利用 find_element()搜索末尾区域的元素⑫。前文曾经提到过，由于可能不存在匹配的元素，因此我们需要等待全部线程运行结束后，再核查 promise 以获取结果。只要编排好线程的启动和汇合，即可实现这点。我们将这两项操作放到同一代码块内⑩，那么在查验标志时，全部线程肯定已汇合完成[2]，进而能安全地判定是否找出了匹配元素⑬。如果找出了匹配的元素，我们则先通过 promise 变量取得关联的 std::future<Iterator>对象，再在其上调用 get()，得到查找结果，或重新抛出存储在其内的异常⑭。

上述实现同样假定了，我们将使用现有的全部硬件线程，或者将利用其他方法确定线程的数目，在函数最开始处就按线程划分任务。与前文的范例一样，我们也可以改用 std::async()，并按递归方式划分数据，借助 C++标准库的自动伸缩功能来简化代码。代码清单 8.10 展示了使用 std::async()的 parallel_find()实现。

代码清单 8.10　使用 std::async()的算法函数 parallel_find()的实现

```
template<typename Iterator,typename MatchType>
Iterator parallel_find_impl(Iterator first,Iterator last,MatchType match,
                            std::atomic<bool>& done)    <——①
{
    try
    {
        unsigned long const length=std::distance(first,last);
        unsigned long const min_per_thread=25;         <——②
```

1 译者注：请注意，这里的“第一”只是名义上的。代码清单 8.9 和代码清单 8.10 所找到的结果不一定是最前面的匹配元素，但 std::find()肯定找出首个满足条件的元素。本节的要义不在于强调串行/并行代码的绝对行为一致。如果改用 std::any_of()举例则更能体现两段代码的行为完全等价。

2 译者注：该代码块从⑩处开始，到⑬前结束。在脱离代码块时，joiner 对象的析构函数会自动执行，从而汇合全部线程，详见 8.4.1 节中 joiner_threads 类的代码。

```
        if(length<(2*min_per_thread))    ⟵③
        {
            for(;(first!=last) && !done.load();++first)    ⟵④
            {
                if(*first==match)
                {
                    done=true;    ⟵⑤
                    return first;
                }
            }
            return last;    ⟵⑥
        }
        else
        {
            Iterator const mid_point=first+(length/2);    ⟵⑦
            std::future<Iterator> async_result=
                std::async(&parallel_find_impl<Iterator,MatchType>,    ⟵⑧
                    mid_point,last,match,std::ref(done));
            Iterator const direct_result=
                    parallel_find_impl(first,mid_point,match,done);    ⟵⑨
            return (direct_result==mid_point)?
                async_result.get():direct_result;    ⟵⑩
        }
    }
    catch(...)
    {
        done=true;    ⟵⑪
        throw;
    }
}
template<typename Iterator,typename MatchType>
Iterator parallel_find(Iterator first,Iterator last,MatchType match)
{
    std::atomic<bool> done(false);
    return parallel_find_impl(first,last,match,done);    ⟵⑫
}
```

我们想让程序尽快完成任务，所以引入了一个标志，以标识是否找到匹配的元素。全部线程都会共享该标志，因此它应当传递给所有递归调用。若要做到这点，最简单的模式是提取出功能代码，另写成一个实现函数①，并使之多接收一个参数——一个指向 done 标志的引用，该参数通过实现函数的主入口点传入⑫。

实现函数的核心代码沿用了读者熟知的方法。这里与许多别的实现方法相同，我们设定好单一线程要处理的最少数据量②。假设某区域分成两半，但其元素数目均未达到最少数据量的设定值，我们就在当前线程上处理这个区域③。这一算法通过简单的循环来实现，它遍历指定区域，到达区域末尾后或 done 标志设置为成立后便停止④。若找到了匹配的元素，则设置 done 标志成立，随即返回⑤。如果由于到达区域末尾，或由于其他线程设置了 done 标志成立而停止搜索，程序则返回迭代器 last，表示没找到匹配的元素⑥。

假定区域满足划分条件，我们就先找出中点⑦，再运用 std::async()在后半部分执行搜索任务⑧。谨慎起见，这里通过 std::ref()获取 done 标志的引用，再进行传递。同时，我们直接以递归调用搜索前半部分⑨。只要原来搜索的区域足够大，异步调用和直接递归都可能进一步划分子区域。

若直接递归的搜索结果恰好等于 mid_point 的值，则表示没有匹配到目标元素，我们遂需获取异步调用的结果。如果后半部分没有找到匹配元素，那么异步调用结果就是 last⑩。若 std::async()将异步调用以串行方式延后执行，⑩处的代码就会转入 get()调用的分支。在这种情况下，只要对后半部分区域的搜索有所收获，对前半部分区域的搜索就会被略过。如果异步调用由其他线程运行，则对象 async_result 的析构函数会等待该线程完成，从而避免了线程泄漏。

一如既往，std::async()保证了异常安全，并为我们提供了异常传播的功能。若直接递归的搜索过程抛出了异常，则对象 async_result 的析构函数便会确保，先终结执行异步任务的线程，然后递归函数才可以返回。如果异步调用抛出异常，那它就会通过 get()调用向外传播⑩。实现函数的代码全都安置在一个 try/catch 块内，其目的只有一个：假如有异常抛出，done 标志就会设置为成立⑪，从而保证迅速终结全部线程。即便省略了该 try/catch 块，代码依然正确运行，但若出现异常，程序仍会继续执行查找操作，直至有线程找到了匹配元素，或全部线程结束运行。

前文曾讲解过其他几个并行算法函数，它们都具有一项关键特性：不保证按串行顺序处理所涉及的数据。上述的 std::find()的并行实现同样如此。这点对算法函数的并行化极为重要。如果处理顺序会影响运行结果，我们就无从并发处理多个元素。只要各元素相互独立，那么，像 parallel_for_each()这样的算法函数就依然可以正确运行，而 parallel_find()却有可能返回接近查找区域尾部的元素，即使区域头部也存在匹配的元素。希望读者可以预见这点，不会觉得意外。

现在，我们已成功将 std::find()并行化。本节在开始处提过，有几个算法函数与 std::find()相似，针对给定的区域进行处理，却无须全数操作每个元素。我们可对它们同样使用前文介绍的技术。我们将在第 9 章进一步学习中断线程的方法。

我们会从另一个角度分析 std::partial_sum()，作为算法函数并行化的最后一个范例。该函数本身并不是特别引人注目，但将它并行化却是有趣的工作，还能借此向读者强调一些额外的设计取舍。

8.5.3 std::partial_sum()的并行实现

std::partial_sum()用于在给定区域内计算前缀和：原序列中的各元素分别与它前方的全部元素累加，从而得出多个和，并它们将逐一替换成对应的元素。以序列{1,2,3,4,5}为例，它在操作后会变为{1,3,6,10,15}，即{1, 1+2, 1+2+3, 1+2+3+4, 1+2+3+4+5}。我们无法将一个区域划分成多个数据段，再分别独立计算。譬如，区域内第一个元素需要与其他每个元素都相加。因此，该算法函数的并行化工作颇有挑战性。

其中一种计算前缀和的方法是，先分别计算各数据段的前缀和，即得出前方数据段中各项的结果，再将第一段的末项值与第二段各结果分别相加，然后把第二段的末项值与第三段各结果分别相加，以此类推。下面，我们来计算序列{1,2,3,4,5,6,7,8,9}的前缀和。它首先被划分成 3 段，分别计算出{1,3,6}、{4,9,15}、{7,15,24}。第一段的末项值为 6，我们将它与第二段的结果逐项相加，得到{1, 3, 6}、{10, 15, 21}、{7, 15, 24}。第二段的末项值是 21，它接着与第三段（也是最后的数据段）的结果依次相加，产生最终结果{1, 3, 6}、{10, 15, 21}、{28, 36, 45}。

第一步操作把目标区域划分成 3 段以实现并行化，同样，后方各元素与前段末项值的相加也能并行化。如果我们首先更新每个数据段的最末项，则同一段内余下的元素便能交由一个线程更新，而另一个线程遂可同时更新下一个数据段，以此类推。若目标区域内的元素数目远超处理器核心的数目，这种方式就行之有效，因为每个核心每一步都有充足的元素需要处理。

但如果处理器核心的数目很多，甚至等于或大于元素的数目，就会令上述方法出现问题。假设我们按照处理器内核划分任务，那么，第一个步骤中的数据段便只含有一两个元素。若要在这种场景下向后方数据段传递结果（每个段的末项值），就会让许多处理器内核空等，因此我们需向处理器内核分配足够的工作量。这个问题可改换不同的处理方式。原来的做法是，向后方全部数据段传递末项值，现在改为部分传递：我们首先在全局范围内将相邻的元素相加并更新，但接着只将相隔 1 个位置的元素相加，再下一轮求和仅操作相隔 3 个位置的元素，以此类推。假设我们还是计算序列{1,2,3,4,5,6,7,8,9}的前缀和，那么第一轮操作便会得出{1, 3, 5, 7, 9, 11, 13, 15, 17}，其中前两个元素即为最终结果。第二轮操作会得到{1, 3, 6, 10, 14, 18, 22, 26, 30}，这时前 4 项元素已完成计算。第三轮操作后我们求出{1, 3, 6, 10, 15, 21, 28, 36, 44}，其中前 8 项元素都是正确结果，最后一轮会产生{1, 3, 6, 10, 15, 21, 28, 36, 45}，这就是最终结果。虽然处理的步骤比第一种方式稍多，但是并行化的可能性也随着处理器核心数目的增加而增加，每个处理器内核在每一步骤中都能更新一项数据[1]。

对于含有 N 个元素的区域，第二种方式在整体上将完成 $\log_2 N$ 个步骤，每一步大约执行 N 项操作（每个处理器内核负责一项）。在第一种实现方式中，每个线程都获得一段数据，它们首先独立计算各段的前缀和。假定总共采用了 k 个线程，那么每个线程就需执行 N/k 项操作。然后再执行 N/k 项操作，把末项值传递到下一数据段并逐项相加。

---

1 译者注：这种“一步更新一项数据”的方式的执行效率有待进一步讨论。首先，在理论上，该算法本身含有大量冗余加法操作。其次，根据代码清单 8.13 的实现，每个线程每执行一次有效的加法运算，就以忙等方式进行一次同步。其同步开销与实际工作的比例非常不理想。有条件的读者请在具备“很多”处理器核心的系统上进行测试和验证。

所以，按照总体的操作数量衡量，第一种方式的算法复杂度是 $O(N)$，而第二种方式的算法复杂度是 $O(N\log_2 N)$。不过，如果处理器核心数目与元素数目相当（k 变得很大），则第二种方式只要求每个处理器核心执行 $\log_2 N$ 项操作，

第一种方式会因向后传递末项值而串行化。因此，若处理器核心数目较少，则第一种方式就会较快完成；在大规模并行系统上，第二种方式运行速度更快。

8.2.1 节曾讨论过有关议题，本例就是其中一种非常突出的情况。

暂且将性能议题放下不论，我们先来分析一下代码。代码清单 8.11 展示了第一种实现方式。

代码清单 8.11　以划分数据段的方式并行计算前缀和

```
template<typename Iterator>
void parallel_partial_sum(Iterator first,Iterator last)
{
    typedef typename Iterator::value_type value_type;

    struct process_chunk    ⟵①
    {
        void operator()(Iterator begin,Iterator last,
                        std::future<value_type>* previous_end_value,
                        std::promise<value_type>* end_value)
        {
            try
            {
                Iterator end=last;
                ++end;
                std::partial_sum(begin,end,begin);    ⟵②
                if(previous_end_value)    ⟵③
                {
                    value_type& addend=previous_end_value->get();    ⟵④
                    *last+=addend;    ⟵⑤
                    if(end_value)
                    {
                        end_value->set_value(*last);    ⟵⑥
                    }
⑦ ⟶                std::for_each(begin,last,[addend](value_type& item)
                                  {
                                      item+=addend;
                                  });
                }
                else if(end_value)
                {
                    end_value->set_value(*last);    ⟵⑧
                }
            }
            catch(...)    ⟵⑨
            {
                if(end_value)
                {
```

```
⑩ ——▷ end_value->set_exception(std::current_exception());
              }
              else
              {
                  throw;    ◁——⑪
              }
          }
      }
  };
  unsigned long const length=std::distance(first,last);
  if(!length)
      return;
  unsigned long const min_per_thread=25;  ◁——⑫
  unsigned long const max_threads=
      (length+min_per_thread-1)/min_per_thread;
  unsigned long const hardware_threads=
      std::thread::hardware_concurrency();
  unsigned long const num_threads=
      std::min(hardware_threads!=0?hardware_threads:2,max_threads);
  unsigned long const block_size=length/num_threads;
  typedef typename Iterator::value_type value_type;
  std::vector<std::thread> threads(num_threads-1);    ◁——⑬
  std::vector<std::promise<value_type> >
       end_values(num_threads-1);    ◁——⑭
  std::vector<std::future<value_type> >
       previous_end_values;    ◁——⑮
  previous_end_values.reserve(num_threads-1);    ◁—┐
  join_threads joiner(threads);                     ⑯
  Iterator block_start=first;
  for(unsigned long i=0;i<(num_threads-1);++i)
  {
      Iterator block_last=block_start;
      std::advance(block_last,block_size-1);    ◁——⑰
⑱ ——▷ threads[i]=std::thread(process_chunk(),
                           block_start,block_last,
                           (i!=0)?&previous_end_values[i-1]:0,
                           &end_values[i]);
      block_start=block_last;
⑲ ——▷ ++block_start;
      previous_end_values.push_back(end_values[i].get_future());  ◁——⑳
  }
  Iterator final_element=block_start;
  std::advance(final_element,std::distance(block_start,last)-1);  ◁——㉑
  process_chunk()(block_start,final_element,    ◁——㉒
                  (num_threads>1)?&previous_end_values.back():0,
                  0);
}
```

在本例中，代码的总体结构与前文的算法函数相同，将指定的区域划分成多个数据段，并限定每段所含元素的最低数目⑫。上述实现采用 vector 容器放置 thread 对象⑬、promise 对象⑭和 future 对象⑮。其中，各 promise 对象依次存储各数据段的末项值，而各 future 对象则用于获取上一数据段的末项值。由于我们事先就确定好将使用多少线程

（见变量 num_threads 定义处），因此可提前为装载 future 对象的容器预留内存空间⑯，以免在生成新线程时反复发生重分配。

代码的主循环还是与前文的范例相同，只是这次要让迭代器指向各段的最末项，而不依照惯常做法指向最末元素的下一项⑰，因此，我们便能在每一步都将末项值向后面的段传递。后文马上会讲解其处理过程，它由函数对象 process_chunk 负责完成。该对象接收几项参数⑱：表示数据段起始位置的迭代器，以及一个 future 对象，用于传递前一数据段的末项值（如果前一个段存在），还有一个 promise 对象，负责保存本段末项值。

只要生成了新线程⑱，我们便接着更新代表数据段起始位置的变量，将其值改为下一段的起始位置，紧随本数据段的最末项⑲，再将与本段相关的 future 对象存入 vector 容器⑳，该 future 对象将存入本段的末项值，供下一步骤取出使用（下一轮主循环）。

最后的数据段稍有不同，我们需先取得指向该段末尾元素（整个区域的最后一个元素）的迭代器㉑，并传入函数对象 process_chunk㉒。std::partial_sum()没有返回值，故处理完最后一个数据段后，我们就不再执行任何操作，只需等待所有线程终止而结束 parallel_partial_sum()的运行。

接下来是时候分析函数对象 process_chunk①了，它承担了所有实际工作。我们一开始就借 std::partial_sum()处理整个数据段，其中也包括最末项②。然后，判别当前段是否为给定区域内的第一个数据段，据此执行额外的操作③：若否，则前面的段会通过指针 previous_end_value 传递一个值，我们需按异步方式等待获取这个值④。为了最大程度并行化本算法函数，我们首先更新本段的末项值⑤，并马上将它传递给下一个数据段（如果该段存在）⑥。一旦操作完成，本段即通过 std::for_each()配合简单的 lambda 函数继续更新⑦，求出段内其余位置上的前缀和。

若 previous_end_value 为空指针，则表明当前数据段是目标区域内的第一个段，所以我们直接向 end_value 变量存入最末项的值⑧，以便下一数据段取出使用（再次强调，前提是下一数据段存在，因为当前段可能是目标区域内的唯一数据段）。

最后，如果上述任何操作抛出异常，我们就在⑨处将其捕获，再存入 promise 变量中⑩。所以，在下一数据段中，代码试图从 end_value 变量获取本段末项值时④，该异常便会借此传递。这样全部异常都会传到最后的数据段，再重新抛出⑪，因为最后一个段由主线程运行。

本例的多个线程之间需要同步。它们在执行任务的过程中，均需等待别的任务产生有用的结果，故所有任务都必须同时运行。所以，这段代码难以用 std::async()重写。

我们已经实现了按数据段划分向后传递末项值（以及异常）的并行化前缀和函数，下面再来看看前文所述的第二种实现方式。

前文介绍的前缀和的第二种计算方式是，反复令元素配对相加，并逐步增加配对元素的距离。若处理器内核数目足够多，且它们能够全体同步地执行加法运算，则可让该方式取得最佳效果。在这种情形中，计算过程会产生中间结果，它们全都直接传给下一个有需要的处理器，因此我们不必再额外施加同步措施。然而，上述系统在现实世界中几乎不存在，我们最多只能做到，在单个处理器上执行单指令流多数据流（Single-Instruction stream Multiple-Data stream，SIMD），对为数不多的元素执行相同的操作。所以，我们必须就通用场景设计代码，在每一个步骤中进行显式同步。

要实现这点，其中一种方法是使用线程卡（见 4.4.7 节、4.4.9 节、4.4.10 节）的同步机制。在代码中设置一个线程卡，各线程运行至该处会被阻塞，累积到某预定数量才予放行。本例须阻塞全部线程，等它们到齐后才解除阻塞。C++11 线程库尚未直接提供这一组件，下面我们来动手实现它[1]。

设想一下游乐场中的过山车。如果有适量游人在排队轮候，游乐场员工就能保证过山车可以满座出发。线程卡具有相同的工作原理：我们预设好线程的"座位"数目，假若还没"满座"，这些线程就会被阻塞；只有等待的线程达到一定数量，它们才能继续执行，而线程卡会被重置，开始阻塞下一批次的线程。这种流程结构通常会在循环中使用，按批次等待同一组线程。其目的在于维持多个线程同步，以防有线程"孤兵突进""自乱阵脚"。某些数据可能正为其他线程所用，或尚未更新成正确值，如果真出现了"孤兵突进"的线程，它就有可能过早改动该数据，这将导致本例的算法函数产生重大错误。

代码清单 8.12 展示了线程卡的一种简易实现。

代码清单 8.12 简单的 barrier 类（线程卡）

```
class barrier
{
    unsigned const count;
    std::atomic<unsigned> spaces;
    std::atomic<unsigned> generation;
public:
    explicit barrier(unsigned count_):       <——①
        count(count_),spaces(count),generation(0)
    {}
    void wait()
    {
        unsigned const my_generation=generation;  <——②
        if(!--spaces)   <——③
        {
            spaces=count;    <——④
            ++generation;    <——⑤
        }
        else
        {
            while(generation==my_generation)   <——⑥
                std::this_thread::yield();     <——⑦
        }
    }
};
```

1 译者注：C++20 已正式引入 barrier 类，由头文件<barrier>提供，在名字空间 std 内定义。

这个实现中，barrier 类在构建时即设好“座位”数目①，该值存储于成员变量 count 中。起初，线程卡的“空座”数目 spaces 等于这个值。当线程运行至线程卡处，就会被阻塞，相当于占用了“空座”，所以变量 spaces 自减③。一旦 spaces 变为 0 就重置为 count 的值④，而变量 generation 则自增，以发出信号通知暂停的线程可继续运行⑤。否则“空座”数目不为 0，各线程仍需等待。这段代码在 wait()函数中反复查验变量 generation⑥，判定它是否保持初值②，以简易自旋锁的形式实现等待。只有当全部线程都运行到线程卡后，变量 generation 才会更新⑤，因此我们在等待期间执行 std::this_thread::yield()⑦，从而防止阻塞的线程以忙等方式耗尽 CPU 算力。

前文曾说过代码清单 8.2 只是一个简易实现，该评价恰如其分：它以自旋锁方式等待，所以，对于需要让线程长时间等待的场景，代码清单 8.2 就不甚理想；另外，若同时调用 call()的线程数超过了预设值 count，它就会出错。如果我们想妥善处理这两种状况，就必须改换更为健壮的实现，同时代码也会更复杂。我们在本书前文主张，原子变量上的操作应保持先后一致次序（见 5.3.3 节），这样的出发点能使代码的分析和推理相对容易。在本例中，我们可酌情放宽某些内存次序约束。线程卡的状态将存储于某缓存块中，而在大规模并行计算机架构上，它必然在多个相关的处理器之间来回穿梭传递（见 8.2.2 节讲解的缓存乒乓），因此，全局同步需付出巨大的代价。我们必须极为谨慎地设计和编码，力保自己实现的线程卡是最佳选择。C++并发技术规约定义了 std::experimental::barrier 类，若读者的 C++标准库已经提供了这一工具，则可以在本例中采用。其细节在第 4 章已有介绍。

上面就是我们需要实现的功能，它能让固定数目的线程在循环中保持全体同步。当然，线程的数目只是近乎固定。读者应该记得，在目标区域内，前面几个元素只需少量操作便能得出最终值。换言之，我们可以让那几个对应的线程一直循环，在整个目标区域都处理完后才结束运行，也可以让线程卡调整其中的计数器 count，通过减量使线程脱离屏障。我们选择后者，因为它会使一些线程及早结束，免得“陪跑”到最后一轮循环，做无用功。

因此，我们必须将计数器 count 改为原子变量，好让多个线程进行更新，而无须在外部采取同步措施：

```
std::atomic<unsigned> count;
```

变量 count 的初始化代码与代码清单 8.12 的①处保持一致，但是在这里，若我们重置 spaces 的值，就需要对 count 显式调用 load()：

```
spaces=count.load();
```

上面就是针对 wait()函数的全部改动。下面，我们需实现一个新的成员函数，由它执行变量 count 的自减。

其函数名定为 done_waiting()，以表示某个线程结束了任务，并开始等待：

```
void done_waiting()
{
    --count;          ①
    if(!--spaces)     ②
    {
        spaces=count.load();   ③
        ++generation;
    }
}
```

该函数的第一项操作就是令计数器 count 自减①，所以当变量 spaces 下次重置成新值时，即反映出在线程卡上等待的线程数目有所减少。接着，我们让“空座”数目 spaces 自减②。如果不这么做，被阻塞的线程将无止境地等下去，因为 spaces 的值取自 count 变量较大的旧值。若轮到最后一个线程执行这段代码[1]，我们还要重置计数器③，并令成员变量 generation 自增，这与 wait()函数的实现相同。这段代码与代码清单 8.12 的关键区别在于，最后一个到达线程卡的线程完全无须等待。

终于，万事俱备，我们现在来编写前缀和计算的第二种实现。在每一步操作中，每个线程都在线程卡上执行 wait()，以保证全体线程步调一致。并且，一旦全部线程完成了当前步骤，代码就会对线程卡调用 done_waiting()而令计数器 count 自减。如果我们针对目标区域引入一个缓冲容器，那么线程卡还能提供所需的全部同步功能。在每个步骤中，各线程或共同操作目标区域，或共同操作缓存容器，从其中一个读取数据，算出新值，再写到另一个的对应位置。若这些线程在某步骤中从目标区域读取数据，下一步它们则改为从缓冲容器读取数据，如此反复轮换。该模式保证了线程间不会发生“读-写”型条件竞争。一个线程完成循环后，它还必须保证向目标区域写出正确的最终值。代码清单 8.13 整合了以上设计要素。

代码清单 8.13　std::partial_sum()的并行实现，其中采用元素配对相加的更新方式

```
struct barrier
{
    std::atomic<unsigned> count;
    std::atomic<unsigned> spaces;
    std::atomic<unsigned> generation;
    barrier(unsigned count_):
        count(count_),spaces(count_),generation(0)
    {}
    void wait()
    {
        unsigned const gen=generation.load();
        if(!--spaces)
        {
            spaces=count.load();
```

1 译者注：如果是最后一个线程执行这段代码，则“空座”数目 spaces 原本为 1，在②处先执行前缀自减变成 0，再由叹号进行否定运算得到 true，遂满足条件进入 if 分支。

```
            ++generation;
        }
        else
        {
            while(generation.load()==gen)
            {
                std::this_thread::yield();
            }
        }
    }
    void done_waiting()
    {
        --count;
        if(!--spaces)
        {
            spaces=count.load();
            ++generation;
        }
    }
};
template<typename Iterator>
void parallel_partial_sum(Iterator first,Iterator last)
{
    typedef typename Iterator::value_type value_type;
    struct process_element                                  ①
    {
        void operator()(Iterator first,Iterator last,
                        std::vector<value_type>& buffer,
                        unsigned i,barrier& b)
        {
            value_type& ith_element=*(first+i);
            bool update_source=false;
            for(unsigned step=0,stride=1;stride<=i;++step,stride*=2)
            {
                value_type const& source=(step%2)?       ②
                    buffer[i]:ith_element;
                value_type& dest=(step%2)?
                    ith_element:buffer[i];
                value_type const& addend=(step%2)?       ③
                    buffer[i-stride]:*(first+i-stride);
                dest=source+addend;                         ④
                update_source=!(step%2);
                b.wait();                                   ⑤
            }
            if(update_source)                               ⑥
            {
                ith_element=buffer[i];
            }
            b.done_waiting();                               ⑦
        }
    };
    unsigned long const length=std::distance(first,last);
```

```
    if(length<=1)
        return;
    std::vector<value_type> buffer(length);
    barrier b(length);
    std::vector<std::thread> threads(length-1);    ⑧
    join_threads joiner(threads);
    Iterator block_start=first;
    for(unsigned long i=0;i<(length-1);++i)
    {
        threads[i]=std::thread(process_element(),first,last,    ⑨
                               std::ref(buffer),i,std::ref(b));
    }
    process_element()(first,last,buffer,length-1,b);    ⑩
}
```

现在，读者很可能觉得这份代码的整体结构眼熟。process_element 类具有函数调用操作符①，我们在一组线程上通过其可调用对象执行任务⑨，对应这些线程的 thread 实例存储在一个 vector 容器中⑧。另外，主线程也通过 process_element 类执行任务⑩。代码清单 8.13 依据目标区域中的元素数量设定线程数，而代码清单 8.11 则是依据 std::thread::hardware_concurrency()的结果，这是两者的首要区别。我们一再重申，上述方式仅适用于大规模并行计算机，因为它们运行大量线程的开销相对低，否则这种方式就不算上乘之选，该实现意在示范代码的结构编排。我们可以让一个线程处理多项数据，借此削减线程的数目。然而，线程过少会令这种运算方式的速度变慢，一旦线程数目低于某个值，效率将不及前文的分段向后传递末项值的算法。

代码清单 8.13 中，主要工作通过 process_element 的函数调用操作符完成。缓存容器和原本给定的目标区域交替互换角色，在各个步骤中依次轮流充当源数据和结果，我们先从源数据中读取第 i 个元素②，与前方相隔 stride 个位置的元素相加③，再将所得的和写入结果的对应位置④[1]。程序接着便在线程卡上等着开始下一步操作⑤。随着 stride 值逐步增加，为了与第 i 个元素配对，与之相加的元素所处的位置不断前移，一旦越过了起始位置，本线程即完成任务。若最后一轮操作的结果保存在缓冲容器内，我们还要补充更新目标区域内的元素⑥。最后，我们在线程卡上执行 done_waiting()，对该处的线程解除阻塞，使之结束等待⑦。

请注意，代码清单 8.13 不属于异常安全的代码。如果某个工作线程在 process_element 中抛出了异常，会导致整个应用程序终结。我们可以利用 std::promise 存储异常以解决问题，与代码清单 8.9 中 parallel_find()的实现方式类似，甚至还能用受到互斥保护的 std::exception_ptr 存储异常。

针对并行程序的设计，8.1 节～8.4 节强调了一些需重点考量的因素，本节则讲解了 3 个算法函数的并行化，希望它们对读者起到了示范作用，能够帮助读者理解这些要点

---

1 译者注：在②③之间的定义 dest 引用的语句决定了这一“对应位置”，它可能是缓冲容器的索引 i，也可能是目标区域的第 i 项。

和方法，并在编写代码时遵从和契合这些要点和方法。

8.6 小结

本章涵盖了相当大的范围。最开始，我们讨论了在线程间划分任务的不同方法，如事先划分数据，或按流水线模式采用多线程。然后，我们从底层视角考察，研究了围绕多线程代码性能的各种议题，如不经意共享和数据竞争。接着，我们对比了多种数据访问模式，分析它们会如何影响代码的性能。我们还厘清了并发代码设计需额外考虑的因素，如异常安全和可伸缩性。最后，我们阅读了好几个并行算法函数实现的范例代码，以探讨多线程代码设计中出现的具体问题。

本章多次借线程池的概念举例——外部使用者提交多项任务，池内则预先配置好一组线程，进而指派给它们运行。一个设计良好的线程池将融合本章的许多考量，第 9 章将深入说明其中某些问题，并讲解高级线程管理的其他方面的细节。

第9章 高级线程管理

本章内容：

- 线程池。
- 处理线程池任务之间的依赖关系。
- 让线程池内的线程窃取任务。
- 中断线程。

在前面的章节中，我们为每个线程创建 std::thread 对象，借此显式管控线程。但读者也见过，在某些情况下这一方式并不尽如人意，因为我们不得不手动控制线程对象的生存期，并根据所要解决的问题和当前的硬件环境，自行判断合适的线程数目，还有不少细节需处理。理想的情形是，我们能将代码切分成并发执行的最小片段，把它们移交给编译器和程序库，直接发号施令：使代码并行化，取得最优性能。这种情形确实存在，我们留待第 10 章讲解：如果要并行化一份代码，而它能够表示成标准库的算法函数的调用，那么在大多数情况下，我们可让程序库代劳。

本书前文的某些范例中，还反复出现了另一议题：我们针对某问题运用多线程求解，但若某个条件无法满足，就要让它们及早结束运行。那可能是因为已经求得了结果，也可能是因为出现了错误，甚至可能是因为用户明确要求中断操作。无论什么原因，代码都需向线程发送"请停止"的要求，令它们放弃原来指派的任务，清理环境并尽快结束。

我们在本章将学习线程和任务的管控机制，起步内容是自动控制线程数目，以及在线程间自动划分任务。

9.1 线程池

假设在某公司里，员工通常都在办公室，有时则需拜访客户或供应商，或参加商贸展会。尽管这些差旅有所必要，而且随意选定一天，可能有好几位员工一起出差。不过，对于任意一位员工，可能隔几个月，甚至几年才会出差一次。如果为每个员工都配备公司用车，花费相当高且不切实际，多数公司会改为设立公共用车机制，限定配备的汽车数量，开放给全体员工使用。当员工需要外出时，就从汽车池订用一辆汽车，在合适的时间段内出差，回到办公室后即归还，好让别人也能用。若在预定日期，池中恰好无车可用，员工就得重新安排行程，更改日期。

线程池的思想与此类似，只不过共享之物是线程而非汽车。大多数系统上，若因某些任务可以与其他任务并行处理，就分别给它们配备单独专属的线程，则这种做法不切实际。但只要有可能，我们依然想充分利用可调配的并发算力。线程池正好可以帮助我们达到目的：将可同时执行的任务都提交到线程池，再将其放入任务队列中等待；随后，队列中的任务分别由某一工作线程领取并执行，执行完成后，该线程再从队列中取出另一任务来执行，如此反复循环。

线程池的构建涉及好几项关键的设计议题，包括使用多少个线程、为线程分配任务的最有效方法，以及等待任务完成与否等。本节将讲解几种线程池实现，借它们分析以上设计议题。下面，我们从最简易可行的线程池入手。

9.1.1 最简易可行的线程池

线程池最简单的实现形式是，采用数目固定的工作线程（往往与 std::thread::hardware_concurrency()的返回值相等）。每当有任务需要处理时，我们便调用某个函数，将它放到任务队列中等待。各工作线程从队列中领取指定的任务并运行，然后再回到队列领取其他任务。最简易可行的线程池无法等待任务完成。若我们需要这么做，就得自己操控同步动作。

代码清单 9.1 展示了这种线程池的实现范例。

代码清单 9.1 最简易可行的线程池

```
class thread_pool
{
    std::atomic_bool done;
    threadsafe_queue<std::function<void()> > work_queue;  ◁——①
    std::vector<std::thread> threads;    ◁——②
    join_threads joiner;  ◁——③
    void worker_thread()
    {
```

```
        while(!done)    ←④
        {
            std::function<void()> task;
            if(work_queue.try_pop(task))    ←⑤
            {
                task();    ←⑥
            }
            else
            {
                std::this_thread::yield();    ←⑦
            }
        }
    }
public:
    thread_pool():
        done(false),joiner(threads)
    {
        unsigned const thread_count=std::thread::hardware_concurrency();    ←⑧
        try
        {
            for(unsigned i=0;i<thread_count;++i)
            {
                threads.push_back(
                    std::thread(&thread_pool::worker_thread,this));    ←⑨
            }
        }
        catch(...)
        {
            done=true;    ←⑩
            throw;
        }
    }
    ~thread_pool()
    {
        done=true;    ←⑪
    }
    template<typename FunctionType>
    void submit(FunctionType f)
    {
        work_queue.push(std::function<void()>(f));    ←⑫
    }
};
```

这份实现把工作线程存放在一个 vector 容器内②，还采用了第 6 章介绍的一种线程安全队列①（见代码清单 6.2）来管理任务队列。本例假定使用者不必等待任务完成，且任务没有任何返回值，故可将它封装成 std::function<void()>的实例。无论向 submit()传入的是函数还是可调用对象，都包装在一个 std::function<void()>实例内，再压入队列⑫。

池内线程由构造函数启动：我们先调用 std::thread::hardware_concurrency()，得知硬件所支持的并发线程数目⑧，再如数创建线程，它们在成员函数 worker_thread()中运行⑨。

线程的启动有可能因抛出异常而失败，若出现此情形，我们就需确保已启动的线程妥善终止，并将运行环境清理干净。这项保障通过 try/catch 块实现⑩，每当有异常抛出，便设置标志 done 成立，还需采用第 8 章的 join_threads 类③（详细的类声明见代码清单 8.4），由它的实例汇合全部线程。该保障还需析构函数配合：我们在其中设置 done 标志⑪，从而凭借 join_threads 类的实例确保全部线程均在线程池销毁之前完成运行。请注意，声明数据成员的先后次序十分重要：done 标志和 work_queue 队列必须位列最前①，接着是装载线程的 vector 容器实例 threads②，joiner 则必须在最后声明③。这是为了确保线程池的数据成员能正确地依次销毁：本例中，线程必须全部终结，任务队列才可以销毁。

worker_thread()函数本身相当简单：各线程通过它反复从队列中取出任务⑤，并同时执行⑥，只要 done 标志未被设置为成立就一直循环④。假如队列中没有任务，该函数便调用 std::this_thread::yield()令当前线程稍事歇息⑦，好让其他线程把任务放入队列，随后它再切换回来，继续下一轮循环，尝试从队列中领取任务运行。

上述简易可行的线程池足以达成多种目的，尤其适合具有下列特点的任务：彼此完全独立，也没有任何返回值，且不执行阻塞操作。但是还存在许多情况，该线程池无法满足所需，而在另一些情况下，它还会导致问题，譬如死锁。再者，第 8 章的多个范例都采用了 std::async()，对于简单的问题，更好的做法可能是效仿这种方式。更加复杂的线程池实现贯穿了本章内容，它们拥有的功能更丰富，或能够满足用户需求，或能够减少潜藏的问题。

9.1.2 等待提交给线程池的任务完成运行

第 8 章示范了几个例子，在线程间划分好任务之后，即显式生成新线程，而主线程就开始等待，直至新生成的线程结束运行，以此确保整体任务完成之后，控制流程才返回给调用者。在线程池中，我们等待完成的是提交到池中的各个任务，而非工作线程本身。这类似于第 8 章的几个范例，它们以 std::async()为基础等待 future 就绪。若原样采用代码清单 9.1 的简易线程池，我们便需手动加入第 4 章介绍的技术：条件变量和 future。这会增加代码复杂度，更好的方式是直接等待任务完成。

要实现这一目标，只需把复杂的操作转移到线程池内部。我们可以令 submit()函数返回任务的句柄，并使之包含某种描述信息，用于等待任务完成。采用条件变量或 future 会涉及繁杂的操作，若将其包装在任务句柄内，便能简化采用线程池的代码。

如果主线程需要某任务的计算结果，就会面临一种特殊情况，它必须等待生成的线程完成任务。这样的例子在本书中随处可见，如第 2 章的 parallel_accumulate()函数。针对这种情况，运用 future 即可将等待和传递结果两个操作合二为一。代码清单 9.2 对代码清单 9.1 实现的线程池做了必要修改，让我们得以等待任务完成，再把它的返回值传递给正在等待的线程。由于 std::packaged_task<>的实例仅能移动而不可复制，但 std::function<>

要求本身所含的函数对象能进行拷贝构造，因此任务队列的元素无法再用 std::function<>充当。我们必须定制自己的类作为代替，以包装函数，并处理只移型别。这个类其实就是一个包装可调用对象的简单类，对外可消除该对象的型别。这个类还具备函数调用操作符。在代码清单 9.2 实现的线程池中，我们仅需处理一种函数，它不接收参数，且返回 void。因此，这个新实现把任务直接当作虚拟调用处理。

代码清单 9.2 一个线程池，使用者可等待池内任务完成

```
class function_wrapper
{
    struct impl_base {
        virtual void call()=0;
        virtual ~impl_base() {}
    };
    std::unique_ptr<impl_base> impl;
    template<typename F>
    struct impl_type: impl_base
    {
        F f;
        impl_type(F&& f_): f(std::move(f_)) {}
        void call() { f(); }
    };
public:
    template<typename F>
    function_wrapper(F&& f):
        impl(new impl_type<F>(std::move(f)))
    {}
    void operator()() { impl->call(); }
    function_wrapper() = default;
    function_wrapper(function_wrapper&& other):
        impl(std::move(other.impl))
    {}
    function_wrapper& operator=(function_wrapper&& other)
    {
        impl=std::move(other.impl);
        return *this;
    }
    function_wrapper(const function_wrapper&)=delete;
    function_wrapper(function_wrapper&)=delete;
    function_wrapper& operator=(const function_wrapper&)=delete;
};
class thread_pool
{
    thread_safe_queue<function_wrapper> work_queue;    <-- ①
    void worker_thread()
    {
        while(!done)
        {
            function_wrapper task;    <-- ①
            if(work_queue.try_pop(task))
            {
```

①使用 function_wrapper 而非 std::function

```
                task();
            }
            else
            {
                std::this_thread::yield();
            }
        }
    }
public:
    template<typename FunctionType>
    std::future<typename std::result_of<FunctionType()>::type>   ⟵②
        submit(FunctionType f)
    {
③ ⟶    typedef typename std::result_of<FunctionType()>::type result_type;
        std::packaged_task<result_type()> task(std::move(f));   ⟵④
        std::future<result_type> res(task.get_future());   ⟵⑤
⑥ ⟶    work_queue.push(std::move(task));
        return res;   ⟵⑦
    }
    // 余下代码与代码清单 9.1 相同
};
```

首先，我们调用修改过的 submit()②。这个函数返回一个 std::future<>实例，任务的返回值由它持有，调用者凭借该实例即可等待任务完成。所给出的函数 f()的返回值型别要求预先明确，于是代码引入了 std::result_of<FunctionType>的实例即为函数 f()，它不接收参数，而其运行结果的型别是 std::result_of<FunctionType()>::type。在 submit()函数内部，我们以 typedef 将 result_type 定义为相同的 std::result_of<>表达式③。

然后，我们把函数 f()包装在 std::packaged_task<result_type()>中④，因为 f()是函数或可调用对象，不接收参数，返回值是 result_type 型别的实例。根据推导，两者彼此相符。接着，我们从 std::packaged_task<>取得对应的 future⑤，然后将任务压入队列⑥，再向 submit()的调用者返回 future⑦。请注意，由于 std::packaged_task<>不可复制，因此一定要通过 std::move()把任务压入队列。照此修改，任务队列存储的元素是 function_wrapper 对象，而不再是 std::function<void()>对象。现在，线程池遂能够依从前文的新方式处理任务。

新的线程池让我们得以等待任务完成，各任务也可以返回值。代码清单 9.3 中的 parallel_accumulate()函数采用了代码清单 9.2 中的线程池实现。

代码清单 9.3 采用线程池实现的 parallel_accumulate()函数，运算过程涉及等待池内任务完成

```
template<typename Iterator,typename T>
T parallel_accumulate(Iterator first,Iterator last,T init)
{
    unsigned long const length=std::distance(first,last);
    if(!length)
        return init;
    unsigned long const block_size=25;
```

```
    unsigned long const num_blocks=(length+block_size-1)/block_size; ◁——①
    std::vector<std::future<T> > futures(num_blocks-1);
    thread_pool pool;
    Iterator block_start=first;
    for(unsigned long i=0;i<(num_blocks-1);++i)
    {
        Iterator block_end=block_start;
        std::advance(block_end,block_size);
        futures[i]=pool.submit([=]{ ◁——②
            accumulate_block<Iterator,T>()(block_start,block_end);
        });
        block_start=block_end;
    }
    T last_result=accumulate_block<Iterator,T>()(block_start,last);
    T result=init;
    for(unsigned long i=0;i<(num_blocks-1);++i)
    {
        result+=futures[i].get();
    }
    result += last_result;
    return result;
}
```

对照代码清单 8.4 和代码清单 9.3，有几处差别值得注意。首先，程序依据“块的数量”（num_blocks①）划分任务，而非线程数目。我们需要把数据分成块，其体积是值得并发处理的最小尺寸，以便将线程池的可伸缩性利用到极致。当池中只有少量线程时，每个线程都会处理许多数据块，但如果硬件线程的数目有所增加，并行处理的块的数目也会随之变大。

我们需要小心选择“值得并发处理的数据块的最小尺寸”。向线程池提交任务、交给工作线程执行、通过 std::future<>返回结果等操作均附带固有的额外开销，小任务因此得不偿失。若选择的任务规模过小，线程池的运行速度也许比单线程还慢。

如果数据块尺寸合理，那我们就不必操劳包装任务、获取 future，或为了以后汇合线程而保存 std::thread 对象，线程池自会打点一切。我们需要做的全部事情仅仅是调用 submit()提交任务②。

这个线程池还顾及了异常安全。如果池中任务抛出任何异常，就会通过 submit()返回的 future 向外传播。若该函数因发生异常而退出，线程池的析构函数便丢弃尚未完成的任务，等待池内线程自行结束。

上例属于简单情况，各任务彼此独立，所示的线程池运作顺畅。但在其他情况下，某些任务依赖于别的任务，而两者都提交给了线程池，事情就不妙了。

9.1.3 等待其他任务完成的任务

我们在本书中多处以快速排序算法举例，其概念十分简单：从需要排序的元素中选定一项作为基准元素，整体数据再分成两部分，小于基准元素的元素排到它前面，大于基准元素的元素则排到它后面，这两部分元素按递归方式各自完成排序，再拼接回去，组成一个彻底排好的序列。若我们要将该算法并行化，则需令这些递归调用充分利用现有的并发算力。

回顾第 4 章，我们第一次介绍该范例时，在每一层都借 std::async()运行递归调用，从而任凭线程库决断，是在新的线程上执行该递归调用，还是选择发起相关的 get()调用的线程，由它同步运行递归调用。这种方式行之有效，每个任务或在自己专属的线程上运行，或留待必要时才发起调用。

重温第 8 章的实现，我们会发现其代码结构不同于上述方式，所含的线程数目固定，这与可供运行的并发硬件规模相关。在该范例实现中，我们使用栈容器管理待排序的数据块。各线程分别进行局部排序，在操作过程中将数据分成前后两块，将其中之一压入栈容器留待以后处理，而对另一个数据块则立即实施排序。照此方式，若一个线程单纯地等待其他数据块完成排序，就有可能导致死锁。这是因为线程数量有限，我们却让它等待，白白耗费资源。这很容易陷入一种状况，全部线程都在等着别的数据块完成排序，实际上却没有线程真正执行排序操作。如果一个线程所等待的数据块尚未排序，我们便让它自行从栈容器取出该块来排序，从而解决问题。

第 4 章的范例实现采用了 std::async()，若将其替换为代码清单 9.1 所示的简易线程池，我们也会遇到同样的问题。线程数量毕竟有限，若耗尽了空闲线程，就可能令它们最终全都停滞不前，空等那些尚待调度执行的任务。因此，我们需要采用的解决方法与第 8 章相似：在等待目标数据块完成操作的过程中，主动处理相关的还未排序的数据块。若采用线程池管理任务列表及其关联线程，则完全不必直接访问任务列表就能达到目的，这正是线程池的意义所在。我们需要做的是修改线程池，让其自动按上述模式操作。

最简单的方法之一是在 thread_pool 类上增加一个新函数，负责运行队列中的任务，并自行管控“领取任务并执行”的循环。下面将深入解说这个函数。高级的线程池为了实现这项功能，也许会向等待函数加入控制逻辑，或者增加其他形式的等待函数，从而给尚待执行的任务划分优先级。代码清单 9.4 展示了新增的 run_pending_task()函数，代码清单 9.5 则利用该函数改进了快速排序的代码。

代码清单 9.4 run_pending_task()的一种实现

```
void thread_pool::run_pending_task()
{
    function_wrapper task;
    if(work_queue.try_pop(task))
    {
        task();
    }
    else
    {
        std::this_thread::yield();
    }
}
```

这个实现原样提取了 worker_thread()函数的主循环（代码清单 9.2 中①处），并作为 run_pending_task()函数而被调用。它还能进一步修改。如果队列中存在任务，该函数即试图领取，否则就令所属线程让步，以便操作系统重新安排调度。相比代码清单 8.1 的对应版本，代码清单 9.5 的快速排序实现要简单不少，因为线程管控的逻辑代码都移入了线程池内部。

代码清单 9.5 基于线程池的快速排序实现

```
template<typename T>
struct sorter          <——①
{
    thread_pool pool;      <——②
    std::list<T> do_sort(std::list<T>& chunk_data)
    {
        if(chunk_data.empty())
        {
            return chunk_data;
        }
        std::list<T> result;
        result.splice(result.begin(),chunk_data,chunk_data.begin());
        T const& partition_val=*result.begin();
        Typename std::list<T>::iterator divide_point=
            std::partition(chunk_data.begin(),chunk_data.end(),
                           [&](T const& val){return val<partition_val;});
        std::list<T> new_lower_chunk;
        new_lower_chunk.splice(new_lower_chunk.end(),
                               chunk_data,chunk_data.begin(),
                               divide_point);
        std::future<std::list<T> > new_lower=      <——③
            pool.submit(std::bind(&sorter::do_sort,this,
                                  std::move(new_lower_chunk)));
        std::list<T> new_higher(do_sort(chunk_data));
        result.splice(result.end(),new_higher);
        while(new_lower.wait_for(std::chrono::seconds(0)) ==
            std::future_status::timeout)
        {
            pool.run_pending_task();      <——④
        }
        result.splice(result.begin(),new_lower.get());
        return result;
    }
};
template<typename T>
std::list<T> parallel_quick_sort(std::list<T> input)
{
    if(input.empty())
    {
        return input;
    }
    sorter<T> s;
    return s.do_sort(input);
}
```

本例与代码清单 8.1 一样，实际工作交由 sorter 类模板①的成员函数 do_sort()执行，而这个类在此处的作用只是包装 thread_pool 实例②。

线程和任务两者的管控代码则被削减，只剩下向线程池提交任务③，以及运行等待处理的任务并等待它们完成④。按照代码清单 8.1 的模式，我们须显式亲自操控线程和管理栈容器，容器中装着等待排序的数据块。而这个实现则将其大幅简化。在向线程池提交任务的时候，我们运用 std::bind()将 this 指针与 do_sort()函数绑定，借此提供需要排序的数据块。这里，在传入 new_lower_chunk 作为参数时，我们调用了 std::move()函数，以确保数据按移动方式传递而不会发生复制。

某些任务会等待其他任务，导致死锁。尽管这一关键问题可凭借上述方法解决，但所示的线程池还远不算理想。每个 submit()和每个 run_pending_task()的调用都访问相同的队列，我们选中此议题作为"开胃菜"。第 8 章曾分析过，若同一组数据由多线程并发改动，会对性能造成不利影响，接下来我们需要解决这个问题。

9.1.4　避免任务队列上的争夺

线程池仅具备一个任务队列供多线程共用，在同一个线程池实例上，每当有线程调用 submit()，就把新任务压入该队列。类似地，为了执行任务，工作线程不断从这一队列弹出任务。

因此，队列上的争夺行为随着处理器数目的增多而加剧。这是实打实的性能损失，即便我们利用无锁队列避开显式等待，仍然会产生缓存乒乓现象，导致浪费时间。

有一种方法可解决缓存乒乓（见 8.2 节）：为每个线程配备独立的任务队列。各线程只在自己的队列上发布新任务，仅当线程自身的队列没有任务时，才会从全局队列领取任务。代码清单 9.6 展示了一个线程池实现，其中采用了 thread_local 变量，从而令每个线程都具有自己的任务队列，线程池本身则再维护一全局队列。

代码清单 9.6　一个线程池，其中的任务队列以线程局部变量的形式存在

```
class thread_pool
{
    threadsafe_queue<function_wrapper> pool_work_queue;
    typedef std::queue<function_wrapper> local_queue_type;   <—— ①
    static thread_local std::unique_ptr<local_queue_type>   <—— ②
        local_work_queue;
    void worker_thread()
    {
        local_work_queue.reset(new local_queue_type);   <—— ③

        while(!done)
        {
            run_pending_task();
        }
```

```
    }
public:
    template<typename FunctionType>
    std::future<typename std::result_of<FunctionType()>::type>
        submit(FunctionType f)
    {
        typedef typename std::result_of<FunctionType()>::type result_type;
        std::packaged_task<result_type()> task(f);
        std::future<result_type> res(task.get_future());
        if(local_work_queue)    <—— ④
        {
            local_work_queue->push(std::move(task));
        }
        else
        {
            pool_work_queue.push(std::move(task));    <—— ⑤
        }
        return res;
    }
    void run_pending_task()
    {
        function_wrapper task;
        if(local_work_queue && !local_work_queue->empty())    <—— ⑥
        {
            task=std::move(local_work_queue->front());
            local_work_queue->pop();
            task();
        }
        else if(pool_work_queue.try_pop(task))    <—— ⑦
        {
            task();
        }
        else
        {
            std::this_thread::yield();
        }
    }
    // 余下代码与代码清单 9.5 相同
};
```

代码清单 9.6 中，线程局部的任务队列由 std::unique_ptr<>指针持有②，该队列先在 worker_thread()函数中完成初始化③，再进入处理任务的循环。

按此设计，池外的其他无关线程就不必无意义地附带队列[1]。在线程退出时，std::unique_ptr<>的析构函数会销毁任务队列。

本例以 std::unique_ptr<>指针为微小代价，节省出的 std::queue<function_wrapper>的内存空间十分可观，属典范设计。

---

1 译者注：关键字 thread_local 对程序内的全部线程一视同仁，都起作用。所以，无论池内、池外，每个线程都具有自己专属的 std::unique_ptr<>指针，只不过池外线程不含队列，其指针的目标为空，而池内线程则会分别生成专属的队列，为指针所指向。

接着，由 submit()判别当前线程是否具备任务队列④。若具备，它即为池内线程，我们可把任务放入局部队列；否则，就应照旧将任务加入线程池所属的全局队列⑤。

run_pending_task()也进行了相似的判别，但我们还需验明局部队列中是否含有任务⑥，若有，就取出第一项任务来处理（请注意，该局部队列可由普通的 std::queue<>队列充当①，因为它始终只被唯一一个线程访问）；若无，则依旧试图从线程池的全局队列领取任务⑦。

上述方法很好地减少了争夺，却很容易因任务分配不均而导致事与愿违：某一线程“疲于奔命”，其他线程却无所事事。以快速排序代码举例，若一个线程负责处理多块数据，它可能只将最顶层的那个数据块放入全局队列，而把剩下的数据块全加到自身的局部队列中。这违背了使用线程池的初衷。

万幸，我们可以对症下药：若全局队列和线程自身的局部队列均空无一物，便让线程从别人的队列窃取任务。

9.1.5 任务窃取

假设某线程执行了 run_pending_task()，但自身的队列却空空如也，而另一线程的队列却是满的，则前者需窃取任务。为了让它顺利得手，线程的自有队列就必须开放，供其他线程访问。这要求线程池跟踪记录各线程自有的队列，或由线程池向它们配置独立的队列。另外，我们一定要保护好任务队列中的数据，并采取恰当的同步措施，以维持不变量。

虽然我们能够编写无锁队列，令其隶属的线程在一端压入和弹出任务，让其他线程在另一端同时窃取任务，但这种队列的实现超出了本书范畴。本节意在阐明任务窃取的思想，依旧采用互斥保护队列数据。我们期望任务窃取鲜有发生，互斥上很少出现争夺，从而得以尽量降低操作该简易队列的额外开销。代码清单 9.7 展示了一个基于锁的队列的简单实现。

代码清单 9.7 基于锁的队列，它支持任务窃取

```
class work_stealing_queue
{
private:
    typedef function_wrapper data_type;
    std::deque<data_type> the_queue;        <——①
    mutable std::mutex the_mutex;
public:
    work_stealing_queue()
    {}
    work_stealing_queue(const work_stealing_queue& other)=delete;
    work_stealing_queue& operator=(
        const work_stealing_queue& other)=delete;
    void push(data_type data)                     <——②
```

```
    {
        std::lock_guard<std::mutex> lock(the_mutex);
        the_queue.push_front(std::move(data));
    }
    bool empty() const
    {
        std::lock_guard<std::mutex> lock(the_mutex);
        return the_queue.empty();
    }
    bool try_pop(data_type& res)      ⟵③
    {
        std::lock_guard<std::mutex> lock(the_mutex);
        if(the_queue.empty())
        {
            return false;
        }
        res=std::move(the_queue.front());
        the_queue.pop_front();
        return true;
    }
    bool try_steal(data_type& res)      ⟵④
    {
        std::lock_guard<std::mutex> lock(the_mutex);
        if(the_queue.empty())
        {
            return false;
        }
        res=std::move(the_queue.back());
        the_queue.pop_back();
        return true;
    }
};
```

这一队列是 std::queue<function_wrapper>的简单包装①，它采用互斥锁保护所有访问。push()②和 try_pop()③都操作队列的前端，而 try_steal()④则操作队列的后端。

就其所属的线程而言，该“队列”其实是个后进先出的栈容器：最后压入队列的数据会被最先取出。从缓存的视角来看，这有助于性能改进，原因是对比早前的任务向队列压入的数据，与现行任务相关的数据更有可能还留在缓存内。再者，这很好地契合了快速排序这一类算法。前文的实现范例在每次调用 do_sort()时，都会往栈容器压入一项任务，再等待它完成[1]。我们总是先处理最近压入的任务，以保证，最先处理完成当前调用所需的数据块，然后才轮到其他执行分支需要的数据块，从而减少活动的任务的数量及栈的总使用量。try_steal()从队列的另一端（与 try_pop()相对）领取任务，以尽量减少争夺。我们可将第 6、7 章讨论过的技术应用于此，使得 try_pop()和 try_steal()能够并发调用。

---

1 译者注：do_sort()内的操作不止这两项，还含有其他，详见代码清单 8.1 中⑨处，以及代码清单 9.5 的前半部分。

至此，任务队列已经能够窃取任务，它终于较完善了，但如何将它用于线程池中呢？代码清单 9.8 展示了一个可行的实现。

代码清单 9.8 利用任务窃取的线程池

```
class thread_pool
{
    typedef function_wrapper task_type;
    std::atomic_bool done;
    threadsafe_queue<task_type> pool_work_queue;
    std::vector<std::unique_ptr<work_stealing_queue> > queues;  ⟵①
    std::vector<std::thread> threads;
    join_threads joiner;
    static thread_local work_stealing_queue* local_work_queue;  ⟵②
    static thread_local unsigned my_index;
    void worker_thread(unsigned my_index_)
    {
        my_index=my_index_;
        local_work_queue=queues[my_index].get();  ⟵③
        while(!done)
        {
            run_pending_task();
        }
    }
    bool pop_task_from_local_queue(task_type& task)
    {
        return local_work_queue && local_work_queue->try_pop(task);
    }
    bool pop_task_from_pool_queue(task_type& task)
    {
        return pool_work_queue.try_pop(task);
    }
    bool pop_task_from_other_thread_queue(task_type& task)  ⟵④
    {
        for(unsigned i=0;i<queues.size();++i)
        {
            unsigned const index=(my_index+i+1)%queues.size();  ⟵⑤
            if(queues[index]->try_steal(task))
            {
                return true;
            }
        }
        return false;
    }
public:
    thread_pool():
        done(false),joiner(threads)
    {
        unsigned const thread_count=std::thread::hardware_concurrency();
        try
        {
            for(unsigned i=0;i<thread_count;++i)
```

```
        {
⑥———▷ queues.push_back(std::unique_ptr<work_stealing_queue>(
                  new work_stealing_queue));
        }
        for(unsigned i=0;i<thread_count;++i)
        {
            threads.push_back(
                std::thread(&thread_pool::worker_thread,this,i));
        }
    }
    catch(...)
    {
        done=true;
        throw;
    }
}
~thread_pool()
{
    done=true;
}
template<typename FunctionType>
std::future<typename std::result_of<FunctionType()>::type> submit(
    FunctionType f)
{
    typedef typename std::result_of<FunctionType()>::type result_type;
    std::packaged_task<result_type()> task(f);
    std::future<result_type> res(task.get_future());
    if(local_work_queue)
    {
        local_work_queue->push(std::move(task));
    }
    else
    {
        pool_work_queue.push(std::move(task));
    }
    return res;
}
void run_pending_task()
{
    task_type task;
    if(pop_task_from_local_queue(task) ||      ◁———⑦
⑧———▷ pop_task_from_pool_queue(task) ||
       pop_task_from_other_thread_queue(task))  ◁———⑨
    {
        task();
    }
    else
    {
        std::this_thread::yield();
    }
}
};
```

代码清单 9.8 与代码清单 9.6 大同小异。差别在于，各线程均具备一个 work_stealing_queue 队列②，而非普通的 std::queue<>队列。每个线程在创建时，不再自行配置专属队列，而改由线程池代为分配⑥。线程池还维护一个“清单”[1]①，用于存储这些队列。接着，队列在清单中的索引值[2]再传给对应的线程函数，池内各线程凭此获取一指针，指向隶属自己的队列③。因此，若池内某线程无事可做，线程池即可访问众线程的专属队列，试图为该线程窃取任务。这样，run_pending_task()就会尝试从线程自己的队列领取任务⑦，也会尝试从线程池的全局队列领取任务⑧，还尝试从专属其他线程的队列窃取任务⑨。

pop_task_from_other_thread_queue()逐个访问池内线程所含的全部队列④，试图从中窃取任务。这些线程在开始窃取任务时，均根据自己在清单中的索引值，向后偏移一项，以下一线程作为窃取起始点⑤，借此避免了清单中的头一个队列沦为“众矢之的”，而导致每个线程都集中对其下手。

我们终于完善了线程池，把它提升至实战高度，它极具潜力，足以胜任多种用途。针对任意一种具体的应用方式，这个线程池都存在无数改进方法，我们将其留给读者作为练习。有一个方面我们尚未深入探讨：动态调整线程池规模以求 CPU 的使用效率最优，其中甚至包括处理线程发生阻塞的情形，如等待 I/O 完成或等待互斥解锁。

下一项“高级”线程管理技术是中断线程。

9.2 中断线程

在许多情况下，如果线程运行时间过长，我们便想要向它发送信号：是时候停止了。其原因可能是，该线程是池内的工作线程，而现在线程池却需先行销毁，又或许是用户明令取消了线程正在执行的任务，还有许许多多别的理由。无论出于什么原因，操作思路都相同：在目标线程的处理流程自然结束之前，我们要让另一线程向它发送停止信号，所采取的具体做法需平缓，好让线程妥善停止，而不是唐突地“猛踩刹车”。

我们可以针对每一种需要中断线程的情况，分别设计独立的工作方式，但这是小题大做。若能实现通用的中断方式，不仅更加便于各种后续情形中的代码编写，使用者还不必担忧那些代码适合什么场景，因其总会接受中断。C++11 标准尚未提供这种方式（但确有 C++标准的备选提案积极建议，今后应当加入对中断的支持[3]），然而我们自己动手

---

1 译者注：“清单”是英文原书用字的对应译名，它实指一个 std::vector 容器，内含多个 std::unique_ptr<>指针，目标是各线程的 work_stealing_queue 队列。

2 译者注：更准确地，是 std::unique_ptr<>指针在 std::vector 容器中的索引值。

3 译者注：C++20 标准已正式引入了 std::jthread，其下管控的线程可通过这个类接受中断，还能自动汇合（见 2.3 节）。

构建也不算复杂。下面就来看看怎样实现。我们以发动线程和中断线程的接口作为切入点，而不是受到中断的线程本身。

9.2.1 发起一个线程，以及把它中断

作为切入点，我们先来研究对外接口。中断线程需具备什么功能？在基本层面上，它所需的全部接口都与 std::thread 相同，外加一个 interrupt()函数：

```
class interruptible_thread
{
public:
    template<typename FunctionType>
    interruptible_thread(FunctionType f);
    void join();
    void detach();
    bool joinable() const;
    void interrupt();
};
```

我们可以通过定制的数据结构处理中断，再在内部借 std::thread 类管控线程本身。接着，从线程自身的视角考量，应该如何设计呢？最基本地，我们希望能在代码中指定某目标位置，说“这里可以发生中断”，即安插一个中断点。为了避免在调用时额外传递数据，从而使之真正实用可行，其具体形式是一个简单函数 interruption_point()，它无须接收任何参数。这就要求，将 thread_local 变量作为中断专门定制的数据结构，在启动线程时将此变量设置妥当，如果当前正在执行的线程调用了 interruption_point()函数，便会查验该数据结构。interruption_point()的实现留待后文分析。

此处无法用普通的 std::thread 类管控线程，关键原因正是这个 thread_local 变量。它所修饰的变量需按下面的方式分配内存：既能让 interruptible_thread 的实例访问，又能在新启动的线程上直接访问。我们可以先将给定的函数包装好，然后传入 std::thread 的构造函数来发起新线程，如代码清单 9.9 所示。

代码清单 9.9 interruptible_thread 的基本实现[1]

```
class interrupt_flag
{
public:
    void set();
    bool is_set() const;
};
thread_local interrupt_flag this_thread_interrupt_flag; <——①
class interruptible_thread
{
```

---

1 译者注：顾名思义，interruptible_thread 类的实例管控一个线程，该线程可以受到中断，该中断由别的线程调用 interrupt()而主动触发。

```
    std::thread internal_thread;
    interrupt_flag* flag;
public:
    template<typename FunctionType>
    interruptible_thread(FunctionType f)
    {
        std::promise<interrupt_flag*> p;    ←──②
③──→  internal_thread=std::thread([f,&p]{
                p.set_value(&this_thread_interrupt_flag);
                f();    ←──④
            });
        flag=p.get_future().get();    ←──⑤
    }
    void interrupt()
    {
        if(flag)
        {
            flag->set();    ←──⑥
        }
    }
};
```

调用者给出一个函数 f()，它包装在一个 lambda 函数中③，后者持有函数 f()的副本，还有一个指涉局部 promise 的引用②。在新启动的线程上，该 lambda 函数将 promise 关联的值设置成 this_thread_interrupt_flag 标志的地址（这一标志的声明以 thread_local 修饰①），再根据 f()的副本来调用给定的函数④。接着，发起调用的线程便开始等待，等到与 promise 关联的 future 准备就绪，并将运行结果存储到成员变量 flag 中时⑤，结束等待。请注意，尽管 lambda 函数在新线程上运行，却有一个指向局部变量 p 的悬空引用，但这并无大碍，因为 interruptible_thread 类的构造函数会一直等待，直到引用 p 不再为新线程所指涉以后，它才返回。另外请注意，这个实现并不负责汇合线程或分离线程。当线程退出或分离时，我们必须确保清除了 flag 变量，以免指针悬空。

interrupt()函数相对比较直观。只要有指向中断标志的合法指针，且目标线程确实需要中断，就设置标志成立⑥。随后，受到中断的线程便可自行应对。9.2.2 节探讨检测线程是否被中断。

9.2.2 检测线程是否被中断

现在，我们已经能够设置中断标志成立，试图借此中断目标线程，但如果我们不进行检测，终究是徒劳无功的。最简单的一种做法是直接在 interruption_point()函数内检测[1]：

1 译者注：若某线程执行含有 interruption_point()的代码，该线程意在接受中断。换言之，如果一个线程可被中断，则其运行的代码应当含有 interruption_point()。

在可以安全地发生中断的地方，我们调用这个函数，若中断标志已经设置成立，即抛出 thread_interrupted 异常。

```
void interruption_point()
{
    if(this_thread_interrupt_flag.is_set())
    {
        throw thread_interrupted();
    }
}
```

我们进而在代码中便于运行的位置调用这个函数：

```
void foo()
{
    while(!done)
    {
        interruption_point();
        process_next_item();
    }
}
```

这虽然可行，却不尽理想。中断某些线程的最佳时机是在它因等待而发生阻塞之时。矛盾由此而生，该线程正被阻塞，实际上停滞不前，遂无法执行 interruption_point()的调用。我们需要的是一种能被中断的等待方式。

9.2.3 中断条件变量上的等待

假使我们在代码中小心选择适合的位置，显式调用 interruption_point()，便能检测中断，但若线程陷入了阻塞型等待，例如在条件变量上等待通知，这种方式就无济于事。因此，我们需要引入一个新函数——interruptible_wait()，我们可以重载该函数，从而分别处理不同的需要等待的事项，还能自主实现中断等待的具体方式。前文曾提及，条件变量是其中一种需要等待的事项，所以我们从此处着手：应当怎么做才能中断条件变量上的等待呢？最简易可行的方式是，一旦设置了中断标志成立，即通知条件变量，并且紧随等待调用安插中断点。但是，为了让这种做法生效，就必须唤醒目标线程。若有多个线程正在该条件变量上等待，我们则不得不全部通知它们。等待中的线程有可能遭到伪唤醒，而它们却无从区分伪唤醒与广播式集体唤醒，所以无论如何都要进行处理。

虽然其他线程不是中断的唤醒目标，却照样会因此被意外唤醒，且后续处理也与目标线程相同。interrupt_flag 类需进行改动，在内部增添一个指针，指向相关的条件变量，它会在 set()调用中接受通知。代码清单 9.10 是一种可行的 interruptible_wait()实现，负责中断条件变量上的等待。

代码清单 9.10 针对条件变量 std::condition_variable 的 interruptible_wait()函数，但存在瑕疵

```
void interruptible_wait(std::condition_variable& cv,
                        std::unique_lock<std::mutex>& lk)
{
    interruption_point();
    this_thread_interrupt_flag.set_condition_variable(cv);   ←①
②→  cv.wait(lk);
    this_thread_interrupt_flag.clear_condition_variable();   ←③
    interruption_point();
}
```

这份代码短小精悍，它假定中断标志已事先备好一些函数，用于设立/解除自身与条件变量之间的关联。该函数实现先检测中断是否发生，再把条件变量与当前线程的中断标志关联起来①，接着在条件变量上等待②，继而解除关联③，最后再次检测中断。在目标线程等待条件变量期间，若需将它中断，引发中断的线程就向条件变量广播，唤醒正在其上等待的全部线程，使得其中的目标线程也检测出中断。无奈，这份代码存在瑕疵：其中含有两个问题。一个问题关乎异常安全，如果我们对此十分在意，它便显得相对不太隐蔽：如果 std::condition_variable::wait()抛出异常，这个函数就会直接退出，但中断标志与条件变量之间的关联却未解除。只要在中断标志的析构函数中移除关联，问题即迎刃而解。

另一个问题涉及条件竞争，相对不易察觉。若目标线程第一次调用 interruption_point()就被中断，即该中断发生在 wait()调用之前，那么条件变量是否与中断标志关联，就变得全然无所谓了，因为这个线程并未开始等待，所以无法通过条件变量通知来唤醒。我们需要保证，在最后的中断点检测和 wait()调用之间，目标线程不会被唤醒。假如不深入内部改动 std::condition_variable，仅有一种方法可做到这点：利用锁 lk 所持的互斥一并保护上述两个动作，而且还要将该锁传入 set_condition_variable()的调用。不巧，那又会给自己制造新问题：即使我们不清楚互斥的生存期，也仍需向引发中断的线程传递指向互斥的引用，由该线程调用 interrupt()，在调用内部锁定互斥；另外，在该线程调用 interrupt()时，我们也不知道互斥是否已经锁住。因此，程序有可能陷入死锁，还有可能在互斥销毁后再试图访问互斥，因此代码清单 9.10 的方法淘汰出局。若无法按严格的方式中断条件变量上的等待，多线程功能便会受到相当程度的限制。那样，即便上述特殊的 interruptible_wait()不存在，我们依然可以完成受限的功能。还有其他解决方法吗？一种方法是给等待设定时限：不用 wait()，而改为以微小的时限调用 wait_for()，譬如 1 毫秒。结果，线程就被设置了等待的上限，限制了只在预定时长内等待，假如期间发生中断，它便会觉察（受制于时钟计时单元的粒度大小）。照此处理，等待的线程会因超时而更频繁地遭受伪唤醒。这实属"顽疾"，难以解决。上述实现如代码清单 9.11 所示，同时附有对应的 interrupt_flag 实现。

代码清单 9.11　针对条件变量 std::condition_variable 的 interruptible_wait()函数，它支持超时就停止

```
class interrupt_flag
{
    std::atomic<bool> flag;
    std::condition_variable* thread_cond;
    std::mutex set_clear_mutex;
public:
    interrupt_flag():
        thread_cond(0)
    {}
    void set()
    {
        flag.store(true,std::memory_order_relaxed);
        std::lock_guard<std::mutex> lk(set_clear_mutex);
        if(thread_cond)
        {
            thread_cond->notify_all();
        }
    }
    bool is_set() const
    {
        return flag.load(std::memory_order_relaxed);
    }
    void set_condition_variable(std::condition_variable& cv)
    {
        std::lock_guard<std::mutex> lk(set_clear_mutex);
        thread_cond=&cv;
    }
    void clear_condition_variable()
    {
        std::lock_guard<std::mutex> lk(set_clear_mutex);
        thread_cond=0;
    }
    struct clear_cv_on_destruct
    {
        ~clear_cv_on_destruct()
        {
            this_thread_interrupt_flag.clear_condition_variable();
        }
    };
};

void interruptible_wait(std::condition_variable& cv,
                        std::unique_lock<std::mutex>&lk)
{
    interruption_point();
    this_thread_interrupt_flag.set_condition_variable(cv);
    interrupt_flag::clear_cv_on_destruct guard;
    interruption_point();
    cv.wait_for(lk,std::chrono::milliseconds(1));
    interruption_point();
}
```

如果我们需要等待某个断言成立，那么就可以把1毫秒的时限完全融合到断言循环之中。

```
template<typename Predicate>
void interruptible_wait(std::condition_variable& cv,
                        std::unique_lock<std::mutex>&lk,
                        Predicate pred)
{
    interruption_point();
    this_thread_interrupt_flag.set_condition_variable(cv);
    interrupt_flag::clear_cv_on_destruct guard;
    while(!this_thread_interrupt_flag.is_set() && !pred())
    {
        cv.wait_for(lk,std::chrono::milliseconds(1));
    }
    interruption_point();
}
```

相比其他版本，以上实现会更加频繁地查验断言，其好处在于，我们能轻松地将普通的 wait()调用替换成 interruptible_wait()函数。其变体也能轻松地实现，依照不同的时限而等待：或等待1毫秒，或根据调用者指定的时限等待，以较短者为准。条件变量 std::condition_variable 的等待功能已完善，那么 std::condition_variable_any 又如何？它是否与此相同？我们还能改进吗？

9.2.4 中断条件变量 std::condition_variable_any 上的等待

std::condition_variable_any 与 std::condition_variable 的区别在于，前者可以配合任意型别的锁，而后者仅限于 std::unique_lock<std::mutex>。假设 std::condition_variable 支持中断功能，那么改用 std::condition_variable_any 将使代码更出色，使代码更容易编写。因为这种条件变量能与任意型别的锁配合，所以我们可以借它构建自己的锁型别，用于锁定/解锁 interrupt_flag 标志中内含的互斥 set_clear_mutex，该类型的锁也可以传给 wait()调用，如代码清单 9.12 所示。

代码清单 9.12　条件变量 std::condition_variable_any 上的 interruptible_wait()函数

```
class interrupt_flag
{
    std::atomic<bool> flag;
    std::condition_variable* thread_cond;
    std::condition_variable_any* thread_cond_any;
    std::mutex set_clear_mutex;
public:
    interrupt_flag():
        thread_cond(0),thread_cond_any(0)
    {}
    void set()
```

```
    {
        flag.store(true,std::memory_order_relaxed);
        std::lock_guard<std::mutex> lk(set_clear_mutex);
        if(thread_cond)
        {
            thread_cond->notify_all();
        }
        else if(thread_cond_any)
        {
            thread_cond_any->notify_all();
        }
    }
    template<typename Lockable>
    void wait(std::condition_variable_any& cv,Lockable& lk)
    {
        struct custom_lock
        {
            interrupt_flag* self;
            Lockable&lk;
            custom_lock(interrupt_flag* self_,
                        std::condition_variable_any& cond,
                        Lockable&lk_):
                self(self_),lk(lk_)
            {
                self->set_clear_mutex.lock();      <—— ①
  ②  ——>        self->thread_cond_any=&cond;
            }
            void unlock()      <—— ③
            {
                lk.unlock();
                self->set_clear_mutex.unlock();
            }
            void lock()
            {
                std::lock(self->set_clear_mutex,lk);      <—— ④
            }
            ~custom_lock()
            {
                self->thread_cond_any=0;      <—— ⑤
                self->set_clear_mutex.unlock();
            }
        };
        custom_lock cl(this,cv,lk);
        interruption_point();
        cv.wait(cl);
        interruption_point();
    }
    // 余下代码与代码清单 9.11 相同
};
template<typename Lockable>
void interruptible_wait(std::condition_variable_any& cv,
```

```
                    Lockable& lk)
{
    this_thread_interrupt_flag.wait(cv,lk);
}
```

我们自定义的锁型别在构建时，先在内部互斥 set_clear_mutex 上获取锁①，而构造函数还传入了 std::condition_variable_any 参数，指针 thread_cond_any 随即被设定为指向这一参数②。参数 lk_是一个 Lockable 型引用，它必须先完成锁定，再通过构造函数保存到结构体内部，留待后用。这样，我们检查中断时便无须再担忧条件竞争。若中断标志在接受检查时已设置为成立，那就表明，它在互斥 set_clear_mutex 加锁之前就已经设置好。在 wait()内部，一旦条件变量调用结构体自身的 unlock()函数，我们即解锁 Lockable 对象和内部互斥 set_clear_mutex③。上述实现能达到如下效果：在当前线程执行 wait()期间，若其他线程试图中断，后者就会从互斥 set_clear_mutex 上获取锁，并且查验 thread_cond_any 指针，但在 wait()调用之前，这两项操作不可能执行。因此，std::condition_variable 的问题迎刃而解（虽然我们可能无法摆脱其弊病）。

wait()完成等待行为后（无论是因为收到通知还是因为发生伪唤醒），即调用结构体自身的 lock()函数，再次给内部的互斥 set_clear_mutex 和 Lockable 对象一起加锁④。接着，我们重新检查 wait()调用期间发生的中断，析构函数随即清除 thread_cond_any 指针并解锁⑤，set_clear_mutex 互斥也被解锁。

9.2.5 中断其他阻塞型等待

9.2.4 节补全了条件变量上的等待行为，使之可被中断，但其他阻塞型等待，如互斥锁的等待、future 上的等待，以及类似的等待，又该如何中断呢？一般地，我们需要借助处理 std::condition_variable 所用到的限时功能，因为上述等待行为均不涉及等待某个条件成立[1]，若不从内部修改互斥或 future 就无法将它们中断。但是，我们很清楚另外几种等待的目标条件具体是什么，故可以在 interruptible_wait()函数中用循环来等待。举例如下，现有一个 interruptible_wait()函数的重载，它是 std::future<>的成员函数。

```
template<typename T>
void interruptible_wait(std::future<T>& uf)
{
   while(!this_thread_interrupt_flag.is_set())
   {
       if(uf.wait_for(lk,std::chrono::milliseconds(1))==
           std::future_status::ready)
           break;
   }
   interruption_point();
}
```

1 译者注：即使用者没有向这几种等待的调用提供断言，也无从提供。

该函数一直等待，直到中断标志被设置为成立才停止，或等到 future 准备就绪才停止，但函数内部其实以 1 毫秒为时限，在 future 上反复进行阻塞型等待。采用这种方式的效果是，假定采用了高精度时钟，那么按平均计算，在中断请求发生后大约 0.5 毫秒，这个函数即会知悉。wait_for()往往会至少等待一个完整的计时单元，因此，如果所用时钟的计时单元是 15 毫秒，我们就得等待 15 毫秒，而不是 1 毫秒。实际效果能被接受与否，取决于具体的应用场景。如果必要，我们可以缩短等待的时限（前提是时钟的精度足以支持）。缩短等待时限的缺点是，线程将更频繁地被唤醒，更密集地检查标志，增加任务切换的额外开销。

我们已经学习了 interruption_point()函数和几个 interruptible_wait()函数，以及如何运用它们检测中断，但中断应该怎样处理呢？

9.2.6 处理中断

从接受中断的线程的视角观察，一次中断本质上就是一个 thread_interrupt 异常，因而中断可依照处理其他异常的方式处理。具体地，我们可以用标准的 try/catch 块捕获它：

```
try
{
    do_something();
}
catch(thread_interrupted&)
{
    handle_interruption();
}
```

以上设计的意义是，令目标线程关联某个 interruptible_thread 对象，别的线程在该对象上调用 interrupt()而引发中断，程序得以捕获这个中断，按某种方式处理，然后继续执行。若另一个线程再次调用 interrupt()，则目标线程下次调用 interruption_point()时便会重新被中断。如果目标线程正在执行一系列彼此独立的任务，我们即可采用上述处理方式；被中断的任务会被放弃，对应的线程则按部就班地执行下一项任务。

由于 thread_interrupted 是异常，因此在调用可中断代码时，必须采取一切常用的预防手段保证异常安全，从而杜绝资源泄漏，并且令数据结构处于相应的合理状态。我们通常希望让中断直接终结线程，故可让中断异常向上传播。但是，std::thread 在构造时设定了线程函数，一旦让异常传播到该函数外，std::terminate()即会被自动调用，从而终止整个程序。interruptible_thread 其实是个内含 std::thread 的包装类，初始化时同样需传入线程函数，且需加入 catch(thread_interrupted&)的处理代码。为防止忘记这么做，我们可以在这个类的初始化代码中放置 catch 块。如此一来，不处理中断异常、任它随意传播也成了安全行为，因为最后它只会终止一个线程。在 interruptible_thread 的构造函数中，线程的初始化代码现修改如下（对应代码清单 9.9 中③处）：

```
internal_thread=std::thread([f,&p]{
        p.set_value(&this_thread_interrupt_flag);
        try
        {
            f();
        }
        catch(thread_interrupted const&)
        {}
    });
```

接下来，我们借一具体范例说明中断的实用之处。

9.2.7 在应用程序退出时中断后台任务

请读者略花时间考虑用于桌面搜索的应用程序。它既需要与用户交互，又需要监控文件系统的状态，发现所有变动并更新文件索引。这项处理任务往往由后台线程负责，以免影响图形用户界面的响应能力。在应用程序的整个生命期中，该后台线程需要始终运行，它随应用程序的初始化而启动，然后一直运行，到应用程序关闭为止。为了使文件索引及时更新，总是维持最新状态，应用程序需要不停运行，往往只随关机而终结。在这种情况下，当应用程序关闭时，我们需要依次结束后台线程，其中一种做法就是中断它们。代码清单 9.13 展示了一个实现范例，包括这个应用程序的线程管理部分。

代码清单 9.13 在后台监控文件系统

```
std::mutex config_mutex;
std::vector<interruptible_thread> background_threads;
void background_thread(int disk_id)
{
    while(true)
    {
        interruption_point();    ⟵①
        fs_change fsc=get_fs_changes(disk_id);    ⟵②
        if(fsc.has_changes())
        {
            update_index(fsc);    ⟵③
        }
    }
}
void start_background_processing()
{
    background_threads.push_back(
        interruptible_thread(background_thread,disk_1));
    background_threads.push_back(
        interruptible_thread(background_thread,disk_2));
}
int main()
{
    start_background_processing();    ⟵④
    process_gui_until_exit();    ⟵⑤
```

```
    std::unique_lock<std::mutex> lk(config_mutex);
    for(unsigned i=0;i<background_threads.size();++i)
    {
        background_threads[i].interrupt();     ←⑥
    }
    for(unsigned i=0;i<background_threads.size();++i)
    {
        background_threads[i].join();      ←⑦
    }
}
```

在启动应用程序时，后台线程随即启动④。主线程负责应对图形用户界面⑤。当用户请求退出应用程序时，后台线程就被中断⑥，主线程等到后台线程各自结束后才会退出⑦。各后台线程都在循环中反复检查磁盘的变化，并更新索引②。每轮循环中，它们都调用 interruption_point()来判别是否发生中断①。为什么我们要先一次中断全部线程⑥，然后才等它们汇合⑦？为什么不中断一个线程就马上等待它汇合，接着再处理下一个？答案是为了提高并发性能。线程不太会因为被中断就马上结束，因为它们必须运行到下一个中断点，调用析构函数，或执行处理异常的代码，然后才会退出。因此，如果中断一个线程并立即等待它汇合，就会令发起中断的线程白白等待，即使它本来可以去做有用的工作——继续中断其他线程。只有到了完全无事可做的时候（每个后台线程都已被中断），我们才让主线程等待。这样，受到中断的全体线程能够并行处理各自的中断，令应用程序整体上更快终结。

我们可以很容易地扩展中断机制，加入更复杂的中断调用，或禁止特定的代码块受到中断，这留给读作为做练习。

9.3 小结

在本章，我们介绍了一些管控线程的高级技法：线程池和中断线程。我们学习了运用线程局部的任务队列，再凭此实现任务窃取，以减少同步操作的额外开销，并提高线程池的吞吐量。我们也研究了在等待子任务完成的过程中，运行队列中的其他任务，从而杜绝潜在的死锁。

我们还探索了中断的多种实现方法，使得目标线程正在进行处理时，可以接受另一线程的中断。例如，运用特定的中断点和中断函数，将原来的阻塞型等待改为可中断的等待。

```
    std::unique_lock<std::mutex> lk(config_mutex);
    for(unsigned i=0;i<background_threads.size();++i)
    {
        background_threads[i].interrupt();   <------⑥
    }
    for(unsigned i=0;i<background_threads.size();++i)
    {
        background_threads[i].join();   <------⑦
    }
}
```

在启动应用程序时，后台线程随即启动④。主线程负责应对图形用户界面⑤。当用户请求退出应用程序时，后台线程就被中断⑥，主线程等到后台线程各自结束后才会退出⑦。各后台线程都在循环中反复检查磁盘的变化，并更新索引②。每轮循环中，它们都调用 interruption_point()来判别是否发生中断①。为什么我们要先一次中断全部线程⑥，然后才等它们汇合⑦？为什么不中断一个线程就马上等待它汇合，接着再处理下一个？答案是为了提高并发性能。线程不太会因为被中断就马上结束，因为它们必须运行到下一个中断点，调用析构函数，或执行处理异常的代码，然后才会退出。因此，如果中断一个线程并立即等待它汇合，就会令发起中断的线程白白等待，即使它本来可以去做有用的工作——继续中断其他线程。只有到了完全无事可做的时候（每个后台线程都已被中断），我们才让主线程等待。这样，受到中断的全体线程能够并行处理各自的中断，令应用程序整体上更快终结。

我们可以很容易地扩展中断机制，加入更复杂的中断调用，或禁止特定的代码块受到中断，这留给读者作为练习。

9.3 小结

在本章，我们介绍了一些管控线程的高级技法：线程池和中断线程。我们学习了运用线程局部的任务队列，再凭此实现任务窃取，以减少同步操作的额外开销，并提高线程池的吞吐量。我们也研究了在等待子任务完成的过程中，运行队列中的其他任务，从而杜绝潜在的死锁。

我们还探索了中断的多种实现方法：使得目标线程正在进行处理时，可以接受另一线程的中断。例如，运用特定的中断点和中断函数，将原来的阻塞型等待改为可中断的等待。

第 10 章　并行算法函数

本章内容：

■ 学习使用 C++17 并行算法。

第 9 章我们学习了高级多线程管理，第 8 章我们则以一些并行版的算法为例，分析了并发代码的设计。我们乘胜追击，在本章学习 C++17 标准的并行算法函数。

10.1　并行化的标准库算法函数

C++17 向标准库加入了并行算法函数。它们是新引入的多个函数重载，如 std::find()、std::transform()和 std::reduce()，其操作目标都是容器区间。相比各自对应的“普通的”单线程版本，这些并行版本具有相同的函数签名，只是新增了一个参数，用于设定执行策略，该参数排在参数列表最前面。举例如下。

```
std::vector<int> my_data;
std::sort(std::execution::par,my_data.begin(),my_data.end());
```

通过执行策略 std::execution::par 向标准库示意，准许该调用采用多线程，按并行算法的形式执行。请注意，这只是一种许可，而不是强制命令。标准库照样可以自行决定该调用的运行方式，在单线程上执行代码。

我们还需注意另外一点：并行执行方式会改变算法函数对复杂度的要求，比普通串行算法函数对复杂度的要求略为宽松。这是因为，并行算法函数需要处理的工作总量往往更多，才可以充分发挥系统的并行算力。如果将一项任务分配到 100 个处理器上，但算法函数实现却令工作量变成了原来的两倍，那么整体加速比只能达到 50。

我们先介绍执行策略，再深入讲解算法函数本身的操作。

10.2 执行策略

C++17 标准制定了 3 种执行策略。

- std::execution::sequenced_policy
- std::execution::parallel_policy
- std::execution::parallel_unsequenced_policy

它们是 3 个类，由头文件<execution>定义。该头文件还定义了 3 个对应的策略对象，作为参数向算法函数传递。

- std::execution::seq
- std::execution::par
- std::execution::par_unseq

这些策略对象可能要进行特别的初始化，故我们不得从类定义直接声明创建策略对象，那样有可能导致纰漏，而新策略对象只能由这 3 个复制构造得出。程序库的实现可能具备自身特有的执行策略，因而定义出相应的执行策略的类型。但身为程序库用户，我们无从定义自己的执行策略。

这些执行策略会影响算法函数的行为，所产生的具体效果请见 10.2.1 节。根据 C++标准，任何程序库的实现都可以提供额外的执行策略，并自行决定该执行策略的语义。现在，我们来讲解标准执行策略所产生的作用。标准库重载了不少算法函数，令其接受指定的执行策略，下面将分析这些重载函数上普遍发生的变化。

10.2.1 因指定执行策略而普遍产生的作用

若向标准库的算法函数传入执行策略的参数，则函数行为受控于该策略。 其行为在以下方面受到影响。

- 算法函数的复杂度。
- 抛出异常时的行为。
- 算法函数的步骤会在何时、从何处、以何种方式执行。
- 对算法函数复杂度所产生的作用。

若向算法函数提供了某执行策略，则其复杂度可能因此发生变化：并行执行需要进行额外的调度管理；除此以外，许多并行算法函数会执行更多核心操作（进行内部数据互换、执行比较操作或运行函数对象），意在改善整体性能，从而减少总运行时间。

复杂度变化的精确细节因不同算法函数而异，但普遍的变化规律是，如果根据标准规定，某算法函数中的一个行为的重复次数是SE（表示某种算术表达式），或重复次数最多为SE，那么，若其重载版本按指定执行策略执行，对其复杂度的要求则放宽到O(SE)。这种变化的含义是，若某算法函数的重载版本按指定指行策略执行，与不指定执行策略的版本相比，前者的操作数量是后者的数倍。其中增长的倍数取决于标准库的内部实现和系统平台的底层实现，而非传给该算法函数的数据。

1. 异常行为

如果按某种执行策略调用算法函数，而期间有异常抛出，则后果取决于所选用的执行策略。如果有异常未被捕获，由C++标准给出的3种执行策略就会调用std::terminate()。只要按标准的执行策略调用标准库的算法函数，抛出的异常其实只有一种——std::bad_alloc异常，当程序库无法为内部操作分配足够内存资源时即抛出该异常。以下面的std::for_each()调用为例，它并未依从任何执行策略，异常std::bad_alloc会向外传播。

```
std::for_each(v.begin(),v.end(),[](auto x){ throw my_exception(); });
```

然而，相应的重载版本依从某执行策略进行调用，则会令整个程序终止。

```
std::for_each(
    std::execution::seq,v.begin(),v.end(),
    [](auto x){ throw my_exception(); });
```

上例中的一个调用依从了执行策略std::execution::seq，另一个则没有任何指定，充分展示了其异常行为的重要区别。

2. 算法中间步骤的执行起点和执行时机

这是执行策略的基本要素，也是不同执行策略之间仅有的不同点。执行策略指定了算法函数的中间步骤的执行主体（execution agent），可能是平常的CPU线程、向量流（vector stream）、GPU线程或任何其他运算单元。它还指定了算法的中间步骤存在的内存次序约束：这些步骤是否服从某种特定次序，独立的步骤之间是否可以互相交错执行，或是否可以彼此并行执行，等等。

10.2.2 ~ 10.2.4 节将分别介绍每种标准执行策略的细节，第一个是std::execution::sequenced_policy。

10.2.2 std::execution::sequenced_policy

顺序策略（sequenced policy）与并行无关：它令算法函数在发起调用的线程上执行全部操作，因而不会发生并行。但它依然是一种执行策略，故其执行效果与别的标准执行策略相同，对算法复杂度和异常行为所产生的影响也相同。

所有操作不但要由同一个线程执行，还必须服从一定的次序，不存在交错执行。C++标准并未为此详细规定内存次序，算法函数所服从的内存次序可能因调用不同而不同。具体而言，若某算法函数的重载按指定执行策略而执行，与没有指定执行策略的版本相比，两者服从的内存次序可能有异。以下面的 std::for_each()为例，它会将 1 ~ 1000 的数字填入 vector 容器，但填充次序并不确定。但是，如果没有为算法函数指定执行策略，则数字会按顺序填入。

```
std::vector<int> v(1000);
int count=0;
std::for_each(std::execution::seq,v.begin(),v.end(),
    [&](int& x){ x=++count; });
```

虽然本例的数字有可能按顺序填入，但我们不能假设该填入操作服从确定的次序。

换言之，针对算法函数用到的各种迭代器、值和可调用对象，std::execution::sequenced_policy 几乎没有施加内存次序限制：它们之间可以自由选择同步机制，也会因同一线程上的操作而发生变化，但不得假设存在完全确定的操作次序。

10.2.3 std::execution::parallel_policy

并行策略（parallel policy）给出了多个线程并行的基本模式。函数的内部操作可以在发起调用的线程上执行，也可以由程序库另外创建线程执行。若给定一个线程，其上执行的操作必须服从一定的次序，不得交错执行，但 C++标准没有规定具体的次序，算法函数所服从的内存次序可能因调用不同而不同。给定一项操作，它会固定在一个线程上，完整执行到底。

算法函数用到了各种迭代器、值和可调用对象，在前面的顺序策略的基础上，并行策略对这些目标的内存次序施加了更多限制：若它们涉及并行操作，就绝不能引发数据竞争，也不得假设其他任何操作会由同一个线程执行，还不得假设其他任何操作一定会由别的线程执行。

标准库的算法函数能被调用而不设定执行策略，在绝大多数情况下，我们都可以令其采用并行策略。只有在下述情况下才会引发问题：某些元素的操作要求服从特定的次序，或共享数据的访问之间没有同步。我们可以采取并行策略，分别递增 vector 容器中的每个值。

```
std::for_each(std::execution::par,v.begin(),v.end(),[](auto& x){++x;});
```

然而，前面的样例进行 vector 容器填充操作，若采用并行策略则会引发问题。具体而言，会出现未定义行为。

```
std::for_each(std::execution::par,v.begin(),v.end(),
    [&](int& x){ x=++count; });
```

这里，lambda 函数的每次调用都会改动变量 count，若运行库要在多个线程上同时执行该 lambda 函数，就会导致数据竞争，进而诱发未定义行为。若先前发生的函数调用会干扰其后调用的运行，则会诱发未定义行为，即便标准库没有在多个线程上发起调用。std::execution::parallel_policy 需预防这种情况。某项内部操作是否会诱发未定义行为，是其改调用的固定属性，并不取决于程序库的实现细节。然而，并行策略允许函数调用之间的同步操作，变量 count 本来属于普通的内建 int 类型，我们可以将它原子化成 std::atomic<int>类型，或采用互斥保护，即可避免诱发未定义行为，使之符合 C++标准的规范。就本例而言，这么做会违背并行策略的初衷，因为该 lambda 函数的所有调用都会按串行方式执行。但一般来说，上述做法能让多个调用同步访问共享数据。

10.2.4 std::execution::parallel_unsequenced_policy

针对算法函数用到的各种迭代器、值和可调用对象，非顺序并行策略（parallel unsequenced policy）就其内存次序施加了最严格的限制，以便标准库最大程度发挥算法并行化的潜力。

如果令算法函数采用非顺序并行策略，它就会在多个线程上按乱序执行算法步骤，线程之间的操作将不服从代码流程的先后顺序。于是，单一线程上的内部操作可以交错执行。例如，第二项操作可以在第一项结束之前就开始。这些操作还能跨越多个线程执行：在第一个线程上启动，在第二个线程上执行其中一部分，在第三个线程上收尾。

如果我们令算法函数使用非顺序并行策略，那么，在不同的迭代器、值或可调用对象上的操作不得以任何形式同步，也不能借任何函数调用与别的函数或代码同步。

其含义是，内部操作只能针对相关的元素，或可以通过该元素访问的数据。内部操作绝不可以更改线程之间的共享数据，或元素之间的共享状态。

我们稍后将再补充一些范例，以加深读者对这些执行策略的理解。下面，我们来深入学习并行算法函数本身的操作。

10.3 C++标准库的并行算法函数

算法函数由头文件<algorithm>和<numeric>给出，其中大多数具有可以指定执行策略的重载版本，包括 all_of()、any_of()、none_of()、for_each()、for_each_n()、find()、find_if()、find_end()、find_first_of()、adjacent_find()、count()、count_if()、mismatch()、equal()、search()、search_n()、copy()、copy_n()、copy_if()、move()、swap_ranges()、transform()、replace()、replace_if()、replace_copy()、replace_copy_if()、fill()、fill_n()、generate()、generate_n()、remove()、remove_if()、remove_copy()、remove_copy_if()、unique()、unique_copy()、reverse()、reverse_copy()、rotate()、rotate_copy()、is_partitioned()、partition()、stable_partition()、partition_copy()、sort()、stable_sort()、partial_sort()、partial_sort_copy()、 is_sorted()、is_sorted_until()、nth_element()、merge()、inplace_merge()、includes()、set_union()、set_intersection()、set_difference()、set_symmetric_difference()、is_heap()、is_heap_until()、min_element()、max_element()、minmax_element()、lexicographical_compare()、reduce()、transform_reduce()、exclusive_scan()、inclusive_scan()、transform_exclusive_scan()、transform_inclusive_scan()和 adjacent_difference()等。

上面列出了不少 C++标准库中可以并行化的算法函数。std::accumulate()函数是一个严格串行化的累加求和函数，所以不在其中，请读者注意类似的函数。然而，std::reduce()函数与之对应，功能更一般化，却被收入其中。C++标准对此给出了适当的警告：若该函数的内部操作不满足结合律和交换律，那么，由于操作次序的不明确，因此可能会导致结果不确定。

对于上面列出的每个算法函数的"普通版本"，在其参数列表最前面插入一个参数作为执行策略，即可得到对应的重载变体（在执行策略后面，再依次给出"普通版本"的原有参数）。例如，std::sort()函数原本具有两个普通重载，都不支持执行策略。

```
template<class RandomAccessIterator>
void sort(RandomAccessIterator first, RandomAccessIterator last);

template<class RandomAccessIterator, class Compare>
void sort(
    RandomAccessIterator first, RandomAccessIterator last, Compare comp);
```

该函数还具有另外两个重载，它们可以指定执行策略，形式如下。

```
template<class ExecutionPolicy, class RandomAccessIterator>
void sort(
    ExecutionPolicy&& exec,
    RandomAccessIterator first, RandomAccessIterator last);

template<class ExecutionPolicy, class RandomAccessIterator, class Compare>
void sort(
    ExecutionPolicy&& exec,
    RandomAccessIterator first, RandomAccessIterator last, Compare comp);
```

支持执行策略与否，不仅令算法函数的签名产生区别，更会改变其中一些函数的参数，影响重大：若"普通算法函数"可接受输入迭代器或输出迭代器，则其接受执行策略的重载只接受前向迭代器。这是因为输入迭代器本质上是单通（single-pass）迭代器：我们只能通过它访问当前位置的元素，却不能将它逆转到以往位置的元素。类似地，输出迭代器只准许向当前位置的元素写入，不能令它向前跳变而提早写入某个元素，再往回跳变写入之前的元素。

C++标准库的迭代器类别

C++标准库定义了 5 个类别的迭代器：输入迭代器（input iterator）、输出迭代器（output iterator）、前向迭代器（forward iterator）、双向迭代器（bidirectional iterator）和随机访

问迭代器（random access iterator）。

输入迭代器属于单通迭代器，用途是获取值，它常常用于控制台或网络的输入，我们也用它从生成序列中取得数据。如果我们让输入迭代器向前移动，其所有副本就会失效。

输出迭代器属于单通迭代器，用途是写出值。它常常用于文件输出，向容器添加新值。输出迭代器的步进会令其副本失效。

前向迭代器属于多通（multi-pass）迭代器，用途是单向迭代持久化数据。虽然我们无法使前向迭代器逆转，返回过往的位置，但我们可以保存其居于某个位置时的副本，以提取早前访问过的元素。前向迭代器会返回元素的真正引用，通过它可以进行读写两种操作（条件是目标元素属于非 const 值）。

与前向迭代器类似，双向迭代器属于多通迭代器，但它可以折返，可以访问前面的元素。

与双向迭代器类似，随机访问迭代器属于多通迭代器，前向、后向移动皆可，但其移动距离不再限于单个元素，我们可以通过它的数组索引运算符，按偏移量直接访问目标元素。

std::copy()函数的普通版本的签名如下。

```
template<class InputIterator, class OutputIterator>
OutputIterator copy(
    InputIterator first, InputIterator last, OutputIterator result);
```

其支持执行策略的重载版本如下。

```
template<class ExecutionPolicy,
    class ForwardIterator1, class ForwardIterator2>
ForwardIterator2 copy(
    ExecutionPolicy&& policy,
    ForwardIterator1 first, ForwardIterator1 last,
    ForwardIterator2 result);
```

从编译器的角度出发，算法函数的模板参数的命名方式并未产生直接作用。但从C++标准的角度出发，标准库算法函数的模板参数的名字极具意义，它们从字面标示出对参数类型的语义约束，虽然这仅仅是源代码字面蕴含的特定语义约束（不为编译器所见），但是算法函数的实现假定该约束存在并且有效，其内部行为依赖于这些类型之上的操作。考虑输入迭代器和前向迭代器需满足不同的要求：前者准许其解引用操作返回某种代理类型，并能进而转化为迭代器所指向元素的值的类型；后者则要求解引用操作返回其所指向的元素的真正引用，如果根据迭代器自身的比较运算，存在多个相等的实例，那么这些迭代器实例返回的引用目标应该相同。

这对并行操作颇为重要：迭代器可以随意复制，副本可以等效地使用。前向迭代器还有一个重要特性：其递增操作不会令副本失效。这就使得各线程能分别操作自己的前向迭代器，在有需要的时候分别递增，无须顾虑其他线程上的副本会失效。若算法函数的重载既支持设定执行策略，又准许使用输入迭代器，就会强迫所有线程共同使用唯一一个迭代器，通过它从数据的源序列读取值，并将涉及该迭代器的访问串行化，这显然削弱了潜在的并行功能。

我们再来学习一些具体范例。

10.3.1 并行算法函数的使用范例

我们能列出的最简单的范例是并行循环：对容器内的每个元素都执行某项操作。这是尴尬并行（见 1.2.2 节）的经典范例，每个元素都相互独立，我们可以最大程度地执行并行操作。运用支持 OpenMP 的编译器，我们可以写出下面的代码。

```
#pragma omp parallel for
for(unsigned i=0;i<v.size();++i){
    do_stuff(v[i]);
}
```

而利用 C++标准库算法函数编写的代码如下。

```
std::for_each(std::execution::par,v.begin(),v.end(),do_stuff);
```

这行代码指示线程库创建多个内部线程，让其各自分担容器内的一些元素，再对每个元素调用 do_stuff()。至于这些元素依据什么方式分配给各个线程，则由线程库的实现细节决定。

执行策略的选择

我们肯定最想使用 std::execution::par 策略，除非程序库提供了 3 个标准执行策略以外的选择，而且更切合我们的需要。若代码确实适合使用并行策略，则应为其选用 std::execution::par 策略。在某些情况下，我们也可以选用 std::execution::par_unseq 策略。这也许不会产生任何实际效果，因为标准的执行策略只是一种许可，而无法保证会以某种程度实现真正的并行操作（见 10.1 节）。但它提高了代码重排和交错执行任务的可能性，从而让运行库具有更大的潜力以改进性能，不过付出的代价是对代码要求更严格（见 10.2.4 节）。这些“更严格的要求”中最值得注意的是，不得采用同步方式访问或操作元素。换言之，如果是为了确保多线程访问数据的安全，我们不得使用互斥或原子变量，或前文提及的其他同步机制。相反，我们必须假定，算法函数本身不会从多个线程访问相同的数据，也不会为了防止其他线程访问数据，而使用函数调用以外的同步方法。

代码清单 10.1 展示了一份代码，它可以采用 std::execution::par 策略，却无法采用 std::execution::par_unseq 策略。由于代码凭借内部互斥进行同步，因此试图采用 std::execution::par_unseq 策略会导致未定义行为。

代码清单 10.1　一个具备内部同步功能的类，以及作用在其上的并行算法函数操作

```
class X{
    mutable std::mutex m;
    int data;
```

```
public:
    X():data(0){}
    int get_value() const{
        std::lock_guard guard(m);
        return data;
    }
    void increment(){
        std::lock_guard guard(m);
        ++data;
    }
};
void increment_all(std::vector<X>& v){
    std::for_each(std::execution::par,v.begin(),v.end(),
        [](X& x){
            x.increment();
        });
}
```

代码清单 10.2 展示了修改过的代码，它可以采用 std::execution::par_unseq 策略。原来每个元素都具备一个互斥，本例将其改用单独一个互斥替代它们全部，这样一来整个容器都受它保护。

代码清单 10.2　没有内部同步功能的类，以及作用在其上的并行算法函数操作

```
class Y{
    int data;
public:
    Y():data(0){}
    int get_value() const{
        return data;
    }
    void increment(){
        ++data;
    }
};
class ProtectedY{
    std::mutex m;
    std::vector<Y> v;
public:
    void lock(){
        m.lock();
    }
    void unlock(){
        m.unlock();
    }
    std::vector<Y>& get_vec(){
        return v;
    }
};
```

```
void increment_all(ProtectedY& data){
    std::lock_guard guard(data);
    auto& v=data.get_vec();
    std::for_each(std::execution::par_unseq,v.begin(),v.end(),
        [](Y& y){
            y.increment();
        });
}
```

在代码清单 10.2 中，代码对各个元素的访问并未采取同步操作，故 std::execution::par_unseq 策略可以安全使用。其缺点是这份代码的锁粒度太大，不像代码清单 10.1 中的锁粒度细分到元素级别。如果恰好出现了并发访问，而它来自算法函数调用以外，那该访问就会被迫等待，直到整个并行操作完成以后，该访问才会执行。

现在我们来分析一份代码范例，看看并行算法函数的实际应用：为网站的访问计数。

10.3.2 访问计数

假定我们运行一个繁忙的网站，其日志含有数以百万计的条目，而我们则需要处理这些日志以聚合数据：每个页面的访问次数、访问的来源、用户通过哪些浏览器访问网站，诸如此类。这些处理由两部分组成：逐行处理日志以提炼相关信息，以及聚合信息结果。该场景是使用并行算法函数操作的绝佳时机：因为每行日志的处理都完全独立，与其他一切因素全无关系；按行提炼得出的结果可以逐步累计，只要最后总数正确即可。

transform_reduce()函数正是为了这种类型的任务而设计的。代码清单 10.3 展示了如何使用该函数执行上述任务。

代码清单 10.3 使用 transform_reduce()函数统计网站页面的访问数据[1]

```
#include <vector>
#include <string>
#include <unordered_map>
#include <numeric>

struct log_info {
    std::string page;
    time_t visit_time;
    std::string browser;
    // 其他数据
};

extern log_info parse_log_line(std::string const &line); ◁——①

using visit_map_type= std::unordered_map<std::string, unsigned long long>;
```

1 译者注：容器 visit_map_type 用于存储中间结果和最终结果。其中，键属于 std::string 类型，表示网页链接，而值属于 long long 类型，表示访问次数。

```
visit_map_type
count_visits_per_page(std::vector<std::string> const &log_lines) {

    struct combine_visits {
        visit_map_type
        operator()(visit_map_type lhs, visit_map_type rhs) const {
            if(lhs.size() <rhs.size())
                std::swap(lhs, rhs);
            for(auto const &entry : rhs) {
                lhs[entry.first]+= entry.second;
            }
            return lhs;
        }

        visit_map_type operator()(log_info log,visit_map_type map) const{
            ++map[log.page];
            return map;
        }
        visit_map_type operator()(visit_map_type map,log_info log) const{
            ++map[log.page];
            return map;
        }
        visit_map_type operator()(log_info log1,log_info log2) const{
            visit_map_type map;
            ++map[log1.page];
            ++map[log2.page];
            return map;
        }
    };

    return std::transform_reduce(    <——②
        std::execution::par, log_lines.begin(), log_lines.end(),
        visit_map_type(), combine_visits(), parse_log_line);
}
```

假设我们已经准备妥当，在别的代码中写出了 parse_log_line()函数，可以从一项日志条目中提炼出相关信息①。count_visits_per_page()函数是 std::transform_reduce()调用的简单包装②[1]。代码的复杂之处在于归纳操作（reduction operation），我们需要分别实现下列功能以产生一个 map：整合两个 log_info 结构体的信息、整合一个 log_info 结构体和一个 map、整合一个 map 和一个 log_info 结构体，以及整合两个 map[2]。因此，我

1 译者注：transform_reduce()的运行流程是，对容器 log_lines 的每个元素运行 parse_log_line()函数（操作范围从 begin()开始，到 end()结束），得到一系列对应的中间结果，其类型为 log_info 结构体，然后，对相邻的 log_info 结构体执行 combine_visits()。

2 译者注：因为 transform_reduce()的执行策略设定成 std::execution::par，所以 combine_visits()会由多个线程执行。若该线程遇到两个位置相邻的 log_info 结构体，则整合成一个 map 作为中间结果；其他线程也有可能遇到相邻的一个 map 和一个 log_info 结构体，因而也要对其整合；还有可能遇到两个相邻的 map，同样整合。其执行过程是自下而上的汇聚行为。原始信息有如底层雪花，相邻的雪花汇聚成小雪球，小雪球再与旁边的雪花汇聚，或与相邻的两个小雪球汇聚成大雪球。这些汇聚动作在整个容器范围内并行发生。

们要为 combine_visits()函数对象重载 4 个函数调用操作符③④⑤⑥，虽然这些重载版本的实现都很简单，但无法写成 lambda 函数的形式。

由于我们设定了 std::execution::par 策略，因此 std::transform_reduce()的实现会以并行方式在可用的硬件上进行运算。手动编写这个算法函数并不复杂，我们在前文也见到了类似的范例。并行计算本是困难的工作，但上述模式准许我们将其移交给标准库实现，而我们只需专注于如何求出所需的结果。

10.4 小结

本章研究了 C++标准库的并行算法函数及其使用方法。我们还分析了各种执行策略、选取不同策略对算法函数的行为所产生的作用，以及不同执行策略对代码施加的限制。最后，我们通过一个范例分析如何在真实的代码中使用并行算法函数。

第 11 章　多线程应用的测试和除错

本章内容：

- 并发相关的错误。
- 通过测试和代码审查来定位错误。
- 设计多线程测试。
- 测试多线程代码的性能。

到目前为止，我们专注于并发代码的编写，如有哪些工具可用、如何使用这些工具、代码的结构和整体设计等。不过我们还没介绍软件开发的一个关键步骤：测试和除错。若读者想从本章学到简单的并发代码测试方法，恐怕会大失所望。并发代码的测试和除错十分困难。我们将讲解一些技法，其能稍稍降低测试和除错的难度，我们还会提醒读者要着重考虑哪些问题。

测试和除错就像双方对垒攻防，代码要接受测试，以查出任何可能存在的错误，进而清除。如果走运，我们只需要清除自己测试发现的错误，而不致遗漏问题即可。这样会导致等到应用软件的最终用户发现了错误，我们才去修补。我们先来了解错误可能出现的地方，然后再学习测试和除错。

11.1　与并发相关的错误类型

我们可能在并发代码中遇到任何类型的错误。它们也可能出现在普通代码中，不会因并发而有异。但是，某些类型的错误与并发的使用直接关联，所以本书义不容辞要针对这些类型的错误进行分析和讲解。通常，这些与并发关联的错误分为两大类型。

- 多余的阻塞。
- 条件竞争。

这两大类型我们可以进一步细分。我们先来看看多余的阻塞。

11.1.1 多余的阻塞

我们所说的“多余的阻塞”究竟有什么含义？若线程等待某项条件成立或某一状态出现，而无法继续处理任务，即称它被阻塞，等待目标可能是互斥、条件变量或 future，也可能是 I/O 操作。虽然它们是多线程程序的自然组成部分，但代码并非总是编写得当，结果导致多余的阻塞。如果追问下去：为什么我们不希望发生阻塞？原因往往是，若一个线程被阻塞，而别的线程又在等待该线程执行某项操作，则后面的等待线程也被迫阻塞。上述情形有几种变化。

死锁：第 3 章曾解释过，这种情形就是一个线程等待着另一个线程，而后者又反过来等待前者。如果线程相互死锁，则它们永远无法完成原本执行的任务。最为人熟知的情形是，死锁的线程本该负责用户界面，结果导致界面停止响应。也可能出现其他情形，虽然用户界面还会响应，但某些需要执行的任务却无法完成，例如查找不会返回结果或文档无法打印。

活锁：与死锁类似，也是一个线程等待着另一个线程，而后者又反过来等待前者。两种情形的关键区别在于，这里发生的等待并非阻塞型等待，而是处于活动状态的检测循环，比如自旋锁。如果情况严重，活锁的表现与死锁相同（应用软件停滞不前）。但不同之处是，活锁令 CPU 占用率居高不下，因为牵涉的线程其实还都在运行，只不过互相阻碍着对方。而在不严重的情况下，活锁最终会因线程的随机调度而被解开。尽管这样，活锁仍会长久阻塞它所牵涉的任务，还会在此期间严重占用 CPU。

I/O 阻塞或其他外部阻塞：若线程因等待外部输入而阻塞，就会停滞不前；若所等的输入一直未抵达，则该线程更是原地踏步。因此，如果一个线程正等待着另一个线程完成任务，则后者不应该因外部输入而阻塞。

上面是对多余的阻塞的简介。那条件竞争又如何呢？

11.1.2 条件竞争

多线程代码中，条件竞争是各种问题的最常见诱因之一，许多死锁和活锁只是条件竞争的表现形式。并非所有条件竞争都属于恶性竞争。当多个独立线程因调度导致相对次序有异，而其上的操作的具体行为又取决于这种差异，条件竞争才会出现。多数条件竞争属于完全良性。例如，就任务队列而言，由哪个工作线程执行下一项任务根本无关紧要。然而，许多并发问题的诱因还是条件竞争。条件竞争经常造成的问题类型如下。

- 数据竞争：这是一种特别的条件竞争。它的起因是对共享内存区域的并发访问未采取同步措施，结果导致未定义行为。我们在第 5 章分析了 C++内存模型，还介绍了数据竞争。数据竞争的成因通常是为了同步线程而错误使用原子操作，或没有恰当地锁住互斥而访问共享数据。
- 受到破坏的不变量：其表现形式为悬空指针（当前线程正在通过指针访问目标数据，而其他线程却同时删除指针）、随机的内存数据损坏（数据正更新到一半，而其他线程却同时读取，造成数据不一致）、重复释放内存（double-free，两个线程同时从队列弹出相同的值，它们都删除某份关联的数据）等。不变量的破坏与时间相关，也与程序中的值相关。若多个线程上的多个操作需要按特定次序执行，有时候错误的同步方式会破坏特定次序而导致条件竞争。
- 生存期问题：尽管这类问题可以划归为不变量被破坏，但我们将其作为一独立分类。这类错误中最基本的问题是，线程的生存期超出了它所访问的数据的生存期。数据被删除或以其他方式销毁后，线程仍试图访问它们，而相应的存储空间有可能已被另一个对象重用。出现生存期问题的情形往往是，局部变量的引用在线程函数（见第 2 章）结束前传到函数外部，让线程在作用范围以外访问失效或销毁的变量。但产生问题的情形不止这一种。即便线程的生命期和它所操作的目标数据无关，数据还是有可能在线程结束之前销毁，令线程函数脱离正轨。若我们手动调用 join()以等待线程结束，就要保证 join()的调用不会因出现异常而跳过。这是异常安全最基本的要求，多线程代码都适用。

条件竞争有时是致命的。无论发生死锁还是活锁，应用软件都会像处于挂起状态一样，完全没有响应，或用很长时间才能完成任务。通常，若多线程程序发生了死锁或活锁，我们可以在其所属的进程附着运行调试工具，以确定这些线程在哪些同步对象上发生纠缠。数据竞争、受到破坏的不变量和生存期问题都将产生可见的后果（形式为无规律崩溃、错误的输出），它们会在代码的任何部分造成问题。代码可能改写其他系统组件正在使用的内存，而很久后才会访问改写的地方。出现的问题可能与造成错误的代码毫无关联，并且可能在程序运行很长时间后才暴露。这对共享内存系统而言，简直是致命的。无论我们如何尽力限制哪个线程访问什么数据，如何正确地实施同步保障，在同一应用程序内，任一线程都可以改写另一线程。

前文已经简单地明确了有哪些错误需要处理。接着，我们来看看能够采用什么技法在代码中定位实际的错误并进行根除。

11.2 定位并发相关的错误的技法

我们在 11.1 节学习了代码中可能见到的各类并发相关的错误，以及它们的表现形式。了解这些知识以后，我们可以审查自己的代码，看看错误出现在哪里，以及我们如何判定一段特定代码是否存在错误。

也许最明显而直接的定位错误方式是审查代码。这种做法虽然看似明晰，但很难彻底根除错误。因为审查自己的代码时，我们很容易将其按原来的设计思路理解，而往往难以辨识其中潜在的错误。类似地，在审查他人代码的时候，我们总是倾向于快速浏览，对照自己所遵从的编码标准，标注出显而易见的错误。真正需要投入时间的是各种并发/非并发错误，唯有悉心梳理代码并认真思考（相信读者在审查代码的时候肯定能做到这点，毕竟错误不会凭空消失）方可察觉。我们稍后将学习代码审查中要注意的具体事项。

即便代码经过全面审查，也可能会遗漏错误，如果实在无力根除，那么在任何情况下，我们都至少要确定代码能够运作。下面，我们将继续学习代码审查，再过渡到多线程代码测试的几种方法。

11.2.1 审查代码并定位潜在错误

我们在前文曾提及，通过审查多线程代码找出并发相关的错误，其中的关键在于“彻底”。

如果条件允许，自己的代码要让别人审查。因为代码并非由审查者编写，所以他们要从头思考代码会如何工作，这将有助于他们发现任何可能存在的错误。重点在于审查者一定要有充足的时间认真阅读代码，用心、负责地审查，而不是随随便便浏览两分钟了事。仅仅粗略浏览，大多数并发错误都无法发现，它们通常在“微妙的时机”才会表现出来。

假如我们让同事来审查，他们可能会觉得代码有新鲜感，所以能从不同的角度出发，发现我们自己所看不到的错误。如果我们没有同事可以帮忙，就另找一位朋友，甚至将代码发布到网络上（在合乎规定的前提下）。若我们真的找不到任何人来审查代码，或他们看不出任何错误，那也不必忧愁，我们还能采取别的行动。作为多线程编程的新手，我们大可将代码搁置一段时间，转而开发应用程序的其他部分，翻阅一下别的书籍，或外出散步。若我们短暂中断，有意识地专注其他事情，我们在潜意识中可能会暗自思考有关问题。另外，若我们重拾原本搁置的代码，它可能会变得稍微陌生，那样我们就可能从不同的角度观察它。

除了找别人来审查自己的代码，我们也可以自行审查。其中一种行之有效的方式是，向别人详细解释代码如何工作。听取解释的人不必真实存在（许多开发组还专门为此准备了玩具熊或小黄鸭）。我也亲身实践过，发现编写详细注记有巨大帮助。在解释的过程中，考察每一行代码，思考它要访问什么数据，会产生什么效果，等等。针对代码自我发问，给出回答并解释。我认为这种方法具有难以想象的强大作用，通过自问自答，并仔细考虑代码，潜在的错误常常会“自动现身”。这种问答方式在大多数代码审核中都会起作用，不局限于自我审查代码。

多线程代码审查中需要考虑的问题

我们在前文已经提及，让审查者针对代码考虑具体的问题，将有助于发现错误，无论审查者是代码作者，还是其他人。这些问题可以令审查者集中思绪，专注于代码的相关细节，从而发现潜藏的错误。我们要提出的问题如下，虽然并非绝对完全的，但其中每一个问题都不能忽略。读者也可以提出其他问题，帮自己更好地聚焦代码细节。

- 如果要进行并发访问，哪些数据需要保护？
- 如何确保数据受到保护？
- 若当前线程正在操作受保护的数据，那么其他线程可能同时在执行什么代码？
- 当前线程持有哪些互斥？
- 其他线程可能持有哪些互斥？
- 当前线程和其他线程上的操作需要服从什么次序？该次序限制如何强制实施？
- 当前线程所读取的数据是否仍旧合法、有效？该数据是否有可能已被其他线程改动过？
- 如果假定其他线程有可能以并发方式改动数据，那么该改动的发生条件和影响是什么？我们如何能保证改动不会发生？

我们对最后一个问题“情有独钟”，因为它令我们思考多个线程之间的关系。假设错误存在，并与某一行具体的代码关联，我们就能像侦探一样追本溯源，找出错误成因。如果要保证再无错误遗留，我们就必须考虑到每种极端的运行状况，以及所有可能的操作次序。若数据在其生命期内受到多个互斥保护，这种思维就特别有用。以第 6 章的线程安全的队列容器为例，其头、尾节点上分别采用了不同的互斥，假设我们已经持有了其中一个互斥，而另一个则由其他线程持有，我们若要安全地访问某队列元素，就要确保该线程不会同时访问同一个目标元素。上述最后一个问题其实提出了明确要求：如果一份数据具有指针或引用的形式，而它们能被数据作用域之外的代码轻易获得，我们对其的处理就必须格外谨慎，对对象所含的公有数据成员同样如此。

倒数第二个问题也很重要，它表明了一种容易被忽视的错误：若我们释放一个互斥，再重新获取，就必须假定已经有另一线程改动了共享数据。尽管该情形有机会出现，但如果互斥锁的作用效果并非立即可见（可能因为它们不属于对象的内部成员），我们就会在无意间犯这一错误。我们曾在第 6 章见过这种情形，如果在一个线程安全的数据结构上，所提供的函数能执行的锁操作的粒度过分精细，就可能诱发条件竞争进而导致错误。虽然在非线程安全的栈容器上，我们有充分的理由将 top()和 pop()功能分离，但是栈容器若要被多线程并发访问，这种分离就不再有道理（否则 top()和 pop()相互独立，在两个调用之间，栈容器的内部互斥先被释放再被重新锁住，因此让其他线程有机可乘去改动栈容器）。第 6 章也给出了解决方法，即合并两个操作，由同一个互斥锁保护它们，从而排除可能的条件竞争。

假定我们自己审查过代码（或让其他人出手相助），自认为错误已被消灭。但实践才能检验真理，我们要怎样测试代码，才可以证实或证伪代码中不含错误呢?

11.2.2　通过测试定位与并发相关的错误

单线程应用软件的测试工作虽然比较费时，但还算相对直接、简单。原则上，我们可以找出所有可能的输入数据集（至少找出棘手的测试样例），将它们在应用软件上“跑通”。如果应用软件的行为符合预期并产生正确结果，即可保证它在某个给定的数据集上正确运行。然而，相比之下，错误的情况就复杂得多（如磁盘写满），但思路还是一样的：设定好初始条件，让应用软件运行。

多线程代码的测试却很困难，因为多线程之间的调度次序不可能精准确定，它们随着应用软件的多次运行而异。结果，尽管输入的数据相同，但如果代码中潜藏了条件竞争，那么应用软件有时会正确工作，而有时会出错。条件竞争的存在并不会令代码总是出错，只是间或运行失败。

根据其天然特性，并发相关的错误本来就难以复现。鉴于此，我们必须仔细设计测试方案。按一般经验，如果代码出现问题，我们就设定尽可能小的范围，为之逐一进行各项测试，只要出错即隔离错误代码。但在并发队列上，更好的测试方式是按并发方式直接压入和弹出数据，而非分别独立运行相关功能的代码。这种方式需我们在设计代码时深谋远虑，筹划好随后应该如何测试。本章后文将介绍针对测试的代码设计。

另外，我们还要进行不含并发操作的测试，以保证存在的错误与并发相关。如果所有代码都在单线程上运行，而错误却依旧存在，那就是普通的错误，与并发无关。如果错误不是由驱动测试的代码检测得出，而是由受测目标范围以外的代码所触发，则这种非并发测试对追踪错误就特别重要。其原因很简单，即便应用软件中出错的地方恰好涉及多线程，我们也无法就此断定该错误必然与并发有关。若我们采用线程池模式管理并发的规模，则工作线程的数目通常由某一配置参数设定。如果线程通过手动管理，为了进行上述的单线程测试，我们就需修改代码。无论哪种情况，只要将应用软件调整为单线程模式，而错误依旧，即说明错误成因不是并发功能。举一反三，若并发应用软件在多核/多处理器系统上有错误，但转到单核系统上（即便它支持多线程运行）错误却无端消失，那么，我们肯定遇到了条件竞争，并且它很可能与同步操作或内存次序有关。

普通代码的测试主要针对逻辑结构，并发代码则还需另行测试更多项目，并且测试代码自身的组织结构和测试环境也很重要。如果我们继续思考并发队列，并为之设计测试代码，就必须考虑到各种各样的场景。

- 由单一线程调用 push()和 pop()，以保证队列的基本功能运作正常。
- 在全空的队列上，由一个线程调用 push()，另一个线程同时调用 pop()。
- 在全空的队列上，由多个线程并发调用 push()。

- 在全满的队列上，由多个线程并发调用 push()。
- 在全空的队列上，由多个线程并发调用 pop()。
- 在全满的队列上，由多个线程并发调用 pop()。
- 在含有一定数目的元素的半满队列上，由多个线程过量地并发调用 pop()，令弹出操作因元素不足而无法全部成功。
- 在全空的队列上，由多个线程并发调用 push()，而另一个线程同时并发调用 pop()。
- 在全满的队列上，由多个线程并发调用 push()，而另一个线程同时并发调用 pop()。
- 在全空的队列上，多个线程并发调用 push()，同时多个线程并发调用 pop()。
- 在全满的队列上，多个线程并发调用 push()，同时多个线程并发调用 pop()。

我们先考虑上述全部场景和其他情况，再针对测试环境考虑更多因素。

- 每项测试中多线程的数目是多少（3、4、1024）？
- 硬件系统所具有的处理器内核是否足够，能否让每个线程独具一个内核？
- 应该在哪些处理器架构上运行测试？
- 我们能否确保系统进行合理调度，使测试中的操作真正实现“同时”和“并发”？

针对各种特定测试场景的细节，我们还需要考虑更多因素。以上 4 个因素都与测试环境有关，其中头、尾两个因素将影响测试代码的组织结构（见 11.2.5 节），中间两个因素则与测试所采用的硬件系统有关。测试所用的线程数目与受测的具体代码有关。我们将介绍几种方法编排测试代码的组织结构，以实现恰当的线程调度。但在此之前，我们先来看看应用软件的代码该如何设计，从而更加便于测试。

11.2.3 设计可测试的代码

测试多线程代码十分困难，故我们要尽力而为地降低难度。我们力所能及的、最重要的一点是设计可测试的代码。设计可测试的单线程代码的文章卷帙浩繁，其中大多数建议至今仍旧适用。通常只要做到以下几点，代码就相对容易测试。

- 每个函数和类的职责清楚明确。
- 函数短小精悍，功能切中要害。
- 接受测试的目标代码处于测试环境中，而实施测试的代码和用例可以完全掌控该环境。
- 执行特定操作的相关代码应该汇聚在一起，以方便测试，不得散布于整个系统中。
- 着手编写代码前，先想清楚如何对其进行测试。

上述原则对多线程代码同样行之有效。

实际上，相比单线程代码，多线程代码更有必要注重可测试的设计，因为它天生难以测试。最后一项原则非常重要：即便做不到“先编写测试用例，再编写功能代码”，我们至少应该在着手编码前，想清楚该如何测试如采用哪些输入、错误可能在哪些条件下产生、如何按可能的方式触发代码的错误，等等。

若要设计便于测试的并发代码，其中一种较好的方式就是剔除并发操作。如果我们将代码拆分为几个部分，一部分专门负责多线程之间的通信[1]，另一部分则在单线程内部操作通信数据，问题即可大大简化。针对应用程序中的由单线程操作数据的部分，我们使用普通的单线程测试手段即可。并发代码负责处理线程间通信，还要保证某些特定数据块每次只由一个线程访问，以上的拆分处理缩小了它所涉及的范围，使原本难以应对的并发测试变得可追踪错误。

下面举例说明。若我们将应用软件设计成状态机，并由多线程实现，即可将其拆分成几个部件。只要令每个线程单独处理一个状态的逻辑，分别处理每组可能的输入事件，保证状态转移和相关操作正确无误，它们就能按单线程方式独立受测试，而其他线程则作为驱动，提供输入事件作为测试样例。这样，我们就能通过专门设计的简单状态逻辑，用多线程的并发方式运行状态机，独立测试其核心代码和分发消息的代码，以保证事件按正确顺序传递给正确的线程。

另一种做法是，将代码划分为读取共享数据、转换数据、更新共享数据 3 个部分，由于转换数据的部分都是单线程代码，因此它能以单线程方式测试。多线程的测试原本是个难题，现在就简化成了共享数据的更新和读取。

有一个细节我们需要特别注意，库函数的调用可能会以内部变量存储状态，如果多个线程调用同一组相关的程序库函数，则会在无意中共享该内部变量。然而，这些代码访问共享数据不会导致错误马上出现。后文将介绍这些库函数，到时候我们就会觉得它们格外显眼。我们可以施以恰当的保护和同步措施，或将其替换成其他安全并发的函数，让多线程通过它们访问数据。

为了便于测试，我们应悉心设计多线程代码的组织结构。有些代码要处理并发相关的问题，则需尽可能缩小其范围，对非线程安全的库函数调用也要特别注意。除此以外，还应全面考虑其他细节。11.2.1 节针对多线程代码设计提出了一组问题，若我们能牢记在心，并在审查代码时逐一自省，将从中获益良多。尽管提出那些问题的本意是审查代码，与测试本身和代码的可测试性没有直接关联，但是只要我们以代码测试为目标，从测试的角度考虑那些问题，就会潜移默化地对我们的设计过程产生影响，使代码易于测试。

到目前为止，我们学习了怎样设计代码以便于测试，以及如何分离单线程部分和并发部分（例如线程安全的容器和状态机的事件逻辑），而单线程部分仍凭借并发代码与其他线程互动。

我们接着来学习测试并发代码的技术。

---

1 译者注：指跨线程传递数据、同步操作、并发读写数据结构等。

11.2.4 多线程测试技术

假定我们已经彻底思考清楚，需要针对目标函数再现什么工作情景，还为此编写了一些测试代码来运行目标函数。但我们要怎样才可以确保，线程会按引发错误的调度次序并发执行，从而复现错误？其实有几种方法可以做到这点，我们从强力测试开始（又名压力测试）。

1. 强力测试

强力测试背后的思想是，让代码承受压力运行，看它是否崩溃。这往往需要多次运行代码，还可能在同一项测试中发起许多线程。若代码按某种特定的调度编排运行才发生错误，那么代码运行的次数越多，错误就越有可能复现。如果只测试一次并通过，我们就能稍微放心，认为代码可以工作。如果一口气测试 10 次，且它每次都能通过，我们置信的程度将大大提高。如果测试 10 亿次依然全数通过，我们则高度置信代码正确无误。

我们置信的程度其实取决于每项测试的目标代码的代码量。借鉴前文的线程安全队列的测试条目，如果测试的粒度颇为精细，那么强力测试会让我们对代码产生高度置信。反之，如果测试的目标代码的代码量过大，那么，多线程调度次序的编排组合数目会爆增，即便成功通过了 10 亿次测试，代码完全正确的置信度也仍然很低。

强力测试的缺点是可能导致错误置信。假设我们编写的测试代码无法再现出错场景，即便稍微改动测试环境，也可令受测的目标代码每次都出错，那么，无论按原来的测试方式运行多少次，也不可能呈现错误。最无奈的情形是，导致错误的运行环境只存在于特定系统中，但我们运行测试样例的系统却与之不同，无法复现错误。除非我们的代码只在一种系统上运行，并且它与测试系统完全一致，方可保证错误复现。而某些测试环境由特定的硬件和操作系统组成，有可能令错误无法复现。

上述情形的经典实例是，在单处理器系统上测试多线程应用。许多错误只会在真正的多处理器系统中出现，如条件变量和缓存乒乓[1]。而在测试环境中，每个线程都被迫由同一个处理器负责运行，故它们实际上自动按串行方式执行。单核/多核并不是唯一的变数，在不同的处理器架构中，其同步功能和内存次序机制也互不相同。例如，在 x86 和 x86-64 架构上，原子化载入操作的行为和效果肯定相同，无论该操作是以 memory_order_relaxed 标记还是以 memory_order_seq_cst 标记（见 5.3.3 节）。然而，即使在基于 x86 架构的系统中，采用宽松内存次序的代码工作正常，但因为其他系统具备粒度更精细的内存次序指令集（如 SPARC），仍有可能导致同一份代码出错。

---

1 译者注：指多个独立 CPU 频繁轮流读写同一数据块，使之在各 CPU 所属的缓存之间不断切出、切入，导致严重的性能问题。

如果我们要将应用软件移植到多个目标平台上，那就有必要从各种类型中选出有代表意义的系统进行专门测试。正因如此，我们在 11.2.2 节将处理器架构作为测试的考虑因素。

为了让强力测试成功，避免潜在的错误置信至关重要。这要求我们谨慎思考，确定测试方案，既要选定目标代码的测试单元，又要仔细设计驱动测试的代码和测试环境。我们需要令测试尽量涵盖可能的代码执行路径，并尽可能多地进行线程间交互。不仅如此，我们还需要清楚已经测试过哪些功能，而哪些功能还没测试。

尽管强力测试让我们在一定程度上相信代码正确，但它无法保证找出所有错误。有另外一种方法，我们称之为组合模拟测试，只要时间充裕，将其应用到目标代码和受测软件上，就能保证找到错误。

2. 组合模拟测试

"组合模拟测试"听起来有点儿绕口，所以我们先解释一下它的含义。其思想是用特定软件模拟真实的运行时环境，并在其中运行受测代码。读者可能知道，我们能够凭借某些软件，在一台真实的计算机上模拟出多个虚拟机，其各种特性和硬件配置均由该软件设置。这里介绍的测试方法与其有类似的思路，只不过模拟软件没有完全虚拟出整个系统，而是记录每个线程上的数据访问、锁操作和原子操作所构成的序列。然后，它以 C++内存模型为准则，重新组合前面所记录的操作，并运行每一个合法、有效的操作序列，从而排查条件竞争和死锁。

这种组合模拟测试穷尽一切可能的操作序列。按照该设计，不论代码含有多么微小的错误，全部都能保证检测发现，但是需消耗大量时间。原因是，随着线程数目增加和各线程上操作次数的增加，组合会呈指数级增长。这种方式不适合应用软件的整体测试，而适用于独立代码片段的精细粒度测试。显然，它还有另一个缺点：依赖相关的软件来模拟受测代码中的操作。

现在，我们见到两种测试方法：一是在普通环境下多次运行测试，但可能错失某些错误；二是在特定的模拟环境中多次运行测试，而这更像是追查已经存在的错误。还有其他选择吗？第三种方法是在测试运行的过程中，使用专门检测错误的程序库。

3. 采用特殊的程序库检测错误

这种方法有别于组合模拟测试，不做穷尽排查。我们选取采用特殊实现方式的程序库，凭借其中的同步原语（如互斥、锁和条件变量等）检测各种错误。举例说明：这种测试手段通常要求令一份共享数据对应某个特定的互斥，其上的所有访问都必须锁定该互斥。在访问数据的过程中，如果我们可以查验哪些互斥已经锁住，就能进一步核实，发起访问调用的线程是否对相关互斥正确加锁，若否就报错。

只要通过某种特定方式共享数据，程序库就可以替我们进行检测。

如果某个线程同时持有多个锁，那么程序库的实现还能记录锁操作的序列。若另一个线程以不同的次序锁住同一个互斥，即便测试的运行过程并未发生死锁，该操作还是会被记录成潜在的死锁隐患。

我们还能用另一种特殊程序库测试多线程代码，通过其多线程原语的实现（如互斥和条件变量），向测试的驱动代码授予超常的控制力度：当多个线程在某互斥或某条件变量上等待时，测试者可以指定具体哪个线程能获取锁，或指定 notify_one()调用唤醒具体哪个线程。这使得我们可以还原特定的运行场景，查验代码能否在其中正常工作。

C++标准库的实现将提供上述的一些测试功能，而我们能在标准库的基础上构建其余部分，作为驱动测试的工具。

本节讲解了几种运行测试代码的方法，现在我们来看看如何组织代码结构，以实现我们希望出现的调度编排。

11.2.5 以特定结构组织多线程的测试代码

我们曾在 11.2.2 节说过，需要找到方法以给出适当的调度次序，令测试中的操作真正实现“同时”和“并发”。现在是时候了，我们来看看其中关键。

这种测试的根本问题是，我们需要编排一组线程，为其中每一个线程分别选定目标代码，并令它们同时执行。在基本情况下，多数测试只考察两个线程，但要增加线程数目并不难。第一步，我们需要区分每项测试所针对的目标代码。

- 综合配置整体测试环境的代码，必须先于其他任务在最开始运行。
- 配置线程局部环境的代码与线程自身相关，必须由各线程运行。
- 我们希望并发运行的代码在每个线程上都要运行。
- 并发任务完成后才执行的代码，可能也含有针对代码运行结果的断言。

为了深入解释，我们来考虑 11.2.2 节给出的一个具体例子：一个线程在空队列上调用 push()，而另一个线程同时调用 pop()。

综合配置的代码很简单：我们必须创建队列。执行 pop()的线程不含与自身相关的局部配置代码。若线程执行 push()，其局部环境则要由与线程相关的代码进行配置，它们与队列的接口函数和存储的对象有关。如果队列存储的对象只能在堆数据段上构建，或者对象构造的开销大，那么我们在执行 push()的线程上，通过该线程专属的配置代码预设好这些对象，避免构造行为影响测试。但所有情况不可一概而论，若队列用于存储普通的整型值，那么在配置代码中构建 int 值则毫无意义。受测代码相对简单，一个线程调用一次 push()，另一个线程调用一次 pop()。但是，线程完结之后的代码该怎么编写？

在本例中，这些代码取决于我们使用的是 pop()的哪个重载。如果 pop()会因队列中没有数据而阻塞，那么我们显然需要通过后续代码保证，pop()的返回值是先前传入 push()的值，以及队列在 pop()操作之后为空。反之，如果即使队列为空，pop()也不会阻塞，我们则需要查验两种可能结果：一是 pop()返回之前由 push()向队列添加数据，且队列为空；二是 pop()告知调用者无法弹出数据，而队列还含有一个数据（由 push()后来存入）。正确的结果只有以上两种，而错误的情况是：pop()告知调用者“没有数据”，队列为空，或者 pop()返回了数据而队列依然非空。为了简化测试，假设我们调用了阻塞型的 pop()。因此，最后部分的代码是通过断言保证的，弹出的值即为添加的值，并且队列为空。

现在，不同部分的代码片段已经明确，我们需要尽力保证它们全都按计划执行。这项测试充分利用了 std::promise，表示各参与要素是否准备妥当，以向前推进。测试首先发起两个执行并发操作的线程，它们分别设立相关的 promise 表明启动完成；并且，这些线程从 std::promise 上分别获取 std::shared_future 对象，用以接收“开始”信号。主线程等待并发线程的 promise 全部就绪（表明线程成功发起），然后让它们同时开始执行操作。这种模式可以确保每个线程都事先启动完成，针对线程自身提前配置好局部环境，再执行需要并发运行的代码，然后才设立相关的 promise。最后，主线程等待并发操作的线程结束，并查验数据和容器的最终状态。如果有异常抛出，就令 go 实例跳过就绪信号，进而使线程在 go 上空等，因此，我们还需处理异常以保证不会发生这种情形。代码清单 11.1 展了测试代码的一种组织结构。

代码清单 11.1 测试范例：在队列上并发调用 push()和 pop()

```
void test_concurrent_push_and_pop_on_empty_queue()
{
    threadsafe_queue<int> q;    <——①
    std::promise<void> go,push_ready,pop_ready;    <——②
    std::shared_future<void> ready(go.get_future());    <——③
    std::future<void> push_done;    <——④
    std::future<int> pop_done;
    try
    {
        push_done=std::async(std::launch::async,    <——⑤
                             [&q,ready,&push_ready]()
                             {
                                 push_ready.set_value();
                                 ready.wait();
                                 q.push(42);
                             }
            );
        pop_done=std::async(std::launch::async,    <——⑥
                            [&q,ready,&pop_ready]()
                            {
                                pop_ready.set_value();
                                ready.wait();
                                return q.pop();    <——⑦
                            }
            );
        push_ready.get_future().wait();    <——⑧
        pop_ready.get_future().wait();
```

```
        go.set_value();          ⑨
        push_done.get();          ⑩
        assert(pop_done.get()==42);   ⑪
        assert(q.empty());
    }
    catch(...)
    {
        go.set_value();          ⑫
        throw;
    }
}
```

代码清单 11.1 的结构非常符合前文的描述。一开始，我们进行综合配置，首先创建一个空队列①，接着为各步骤创建 promise，它们的用途是产生就绪信号②，并从 go 实例获取相应的 std::share_future 对象③。然后，我们创建两个 future，用于表明并发运行的线程是否结束④。综合配置必须处于 try 块之外，这样即使发生了异常，我们也依然可以设置 go 成立以触发信号[1]，而无须等待执行并发操作的测试线程运行结束。尽管我们并不希望死锁在测试代码中出现，但以上做法有可能导致死锁。

我们在 try 块中以 std::launch::async 方式启动线程⑤⑥，从而保证每个任务都在自己的线程上执行。请注意，本例中我们运行异常安全的任务，通过 std::async 发起线程，而非通过构建普通的 std::thread 对象，这样会稍微简化代码，因为 future 的析构函数会自动汇合线程。各任务的细节通过 lambda 函数的捕获列表设定：它们都按引用方式访问队列 q；还按引用方式分别获得一个 promise 对象，通过它向外发送就绪信号表示“启动完成”；另外接收 ready 的副本（ready 从 go 实例中取得，用于接收主线程发出的“开始执行”信号）。

前文曾解释过，每个任务都设立与自身相关的就绪信号（表示“启动完成”），然后等到主线程发出“开始执行”信号，才开始运行受测代码。但主线程的行为恰好相反，它先等着接收两个并发线程的就绪信号⑧，之后再通知它们开始运行真正的测试代码⑨。

最后，主线程在异步任务返回的 future 上调用 get()，等任务完成以后查验结果⑩⑪。请注意 pop()任务所获取的值通过 future 返回⑦，故我们可以在断言中直接使用该结果⑪。

若有异常抛出，我们则创建 go 实例，避免线程空等，也防止重新抛出异常⑫。与并发任务对应的 future 对象留待最后声明④，这样它们就会最早销毁。如果任务尚未完成，其析构函数会等到它们完成。

虽然上例只测试了两个简单的调用，但涉及的公式化代码却相当多，而为了让测试能尽可能多地排查出错误，我们很有必要使用类似的代码。例如在测试代码中，若我们直接创建新线程（而非先发起两个执行并发操作的线程，再使之等待 go 实例发出信号），

---

1 译者注：指⑫处。否则对象 go 在 try 块中声明，其作用域也受限在 try 块以内，无法在外部将其设置为成立。

那么因为启动线程的过程十分耗时，通过这种利用 future 的方式，可以确保两个线程都先运行起来，再在相同的 future 上阻塞。随后解除 future 的阻塞，即令两个线程同时执行并发操作。一旦读者熟悉本例的代码结构，就能简单地依照相同模式创建新的测试代码。有些测试需动用的线程超过两个，该模式可以方便地扩展，加入更多线程。

至此，我们学习了如何测试多线程代码的正确性。诚然，这是我们进行测试最重要的原因，但它不是唯一的原因。多线程代码的性能测试也非常重要，11.2.6 节将进行讲解。

11.2.6 测试多线程代码的性能

我们在应用中采用并发功能的主要原因之一是，借助多核处理器来提升性能。所以，代码测试是一种重要手段，可以保障程序性能确实有所改进，这跟我们所尝试的其他优化手段类似。

利用并发提升性能的具体问题在于可伸缩性。如果其他条件相同，那么与单核机器相比，我们希望在 24 核的机器上运行代码的效果是速度大致提升到原来的 24 倍，或处理 24 倍的数据量。我们不想出现以下情形：代码在双核机器上以双倍速运行，但在 24 核机器上运行速度却较慢。我们在 8.4.2 节已经了解到，若代码中的某关键部分只能在一个线程上运行，则会限制潜在的性能增益。所以，我们在开始测试性能之前，应该审视代码的整体设计，以便清醒认识是否确有希望将速度提升 24 倍，抑或存在串行代码，限制了性能改进的程度，最多仅能提速 3 倍。

我们在前文已经见到，若多个处理器为访问同一个数据结构而争夺资源，则会导致严重的性能问题。如果处理器数目较少，某些程序的性能可能还不错，然而一旦处理器数目大幅度增加，争夺资源的行为也随之加剧，而那些程序没有做好可伸缩性处理，性能表现反而较差。

因此，若要测试多线程代码性能，最好在尽量多的、不同硬件配置的系统上进行，这样我们才能清楚分析软件的可伸缩性。至少，我们应该既在单处理器系统上测试，又在手头可用的多处理器系统上测试（处理器核心数目越多越好）。

11.3 小结

在本章中，我们学习了可能遇到的与并发相关的各种错误，包括死锁、活锁、数据竞争和其他恶性条件竞争等。我们接着分析了定位错误的方法，其中包括在代码审查中需要考虑的问题、编写测试代码的指引，以及怎样就并发代码的测试进行编排和组织等。最后，我们学习了可用于测试的工具组件。

附录 A　C++11 精要：部分语言特性

新的 C++标准给我们带来的不仅是对并发的支持，还有许多新程序库和 C++新特性。对于线程库和本书其他章节涉及的某些 C++新特性，本附录给出了简要概览。

虽然这些特性都与并发功能没有直接关系（thread_local 除外，见 A.8 节），但对多线程代码而言，它们既重要又有用。我们限定了附录的篇幅，只介绍必不可少的特性（如右值引用），它们可以简化代码，使之更易于理解。假使读者尚未熟识本附录的内容，就径直阅读采用了这些特性的代码，那么代码理解起来可能会比较吃力。一旦熟识本附录的内容后，所涉及的代码普遍会变得容易理解。随着 C++11 的推广，采用这些特性的代码也会越来越常见。

闲言少叙，我们从右值引用开始介绍。C++线程库中包含不少组件，如线程和锁等，其归属权只能为单一对象独占，为了便于在对象间转移归属权，线程库充分利用了右值引用的功能。

A.1　右值引用

如果读者曾经接触过 C++编程，对引用就不会陌生。C++的引用准许我们为已存在的对象创建别名。若我们访问和修改新创建的引用，全都会直接作用到它指涉的对象本体上，例如：

```
int var=42;
int& ref=var;
ref=99;
assert(var==99);
```

①创建名为 ref 的引用，指向的目标是变量 var

②向引用赋予新值，则本体变量的值亦随之更新

在 C++11 标准发布以前，只存在一种引用——左值引用（lvalue　reference）。术语

左值来自 C 语言，指可在赋值表达式等号左边出现的元素，包括具名对象、在栈数据段和堆数据段[1]上分配的对象[2]、其他对象的数据成员，或一切具有确定存储范围的数据项。术语右值同样来自 C 语言，指只能在赋值表达式等号右边出现的元素，如字面值[3]和临时变量。左值引用只可以绑定左值，而无法与右值绑定。譬如，因为 42 是右值，所以我们不能编写语句：

```
int& i=42;   ①无法编译
```

但这其实不尽然，我们一般都能将右值绑定到 const 左值引用上：

```
int const& i=42;
```

C++在初期阶段尚不具备右值引用的特性，而在现实中，代码却要向接受引用的函数传入临时变量，因而早期的 C++标准破例特许了这种绑定方式。

这能让参数发生隐式转换，我们也得以写出如下代码：

```
void print(std::string const& s);
print("hello");   ①创建 std::string 类型的临时变量
```

C++11 标准采纳了右值引用这一新特性，它只与右值绑定，而不绑定左值。另外，其声明不再仅仅带有一个“&”，而改为两个“&”。

```
int&& i=42;
int j=42;
int&& k=j;   ①编译失败
```

我们可以针对同名函数编写出两个重载版本，分别接收左、右值引用参数，由重载机制自行决断应该调用哪个，从而判定参数采用左值还是右值。这种处理[4]是实现移动语义的基础。

A.1.1　移动语义

右值往往是临时变量，故可以自由改变。假设我们预先知晓函数参数是右值，就能让其充当临时数据，或“窃用”它的内容而依然保持程序正确运行，那么我们只需移动右值参数而不必复制本体。按这种方式，如果数据结构体积巨大，而且需要动态分配内

---

1 译者注：这里的栈和堆都指可执行程序的内存空间的某些特定部分。抽象数据结构中也有同名的概念，但它们的含义与这里所提的不同。STL 库还提供了栈容器，它也有别于于此处的栈。

2 译者注：这里的对象特指语言层面的数据实例（由 C++标准文件给出定义），不同于“面向对象编程”中的抽象概念的对象，详见 5.1.1 节。

3 译者注：字面值即 literal，是代码中明文写出的具体数值，如“double a=1.6;”中的 1.6，或下例中的 42。

4 译者注：实际上，单凭右值传参即可独立实现移动语义。函数重载是为了兼容旧代码，某些类尚不支持移动行为，依旧按传统的左值形式传递参数。

存，则能省去更多的内存操作，创造出许多优化的机会。考虑一个函数，它通过参数接收 std::vector<int>容器并进行改动。为了不影响原始数据[1]，我们需在函数中复制出副本以另行操作。

根据传统做法，函数应该按 const 左值引用的方式接收参数，并在内部复制出副本；

```
void process_copy(std::vector<int> const& vec_)
{
    std::vector<int> vec(vec_);
    vec.push_back(42);
}
```

这个函数接收左值和右值[2]皆可，但都会强制进行复制。

若我们预知原始数据能随意改动，即可重载该函数，编写一个接收右值引用参数的版本，以此避免复制[3]。

```
void process_copy(std::vector<int> && vec)
{
    vec.push_back(42);
}
```

现在，我们再来考虑利用自定义类型的构造函数，窃用右值参数的内容直接充当新实例。考虑代码清单 A.1 中的类，它的默认构造函数申请一大块内存，而析构函数则释放之。

代码清单 A.1　具备移动构造函数的类

```
class X
{
private:
    int* data;
public:
    X():
        data(new int[1000000])
    {}
    ~X()
    {
        delete [] data;
    }
    X(const X& other):   <-- ①
        data(new int[1000000])
```

1 译者注：本例要求维持数据不变，但后文作为对照的相关范例却假定准许修改数据，显然有失严谨。原书着眼于移动语义的实现方法和性能优势，而忽略了其具体前提假设和实际功能需求。尽管如此，这只是在需求层面出现的前后不一，并不妨碍移动语义本身的实现和使用。

2 译者注：此处的右值特指前文的绑定常量的引用，而非 C++11 新特性的右值引用。

3 译者注：这里为了讲解移动语义，刻意采用右值引用传参，但实际上，按传统的非 const 左值引用传参也能避免复制（直接引用原始数据，并不采用移动语义）。

```
    {
        std::copy(other.data,other.data+1000000,data);
    }
    X(X&& other):        ◁——②
        data(other.data)
    {
        other.data=nullptr;
    }
};
```

拷贝构造函数①的定义与我们的传统经验相符：新分配一块内存，并从源实例复制数据填充到其中。然而，本例还展示了新的构造函数，它按右值引用的方式接收源实例②，即移动构造函数。它复制 data 指针，将源实例的 data 指针改为空指针，从而节约了一大块内存，还省去了复制数据本体的时间。

就类 X 而言，实现移动构造函数仅仅是一项优化措施。但是，某些类却很有必要实现移动构造函数，强令它们实现拷贝构造函数反而不合理。以 std::unique_ptr<>指针为例，其非空实例必然指向某对象，根据设计意图，它也肯定是指向该对象的唯一指针，故只许移动而不许复制，则拷贝构造函数没有存在的意义。依此取舍，指针类 std::unique_ptr<>遂具备移动构造函数，可以在实例之间转移归属权，还能充当函数返回值。

假设某个具名对象不再有任何用处，我们想将其移出，因而需要先把它转换成右值，这一操作可通过 static_cast<X&&>转换或调用 std::move()来完成。

```
X x1;
X x2=std::move(x1);
X x3=static_cast<X&&>(x2);
```

上述方法的优点是，尽管右值引用的形参与传入的右值实参绑定，但参数进入函数内部后即被当作左值处理。所以，当我们处理函数的参数的时候，可将其值移入函数的局部变量或类的成员变量，从而避免复制整份数据。

```
void do_stuff(X&& x_)
{
    X a(x_);                 ◁——  ①复制构造
    X b(std::move(x_));      ◁——  ②移动构造
}
do_stuff(X());    ◁——  ③正确，X()生成一个匿名临时对象，作为右值与右值引用绑定
X x;
do_stuff(x);      ◁——  ④错误，具名对象 x 是左值，不能与右值引用绑定
```

移动语义在线程库中大量使用，既可以取代不合理的复制语义，又可以实现资源转移。另外，按代码逻辑流程，某些对象注定要销毁，但我们却想延展其所含的数据。若复制操作的开销大，就可以改用转移来进行优化。2.2 节曾举例，借助 std::move()向新构建的线程转移 std::unique_ptr<>实例；2.3 节则再次向读者举例，在 std::thread 的实例

之间转移线程归属权。

std::thread、std::unique_lock<>、std::future<>、std::promise<>和 std::packaged_task<>等类无法复制，但它们都含有移动构造函数，可以在其实例之间转移关联的资源，也能按转移的方式充当函数返回值。std::string 和 std::vector<>仍然可以复制，并且这两个类也具备移动构造函数和移动赋值操作符，能凭借移动右值避免大量复制数据。

在 C++标准库中，若某源对象显式移动到另一对象，那么源对象只会被销毁，或被重新赋值（复制赋值或移动赋值皆可，倾向于后者），除此之外不会发生其他任何操作。按照良好的编程实践，类需确保其不变量（见 3.1 节）的成立范围覆盖其“移出状态”（moved-from state）。如果 std::thread 的实例作为移动操作的数据源，一旦发生了移动，它就等效于按默认方式构造的线程实例[1]。再借 std::string 举例，假设它的实例作为数据源参与移动操作，在完成操作后，这一实例仍需保持某种合法、有效的状态，即便 C++标准并未明确规定该状态的具体细节[2、3]（例如其长度值，以及所含的字符内容）。

A.1.2 右值引用和函数模板

最后，但凡涉及函数模板，我们还要注意另一细节：假定函数的参数是右值引用，目标是模板参数，那么根据模板参数的自动类型推导机制，若我们给出左值作为函数参数，模板参数则会被推导为左值引用；若函数参数是右值，模板参数则会被推导为无修饰型别（plain unadorned type）的普通引用[4]。这听起来有点儿拗口，下面举例详细解说，考虑函数：

```
template<typename T>
void foo(T&& t)
{}
```

若按下列形式调用函数，类型 T 则会被推导成参数值所属的型别：

---

1 译者注：按默认方式构造的 std::thread 对象不含实际数据，也不管控或关联任何线程，请参考 2.3 节。

2 译者注：指移动操作在源对象上实际产生的效果。对于 std::string 类，C++标准仅要求移动操作在常数复杂度的时间内完成，却没有规定源数据上的实际效用如何。另外请注意，移动语义可能通过不同方式实现，不一定真正窃取数据，也不一定搬空源对象，请参考 *Effective Modern C++*中的条款 29。

3 译者注：2020 年 3 月，原书作者在自己的网站上发表了一篇技术博客，详尽解释了类的不变量，还阐述了它与移动语义的关联，更深入分析了不变量在并发环境中种种情况下的破与立，是本书的重要补充，感兴趣的读者可自行查阅。

4 译者注：这一特性又称“万能引用”（universal reference），深入分析见 *Effective Modern C++*中的条款 24。

```
foo(42);          ◁———①调用 foo<int>(42)
foo(3.14159);                ◁———②调用 foo<double>(3.14159)
foo(std::string());   ◁—┐
                        │③调用 foo<std::string>(std::string())
```

然而，若我们在调用 foo()时以左值形式传参，编译器就会把类型 T 推导成左值引用：

```
int i=42;
foo(i);       ◁———①调用 foo<int&>(i)
```

根据函数声明，其参数型别是 T&&，在本例的情形中会被解释成“引用的引用”，所以发生引用折叠（reference collapsing），编译器将它视为原有型别的普通引用[1]。这里，foo<int&>()的函数签名是“void foo<int&>(int& t);”。

利用该特性，同一个函数模板既能接收左值参数，又能接收右值参数。std::thread 的构造函数正是如此（见 2.1 节和 2.2 节）。若我们以左值形式提供可调用对象作为参数，它即被复制到相应线程的内部存储空间；若我们以右值形式提供参数，则它会按移动方式传递。

A.2 删除函数

有时候，我们没理由准许某个类进行复制，类 std::mutex 就是最好的例证。若真能复制互斥，则副本的意义何在？类 std::unique_lock<>即为另一例证，假设它的某个实例正在持锁，那么该实例必然独占那个锁。如果精准地复制这一实例，其副本便会持有相同的锁，显然毫无道理。因此，上述情形不宜复制，而应采用 A.1.2 节所述特性，在实例之间转移归属权。

要禁止某个类的复制行为，以前的标准处理手法是将拷贝构造函数和复制赋值操作符声明为私有，且不给出实现。假如有任何外部代码意图复制该类的实例，就会导致编译错误（因为调用私有函数）；若其成员函数或友元试图复制它的实例，则会产生链接错误（因为没有提供实现）：

```
class no_copies
{
public:
    no_copies(){}
private:
    no_copies(no_copies const&);                    │①不存在实现
    no_copies& operator=(no_copies const&);         │
};
no_copies a;
no_copies b(a);   ◁———②编译错误
```

标准委员会在拟定 C++11 档案时，已察觉到这成了常用手法，也清楚它是一种取巧

1 译者注：左值的多重引用会引发折叠，请参阅 *Effective Modern C++*中的条款 28。

的手段。为此，委员会引入了更通用的机制，同样适合其他情形：声明函数的语句只要追加“=delete”修饰，函数即被声明为“删除”。因此，类 no_copies 可以改写成：

```
class no_copies
{
public:
    no_copies(){}
    no_copies(no_copies const&) = delete;
    no_copies& operator=(no_copies const&) = delete;
};
```

新写法更清楚地表达了设计意图，其说明效力比原有代码更强。另外，假设我们试图在成员函数内复制类的实例，只要遵从新写法，就能让编译器给出更具说明意义的错误提示，还会令本来在链接时发生的错误提前至编译期。

若我们在实现某个类的时候，既删除拷贝构造函数和复制赋值操作符，又显式写出移动构造函数和移动赋值操作符，它便成了“只移型别”（move-only type），该特性与 std::thread 和 std::unique_lock<>的相似。代码清单 A.2 展示了这种只移型别。

代码清单 A.2 简单的只移型别

```
class move_only
{
    std::unique_ptr<my_class> data;
public:
    move_only(const move_only&) = delete;
    move_only(move_only&& other):
        data(std::move(other.data))
    {}
    move_only& operator=(const move_only&) = delete;
    move_only& operator=(move_only&& other)
    {
        data=std::move(other.data);
        return *this;
    }
};
move_only m1;
move_only m2(m1);                  ⟵ ①错误，拷贝构造函数声明为“删除”
move_only m3(std::move(m1));       ⟵ ②正确，匹配移动构造函数
```

只移对象可以作为参数传入函数，也能充当函数返回值。然而，若要从某个左值移出数据，我们就必须使用 std::move()或 static_cast<T&&>显式表达该意图。

说明符“=delete”可修饰任何函数，而不局限于拷贝构造函数和赋值操作符，其可清楚注明目标函数无效。它还具备别的作用：如果某函数已声明为删除，却按普通方式参与重载解释（overload resolution）并且被选定，就会导致编译错误。利用这一特性，我们即能移除特定的重载版本。例如，假设某函数接收 short 型参数，那它也允许传入 int 值，进而将 int 值强制向下转换成 short 值。若要严格杜绝这种情况，我们可以编写

一个传入int类型参数的重载，并将它声明为删除：

```
void foo(short);
void foo(int) = delete;
```

照此处理，如果以int值作为参数调用foo()，就会产生编译错误。因此，调用者只能先把给出的值全部显式转换成short型。

```
foo(42);            <—— ①错误，接收int型参数的重载版本声明成删除
foo((short)42);     <—— ②正确
```

A.3 默认函数

一旦将某函数标注为删除函数，我们就进行了显式声明：它不存在实现。但默认函数则完全相反：它们让我们得以明确指示编译器，按“默认”的实现方式生成目标函数。如果一个函数可以由编译器自动产生，那它才有资格被设为默认：默认构造函数[1]、析构函数、拷贝构造函数、移动构造函数、复制赋值操作符和移动赋值操作符等。

这么做所为何故？原因不外乎以下几点。

- 借以改变函数的访问限制。按默认方式，编译器只会产生公有（public）函数。若想让它们变为受保护的（protected）函数或私有（private）函数，我们就必须手动实现。把它们声明为默认函数，即可指定编译器生成它们，还能改变其访问级别。
- 充当说明注解。假设编译器产生的函数可满足所需，那么把它显式声明为“默认”将颇有得益：无论是我们自己还是别人，今后一看便知，该函数的自动生成正确贯彻了代码的设计意图。
- 若编译器没有生成某目标函数，则可借“默认”说明符强制其生成。一般来说，仅当用户自定义构造函数不存在时，编译器才会生成默认构造函数，针对这种情形，添加“=default”修饰即可保证其生成出来。例如，尽管我们定义了自己的拷贝构造函数，但通过“声明为默认”的方式，依然会令编译器另外生成默认构造函数。
- 令析构函数成为虚拟函数，并托付给编译器生成。
- 强制拷贝构造函数遵从特定形式的声明，譬如，使之不接受const引用作为参数，而改为接受源对象的非const引用。
- 编译器产生的函数具备某些特殊性质，一旦我们给出了自己的实现，这些性质将不复存在，但利用“默认”新特性即能保留它们并加以利用，细节留待稍后解说。

1 译者注：“默认构造函数”特指不接收任何参数的构造函数（或参数全都具备默认值）。该术语在C++11之前已长久存在，原意强调“根据规则自然成为默认”。本节的“=default”意指“按设计意图人为指定成默认”，请注意区分。

在函数声明后方添加“=delete”，它就成了删除函数。类似地，在目标函数声明后方添加“=default”，它则变为默认函数，例如：

```
class Y
{
private:
    Y() = default;                      ①改变访问级别
public:
    Y(Y&) = default;                    ②接受非 const 引用
    T& operator=(const Y&) = default;   ③声明成“默认”作为注解
protected:
    virtual ~Y() = default;             ④改变访问级别并加入“虚函数”性质
};
```

前文提过，在同一个类中，若将某些成员函数交由编译器实现，它们便会具备一定的特殊性质，但是让我们自定义实现，这些性质就会丧失。两种实现方式的最大差异是，编译器有可能生成平实函数[1]。据此我们得出一些结论，其中几项如下。

- 如果某对象的拷贝构造函数、拷贝赋值操作符和析构函数都是平实函数，那它就可以通过 memcpy()或 memmove()复制。
- constexpr 函数（见附录 A.4 节）所用的字面值型别（literal type）必须具备平实构造函数、平实拷贝构造函数和平实析构函数。
- 若要允许一个类能够被联合体（union）所包含，而后者已具备自定义的构造函数和析构函数，则这个类必须满足：其默认构造函数、拷贝构造函数、复制操作符和析构函数均为平实函数。
- 假定某个类充当了类模板 std::atomic<>的模板参数（见 5.2.6 节），那它应当带有平实拷贝赋值操作符，才可能提供该类型值的原子操作。

只在函数声明处加上“=default”，还不足以构成平实函数。仅当类作为一个整体满足全部其他要求，相关成员函数方可构成平实函数[2]。不过，一旦函数由用户自己动手显式编写而成，就肯定不是平实函数。

在同一个类中，某些特定的成员函数既能让编译器生成，又准许用户自行编写，我们继续分析两种实现方式的第二项差异：如果用户没有为某个类提供构造函数，那么它便得以充当聚合体[3]，其初始化过程可依照聚合体初值（aggregate initializer）表达式完成。

```
struct aggregate
```

1 译者注：平实函数即 trivial function，其现实意义是默认构造函数和析构函数不执行任何操作；复制、赋值和移动操作仅仅涉及最简单、直接的按位进行内存复制/内存转移，而没有任何其他行为；若对象所含的默认函数全是平实函数，就可依照 Plain Old Data（POD）方式进行处理。

2 译者注：若要成为平实函数，函数自身及所属的类都应符合一定条件，具体条件因各个函数而异，详见 C++官方标准文件 ISO/IEC 14882:2011，12.1 节第 5 款、12.4 节第 5 款、12.8 节第 12 款和第 25 款。

3 译者注：聚合体即 aggregate，是 C++11 引入的概念，它通常可以是数组、联合体、结构体或类（不得含有虚函数或自定义的构造函数，亦不得继承自父类的构造函数，还要服从其他限制），其涵盖范围随 C++标准的演化而正在扩大。

```
{
    aggregate() = default;
    aggregate(aggregate const&) = default;
    int a;
    double b;
};
aggregate x={42,3.141};
```

在本例中，x.a 初始化为 42，而 x.b 则初始化为 3.141。

编译器生成的函数和用户提供的对应函数之间还有第三项差异：它十分隐秘，只存在于默认构造函数上，并且仅当所属的类满足一定条件时，差异才会显现。考虑下面的类：

```
struct X
{
    int a;
};
```

若我们创建类 X 的实例时没有提供初值表达式，内含的 int 元素（成员 a）就会发生默认初始化。假设对象具有静态生存期[1]，它便会初始化为零值；否则该对象无从确定初值，除非另外赋予新值，但如果在此之前读取其值，就有可能引发未定义行为。

```
X x1;    <—— ①x1.a的值尚未确定
```

有别于上例，如果类 X 的实例在初始化时显式调用了默认构造函数，成员 a 即初始化为 0[2]。

```
X x2=X();    <—— ①x2.a==0 必然成立
```

这个特殊性质还能扩展至基类及内部成员。假定某个类的默认构造函数由编译器产生，而它的每个数据成员与全部基类也同样如此，并且后面两者所含的成员都属于内建型别[3]。那么，这个最外层的类是否显式调用该默认构造函数，将决定其成员是否初始化为尚不确定的值，抑或发生零值初始化。

尽管上述规则既费解又容易出错，但它确有妙用。一旦我们手动实现默认构造函数，它就会丧失这个性质：要是指定了初值或显式地按默认方式构造，数据成员便肯定会进行初始化，否则初始化始终不会发生。

---

1 译者注：静态生存期（static storage duration）指某些对象随整个程序开始而获得存储空间，到程序结束空间才被回收，这些对象包括静态局部变量、静态数据成员、全局变量等。

2 译者注：在本例中，等号右侧先由默认构造函数生成一个临时变量，左侧再根据该变量创建变量 x2 并初始化（根据前面类型 X 的定义，变量 x2 按复制方式构造而成）。无论编译选项是否采用任何优化设置，编译器都会照此处理，不会发生赋值行为。详见《C++程序设计语言第四版》16.2.6 节。

3 译者注：更精确地说，这个性质按递归方式扩展，即基类的基类、成员的基类、基类的成员、基类的基类的成员、成员的成员的成员等均必须满足要求。换言之，继承关系与包含关系中的元素要全部符合条件：它们或属于内建型别，或由编译器生成默认构造函数。

```
X::X():a(){}        ①a==0 必然成立
X::X():a(42){}      ②a==42 必然成立
X::X(){}            ③
```

假设类 X 的默认构造函数采纳本例③处的方式，略过成员 a 的初始化操作[1]，那么对于类 X 的非静态实例，成员 a 不会被初始化。而如果类 X 的实例具有静态生存期，成员 a 即初始化成零值。它们完全相互独立，不存在重载，现实代码中只允许其中一条语句存在（任意一条语句），这里并列只是为了方便排版和印刷。

一般情况下，若我们自行编写出任何别的构造函数，编译器就不会再生成默认构造函数。如果我们依然要保留它，就得自己手动编写，但其初始化行为会失去上述特性。然而，将目标构造函数显式声明成“默认”，我们便可强制编译器生成默认构造函数，并且维持该性质。

```
X::X() = default;    ①默认初始化规则对成员 a 起作用
```

原子类型正是利用了这个性质（见 5.2 节）将自身的默认构造函数显式声明为“默认”。除去下列几种情况，原子类型的初值只能是未定义：它们具有静态生存期（因此静态初始化成零值）；显式调用默认构造函数，以进行零值初始化；我们明确设定了初值。请注意，各种原子类型均具备一个构造函数，它们单独接受一个参数作为初值，而且它们都声明成 constexpr 函数，以准许静态初始化发生（见附录 A.4 节）。

A.4 常量表达式函数

整数字面值即为常量表达式（constant expression），如 42。而简单的算术表达式也是常量表达式，如 23*2−24。整型常量自身可依照常量表达式进行初始化，我们还能利用前者组成新的常量表达式：

```
const int i=23;
const int two_i=i*2;
const int four=4;
const int forty_two=two_i-four;
```

常量表达式可用于创建常量，进而构建其他常量表达式。此外，一些功能只能靠常量表达式实现。

■ 设定数组界限：

```
int bounds=99;
int array[bounds];         ①错误，界限 bounds 不是常量表达式
const int bounds2=99;
int array2[bounds2];       ②正确，界限 bounds2 是常量表达式
```

1 译者注：本例的代码是 3 个自定义默认构造函数，3 个花括号是它们的函数体（内空，未进行任何操作），而非初始化列表。

■ 设定非类型模板参数（nontype template parameter）的值：

```
template<unsigned size>
struct test
{};
test<bounds> ia;  <—— ①错误，界限 bounds 不是常量表达式
test<bounds2> ia2;  <—— ②正确，界限 bounds2 是常量表达式
```

■ 在定义某个类时，充当静态常量整型数据成员的初始化表达式[1]：

```
class X
{
    static const int the_answer=forty_two;
};
```

■ 对于能够进行静态初始化的内建型别和聚合体，我们可以将常量表达式作为其初始化表达式：

```
struct my_aggregate
{
    int a;
    int b;
};
static my_aggregate ma1={forty_two,123};  <—— ①静态初始化
int dummy=257;
static my_aggregate ma2={dummy,dummy};  <—— ②动态初始化
```

■ 只要采用本例示范的静态初始化方式，即可避免初始化的先后次序问题，从而防止条件竞争（见 3.3.1 节）。

这些都不是新功能，我们遵从 C++98 标准也可以全部实现。不过 C++11 引入了 constexpr 关键字，扩充了常量表达式的构成形式。C++14 和 C++17 进一步扩展了 constexpr 关键字的功能，但其完整介绍并非本附录力所能及。

constexpr 关键字的主要功能是充当函数限定符。假设某函数的参数和返回值都满足一定要求，且函数体足够简单，那它就可以声明为 constexpr 函数，进而在常量表达式中使用，例如：

```
constexpr int square(int x)
{
    return x*x;
}
int array[square(5)];
```

在本例中，square()声明成了 constexpr 函数，而常量表达式可以设定数组界限，使之容纳 25 项数据。虽然 constexpr 函数能在常量表达式中使用，但是全部使用方式不会

1 译者注：本例主旨在于示范常量表达式，但它还牵涉另一特殊之处：静态数据成员 the_answer 由表达式 forty_two 初始化，所在的语句既是声明又是定义。作为静态数据成员，其只许枚举值和整型常量在类定义内部直接定义，而任意其他类型仅能声明，且必须在类定义外部给出定义（参考下一个范例）。详见 C++官方标准文件 ISO/IEC 14882:2011，9.4.2 节。

因此自动形成常量表达式。

```
int dummy=4;
int array[square(dummy)];      <--①错误，dummy 不是常量表达式
```

在本例中，变量 dummy 不是常量表达式①，故 square(dummy)属于普通函数调用，无法充当常量表达式，因此不能用来设定数组界限。

A.4.1 constexpr 关键字和用户定义型别

目前，所有范例都只涉及内建型别，如 int。然而，在新的 C++标准中，无论是哪种型别，只要满足要求并可以充当字面值类型[1]，就允许它成为常量表达式。若某个类要被划分为字面值型别，则下列条件必须全部成立。

- 它必须具有平实拷贝构造函数。
- 它必须具有平实析构函数。
- 它的非静态数据成员和基类都属于平实型别[2]。
- 它必须具备平实默认构造函数或常量表达式构造函数（若具备后者，则不得进行拷贝/移动构造）。

我们马上会介绍常量表达式构造函数。现在，我们先着重分析平实默认构造函数，以代码清单 A.3 中的类 CX 为例。

代码清单 A.3 含有平实默认构造函数的类

```
class CX
{
private:
    int a;
    int b;
public:
    CX() = default;            <--①
    CX(int a_, int b_):        <--②
        a(a_),b(b_)
    {}
    int get_a() const
    {
        return a;
    }
    int get_b() const
    {
        return b;
```

1 译者注：字面值类型是 C++11 引入的新概念，是某些型别的集合，请注意与字面值区分，其是在代码中明确写出的值。

2 译者注：平实型别即 trivial type，指默认构造函数、拷贝/移动构造函数、拷贝/移动赋值操作符、析构函数全都属于平实函数的类型，参考 A.3 节。

```
    }
    int foo() const
    {
        return a+b;
    }
};
```

请注意，我们实现了用户定义的构造函数②，因而，为了保留默认构造函数①，就要将它显式声明为“默认”（见 A.3 节）。所以，该型别符合全部条件，为字面值型别，我们能够在常量表达式中使用该型别。譬如，我们可以给出一个 constexpr 函数，负责创建该类型的新实例：

```
constexpr CX create_cx()
{
    return CX();
}
```

我们还能创建另一个 constexpr 函数，专门用于复制参数：

```
constexpr CX clone(CX val)
{
    return val;
}
```

然而在 C++11 环境中，constexpr 函数的用途仅限于此，即 constexpr 函数只能调用其他 constexpr 函数。C++14 则放宽了限制，只要不在 constexpr 函数内部改动非局部变量，我们就几乎可以进行任意操作。有一种做法可以改进代码清单 A.3 的代码，即便在 C++11 中该做法同样有效，即为 CX 类的成员函数和构造函数加上 constexpr 限定符：

```
class CX
{
private:
    int a;
    int b;
public:
    CX() = default;
    constexpr CX(int a_, int b_):
        a(a_),b(b_)
    {}
    constexpr int get_a() const    <——①
    {
        return a;
    }
    constexpr int get_b()    <——②
    {
        return b;
    }
    constexpr int foo()
    {
        return a+b;
```

```
    }
};
```

根据 C++11 标准，get_a()上的 const 现在成了多余的修饰①，因其限定作用已经为 constexpr 关键字所蕴含。同理，尽管 get_b()略去了 const 修饰，可是它依然是 const 函数②。在 C++14 中，constexpr 函数的功能有所扩充，它不再隐式蕴含 const 特性，故 get_b()也不再是 const 函数，这让我们得以定义出更复杂的 constexpr 函数，如下所示：

```
constexpr CX make_cx(int a)
{
    return CX(a,1);
}
constexpr CX half_double(CX old)
{
    return CX(old.get_a()/2,old.get_b()*2);
}
constexpr int foo_squared(CX val)
{
    return square(val.foo());
}
int array[foo_squared(half_double(make_cx(10)))];    ←①49 个元素
```

虽然本例稍显奇怪，但它意在说明，如果只有通过复杂的方法，才可求得某些数组界限或整型常量，那么凭借 constexpr 函数完成任务将省去大量运算。一旦涉及用户自定义型别，常量表达式和 constexpr 函数带来的主要好处是：若依照常量表达式初始化字面值型别的对象，就会发生静态初始化，从而避免初始化的条件竞争和次序问题：

```
CX si=half_double(CX(42,19));    ←①静态初始化
```

构造函数同样遵守这条规则。假定构造函数声明成了 constexpr 函数，且它的参数都是常量表达式，那么所属的类就会进行常量初始化[1]，该初始化行为会在程序的静态初始化[2]阶段发生。随着并发特性的引入，C++11 为此规定了以上行为模式，这是标准的最重要一项修订：让用户自定义的构造函数担负起静态初始化工作，而在运行任何其他代码之前，静态初始化肯定已经完成，我们遂能避免任何牵涉初始化的条件竞争。

std::mutex 类和 std::atomic<>类（见 3.2.1 节和 5.2.6 节）的作用是同步某些变量的访问，从而避免条件竞争，它们的功能可能要靠全局实例来实现，并且不少类的使用方式也与之相似，故上述行为特性对这些类的意义尤为重要。若 std::mutex 类的构造函数受

1 译者注：常量初始化即 constant initialization。在实践中，常量往往在编译期就完成计算，在运行期直接套用算好的值。

2 译者注：静态初始化是指全局变量、静态变量等在程序整体运行前完成初始化。

条件竞争所累，其全局实例就无法发挥功效，因此我们将它的默认构造函数声明成 constexpr 函数，以确保其初始化总是在静态初始化阶段内完成。

A.4.2 constexpr 对象

目前，我们已学习了关键字 constexpr 对函数的作用，它还能作用在对象上，主要目的是分析和诊断：constexpr 限定符会查验对象的初始化行为，核实其所依照的初值是常量表达式、constexpr 构造函数，或由常量表达式构成的聚合体初始化表达式。它还将对象声明为 const 常量。

```
constexpr int i=45;                   ← ①正确
constexpr std::string s("hello");    ← ②错误，std::string 不是字面值型别
int foo();
constexpr int j=foo();               ← ③错误，foo()并未声明为 constexpr 函数
```

A.4.3 constexpr 函数要符合的条件

若要把一个函数声明为 constexpr 函数，那么它必须满足一些条件，否则就会产生编译错误。C++11 标准对 constexpr 函数的要求如下。

- 所有参数都必须是字面值型别。
- 返回值必须是字面值型别。
- 整个函数体只有一条 return 语句。
- return 语句返回的表达式必须是常量表达式。
- 若 return 返回的表达式需要转换为某目标型别的值，涉及的构造函数或转换操作符必须是 constexpr 函数。

这些要求不难理解。constexpr 函数必须能够嵌入常量表达式中，而嵌入的结果依然是常量表达式。另外，我们不得改动任何值。constexpr 函数是纯函数（见 4.4.1 节），没有副作用。

C++14 标准大幅度放宽了要求，虽然总体思想保持不变，即 constexpr 函数仍是纯函数，不产生副作用，但其函数体能够包含的内容显著增加。

- 准许存在多条 return 语句。
- 函数中创建的对象可被修改。
- 可以使用循环、条件分支和 switch 语句。

类所具有的 constexpr 成员函数则需符合更多要求。

- constexpr 成员函数不能是虚函数。
- constexpr 成员函数所属的类必须是字面值型别。

constexpr 构造函数需遵守不同的规则。

- 在 C++11 环境下，构造函数的函数体必须为空。而根据 C++14 和后来的标准，它必须满足其他要求才可以成为 constexpr 函数。
- 必须初始化每一个基类。
- 必须初始化全体非静态数据成员。
- 在成员初始化列表中，每个表达式都必须是常量表达式。
- 若数据成员和基类分别调用自身的构造函数进行初始化，则它们所选取[1]执行的必须是 constexpr 构造函数。
- 假设在构造数据成员和基类时，所依照的初始化表达式为进行类型转换而调用了相关的构造函数或转换操作符，那么执行的必须是 constexpr 函数。

这些规则与普通 constexpr 函数的规则一致，区别是构造函数没有返回值，不存在 return 语句。然而，构造函数还附带成员初始化列表，通过该列表初始化其中的全部基类和数据成员。平实拷贝构造函数是隐式的 constexpr 函数。

A.4.4 constexpr 与模板

如果函数模板或类模板的成员函数加上 constexpr 修饰，而在模板的某个特定的具现化中，其参数和返回值却不属于字面值型别，则 constexpr 关键字会被忽略。该特性让我们可以写出一种函数模板，若选取了恰当的模板参数型别，它就具现化为 constexpr 函数，否则就具现化为普通的 inline 函数，例如：

```
template<typename T>
constexpr T sum(T a,T b)
{
    return a+b;
}
constexpr int i=sum(3,42);          ◁── ①正确，sum<int>具有 constexpr 特性
std::string s=sum(std::string("hello"),
    std::string(" world"));         ◁── ②正确，但 sum<std::string>不具备 constexpr 特性
```

具现化的函数模板必须满足前文的全部要求，才可以成为 constexpr 函数。即便是函数模板，一旦它含有多条语句，我们就不能用关键字 constexpr 修饰其声明；这仍将导致编译错误[2]。

A.5 lambda 函数

lambda 函数是 C++11 标准中一个激动人心的特性，因为它有可能大幅度简化代码，

---

1 译者注：指存在多个构造函数重载的情形。

2 译者注：此处特指 C++11 的情形。在 C++14 中，constexpr()函数模板可以合法含有多条语句，前提是符合前文所列要求。

并消除因编写可调用对象而产生的公式化代码。lambda 函数由 C++11 的新语法引入。据此，若某表达式需要一个函数，则可以等到所需之处才进行定义。std::condition_variable 类具有几个等待函数，它们要求调用者提供断言（见 4.1.1 节范例），因此上述机制在这类场景中派上了大用场，因为 lambda 函数能访问外部调用语境中的本地变量，从而便捷地表达出自身语义，而无须另行设计带有函数调用操作符的类，再借成员变量捕获必需的状态。

最简单的 lambda 表达式定义出一个自含的函数（self-contained function），该函数不接收参数，只依赖全局变量和全局函数，甚至没有返回值。该 lambda 表达式包含一系列语句，由一对花括号标识，并以方括号作为前缀（空的 lambda 引导符）：

```
[]{                          ①lambda 表达式从[]开始
do_stuff();
    do_more_stuff();         ②lambda 表达式结束，并被调用
}();
```

在本例中，lambda 表达式后附有一对圆括号，由它直接调用了这个 lambda 函数，但这种做法不太常见。如果真要直接调用某 lambda 函数，我们往往会舍弃其函数形式，而在调用之处原样写出它所含的语句。在传统泛型编程中，某些函数模板通过过参数接收可调用对象，而 lambda 函数则更常用于代替这种对象，它很可能需要接收参数或返回一个值，或二者皆有。若要让 lambda 函数接收参数，我们可以仿照普通函数，在 lambda 引导符后附上参数列表。以下列代码为例，它将 vector 容器中的全部元素都写到 std::cout，并插入换行符间隔：

```
std::vector<int> data=make_data();
std::for_each(data.begin(),data.end(),[](int i){std::cout<<i<<"\n";});
```

返回值的处理几乎同样简单。如果 lambda 函数的函数体仅有一条返回语句，那么 lambda 函数的返回值型别就是表达式的型别。以代码清单 A.4 为例，我们运用简易的 lambda 函数，在 std::condition_variable 条件变量上等待一个标志被设立（见 4.1.1 节）。

代码清单 A.4　一个简易的 lambda 函数，其返回值型别根据推导确定

```
std::condition_variable cond;
bool data_ready;
std::mutex m;
void wait_for_data()
{
    std::unique_lock<std::mutex> lk(m);
    cond.wait(lk,[]{return data_ready;});    ①
}
```

①处有一个 lambda 函数传入 cond.wait()，其返回值型别根据变量 data_ready 的型别推导得出，即布尔值。一旦该条件变量从等待中被唤醒，它就继续保持互斥 m 的锁定状态，并且调用 lambda 函数，只有充当返回值的变量 data_ready 为 true 时，wait()调用才

会结束并返回。

假若 lambda 函数的函数体无法仅用一条 return 语句写成，那该怎么办呢？这时就需要明确设定返回值型别。假若 lambda 函数的函数体只有一条 return 语句，我们就可自行选择是否显式设定返回值型别。假若函数体比较复杂，那该怎么办呢？就要明确设定返回值型别。设定返回值型别的方法是在 lambda 函数的参数列表后附上箭头（→）和目标型别。如果 lambda 函数不接收任何参数，而返回值型别却需显式设定，我们依然必须使之包含空参数列表，代码清单 A.4 条件变量所涉及的断言可写成：

```
cond.wait(lk,[]()->bool{return data_ready;});
```

只要指明了返回值型别，我们便可扩展 lambda 函数的功能，以记录信息或进行更复杂的处理：

```
cond.wait(lk,[]()->bool{
    if(data_ready)
    {
        std::cout<<"Data ready"<<std::endl;
        return true;
    }
    else
    {
        std::cout<<"Data not ready, resuming wait"<<std::endl;
        return false;
    }
});
```

本例示范了一个简单的 lambda 函数，尽管它具备强大的功能，可以在很大程度上简化代码，但 lambda 函数的真正厉害之处在于捕获本地变量。

涉及本地变量的 lambda 函数

如果 lambda 函数的引导符为空的方括号，那么它就无法指涉自身所在的作用域中的本地变量，但能使用全局变量和通过参数传入的任何变量。若想访问本地变量，则需先捕获之。要捕获本地作用域内的全体变量，最简单的方式是改用 lambda 引导符“[=]”。改用该引导符的 lambda 函数从创建开始，即可访问本地变量的副本。

我们来考察下面的简单函数，以分析实际效果：

```
std::function<int(int)> make_offseter(int offset)
{
  return [=](int j){return offset+j;};
}
```

每当 make_offseter()被调用，它都会产生一个新的 lambda 函数对象，包装成 std::function<>形式的函数而返回。该函数在自身生成之际预设好一个偏移量，在执行时再接收一个参数，进而计算并返回两者之和。例如：

```
int main()
{
    std::function<int(int)> offset_42=make_offseter(42);
    std::function<int(int)> offset_123=make_offseter(123);
    std::cout<<offset_42(12)<<","<<offset_123(12)<<std::endl;
    std::cout<<offset_42(12)<<","<<offset_123(12)<<std::endl;
}
```

以上代码会输出“54,135”两次，因为make_offseter()的第一次调用返回一个函数，它每次执行都会把传入的参数与42相加。make_offseter()的第二次调用则返回另一个函数，它在运行时总是将外界提供的参数与123相加。

依上述方式捕获本地变量最为安全：每个变量都复制出副本，因为我们能令负责生成的函数返回lambda函数，并在该函数外部调用它。这种做法并非唯一的选择，还可以采取别的手段：按引用的形式捕获全部本地变量。照此处理，一旦lambda函数脱离生成函数或所属代码块的作用域，引用的变量即被销毁，若仍然调用lambda函数，就会导致未定义行为。其实在任何情况下，引用已销毁的变量都属于未定义行为，lambda函数也不例外。

下面的代码展示了一个lambda函数，它以“[&]”作为引导符，按引用的形式捕获每个本地变量：

```
int main()
{
    int offset=42;  <---①
    std::function<int(int)> offset_a=[&](int j){return offset+j;};  <---②
③ ---> offset=123;
    std::function<int(int)> offset_b=[&](int j){return offset+j;};  <---④
    std::cout<<offset_a(12)<<","<<offset_b(12)<<std::endl;  <---⑤
⑥ ---> offset=99;
    std::cout<<offset_a(12)<<","<<offset_b(12)<<std::endl;  <---⑦
}
```

在前面的范例中，make_offseter()函数生成的lambda函数采用“[=]”作为引导符，它捕获的是偏移量offset的副本。然而，本例中的offset_a()函数使用的lambda引导符是“[&]”，通过引用捕获偏移量offset②。偏移量offset的初值为42①，但这无足轻重。offset_a(12)的调用结果总是依赖于偏移量offset的当前值。偏移量offset的值随后变成了123③。接着，代码生成了第二个lambda函数offset_b()④，它也按引用方式捕获本地变量，故其运行结果亦依赖于偏移量offset的值。

在输出第一行内容的时候⑤，偏移量offset仍是123，故输出是“135,135”。不过，在输出第二行内容之前⑦，偏移量offset已变成了99⑥，所以这次的输出是“111,111”。offset_a()函数和offset_b()函数的功效相同，都是计算偏移量offset的当前值（99）与调用时提供的参数（12）的和。

上面两种做法对所有变量一视同仁，但lambda函数的功能不限于此，因为灵活、通达毕竟是C++与生俱来的特质：我们可以分而治之，自行选择按复制和引用两种方式捕获不同的变量。另外，通过调整lambda引导符，我们还能显式选定仅仅捕获某些变量。若想按复制方式捕获全部本地变量，却针对其中一两个变量采取引用方式捕获，则应该使用形如“[=]”的 lambda 引导符，而在等号后面逐一列出引用的变量，并为它们添加前缀“&”。下面的 lambda 函数将变量 i 复制到其内，但通过引用捕获变量 j 和 k，因此该范例会输出 1239：

```
int main()
{
    int i=1234,j=5678,k=9;
    std::function<int()> f=[=,&j,&k]{return i+j+k;};
    i=1;
    j=2;
    k=3;
    std::cout<<f()<<std::endl;
}
```

还有另一种做法：我们可将按引用捕获设定成默认行为，但以复制方式捕获某些特定变量。这种处理方法使用形如“[&]”的 lambda 引导符，并在“&”后面逐一列出需要复制的变量。下面的 lambda 函数以引用形式捕获变量 i，而将变量 j 和 k 复制到其内，故该范例会输出 5688：

```
int main()
{
    int i=1234,j=5678,k=9;
    std::function<int()> f=[&,j,k]{return i+j+k;};
    i=1;
    j=2;
    k=3;
    std::cout<<f()<<std::endl;
}
```

若我们仅仅想要某几个具体变量，并按引用方式捕获，而非复制，就应该略去上述最开始的等号或“&”，且逐一列出目标变量，再为它们加上“&”前缀。下列代码中，变量 i 和 k 通过引用方式捕获，而变量 j 则通过复制方式捕获，故输出结果将是 5682。

```
int main()
{
    int i=1234,j=5678,k=9;
    std::function<int()> f=[&i,j,&k]{return i+j+k;};
    i=1;
    j=2;
    k=3;
    std::cout<<f()<<std::endl;
}
```

最后这种做法肯定只会捕获目标变量，因为如果在 lambda 函数体内指涉某个本地变量，它却没在捕获列表中，将产生编译错误。假定采取了最后的做法，而 lambda 函数却位于一个类的某成员函数内部，那么我们在 lambda 函数中访问类成员时要务必注意。类的数据成员无法直接捕获；若想从 lambda 函数内部访问类的数据成员，则须在捕获列表中加上 this 指针以捕获之。下例中的 lambda 函数添加了 this 指针，才得以访问类成员 some_data：

```
struct X
{
    int some_data;
    void foo(std::vector<int>& vec)
    {
        std::for_each(vec.begin(),vec.end(),
            [this](int& i){i+=some_data;});
    }
};
```

在并发编程的语境下，lambda 表达式的最大用处是在 std::condition_variable::wait()的调用中充当断言（见 4.1.1 节）、结合 std::packaged_task<>包装小任务（见 4.2.1 节）、在线程池中包装小任务（见 9.1 节）等。它还能作为参数传入 std::thread 类的构造函数，以充当线程函数（见 2.1.1 节），或在使用并行算法时（如 8.5.1 节示范的 parallel_for_each()）充当任务函数。

从 C++14 开始，lambda 函数也能有泛型形式，其中的参数型别被声明成 auto，而非具体型别。这么一来，lambda 函数的调用操作符就是隐式模板，参数型别根据运行时外部提供的参数推导得出，例如：

```
auto f=[](auto x){ std::cout<<"x="<<x<<std::endl;};
f(42); // 属于整型变量，输出“x=42”
f("hello"); //  x 的型别属于 const char*，输出“x=hello”
```

C++14 还加入了广义捕获（generalized capture）的概念，我们因此能够捕获表达式的运算结果，而不再限于直接复制或引用本地变量。该特性最常用于以移动方式捕获只移型别，从而避免以引用方式捕获，例如：

```
std::future<int> spawn_async_task(){
    std::promise<int> p;
    auto f=p.get_future();
    std::thread t([p=std::move(p)](){ p.set_value(find_the_answer());});
    t.detach();
    return f;
}
```

这里的 p=std::move(p)就是广义捕获行为，它将 promise 实例移入 lambda 函数，因此线程可以安全地分离，我们不必担心本地变量被销毁而形成悬空引用。Lambda 函数完成构建后，原来的实例 p 即进入“移出状态”（见 A.1 节），因此，我们事先从它取得了关联的 future 实例。

A.6 变参模板

变参模板即参数数目可变的模板。变参函数接收的参数数目可变，如 printf()，我们对此耳熟能详。而现在 C++11 引入了变参模板，它接收的模板参数数目可变。C++线程库中变参模板无处不在。例如，std::thread 类的构造函数能够启动线程（见 2.1.1 节），它就是变参函数模板，而 std::packaged_task<>则是变参类模板（见 4.2.1 节）。从使用者的角度来说，只要了解变参模板可接收无限量的参数[1]，就已经足够。但若我们想编写这种模板，或关心它到底如何运作，还需知晓细节。

我们声明变参函数时，需令函数参数列表包含一个省略号(...)。变参模板与之相同，在其声明中，模板参数列表也需带有省略号：

```
template<typename ...ParameterPack>
class my_template
{};
```

对于某个模板，即便其泛化版本的参数固定不变，我们也能用变参模板进行偏特化。譬如，std::packaged_task<>的泛化版本只是一个简单模板，具有唯一一个模板参数：

```
template<typename FunctionType>        //此处的 FunctionType 没有实际作用
class packaged_task;          //泛化的 packaged_task 声明，并无实际作用
```

但任何代码都没给出该泛化版本的定义，它的存在是为偏特化模板[2]充当“占位符”。

```
template<typename ReturnType,typename ...Args>
class packaged_task<ReturnType(Args...)>;
```

以上偏特化包含该模板类的真正定义。第 4 章曾经介绍，我们凭代码 std::packaged_task<int(std::string,double)>声明一项任务，当发生调用时，它接收一个 std::string 对象和一个 double 类型浮点值作为参数，并通过 std::future<int>的实例给出执行结果。

这份声明还展示出变参模板的另外两个特性。第一个特性相对简单：普通模板参数（ReturnType）和可变参数（Args）能在同一声明内共存。所示的第二个特性是，在 packaged_task 的特化版本中，其模板参数列表使用了组合标记“Args...”，当模板具现化时，Args 所含的各种型别均据此列出。这是个偏特化版本，因而它会进行模式匹配：在模板实例化的上下文中，出现的型别被全体捕获并打包成 Args。该可变参数 Args 叫作参数包（parameter pack），应用“Args...”还原参数列表则称为包展开（pack expansion）[3]。

---

1 译者注：虽然 C++标准的正文部分确实如此规定，但出于现实考虑（计算机资源毕竟有限），C++标准的附录建议模板参数数目的最低上限为 1024。各编译器可能自行按其他限制给出实现，譬如微软 Visual C++ 2015 的模板参数最多为 2046 个。详见官方标准文件 ISO/IEC 14882-2011 附录 B。

2 译者注：按 C++语法，任何模板都必须具备泛化形式的声明，不能只以偏特化形式进行声明。尽管泛化的 packaged_task 没有实际作用，但作为声明它不得省略，用途是告诉编译器程序中存在名为 packaged_task 的模板。然而该泛化版本所含信息不足，无从确定模板的具体性质，而它的偏特化版本却可以胜任，故详细定义由后者负责。

3 译者注：后文中，包展开多指形如“Args...”的组合标记，译为“展开式”以便理解。本节还有几处出现“展开式结合模式”（pattern with the pack expansion），简称为“展开模式”。请读者注意区别。

变参模板中的变参列表可能为空，也可能含有多个参数，这与变参函数相同。例如，模板 std::packaged_task<my_class()>中的 ReturnType 参数是 my_class，而 Args 是空参数包，不过在模板 std::packaged_task<void(int,double,my_class&,std::string*)>中，ReturnType 属于 void 型别，Args 则是参数列表，由 int、double、my_class&、std::string*共同构成。

展开参数包

变参模板之所以强大，是因为展开式能够物尽其用，不局限于原本的模板参数列表中的型别展开。首先，在任何需要模板型别列表的场合，我们均可以直接运用展开式，例如，在另一个模板的参数列表中展开：

```
template<typename ...Params>
struct dummy
{
    std::tuple<Params...> data;//tuple 元组由 C++11 引入，与 std::pair 相似，但可
含有多个元素
};
```

本例中，成员变量 data 是 std::tuple<>的具现化，其内含型别全部根据上下文设定，因此 dummy<int,double,char>拥有一个数据成员 data，它的型别是 std::tuple<int,double, char>。展开式能够与普通型别结合：

```
template<typename ...Params>
struct dummy2
{
    std::tuple<std::string,Params...> data;
};
```

这次，tuple 元组新增了一个成员（位列第一），型别是 std::string。展开式大有妙用：我们可以创建某种展开模式，在随后展开参数包时，针对参数包内各元素逐一复制该模式。具体做法是，在该模式末尾加上省略号标记，表明依据参数包展开。上面的两个范例中，dummy 类模板的参数包直接展开，其中的成员 tuple 元组据此实例化，所含的元素只能是参数包内的各种型别。然而，我们可以依照某种模式创建元组，使得其中的成员型别都是普通指针，甚至都是 std::unique_ptr<>指针，其目标型别对应参数包中的元素。

```
template<typename ...Params>// ①[1]
struct dummy3
{
    std::tuple<Params* ...> pointers;// ②
    std::tuple<std::unique_ptr<Params> ...>unique_pointers;// ③
};
```

1 译者注：请注意对比①与②③处省略号的不同位置。①处省略号是变参模板声明的语法成分，表示型别参数的数目可变，②③两处的省略号标示出展开模式。②处的模式是型别表达式 Params*，而③处的模式则是型别表达式 std::unique_ptr<Params>。

展开模式可随意设定成复杂的型别表达式，前提是参数包在型别表达式中出现，并且该表达式以省略号结尾，表明可依据参数包展开。

一旦参数包展开成多项具体型别，便会逐一代入型别表达式，分别生成多个对应项，最后组成结果列表。

若参数包含有 3 个型别 int、int 和 char，那么模板 std::tuple<std::pair<std::unique_ptr<Params>,double>...>就会展开成 std::tuple<std::pair<std::unique_ptr<int>,double>、std::pair<std::unique_ptr<int>,double>、std::pair<std::unique_ptr<char>,double>>。假设模板的参数列表用到了展开式，那么该模板就无须再用明文写出可变参数；否则，参数包应准确匹配模板参数，两者所含参数的数目必须相等。

```
template<typename ...Types>
struct dummy4
{
    std::pair<Types...> data;
};
dummy4<int,char> a;          ①正确，data 的型别为 std::pair<int,char>
dummy4<int> b;               ②错误，缺少第二项型别
dummy4<int,int,int> c;       ③错误，型别数目过量
```

展开式的另一种用途是声明函数参数：

```
template<typename ...Args>
void foo(Args ...args);
```

这段代码新建名为 args 的参数包，它是函数参数列表而非模板型别列表，与前文的范例一样带有省略号，表明参数包能够展开。我们也可以用某种展开模式来声明函数参数，与前文按模式展开参数包的做法相似。例如，std::thread 类的构造函数正是采取了这种方法，按右值引用的形式接收全部函数参数（见 A.1 节）：

```
template<typename CallableType,typename ...Args>
thread::thread(CallableType&&func,Args&& ...args);
```

一个函数的参数包能够传递给另一个函数调用，只需在后者的参数列表中设定好展开式。与型别参数包展开相似，参数列表中的各表达式能够套用模式展开，进而生成结果列表。下例是一种针对右值引用的常用方法，借 std::forward<>灵活保有函数参数的右值属性。

```
template<typename ...ArgTypes>
void bar(ArgTypes&& ...args)
{
    foo(std::forward<ArgTypes>(args)...);
}
```

请注意本例的展开式，它同时涉及型别包 ArgTypes 和函数参数包 args，而省略号紧随整个表达式后面。若按以下方式调用 bar()：

```
int i;
bar(i,3.141,std::string("hello "));
```

则会展开成以下形式：

```
template<>
void bar<int&,double,std::string>(
    int& args_1,
    double&& args_2,
    std::string&& args_3)
{
    foo(std::forward<int&>(args_1),
        std::forward<double>(args_2),
        std::forward<std::string>(args_3));
}
```

因此，第一项参数会按左值引用的形式传入 foo()，余下参数则作为右值引用传递，准确实现了设计意图。最后一点，我们通过 sizeof...运算符确定参数包大小，写法十分简单：sizeof...(p)即为参数包 p 所含元素的数目。无论是模板型别参数包，还是函数参数包，结果都一样。这很可能是仅有的情形——涉及参数包却未附加省略号。其实省略号已经包含在 sizeof...运算符中。下面的函数返回它实际接收的参数数目：

```
template<typename ...Args>
unsigned count_args(Args ...args)
{
    return sizeof...(Args);
}
```

sizeof...运算符求得的值是常量表达式，这与普通的 sizeof 运算符一样，故其结果可用于设定数组长度，以及其他合适的场景中。

A.7 自动推导变量的型别

C++是一门静态型别语言，每个变量的型别在编译期就已确定。而我们身为程序员，有职责设定每个变量的型别。有时候，这会使型别的名字相当冗长，例如：

```
std::map<std::string,std::unique_ptr<some_data>> m;
std::map<std::string,std::unique_ptr<some_data>>::iterator
    iter=m.find("my key");
```

传统的解决方法是用 typedef 缩短型别标识符，并借此解决类型不一致的问题。这种方法到今天依然行之有效，但 C++11 提供了新方法：若变量在声明时即进行初始化，所依照的初值与自身型别相同，我们就能以关键字 auto 设定其类型。一旦出现了关键字 auto，编译器便会自动推导，判定该变量所属型别与初始化表达式是否相同。上面的迭代器示例可以写成：

```
auto iter=m.find("my key");
```

这只是关键字 auto 的最普通的一种用法，我们不应止步于此，我们还能让它修饰常量、指针、引用的声明。下面的代码用 auto 声明了几个变量，并注释出对应型别：

```
auto i=42;          // int
auto& j=i;          // int&
auto const k=i;     // int const
auto* const p=&i; // int * const
```

在 C++环境下，只有另一个地方也发生型别推导：函数模板的参数。变量的型别推导沿袭了其中的规则：

```
some-type-expression-involving-auto var=some-expression;    //①
```

上面是一条声明语句，定义了变量 var 并赋予了初值。其中，等号左边是个涉及关键字 auto 的型别表达式[1]。再对比下面的函数模板，它也用相同的型别表达式声明参数，只不过将 auto 改换成了模板的型别参数的名字。那么，上例的变量 var 与下例的参数 var 同属一种型别。

```
template<typename T>            //这一条语句与下一条语句是同一条语句的拆分写法
void f(type-expression var); //这条语句声明了一个函数模板
f(some-expression);           //这条语句是一个函数调用
```

这使数组型别退化为指针，而且引用被略去，除非型别表达式将变量显式声明为引用，例如：

```
int some_array[45];
auto p=some_array;     // int*
int& r=*p;
auto x=r;              // int
auto& y=r;             // int&
```

变量的声明因此简化。如果完整的型别标识符过分冗长，甚至无从得知目标型别（如模板内部的函数调用的结果型别），效果就特别明显。

A.8 线程局部变量

在程序中，若将变量声明为线程局部变量，则每个线程上都会存在其独立实例。在声明变量时，只要加入关键字 thread_local 标记，它即成为线程局部变量。有 3 种数据能声明为线程局部变量：以名字空间为作用域的变量、类的静态数据成员和普通的局部变量。换言之，它们具有线程存储生存期（thread storage duration）：

```
thread_local int x;   <——线程局部变量，它以名字空间为作用域
```

1 译者注：some-type-expression-involving-auto 意为"涉及关键字 auto 的某种型别表达式"，指 auto、auto&、auto const 或 auto* const 等，见前一个关于变量 i、j、k、p 的范例，而 some-expression 意为"某种表达式"。

```
class X
{
    static thread_local std::string s;    // 类的静态数据成员，也是线程局部变量，该语句用于声明
};
static thread_local std::string X::s;     // 按语法要求定义X::s，该语句用于定义，类的静态数据成员应在外部另行定义
void foo()
{
    thread_local std::vector<int> v;      // 普通的局部变量，也是线程局部变量
}
```

对于同一个翻译单元[1]内的线程局部变量，假如它是类的静态数据成员，或以名字空间为作用域，那么在其初次使用之前应完成构造，但C++标准没有明确规定构造行为的具体提前量。线程局部变量的构造时机因不同编译器而异，某部分实现选择的是线程启动之际，某部分实现却就每个线程分别处理，选择的是该变量初次使用的前一刻，其他实现则设定别的时间点，或根据使用场景灵活调整。实际上，在给定的翻译单元中，若所有线程局部变量从未被使用，就无法保证会把它们构造出来。这使得含有线程局部变量的模块得以动态加载，当给定线程初次指涉模块中的线程局部变量时，才进行动态加载，进而构造变量。

对于函数内部声明的线程局部变量，在某个给定的线程上，当控制流程第一次经过其声明语句时，该变量就会初始化。假设某函数在给定的线程上从来都没有被调用，函数中却声明了线程局部变量，那么在该线程上它们均不会发生构造。这一行为规则与静态局部变量相同，但它对每个线程都单独起作用。

线程局部变量的其他性质与静态变量一致，它们先进行零值初始化，再进行其他变量初始化（如动态初始化[2]）。如果线程局部变量的构造函数抛出异常，程序就会调用std::terminate()而完全终止。

给定一个线程，在其线程函数返回之际，该线程上构造的线程局部变量全都会发生析构，它们调用析构函数的次序与调用构造函数的次序相反。由于这些变量的初始化次序并不明确，因此必须保证它们的析构函数间没有相互依赖。若线程局部变量的析构函数因抛出异常而退出，程序则会调用std::terminate()，与构造函数的情形一样。

如果线程通过调用std::exit()退出，或从main()自然退出（这等价于先取得main()的返回值，再以该值调用std::exit()），那么线程局部变量也会被销毁。当应用程序退出时，如果有其他线程还在运行，则那些线程上的线程局部变量不会发生析构。

线程局部变量的地址因不同线程而异，但我们依然可以令一个普通指针指向该变量。假定该指针的值源于某线程所执行的取址操作，那么它指涉的目标对象就位于该线

1 译者注：翻译单元即translation unit，是有关C++代码编译的术语，指当前代码所在的源文件，以及经过预处理后，全部有效包含的头文件和其他源文件。详见C++官方标准文件ISO/IEC 14882:2011，2.1节。

2 译者注：动态初始化即dynamic initialization，指除非静态初始化（指零值初始化和常量初始化）以外的一切初始化行为。

程上，其他线程也能通过这一指针访问那个对象。若线程在对象销毁后还试图访问它，将导致未定义行为（向来如此）。所以，若我们向另一个线程传递指针，其目标是线程局部变量，那就需要确保在目标变量所属的线程结束后，该指针不会再被提取。

A.9 类模板的参数推导

C++17 拓展了模板参数的自动推导型别的思想：如果我们通过模板声明一个对象，那么在大多情况下，根据该对象的初始化表达式，能推导出模板参数的型别。

具体来说，若仅凭某个类模板的名字声明对象，却未设定模板参数列表，编译器就会根据对象的初始化表达式，指定调用类模板的某个构造函数，还借以推导模板参数，而函数模板也将发生普通的型别推导，这两个推导机制遵守相同的规则。

例如，类模板 std::lock_guard<>单独接收一个模板参数，其型别是某种互斥类，该类模板的构造函数也接收唯一一个参数，它是个引用，所引用的目标对象的型别与模板参数对应。如果我们以类模板 std::lock_guard<>声明一个对象，并提供一个互斥用于初始化，那么模板的型别参数就能根据互斥的型别推导出。

```
std::mutex m;
std::lock_guard guard(m); // 将推导出 std::lock_guard<std::mutex>
```

相同的推导机制也适用于 std::scoped_lock<>，只不过它具有多个模板参数，可以根据多个互斥参数推导出。

```
std::mutex m1;
std::shared_mutex m2;
std::scoped_lock guard(m1,m2);  //将推导出 std::scoped_lock<std::mutex,std::
shared_mutex>
```

某些模板的构造函数尚未完美契合推导机制，有可能推导出错误的型别。这些模板的作者可以明确编写推导指南，以保证推导出正确的型别。但这些议题超出了本书的范畴。

A.10 小结

C++11 标准为语言增加了不少新特性，本附录仅触及皮毛，因为我们只着眼于有效推动线程库演进的功能。C++11 增加的新特性包括静态断言（static assertion/static_assert）、强类型枚举（strongly typed enumeration/enum class）、委托构造（delegating constructor）函数、Unicode 编码支持、模板别名（template alias）和新式的统一初始化列表（uniform initialization sequence），以及许多相对细小的改变。本书的主旨并非详细讲解全部新特性，因为那很可能需要单独编写一本专著。C++14 和 C++17 增加的新特性也不少，但这些新特性也超出了本书的范畴。截至本书编写的时候，有两份资料完整涵盖了标准所做的改动，分别是网站 cppreference 整理的文档和 Bjarne Stroustrup 编撰的 C++11 FAQ，它们几乎可以说是 C++新特性的最佳概览。还有不少 C++参考书籍广受欢迎，相信它们也会与时俱进，不断修订和更新。

本附录涵盖了部分 C++新特性，希望它的深度足以充分展现这些新特性，演示出它们在线程库中如何大展拳脚，两者是如何密切关联，也希望通过以上简介，读者能够理解并运用新特性的多线程代码，进而举一反三，借助这些特性编写多线程程序。本附录按一定深度讲解了 C++新特性，应该足够让读者简单地学以致用。虽说如此，毕竟这只是一份简介，而非针对新特性的完整参考材料或自学教材。如果读者有意大量使用 C++新特性，我们建议购买专门的参考材料或自学教材，从而获取事半功倍的学习效果。

附录 B　各并发程序库的简要对比

C++最近才开始以标准化方式支持并发和多线程，但其他编程语言和程序库早已具备这些功能。例如，Java 自第一次发布就支持多线程，通过符合 POSIX 标准的平台提供多线程的 C 语言接口，而 Erlang 则以消息传递的形式提供并发功能。一些 C++类库，如 Boost，甚至为每种系统包装了多线程底层编程接口（可能是符合 POSIX 标准的 C 语言接口，也可能是别的），从而统一了其支持的平台之间的接口，实现了可移植性。

一些读者并不缺乏编写多线程应用的经验，现在想借 C++多线程功能继续发挥所长，为便于他们选择和比较，表 B.1 列出了 Java、POSIX C、在 C++环境下的 Boost 线程库和 C++11 提供的多线程功能，并交叉引用了本书的相关内容。

表 B.1

特　性	Java	POSIX C	Boost 线程库	C++11	相关章
线程的启动控制	java.lang.thread 类	pthread_t 型别及其相关的 API 函数：pthread_create()、pthread_detach()、pthread_join()	boost::thread 类及其成员函数	std::thread 类及其成员函数	第 2 章
互斥	同步代码块（synchronized block）	pthread_mutex_t 型别及其相关的 API 函数：pthread_mutex_lock()和 pthread_mutex_unlock()等	boost::mutex 类及其成员函数，boost::lock_guard<>模板和 boost::unique_lock<>模板	std::mutex 类及其成员函数 std::lock_guard<>类模板和 std::unique_lock<>模板	第 3 章
监视器（monitor）/等待断言	在同步代码块中使用 java.lang.Object 上的 wait()和 notify()方法	pthread_cond_t 型别及其相关的 API 函数：pthread_cond_wait()和 pthread_cond_timed_wait()等	boost::condition_variable 类和 boost::condition_variable_any 类及其成员函数	std::condition_variable 类和 std::condition_variable_any 类及其成员函数	第 4 章
原子操作和并发感知的内存模型	volatile 变量，java.util.concurrent.atomic 包中的类型	无	无	各种 std::atomic_xxx 类型、std::atomic<>类模板、std::atomic_thread_fence()函数	第 5 章
线程安全的容器	java.util.concurrent 包中的容器	无	无	无	第 6 章和第 7 章
future	java.util.concurrent.future 接口类及其相关实现的类	无	类模板 boost::unique_future<>和类模板 boost::shared_future<>	std::future<>类模板、std::shared_future<>类模板和 std::atomic_future<>类模板	第 4 章
线程池	java.util.concurrent.ThreadPoolExecutor 类	无	无	无	第 9 章
线程中断	java.lang.Thread 类中的 interrupt()函数	pthread_cancel()	boost::thread 类的成员函数 interrupt()	无	第 9 章

附录 C　消息传递程序库和完整的自动柜员机范例

在第 4 章中，我们以自动柜员机的简单实现代码举例，示范通过消息传递程序库在线程间传递消息。下面给出该例的全套代码，其中包括完整的消息传递程序库。

代码清单 C.1 是消息队列的代码。其中含有一个消息基类，它派生出一个模板类，再根据具体的型别包装消息。队列则以基类的共享指针形式存储消息。压入操作会根据这个模板类将消息包装起来，构建出一个新实例，并向队列存入指向该实例的共享指针，而弹出操作则返回指针。由于基类 message_base 不具备任何成员函数，因此弹出的基类指针需要转换成恰当的 wrapped_message<T>指针，这样才可以访问包装在内的消息。

代码清单 C.1　简单的消息队列

```
#include <mutex>
#include <condition_variable>
#include <queue>
#include <memory>
namespace messaging
{
    struct message_base          <---  ①消息基类。队列中存储的项目
    {
        virtual ~message_base()
        {}
    };

    template<typename Msg>
    struct wrapped_message:      <---  ②每种消息都具有特化类型
        message_base
```

```
    {
        Msg contents;
        explicit wrapped_message(Msg const& contents_):
            contents(contents_)
        {}
    };
    class queue  ③消息队列
    {
        std::mutex m;
        std::condition_variable c;
        std::queue<std::shared_ptr<message_base> > q;  ④以内部队列存储message_base型共享指针
    public:
        template<typename T>
        void push(T const& msg)
        {
            std::lock_guard<std::mutex> lk(m);
            q.push(std::make_shared<wrapped_message<T> >(msg));  ⑤包装发布的消息，并存储相关的指针
            c.notify_all();
        }
        std::shared_ptr<message_base> wait_and_pop()
        {
            std::unique_lock<std::mutex> lk(m);
            c.wait(lk,[&]{return !q.empty();});  ⑥如果队列为空，就发生阻塞
            auto res=q.front();
            q.pop();
            return res;
        }
    };
}
```

代码清单 C.2 定义了 sender 类（发送者），消息由它的实例发送。这其实是个轻量化包装的队列，只允许添加消息。复制 sender 类的实例不会让其内部队列产生副本，而仅复制指向队列容器的指针。

代码清单 C.2 sender 类

```
namespace messaging
{
    class sender
    {
        queue*q;  ①sender类中包装了消息队列的指针
    public:
        sender():  ②以默认方式构造的sender类内部不含队列
            q(nullptr)
        {}
        explicit sender(queue*q_):  ③根据队列指针构造sender实例
            q(q_)
        {}
        template<typename Message>
```

```
        void send(Message const& msg)
        {
            if(q)
            {
                q->push(msg);   ④发送操作会向队列添加消息
            }
        }
    };
}
```

消息的接收操作略微复杂一些。我们先等待队列中出现消息，而不同种类的消息需要用不同的函数处理，故我们还要查验消息类型，为之匹配适当的处理函数。这些操作都由 receiver 类（接收者）负责，如代码清单 C.3 所示。

代码清单 C.3　receiver 类

```
namespace messaging
{
    class receiver
    {
        queue q;     ①receiver 实例完全拥有消息队列
    public:
        operator sender()     ②receiver 对象准许隐式转换为 sender 对象，前者拥有的队列被后者引用
        {
            return sender(&q);
        }
        dispatcher wait()     ③队列上的等待行为会创建一个 dispatcher 对象
        {
            return dispatcher(&q);
        }
    };
}
```

sender 类仅仅引用消息队列，而 receiver 类真正拥有消息队列。我们可以将 receiver 实例隐式转换为 sender 实例，其中后者引用的消息队列属于前者所有。分发消息的过程较为复杂，它从调用 wait()开始。代码清单 C.4 给出了 dispatcher 类的代码。我们可以看到，实际工作由其析构函数承担。本例的工作分成两部分：等待消息和分发消息。

代码清单 C.4　dispatcher 类

```
namespace messaging
{
    class close_queue     ①示意关闭队列的消息
    {};
    class dispatcher
    {
        queue* q;
        bool chained;
        dispatcher(dispatcher const&)=delete;     ②dispatcher 的实例不可复制
        dispatcher& operator=(dispatcher const&)=delete;
```

```
        template<
            typename Dispatcher,
            typename Msg,
            typename Func>
        friend class TemplateDispatcher;
        void wait_and_dispatch()
        {
            for(;;)
            {
                auto msg=q->wait_and_pop();
                dispatch(msg);
            }
        }
        bool dispatch(
            std::shared_ptr<message_base> const& msg)
        {
            if(dynamic_cast<wrapped_message<close_queue>*>(msg.get()))
            {
                throw close_queue();
            }
            return false;
        }
    public:
        dispatcher(dispatcher&& other):
            q(other.q),chained(other.chained)
        {
            other.chained=true;
        }
        explicit dispatcher(queue* q_):
            q(q_),chained(false)
        {}
        template<typename Message,typename Func>
        TemplateDispatcher<dispatcher,Message,Func>
        handle(Func&& f)
        {
            return TemplateDispatcher<dispatcher,Message,Func>(
                q,this,std::forward<Func>(f));
        }
        ~dispatcher() noexcept(false)
        {
            if(!chained)
            {
                wait_and_dispatch();
            }
        }
    };
}
```

③准许TemplateDispatcher的实例访问内部数据

④无限循环，等待消息并发送消息

⑤dispatch()判别消息是否属于close_queue类型，若属于，则抛出异常

⑥dispatcher是可移动的实例

⑦上游的消息分发者不会等待消息

⑧根据TemplateDispatcher处理某种具体类型的消息

⑨析构函数可能抛出异常

代码清单C.3的wait()函数返回一个dispatcher实例，由于它是临时变量，因此立即调用其析构函数进行销毁，而此调用过程承担了实际工作（见前文）。析构函数再进一

步调用 wait_and_dispatch()，它通过无限循环等待消息④，并将消息传入 dispatch()。dispatch()本身非常简单⑤，它判别消息是否属于 close_queue 类型，若属于，就抛出异常；若不属于，则返回 false，表示消息尚未处理。析构函数会抛出 close_queue 异常，这正是它标记为 noexcept(false)的原因⑨。如果析构函数缺少这一标记，其异常行为描述就是默认的 noexcept(ture)，表示不会有异常抛出，而抛出 close_queue 异常的实际行为会导致程序终止。

在大多数情况下，我们很少在 receiver 上通过单独调用 wait()来处理消息，而是希望直接处理。为此，我们还设计了成员函数 handle()⑧。它是个函数模板，但无法推断需要处理的消息类型。我们必须明确设定消息类型，并传入相应的函数（或可调用对象）进行处理。handle()函数通过 TemplateDispatcher<>类模板构建一个新实例（其构造函数的参数是消息队列 q、dispatcher 对象和具体的处理函数 f()，该实例用于专门处理某种消息，如代码清单 C.5 所示。我们在析构函数中先判别 chained 值，再等待接收消息：既防止移入的对象也在等待消息，又准许我们转移等待消息的职责，改由新的 TemplateDispatcher 实例承担。

代码清单 C.5　TemplateDispatcher<>类模板

```
namespace messaging
{
    template<typename PreviousDispatcher,typename Msg,typename Func>
    class TemplateDispatcher
    {
        queue* q;
        PreviousDispatcher* prev;
        Func f;
        bool chained;
        TemplateDispatcher(TemplateDispatcher const&)=delete;
        TemplateDispatcher& operator=(TemplateDispatcher const&)=delete;
        template<typename Dispatcher,typename OtherMsg,typename OtherFunc>
        friend class TemplateDispatcher;   <-- ①根据类模板 TemplateDispatcher<>
        void wait_and_dispatch()               具现化而成的各种类型互为友类
        {
            for(;;)
            {
                auto msg=q->wait_and_pop();
                if(dispatch(msg))   <-- ②如果消息已妥善处理，
                    break;              则跳出无限循环
            }
        }
        bool dispatch(std::shared_ptr<message_base> const& msg)
        {
            if(wrapped_message<Msg>* wrapper=
                dynamic_cast<wrapped_message<Msg>*>(msg.get()))   <--
            {                                        ③查验消息型别并调用
                f(wrapper->contents);                 相应的处理函数
                return true;
```

```
        }
        else
        {
            return prev->dispatch(msg);   <-- ④衔接前一个 dispatcher 对象，形成连锁调用
        }
    }
public:
    TemplateDispatcher(TemplateDispatcher&& other):
        q(other.q),prev(other.prev),f(std::move(other.f)),
        chained(other.chained)
    {
        other.chained=true;
    }
    TemplateDispatcher(queue* q_,PreviousDispatcher* prev_,Func&& f_):
        q(q_),prev(prev_),f(std::forward<Func>(f_)),chained(false)
    {
        prev_->chained=true;
    }
    template<typename OtherMsg,typename OtherFunc>
    TemplateDispatcher<TemplateDispatcher,OtherMsg,OtherFunc>
    handle(OtherFunc&& of)   <-- ⑤按衔接成链的方式引入更多处理函数
    {
        return TemplateDispatcher<
            TemplateDispatcher,OtherMsg,OtherFunc>(
                q,this,std::forward<OtherFunc>(of));
    }
    ~TemplateDispatcher() noexcept(false)   <-- ⑥该类的析构函数的异常行为描述也是 noexecpt(false)
    {
        if(!chained)
        {
            wait_and_dispatch();
        }
    }
};
}
```

类模板 TemplateDispatcher<>仿造 dispatcher 类编写，两者几乎相同，特别是析构函数，其仍然调用 wait_and_dispatch()来等待消息。

因为消息处理函数不会抛出异常，所以我们需要判别，此处的循环是否确实处理了消息②。当成功处理完一条消息时，处理过程就停止，我们就等待后面的消息。若匹配到某一具体的消息类型，我们就调用预先给出的函数③，而不抛出异常（但处理函数有可能在调用过程中抛出异常）。如果没有匹配到消息类型，我们就连锁调用前一个 dispatcher 实例④。第一个消息分发者实例肯定属于 dispatcher 类型。但是，若我们在 handle()函数中衔接其他调用⑤，以处理更多类型的消息，则消息分发者就可能是之前具现化的 TemplateDispatcher<>。如果消息与当前分发者的处理函数不匹配，就会后退一步，连锁调用前一级分发者的处理函数。因为任何一个处理函数都有可能抛出异常（包

括 dispatcher 类的默认处理函数，它也会抛出 close_queue 异常），析构函数必须声明成 noexcept(false)⑥。

凭借这个简单的框架，我们得以向队列添加任何类型的消息，并且有选择地在接收端处理匹配的消息。我们还能让接收端以私有方式拥有队列，同时又将队列按引用形式传递给众多对象，以添加消息[1]。

代码清单 C.6 ~ 代码清单 C.10 补全了第 4 章所示范例的代码：代码清单 C.6 给出了完整的消息定义，代码清单 C.7 ~ 代码清单 C.9 实现了各种状态机，代码清单 C.10 给出了驱动代码。

代码清单 C.6　柜员机消息

```
struct withdraw
{
    std::string account;
    unsigned amount;
    mutable messaging::sender atm_queue;
    withdraw(std::string const& account_,
             unsigned amount_,
             messaging::sender atm_queue_):
        account(account_),amount(amount_),
        atm_queue(atm_queue_)
    {}
};
struct withdraw_ok
{};
struct withdraw_denied
{};
struct cancel_withdrawal
{
    std::string account;
    unsigned amount;
    cancel_withdrawal(std::string const& account_,
                      unsigned amount_):
        account(account_),amount(amount_)
    {}
};
struct withdrawal_processed
{
    std::string account;
    unsigned amount;
    withdrawal_processed(std::string const& account_,
                         unsigned amount_):
        account(account_),amount(amount_)
    {}
```

1 译者注：请读者注意，这种方式值得商榷，它违背了面向对象设计的封装原则和去耦合原则。

```
};
struct card_inserted
{
    std::string account;
    explicit card_inserted(std::string const& account_):
        account(account_)
    {}
};
struct digit_pressed
{
    char digit;
    explicit digit_pressed(char digit_):
        digit(digit_)
    {}

};
struct clear_last_pressed
{};
struct eject_card
{};
struct withdraw_pressed
{
    unsigned amount;
    explicit withdraw_pressed(unsigned amount_):
        amount(amount_)
    {}

};
struct cancel_pressed
{};
struct issue_money
{
    unsigned amount;
    issue_money(unsigned amount_):
        amount(amount_)
    {}
};
struct verify_pin
{
    std::string account;
    std::string pin;
    mutable messaging::sender atm_queue;
    verify_pin(std::string const& account_,std::string const& pin_,
               messaging::sender atm_queue_):
        account(account_),pin(pin_),atm_queue(atm_queue_)
    {}
};
struct pin_verified
{};
struct pin_incorrect
{};
struct display_enter_pin
{};
```

```
struct display_enter_card
{};
struct display_insufficient_funds
{};
struct display_withdrawal_cancelled
{};
struct display_pin_incorrect_message
{};
struct display_withdrawal_options
{};
struct get_balance
{
    std::string account;
    mutable messaging::sender atm_queue;
    get_balance(std::string const& account_,messaging::sender atm_queue_):
        account(account_),atm_queue(atm_queue_)
    {}
};
struct balance
{
    unsigned amount;

    explicit balance(unsigned amount_):
        amount(amount_)
    {}
};
struct display_balance
{
    unsigned amount;
    explicit display_balance(unsigned amount_):
        amount(amount_)
    {}
};
struct balance_pressed
{};
```

代码清单 C.7　柜员机状态机

```
class atm
{
    messaging::receiver incoming;
    messaging::sender bank;
    messaging::sender interface_hardware;
    void (atm::*state)();
    std::string account;
    unsigned withdrawal_amount;
    std::string pin;
    void process_withdrawal()
    {
        incoming.wait()
            .handle<withdraw_ok>(
                [&](withdraw_ok const& msg)
                {
                    interface_hardware.send(
```

```
                    issue_money(withdrawal_amount));
                bank.send(
                    withdrawal_processed(account,withdrawal_amount));
                state=&atm::done_processing;
            }
            )
        .handle<withdraw_denied>(
            [&](withdraw_denied const& msg)
            {
                interface_hardware.send(display_insufficient_funds());
                state=&atm::done_processing;
            }
            )
        .handle<cancel_pressed>(
            [&](cancel_pressed const& msg)
            {
                bank.send(
                    cancel_withdrawal(account,withdrawal_amount));
                interface_hardware.send(
                    display_withdrawal_cancelled());
                state=&atm::done_processing;
            }
            );
}
void process_balance()
{
    incoming.wait()
        .handle<balance>(
            [&](balance const& msg)
            {
                interface_hardware.send(display_balance(msg.amount));
                state=&atm::wait_for_action;
            }
            )
        .handle<cancel_pressed>(
            [&](cancel_pressed const& msg)
            {
                state=&atm::done_processing;
            }
            );
}
void wait_for_action()
{
    interface_hardware.send(display_withdrawal_options());
    incoming.wait()
        .handle<withdraw_pressed>(
            [&](withdraw_pressed const& msg)
            {
                withdrawal_amount=msg.amount;
                bank.send(withdraw(account,msg.amount,incoming));
                state=&atm::process_withdrawal;
            }
            )
        .handle<balance_pressed>(
```

```
                [&](balance_pressed const& msg)
                {
                    bank.send(get_balance(account,incoming));
                    state=&atm::process_balance;
                }
                )
            .handle<cancel_pressed>(
                [&](cancel_pressed const& msg)
                {
                    state=&atm::done_processing;
                }
                );
    }
    void verifying_pin()
    {
        incoming.wait()
            .handle<pin_verified>(
                [&](pin_verified const& msg)
                {
                    state=&atm::wait_for_action;
                }
                )
            .handle<pin_incorrect>(
                [&](pin_incorrect const& msg)
                {
                    interface_hardware.send(
                        display_pin_incorrect_message());
                    state=&atm::done_processing;
                }
                )
            .handle<cancel_pressed>(
                [&](cancel_pressed const& msg)
                {
                    state=&atm::done_processing;
                }
                );
    }
    void getting_pin()
    {
        incoming.wait()
            .handle<digit_pressed>(
                [&](digit_pressed const& msg)
                {
                    unsigned const pin_length=4;
                    pin+=msg.digit;
                    if(pin.length()==pin_length)
                    {
                        bank.send(verify_pin(account,pin,incoming));
                        state=&atm::verifying_pin;
                    }
                }
                )
            .handle<clear_last_pressed>(
                [&](clear_last_pressed const& msg)
```

```
                {
                    if(!pin.empty())
                    {
                        pin.pop_back();
                    }
                }
                )
            .handle<cancel_pressed>(
                [&](cancel_pressed const& msg)
                {
                    state=&atm::done_processing;
                }
                );
    }
    void waiting_for_card()
    {
        interface_hardware.send(display_enter_card());
        incoming.wait()
            .handle<card_inserted>(
                [&](card_inserted const& msg)
                {
                    account=msg.account;
                    pin="";
                    interface_hardware.send(display_enter_pin());
                    state=&atm::getting_pin;
                }
                );
    }
    void done_processing()
    {
        interface_hardware.send(eject_card());
        state=&atm::waiting_for_card;
    }
    atm(atm const&)=delete;
    atm& operator=(atm const&)=delete;
public:
    atm(messaging::sender bank_,
        messaging::sender interface_hardware_):
        bank(bank_),interface_hardware(interface_hardware_)
    {}
    void done()
    {
        get_sender().send(messaging::close_queue());
    }
    void run()
    {
        state=&atm::waiting_for_card;
        try
        {
            for(;;)
            {
                (this->*state)();
            }
        }
```

```
            catch(messaging::close_queue const&)
            {
            }
        }
        messaging::sender get_sender()
        {
            return incoming;
        }
    };
```

代码清单 C.8　银行状态机

```
class bank_machine
{
    messaging::receiver incoming;
    unsigned balance;
public:
    bank_machine():
        balance(199)
    {}
    void done()
    {
        get_sender().send(messaging::close_queue());
    }
    void run()
    {
        try
        {
            for(;;)
            {
                incoming.wait()
                    .handle<verify_pin>(
                        [&](verify_pin const& msg)
                        {
                            if(msg.pin=="1937")
                            {
                                msg.atm_queue.send(pin_verified());
                            }
                            else
                            {
                                msg.atm_queue.send(pin_incorrect());
                            }
                        }
                        )
                    .handle<withdraw>(
                        [&](withdraw const& msg)
                        {
                            if(balance>=msg.amount)
                            {
                                msg.atm_queue.send(withdraw_ok());
                                balance-=msg.amount;
                            }
                            else
                            {
```

```
                                msg.atm_queue.send(withdraw_denied());
                            }
                        }
                        )
                    .handle<get_balance>(
                        [&](get_balance const& msg)
                        {
                            msg.atm_queue.send(::balance(balance));
                        }
                        )
                    .handle<withdrawal_processed>(
                        [&](withdrawal_processed const& msg)
                        {
                        }
                        )
                    .handle<cancel_withdrawal>(
                        [&](cancel_withdrawal const& msg)
                        {
                        }
                        );
            }
        }
        catch(messaging::close_queue const&)
        {
        }
    }

    messaging::sender get_sender()
    {
        return incoming;
    }
};
```

代码清单 C.9　用户界面状态机

```
class interface_machine
{
    messaging::receiver incoming;
public:
    void done()
    {
        get_sender().send(messaging::close_queue());
    }
    void run()
    {
        try
        {
            for(;;)
            {
                incoming.wait()
                    .handle<issue_money>(
                        [&](issue_money const& msg)
                        {
                            {
```

```
                        std::lock_guard<std::mutex> lk(iom);
                        std::cout<<"Issuing "
                                 <<msg.amount<<std::endl;
                    }
                }
                )
            .handle<display_insufficient_funds>(
                [&](display_insufficient_funds const& msg)
                {
                    {
                        std::lock_guard<std::mutex> lk(iom);
                        std::cout<<"Insufficient funds"<<std::endl;
                    }
                }
                )
            .handle<display_enter_pin>(
                [&](display_enter_pin const& msg)
                {
                    {
                        std::lock_guard<std::mutex> lk(iom);
                        std::cout
                            <<"Please enter your PIN (0-9)"
                            <<std::endl;
                    }
                }
                )
            .handle<display_enter_card>(
                [&](display_enter_card const& msg)
                {
                    {
                        std::lock_guard<std::mutex> lk(iom);
                        std::cout<<"Please enter your card (I)"
                                 <<std::endl;
                    }
                }
                )
            .handle<display_balance>(
                [&](display_balance const& msg)
                {
                    {
                        std::lock_guard<std::mutex> lk(iom);
                        std::cout
                            <<"The balance of your account is "
                            <<msg.amount<<std::endl;
                    }
                }
                )
            .handle<display_withdrawal_options>(
                [&](display_withdrawal_options const& msg)
                {
                    {
                        std::lock_guard<std::mutex> lk(iom);
                        std::cout<<"Withdraw 50? (w)"<<std::endl;
                        std::cout<<"Display Balance? (b)"
```

```
                                     <<std::endl;
                            std::cout<<"Cancel? (c)"<<std::endl;
                        }
                    }
                    )
                .handle<display_withdrawal_cancelled>(
                    [&](display_withdrawal_cancelled const& msg)
                    {
                        {
                            std::lock_guard<std::mutex> lk(iom);
                            std::cout<<"Withdrawal cancelled"
                                     <<std::endl;
                        }
                    }
                    )
                .handle<display_pin_incorrect_message>(
                    [&](display_pin_incorrect_message const& msg)
                    {
                        {
                            std::lock_guard<std::mutex> lk(iom);
                            std::cout<<"PIN incorrect"<<std::endl;
                        }
                    }
                    )
                .handle<eject_card>(
                    [&](eject_card const& msg)
                    {
                        {
                            std::lock_guard<std::mutex> lk(iom);
                            std::cout<<"Ejecting card"<<std::endl;
                        }
                    }
                    );
            }
        }
        catch(messaging::close_queue&)
        {
        }
    }
    messaging::sender get_sender()
    {
        return incoming;
    }
};
```

代码清单 C.10 驱动代码

```
int main()
{
    bank_machine bank;
    interface_machine interface_hardware;
    atm machine(bank.get_sender(),interface_hardware.get_sender());
    std::thread bank_thread(&bank_machine::run,&bank);
    std::thread if_thread(&interface_machine::run,&interface_hardware);
```

```
    std::thread atm_thread(&atm::run,&machine);
    messaging::sender atmqueue(machine.get_sender());
    bool quit_pressed=false;
    while(!quit_pressed)
    {
        char c=getchar();
        switch(c)
        {
        case '0':
        case '1':
        case '2':
        case '3':
        case '4':
        case '5':
        case '6':
        case '7':
        case '8':
        case '9':
            atmqueue.send(digit_pressed(c));
            break;
        case 'b':
            atmqueue.send(balance_pressed());
            break;
        case 'w':
            atmqueue.send(withdraw_pressed(50));
            break;
        case 'c':
            atmqueue.send(cancel_pressed());
            break;
        case 'q':
            quit_pressed=true;
            break;
        case 'i':
            atmqueue.send(card_inserted("acc1234"));
            break;
        }
    }
    bank.done();
    machine.done();
    interface_hardware.done();
    atm_thread.join();
    bank_thread.join();
    if_thread.join();
}
```